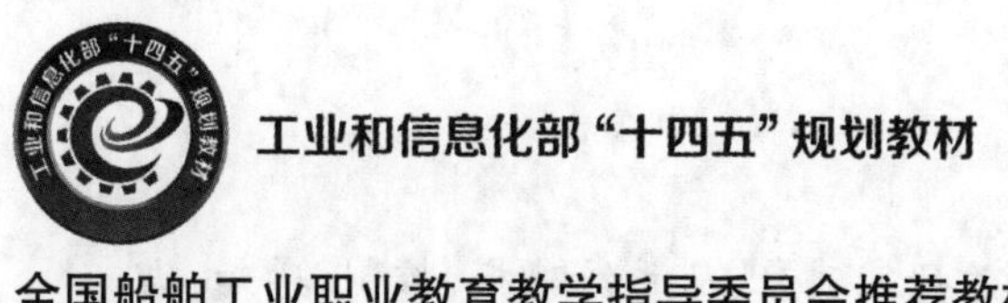

全国船舶工业职业教育教学指导委员会推荐教材

无人系统智能控制技术与应用

刘志林　孟　浩　苏　丽　吴春芳　编著

哈爾濱工程大學出版社
Harbin Engineering University Press

内容简介

本书以几种典型的无人智能系统为研究对象,从系统建模、控制、感知、决策及虚拟现实技术的角度,系统介绍了具有自主性和智能性的无人智能系统的理论设计和实现方法,并给出了相应的仿真和实验,以验证所阐述方法的有效性。

本书内容主要包括:几种典型无人智能系统的研究背景和现状;无人艇智能系统设计;四旋翼无人机控制系统原理与实现;智能车自主原理与实现;水下无人航行器控制与决策;沉浸式模块化机械臂交互实验系统;虚实环境下机械臂远程控制原理与测试。

本书可作为无人艇、四旋翼无人机、智能车、无人水下航行器、虚实机械臂系统开发理论和实践研究等领域的科研与工程技术人员的参考资料,也可作为高等职业院校自动化、机器人、人工智能等相关专业的教学参考书。

图书在版编目(CIP)数据

无人系统智能控制技术与应用 / 刘志林等编著. —
哈尔滨 : 哈尔滨工程大学出版社, 2024.4
ISBN 978-7-5661-4334-1

Ⅰ. ①无… Ⅱ. ①刘… Ⅲ. ①自动控制系统 Ⅳ.
①TP273

中国国家版本馆 CIP 数据核字(2024)第 064146 号

无人系统智能控制技术与应用
WUREN XITONG ZHINENG KONGZHI JISHU YU YINGYONG

选题策划 雷 霞
责任编辑 张 昕
封面设计 李海波

出版发行 哈尔滨工程大学出版社
社　　址 哈尔滨市南岗区南通大街 145 号
邮政编码 150001
发行电话 0451-82519328
传　　真 0451-82519699
经　　销 新华书店
印　　刷 哈尔滨午阳印刷有限公司
开　　本 787 mm×1 092 mm　1/16
印　　张 18.25
字　　数 418 千字
版　　次 2024 年 4 月第 1 版
印　　次 2024 年 4 月第 1 次印刷
书　　号 ISBN 978-7-5661-4334-1
定　　价 88.00 元
http://www.hrbeupress.com
E-mail:heupress@hrbeu.edu.cn

前　言

随着科技的不断发展,无人智能系统作为未来智能化的重要组成部分,已经成为世界各国竞争的新制高点,在社会发展中扮演着越来越重要的角色。无论是以水面无人艇、水下无人航行器为代表的海上无人系统,还是以四旋翼无人机为代表的空中无人系统,或是以无人车和机械臂为代表的陆地无人系统,都在国家迫切需求的大背景下得到了广泛的关注和研究。国务院印发的《新一代人工智能发展规划》明确指出,人工智能发展已经进入新阶段,人机协同、群智开放、自主操控等新特征相继出现,自主智能系统成为人工智能的发展重点,要牢牢把握人工智能发展新阶段国际竞争的战略主动,打造竞争新优势、开拓发展新空间。

由于无人智能系统所处环境复杂多变,同时引起系统自身复杂运动的原因很多,如自身强非线性和自由度之间的高耦合效应,无人智能系统在建模过程中的准确性和复杂性难以平衡。同时,无人智能系统更加强调系统的自主性和智能性,这使得无人智能系统必须具备对周围环境的感知能力和自主决策能力。无人智能系统的自主决策是人工智能领域研究的重点问题,但仍处于发展阶段,特别是在环境因素不确定性下如何有效实现动态自主决策仍然是有待解决的关键问题。无人智能系统的状态信息是通过相应的传感器测量得到的,然而由于存在测量误差和噪声,所测得的数据不能直接用于控制器设计。如何处理传感器测量数据是另一个值得研究的问题。无人智能系统不可避免地需要实时与周围环境或是其他系统进行信息交互,因此避障和避碰也十分重要。近年来,虚拟现实技术在无人智能系统中得到了广泛应用,但仍然存在一些待解决的问题,如通信延时、控制精度低,使其在无人智能系统中的发展和应用还有很大的进步空间。

针对上述无人智能系统存在的问题,本书总结了近年来的研究经验和实践成果,希望能够为从事相关工作的同行和科研人员提供一些参考和帮助。

本书以几种典型的无人智能系统为研究对象,从系统建模、控制、感知、决策及虚拟现实技术的角度,系统介绍了具有自主性和智能性的无人智能系统的理论设计和实现方法,并进行了相应的仿真和实验,以验证所阐述方法的有效性。全书共有 7 章。第 1 章从几种典型无人智能系统的研究现状出发,系统性地分析了无人智能系统已经取得的成果和有待解决的问题。第 2 章以典型的无人艇为研究对象介绍了建模及模型参数辨识方法,并验证了所设计方法的有效性。第 3 章以四旋翼无人机为研究对象,研究了其自主控制与信息融合方法,并给出了控制系统设计实例。第 4 章分析了智能车的自主移动原理和深度学习在智能车上的应用,并验证了设计方法的有效性。第 5 章建立了水下无人航行器的模型,并研究了其运动控制、自主控制原理和任务控制实现,同样给出了验证实例。第 6 章给出了沉浸式模块化机械臂交互实验系统的设计与验证，从理论和实践层面验证了所设计方法的可行性。第 7 章为虚实环境下机械臂远程控制原理与测试，给出了具体的环境搭建和理论分析，最后进行了实物验证。

感谢哈尔滨工程大学智能科学与工程学院、武汉船舶职业技术学院对本书出版所给予的大力支持。本书由刘志林、孟浩、苏丽、吴春芳编著。全书由刘志林负责统稿，孟浩、苏丽、吴春芳负责部分典型应用案例的编写。感谢博士生宋思蒙对全书的校对，感谢博士生马英凯及硕士生凌翔、宾腾、于松民对仿真代码的校核，感谢曾薄文、许德新、吕晓龙、张伟、原新等老师在本书编著过程中给予的支持和帮助。感谢哈尔滨工程大学出版社的大力支持。

由于编著者水平和阶段性成果的局限，书中可能存在一些不妥之处，观迎广大读者和同行批评建议。

编著者

2024 年 1 月

目　录

第1章 绪 论

1.1 无人智能系统研究背景

党的二十大提出:“以国家战略需求为导向,集聚力量进行原创性引领性科技攻关,坚决打赢关键核心技术攻坚战。”在军事智能技术发展的推动下,无人系统将对未来的战争产生不对称和颠覆性的影响,在智能海战中的地位将越来越突出[1]。在2017年国务院发布的《新一代人工智能发展计划》中,无人系统被视为四大研究方向之一。可以看出,无人系统已成为创新国家和世界科技强国的关键领域[2]。本书研究的无人系统可分为以无人水面艇(USV)、水下无人航行器(UUV)等为代表的海上无人系统,以四旋翼无人机为代表的空中无人系统,以智能无人车为代表的陆地无人系统,还有应用广泛的虚实机械臂。

1.1.1 海上无人系统研究背景

海上无人系统作为无人系统的重要组成部分,在未来海上竞争中的地位日益突出,是世界军事强国抢占军事竞争战略制高点的重要载体[2-6]。海上无人系统是指以海洋为活动空间,具有无人化、智能化、自主性等特点的平台设备或应用系统,是现代智能革命的产物。常见的海上无人系统有USV、UUV、水下无人预置系统等。在人工智能技术的支持下,海上无人系统可以执行复杂多样的任务,具有人工设备无法比拟的应用优势。近年来,国内外对海上无人系统的相关设备和技术进行了大量研究,特别是以美国、俄罗斯等为代表的国家,早就加强了对海上无人系统的相关设备、技术和应用部署的研究;虽然中国的相关研究起步较晚,但近年来在海上无人系统的相关设备和技术研发方面进行了大力投资和快速推广。随着设备越来越智能化,海上无人系统将从有人指挥控制向无人系统独立、有人/无人协作、集群网络方向发展。未来,海上无人系统独立和跨域协作能力将得到进一步的发展[3]。

USV具有灵活性大、自动化程度高、人力成本低、可扩展性强、可持续性长的特点,在海洋保护发展和海洋权利保护执法方面具有显著优势,可以承担海洋环境采样监测、海洋数据收集、海洋资源勘探等多样化的海洋作业以及海事搜救、海岸监控、侦察、巡逻等任务[7-9]。无人船舶的开发和部署可以显著降低人力成本,提高人员作业安全性,扩大作业天气窗口,提高作业效率,适应特殊极端的自然环境,这使得其在军民领域表现出了极其重要的应用价值[10-12]。虽然目前船舶自动化水平较高,但船舶的正常运行始终离不开人的参与[13]。即使是无人值班舱,在紧急情况下仍然需要由船员处理。虽然有船舶驾驶辅助卫星导航、电子罗盘、电子航道图和自动舵,但驾驶台尚未完全实现无人化。船舶无人化不仅可以提高船舶的自动化和智能化水平,还可以降低船舶发生事故的风险。据统计,在船舶碰撞事故中,89%~96%的事故可以归因于人本身,原因包括明显的和潜在的[14]。近年来,人工智能和通信传感技术发展迅速，这使得 USV 获得了更多的关注。从用途角度看，USV 研究已经覆盖了军用和内河运输等方面[15]；从方法和技术的角度看，USV 研究主要集中在能源保障、避险、环境感知、路径规划和航迹控制等方面。传统意义上的能够自主航行和船舶端具有无人化航行远程控制能力的船舶都属于 USV 的范畴。因此，与传统船舶相比，USV 的特点归纳如下：

(1)高度智能化：通过自我整合传感器物联网、大数据、移动互联网等技术，无人船可实现智能航行的主航线规划、避碰、目标跟踪等功能。

(2)安全性能较高：即使发生航行事故，也不会造成人员伤亡。同时，无人船配备的远程操作系统可以完成一些预期的任务。

(3)经济性好：由于无人船不需要配备船员，可以省去驾驶台、甲板舱和与日常生活系统相配套的服务设施，减小了船舶的质量，因此不需要强大的动力来驱动。

(4) 应用范围广：载人船在规划航线时需要考虑多种因素，而无人船不需要食品供应，能适应恶劣天气，因此在规划航线时更加灵活。

(5)操纵性好：船体轻，航行时不需要考虑人的驾驶体验，所以其转向、加速和制动性能优于传统船舶。

图 1.1(a)是 C-Enduro 自动无人船，它是由 L3 设计和制造的 USV。该 USV 为海军提供高效的海上数据收集功能，具有安全和态势感知能力。它利用先进的任务规划和航路点导航技术，以低运营成本提供准确的数据集。它可以用作 UUV、遥控潜水器(ROV)和潜艇滑翔机的通信平台。它具有广泛的商业应用范围，例如可用于海洋数据收集、可再生能源调查、海洋建筑支撑、CO_2 监测调查和地震数据采集。该 USV 参加了执行由英国苏格兰国家海洋学中心组织的为期 11 天的海洋科学研究任务。

图 1.1(b)是美国海军陆战队研制的远程无人水面艇(LRUSV)。据报道称：这种 12.5 m 长的无人水面艇可以搭载大量“英雄-120”巡飞弹，其射程近 2 000 km。这款巡飞弹重 12.5 kg，包括一个 4.6 kg 的弹头，最大续航时间为 60 min，控制信号范围为 40 km。它大大提高了美国海军陆战队的作战能力。巡飞弹和多管发射器的结合使它不仅能够执行侦察任务，还能攻击水上船舶、水下潜航器和各种陆地目标。

图 1.1(c)是“华微 6 号”无人船，这是一款大空间、多搭载、超轻便的全碳身自动无人船平台，标准搭载 Norbit 多波束测深系统，集成搭载 iLidar 三维激光扫描仪以完成水上水下一体化三维点云数据采集。它可以搭载 ADCP、多参数水质仪、侧扫声呐等水文、物理勘查设备，以完成复杂任务需求。它还可以一键启动地面站规划航线，航行平稳、速度快，系统兼容性强、可拓展空间大。

图 1.1(d)是 DDG1000 隐身舰艇，它隐身的原因主要是采用了非常光滑的外观和倾斜的侧壁设计，类似于 F-117 隐形战斗机，其优点是减少雷达波的反射和散射，最大限度地减少敌人雷达探测的 RCS 信号反射源，削弱敌人雷达的探测能力。此外，这种形状也有助于减少红外信号源，并降低船舶热能辐射。与传统作战舰艇相比，无人作战舰艇不需要携带人员，因此可以避免对官兵生命安全的威胁，可以在没有人员疲劳、材料供应、生存需求等的情况下，执行高风险任务和进行长期持续战斗。

(a) C-Enduro 自动无人船

(b) 远程无人水面艇

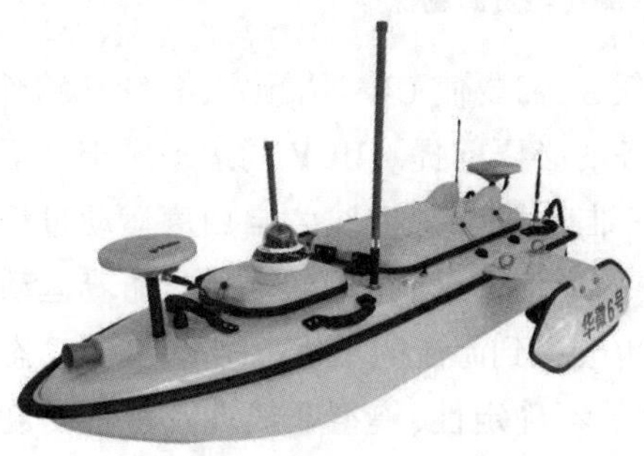

(c)“华微 6 号”无人船

(d) DDG1000 隐身舰艇

图 1.1 无人船

虽然无人船在世界各地的应用领域非常广泛,但仍有许多技术问题有待解决。如在复杂和危险环境的不同操作条件下,无人船的导航和控制功能会受到严重的影响;传感器和制动器的故障会限制无人船的自主性;无人船在通信有限的情况下接收和发送状态与指令将变得不可靠。此外,网络安全、通信和数据稳定性、软件质量等仍旧是无人船研究的难点[2,16-18]。

在过去的 20 年里,与 USV 的发展类似,UUV 的发展也进入了快车道。目前,世界上有数百种 UUV 活跃在海洋科学、海洋工程、水下安全和水下作战等领域[16-19]。常见的 UUV 是以潜艇为主体、以水面船为支撑平台,可以长期在水下独立航行和回收的智能设备,可以配备各种传感器、特殊设备或武器模块,执行特定的任务和使命。当前, 由于其独立性、灵活性和多用途性,UUV 可以代替人在恶劣环境中执行危险的任务。它具有较强的移动性、适应性和生存能力以及无人员伤亡风险、制造维护成本低等优点。UUV 可以根据自主等级分为自主水下航行器(AUV)和遥控水下航行器(ROV)两类。其中,AUV 有自己的能源,采用独立的控制模式,应用范围更广;ROV 通过光电缆连接到母船,接收母船的控制指令和能源供应,应用范围相对有限。本书主要研究内容是无人自主系统,因此,下面提到的 UUV 主要指的是 AUV。

由于 UUV 具备体积、质量小,成本低,灵活度、安全系数高等多方面独特优势,近年来在海洋领域的应用备受关注[20]。UUV 在海洋开发中的应用主要在民用与军用两大领域。在民用领域中,UUV 可通过水下图像采集来执行深海资源调查、海洋生物研究、油气储运探测、失事船只打捞等任务。图 1.2 为 UUV 在水下进行地形测绘与资源勘探。

图 1.2 UUV 在水下进行地形测绘与资源勘探

为确保 UUV 在特定水域环境中顺利执行指定任务,需要使 UUV 沿预定路径精确航行,因此对 UUV 的准确跟踪控制是确保其顺利完成任务的必要前提。UUV 的运动属于水下三维空间运动,其本质是六自由度运动。与 USV 的三维自由运动相比,六自由度运动过程更复杂。海洋环境复杂多变,UUV 在近海环境作业中的运动会受到海浪的影响,随着运动状态和海流环境的变化,其在深海环境作业中的运动也会受到海流的干扰。结合 UUV 动态模型特性,考虑到水动力参数和相关非线性阻尼参数的不确定性、模型非线性及多自由度耦合的特点,UUV 控制器的设计更加困难。

面对复杂未知的海洋环境,自主决策是 UUV 在无人现场控制下完成自主作业的关键保证,也是 UUV 自主能力的关键保证和重要体现。因此,UUV 的自主决策研究具有重要理论价值和工程应用意义。传统的基于模型控制的方法通过对环境建模、环境感知和控制算法来生成决策,进而实现控制任务。实时性是关键指标,模型的建立、感知和决策计算及时性不同步是影响实时性的最大障碍。同样,动力学建模的不准确性也限制了该方法对各种环境的适应性,需要通过精确的感知设备来获取准确的状态信息,这些不利因素将破坏自主控制系统的鲁棒性,甚至使控制系统变得不稳定,最终导致系统实施困难。在这方面,传统的感知和决策控制方法很难实现感知和决策的同步。探索一种简单的自主导航控制策略对优化算法、节约经济成本、提高系统自适应性具有重要意义。

近年来,随着人工智能技术的不断发展,强化学习(RL)逐渐进入人们的视野,被认为是智能决策系统的核心技术之一。随着理论研究的不断深入,应用 RL 技术优化控制器,实现 UUV 在未知环境中的自适应导向控制已成为研究热点之一[21-23]。本书提出的环境感知方法能使环境信息的收集和提取更加准确可靠,基于识别出的 UUV 周围环境中的不利因素,利用 RL 来处理路径规划问题,可以确保 UUV 航行任务顺利完成。毫无疑问,提高 UUV 自主导航的智能水平,使其拥有满足理论上要求的快速、准确的感知能力和动态决策能力,具有重要的现实意义和研究价值。

1.1.2 四旋翼无人机研究背景

近年来,传感技术、信息技术、控制技术和通信技术的快速发展极大地促进了无人机的跨越式发展。无人机不携带操作人员,依靠机载飞行控制系统实时调整飞行姿态,按照预定路线独立飞行,或由无线控制设备接收来自地面控制站的控制进行飞行。无人机的价值在于结合空中平台并扩展其他部件的应用,取代人类完成空中作业。目前,全球无人机发展迅速,正在朝军民融合的方向发展。在军事领域,无人机系统的应用取得了显著的成果,无人作战装备的发展已经进入新阶段,促进了军事变革和战争风格的转变,成为各军事科技强国争夺的战略体系高点。军用无人机的发展需要更先进、更复杂的专业技术产业体系的支持,同时不断创新应用高性能材料、新能源、人工智能、电子信息等领域的前沿技术,牵引新的技术发展方向。在民用领域,无人机系统已经进入不同行业的许多应用场景中,未来世界航空工业将成为其最具活力的应用领域并将孕育大规模的工业应用和产业化[24]。目前,随着各行业自动化和智能化的不断进步,“无人机行业”已经出现在许多领域,如无人机在物流配送[25]、农业植保[26]、森林管理[27]、线路检查[28]、位移测量[29]、灾害监测[30]、交通分析[31]、铁路检查[32]等领域的应用出现了蓬勃发展势头。这些应用的开发符合“中国制造 2025”对无人机发展的需求。同时,无人机在这些领域的技术和经济效益十分明显,它也将为无人机的进一步发展提供工业化的基础和市场化的活力,并不断探索出新的概念场景。未来,无人机将得到更广泛的应用推广,市场前景将进一步扩大。与此同时,无人机将加快社会各行业高度信息化、自动化、智能化的步伐。

无人机根据气动结构,可分为固定翼无人机、多旋翼无人机和无人直升机[33]。其中,无人直升机是结构最复杂的无人飞机,通常这种飞机只由两个主旋翼提供升力,并且需要一个尾翼来抵消主旋翼产生的自旋力。无人直升机虽然能够垂直起降,但其耐久性和载荷相对平庸,复杂的结构设计也增加了操作难度,因此没有受到广泛关注。固定翼无人机在飞行中机翼保持不变,风通过机翼提供升力,因此在起飞和降落时需要助推和滑动跑道,这类无人机续航时间长、飞行效率高、载荷大。多旋翼无人机由多组动力系统组成,电机在动力系统中直接连接螺旋桨,可垂直起降,承载能力好[34],但在续航时间、飞行速度和升限方面没有明显优势。与其他类型的无人机相比,多旋翼无人机的主要特点如下:

(1)与固定翼无人机相比,多旋翼无人机可以在狭窄的空间内悬停和起飞,有着能够侧飞和以其他姿态飞行的优势。多旋翼无人机在复杂的任务环境中对地形的依赖性低于固定翼无人机。

(2)与无人直升机相比,多旋翼无人机机械结构简单,系统稳定性强。

(3)固定翼无人机对空气动力学要求较高,与其不同,多旋翼无人机携带载荷质量限制较少,通用性较强。

(4)多旋翼无人机与船舶、装甲车辆、运输机等设备协同性高,具有垂直起降和低速悬挂的特点。

四旋翼无人机是多旋翼无人机中最常见的机型,机翼通常是“十”字形或 X 形布局。其具有体积和质量小、机械结构简单、组装快、维护方便、使用成本低等特点。同时,四旋翼无人机具有可靠的机动性能、较小的飞行噪声以及能够垂直起降、悬挂等优势。其独特的飞行模式,对现场环境没有特殊要求,可以适应各种恶劣的环境,特别是对于狭窄的空间,能够提高执行灾害救援等特殊任务的效率和可靠性。目前,姿态估计和姿态控制是整个四旋翼无人机系统的核心技术。随着微机电系统(micro-electro mechanical system, MEMS)技术的不断发展,微处理器和惯性测量单元(inertial measurement unit, IMU)器件具有了成本低、体积小、抗干扰性强等优点,这使捷联惯性导航系统(strap-down inertial navigation system,

INS)[34-36]应用范围广泛。四旋翼无人机主要通过IMU获取姿态信息,即通过IMU获取陀螺仪、加速度计或磁力计等传感器数据获取高精度的姿态信息。由于低成本IMU容易受到环境的干扰,因此获取精度高、实时性强的姿态信息是执行四旋翼无人机复杂飞行任务的前提。

然而,四旋翼无人机是一种多输入多输出的欠驱动系统,具有非线性、强耦合、在某些情况下不稳定的特点,经典的控制方法很难获得理想的控制精度。基于先进的控制理念,四旋翼无人机是一个不依赖系统模型的理想研究平台,因此对于四旋翼无人机自主控制的研究热点和重点是提高姿态控制器的控制精度和控制系统的鲁棒性。国内外都已经意识到无人机具有重要的研究和商用价值。例如,德国Microdrones公司于2009年推出MD4-1000商用四旋翼无人机(图1.3),机体采用碳纤维材料和折叠臂设计,大大降低了整机的质量,便于携带;集成了各种高性能传感器,减小了控制器的体积。由于其卓越的性能,MD4系列无人机也受到了军队和警察的青睐[34]。法国Parrot公司最新的Bebop系列四旋翼无人机(图1.4)可飞行60 min,高清摄像头可实现360°全景拍摄,性能在消费级航拍领域是独一无二的。

图1.3 MD4-1000商用四旋翼无人机

图1.4 Bebop系列四旋翼无人机

随着民用、商用等领域对四旋翼无人机需求的快速增长,深圳市大疆创新科技有限公司成为无人机研发、制造和服务型企业的最佳代表。该公司成立于2006年,70%以上的产品销售到100多个国家。大疆无人机包括“精灵”系列(图1.5(a))及用于航拍摄影、地质勘测、智慧农业等领域的“御”系列、“小”系列和用于农业植保的MG系列。广州亿航智能技术有限公司为交通物流、智慧城市、空中媒体等新兴领域提供服务。此外,各种以四旋翼无人机为主的自动驾驶、飞机产品及解决方案,如深圳零度(XIRO)的XPLORER(图1.5(b))、亿航智能的“天鹰”等四旋翼无人机,在不同的应用领域也取得了优异的成绩[37-38]。

综上所述,基于四旋翼无人机的信息融合、姿态解算与控制具有较好的应用前景与价值。本书旨在引导读者快速了解四旋翼无人机的相关原理,并给出了信息融合、姿态解算与控制在四旋翼无人机上的实现方法,进而为更深入的学习打下坚实基础。

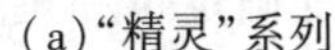

(a)“精灵”系列

(b)XPLORER

图 1.5 两种国内无人机代表

1.1.3 智能无人车研究背景

在科技、政策、需求等多维度的推动下,汽车驾驶模式发生了新一轮的变化,即由驾驶员完全控制到自动导航系统控制,再加上自动导航技术的不断应用,汽车驾驶模式逐渐趋于自动化和智能化。因此,它可以在未知的环境中正常行驶,并具有独立的主导能力。无人车的控制已成为全球研究的热点[39-41]。无人车的本质是使用智能计算机收集并快速处理各种传感器传输的周围环境和自身信息,并将结果传输到执行系统,从而实现无人车自动驾驶和智能控制的功能。无人驾驶也是 21 世纪最雄心勃勃的项目之一,这一领域引入人工智能技术以减少人为操作失误造成的交通事故。目前,许多科技巨头不断进入这一领域:Waymo 公司推出 Robotaxi 为无人车 Waymo One 服务,TuSimple 将无人驾驶技术应用到长途货运领域,百度创建了 Apollo 无人驾驶开放平台,等等。无人车需要高精度路网地图来定位,同时使用地图进行路径规划和导航。因此,路网地图除了要达到厘米级的精度外,还需要包括限速信息、车道线信息和周围环境的描述信息。为了给无人车建立高精度路网地图,需要使用即时定位与地图构建(SLAM)算法。该算法可以利用传感器实时收集环境数据,并计算无人车的相对位置变换结构来完成环境地图的建设。综上所述,要实现无人车的自主性,必须解决定位、施工图和路径规划三个核心问题。因此,自主导航是无人车研究的核心问题之一。

SLAM 算法根据使用的传感器不同,主要分为基于相机和基于雷达两类。前一类算法使用的传感器主要有单目相机、双目相机、深度值相机等[42-44],通过持续拍摄周围环境的照片,提取环境中的关键特征,计算深度信息生成环境地图。后一类算法使用的传感器包括机械激光雷达和固态激光雷达,通过积累点云数据,构建全局点云地图。上述两类算法使用的传感器各有特点。工业摄像机价格低廉,像素达到百万级,可利用环境中丰富的图像信息对周围环境进行建模。但相机拍摄视角有限,无法获得环境中的所有特征。相机也容易受到光线的影响,导致照片出现曝光过多、曝光不足、背光等现象。基于二维图像估计的位置还需要额外计算缺失的尺度信息[45]。与二维图像相比,激光雷达收集的点云中包含的信息更多,点云中的激光点也比图像像素更高。激光雷达在许多应用领域中广受欢迎,因为它能准确、远距离地测量环境,对光的变化不敏感。为了应用到更多的领域,最近激光雷达技术的发展方向集中在降低设备成本,提高运行可靠性上[46-47]。目前,中国有大量制造商进行激光雷达的自主研发，一系列新型固态激光雷达的成功研发正在逐步打破国外制造商的技术垄断。随着雷达中新材料的应用和各种加工工艺的不断出现，汽车级激光雷达的点云密度不断提高。在这种趋势下，高分辨率的图像级固态激光雷达可能会在未来完全改变无人驾驶行业的现有局面。

考虑到人们驾驶车辆信息的90%以上都来自视觉系统，依靠这些信息与周围环境建立关系，基于计算机视觉的交通环境感知技术逐渐成为智能无人车制造商和学者的研究重点。与激光雷达传感器相比，视觉传感器具有信息内容丰富、采样速度快、能耗低、占用空间小、价格低等优点，更有利于智能无人车在驾驶过程中进行准确定位和避障[48]。通过计算机视觉传感器获得的交通标志类别、文本符号和其他图像信息在环境感知中起着至关重要的作用，这是激光雷达信息无法替代的。

随着在图像处理领域的广泛研究和应用，基于视觉的车辆辅助驾驶技术发展迅速。在生产用于高级驾驶辅助的单目视觉产品的制造商中，Mobileye 一直是该领域的领先者。其生产的产品具有较好的环境感知能力，包括许多功能，如碰撞预警、行人碰撞预警、车道偏离预警、距离监测和预警。早期的特斯拉，其视觉环境感知系列产品均采用 ModelS 和 ModelX，可达 L2 级驾驶能力[49]。在中国，国防科技大学开发的红旗 HQ3 汽车首次实现了 286 km 的智能无人车试验。从长沙到武汉的高速智能驾驶试验标志着中国智能无人车研究进入了一个新的阶段。驾驶环境感知是指加入重要交通场景和识别元素，如道路可行区域、交通标志、行人等。早在 20 世纪 80 年代，基于机器学习的目标检测和识别算法在车辆驾驶环境感知领域就有一定的应用，但一般采用传统的图像处理和模式识别技术，将图像阈值化、曲线拟合和图像形态学相结合，对道路可行区域进行识别分割。在交通标志、行人检测和识别领域，一般根据人工特征进行提取并结合点类器模式实现检测和识别，这种算法精度和实时性差，不能为智能驾驶提供良好的决策依据，且由于其鲁棒性和泛化性能差，在使用场景和条件上存在一定的局限性。机器硬件的快速发展和各种深度学习算法的提出，为解决复杂驾驶环境下的视觉感受，提供了新的思路。卷积神经网络（CNN）利用模板卷积图像检测目标，自动提取和学习不同的特征，逐渐成为深度学习的核心力量。

因此，不失一般性，本书详细讲述了基于深度学习的车道线检测和交通标志物识别的智能无人车自主移动方案设计原理和实现，以帮助读者全面系统地了解和把握智能无人车的研究方法和方向。

1.1.4 虚实机械臂研究背景

自 1959 年第一台工业机器人 Unimate 问世[50]以来，机器人就从人们最初的幻想走进了现实中的工业领域；之后随着传感器技术的发展，机器人通过与触觉传感器[51]、压力传感器[52]和视觉传感器[53]等各类传感器的有机结合，进一步拓展了其功能和应用领域。机器人不断融合各种技术，逐渐在人类生产生活中活跃起来。近几年来，随着 5G 人工智能等新兴技术的迅速发展，世界各国为了迎接由人工智能与机器人相结合带来的全球范围的科技变革浪潮，相继出台了重大发展战略，如德国的“工业 4.0”、美国的“工业互联网”、中国的“中国制造 2025”，以及日本的“重振制造业”等，这些政策措施将推动机器人未来应用研究的新一轮发展[54]。

机械臂属于机器人中发展最早的一个分类,前面提到的工业机器人 Unimate 就属于串联机械臂。机械臂的开链结构拥有极高的灵巧度,适合应对许多复杂环境。对机械臂的研究将有助于进一步丰富其应用场景。相对于一般的移动机器人,机械臂通常具有机械结构复杂、强非线性及强耦合等特性。同时,机械臂的发展与应用也不断地结合新兴技术,加上其本身的机械结构,使其整体系统的复杂度与融合度极大提高。对于初学者来说,需要的预备知识多,初次实践上手难度大。

虚拟现实(virtual reality, VR)技术提供了一种全新的查看和操作三维数据的人机交互方式,为用户带来了更加符合直觉的沉浸式交互体验。VR 技术通过计算机设计创建三维虚拟环境,用户经由 VR 设备获取对应虚拟环境的视觉、听觉、触觉等感受,从而与虚拟环境进行面对面的沉浸式交互。而为了构建足够“真实”的三维虚拟环境,3D 仿真平台是不可或缺的,例如 Unity、UE 和 Gazebo。其中,前两者在三维模型外形材质的渲染上有着显著的优势,而 Gazebo 更注重对三维模型物理性质的高度模拟。目前通常采用的 Unity/UE 结合 VR 设备的方案为用户提供逼真的虚拟环境体验,但是其中三维模型的物理性质并未很好地展现出来。

综上所述,机械臂作为一种结合多学科的复杂系统,需要使用者具备足够丰富的相关学科知识,对于初学者而言,快速上手实践难度较大;而 VR 作为一种新型人机交互平台,具有立体直观、便于理解的特点。因此,本书旨在开发一套使初学者易于上手实践的机械臂交互实验系统,使用者通过简明的用户交互软件,能够避免复杂困难的编程步骤,轻松实现对机械臂在笛卡儿坐标系下的运动规划与控制;同时,使用者利用 VR 技术提供的三维立体沉浸式体验,可直观地了解机械臂运动情况,这对于巩固机械臂理论知识,以及进行实际机械臂开发有极大帮助与显著意义。VR 技术的出现,让人们可以不再局限于电视屏幕、手机屏幕、电脑屏幕等二维世界中,还可以为人们提供三维的、更“真切”的虚拟环境体验,并且通过手柄的操作,使人们与虚拟环境的交互具有沉浸性、交互性、多感知性、构想性以及自主性等。大部分用户首次接触 VR 技术都是通过游戏。随着 VR 技术的快速发展,HTC、微软、索尼等科技巨头相继进入该领域,并且成为领域内的佼佼者,推出了 VR 硬件和软件开发平台,例如 HTC 开发的 HTC VIVE Pro,北京小鸟看看开发的 Pico 系列,乐视开发的 LEVR,三星 VR 设备开发的 Gear VR,索尼开发的 PlayStation VR 等。本书应用的是 HTC VIVE Pro 头戴式显示设备及手柄。它的显示系统极具沉浸感,具有清晰流畅的 VR 环境交互能力,以及 90 Hz 的画面显示和大范围空间定位跟踪等特点,让用户可以进行极致的沉浸式体验。

在虚拟环境的构建方案上,考虑实验系统更侧重仿真模型的物理性质,本书采用 Gazebo 结合 VR 设备的独特方案,利用 Gazebo 优秀的物理模拟特性,大幅提高实验系统的物理仿真能力,并在一定程度上丰富了当前 VR 环境的开发场景,对后续 Gazebo 在 VR 中的应用具有一定的启发作用。

1.2 无人智能系统研究现状

近年来,世界各国越来越重视无人智能系统的发展,在作战理念和发展规划的顶层指导下,各国持续加大资金投入和研发力度进行技术攻关,相关装备性能水平不断提高,完成了系统的基本平台和设备开发,并通过演习和演示进行了实际测试。应用程序的逐步迭代升级,提高了设备性能和系统应用能力。下面介绍几种典型的无人智能系统的国内外发展现状,以便读者快速了解技术的当前层次和发展方向。

1.2.1 USV 和 UUV 研究现状

随着物联网、信息技术、人工智能、5G 通信技术的快速发展,数字化、智能化技术不断发展,并与交通领域不断融合,无人驾驶运输工具不断涌现。船舶作为水路运输的主要载体,也朝着无人智能方向发展。智能船舶由于可以减少由人为因素引起的水上事故,增加船舶运输安全,故船舶智能化成为水路运输行业发展的主流趋势。目前,世界各国、船级社和设备制造商正在加快对智能船舶的相关研发。我们如今距国际海事组织(IMO)提出的“E-航海整体架构的第一阶段,即智能船舶具有完全独立的对船用设备和远程状态的监控能力和基于数据分析人的驾驶要求的能力”这一目标还有很长的路要走。在最终投入生产和应用之前,我们需要对由制导、导航、控制(guidance, navigation, control,GNC)等关键技术设计的智能船舶运动控制系统进行充分测试和验证,其中至关重要的环节是构建适用且精度高的船舶运动模型。但由于船舶航行环境复杂多变,船舶自身运动十分复杂,如受强非线性和自由度之间的高耦合效应因素的影响,模型在建模过程中的准确性和复杂性难以平衡[55-57]。

从国内外对船舶运动建模的研究来看,主要的建模方法可以概括为机制建模和识别建模两种[58-63]。对船舶进行建模要基于坚实的数学基础和在对船舶运动特性进行充分分析之后,通过一系列的微分方程来表示船舶运动耦合。但模型复杂且参数数量多,不利于逐一对参数求解。常用于求解机制模型参数的方法包括约束船模试验技术、基于计算流体动力学(CFD)的虚拟约束模型测试技术以及基于三维时域理论的数值计算方法[64]。约束船模试验技术要求具备一系列大型设备和专业操作人员,其经济成本高、流程烦琐。基于计算流体动力学的虚拟约束模型测试技术结果较准确,但计算建模复杂、周期长、成本高。基于三维时域理论的数值计算方法存在一个共同的问题,即缺乏有效、可靠的验证数据。相比之下,基于全尺寸模型的试验系统识别技术设备在进行参数和非参数的自航测试方面有明显的优势。一方面,这种方法只需要在船上进行移动轨迹和数据测量,投资较小,有很好的成本效益和令人满意的识别结果;另一方面,该方法可应用于实船,以避免尺度效应。

经典的系统识别方法发展较早,应用于科研理论、工程实践等领域,其中以极大似然法、频率响应法、最小二乘法等方法应用最广泛,尤其是最小二乘法。金钟三[65]和辛元欧等[66]使用最小二乘法及其改进算法在模型中识别了测量回旋指数 K 和应舵指数 T。Caccia 等用最小二乘法识别了 USV 的螺旋桨速度、前进速度与推力角与、转头角之间的数学模型[67];陈玮琪等在最小二乘法的基础上用智能优化算法识别了航行体的水动力参数[68];

Sotnikova 采用最小二乘法对船舶非线性转向模型参数进行了识别[69]；祝慧颖对最小二乘法和随机梯度算法在数据样本少的情况下辨识效果不好的缺点进行改进，受多信息系统辨识和非线性反馈控制理论启发，基于原有最小二乘法和随机梯度算法，将信息用正弦函数进行处理，提出了一种基于正弦函数非线性信息处理的船舶模型参数辨识算法[70]。最初，船舶的水动力导数是用极大似然法识别出来的。Blanke 等建立了连续离散非线性递归预测误差的方法，基于集装箱船的自由航行数据识别了非线性船舶转向模型参数[71]。

通过上述主流建模方法构建的船舶运动模型主要有 Abkowitz 整体模型、MMG 分离模型、Fossen 矩阵向量形式模型、Nomoto 模型。Nomoto 模型用于船舶运动控制器设计具有明显的优势：在低频范围内，其频谱和高级模型的频谱有着非常高的相似性，同时设计的控制器阶级低，容易实现。因此本书重点对 USV 的 Nomoto 模型参数的识别开展研究和实船实验。USV 的 Nomoto 模型采用系统识别方法构建，除了需要明确模型结构外，还需要进行模型参数识别。在模型验证过程中，通常使用一些定量指标，如均方根误差（RMS）确定模型参数，将测试数据和已识别模型的预测结果进行比较。同时，本书研究的另一个重点为航迹跟踪控制问题，通过操舵来改变无人艇的航向，进而控制无人艇的运动轨迹，实现航迹跟踪。控制过程中没有速度闭环，只开环设定恒定航速。本书对水动力模型进行了相应的简化，只考虑舵角对无人艇的影响，且不考虑推力装置对无人艇的作用，获得了结构简单、易于计算的操纵性响应模型。操纵性响应模型通过无人艇的回转实验和 Z 形实验来获得参数，且识别方便准确，所以十分适合 USV 的航迹跟踪控制及其控制器的设计。

UUV 作为海洋开发利用和海洋安全保障的重要技术手段，是建设海洋强国不可或缺的装备，是海上竞争中的有力武器。UUV 在民用领域的主要用途是海洋资源勘察、海底地形测绘、水文信息测量等；在军事领域的主要用途是目标侦察、情报收集、水雷战、反潜战等。对于 UUV 的研究也已经有了许多的研究成果。Aguiar 等针对一类欠驱动自主航行器的位置跟踪问题，利用 Lyapunov 原理实现全局指数收敛的轨迹跟踪控制器[72]。该控制器可广泛应用于各种类型的参考轨迹跟踪控制。然而，由于只考虑航行器的位置信息，该控制器无法完成航行器的速度和姿态的精确控制，导致航行器运动控制执行机构经常出现饱和，姿态存在较大偏差。Park 等提出了基于量化状态反馈的欠驱动水面舰艇鲁棒轨迹跟踪方法，误差曲面在规定时间内都保持在预选的性能函数内[73]。Lefeber 等设计了一种简单的状态反馈控制法，并证明它能使跟踪误差动态全局指数稳定[74]。Do 等针对欠驱动 UUV 水平轨迹跟踪问题，以 Lyapunov 直接法和反步法为基础，提出了输出反馈的轨迹跟踪控制器，实现欠驱动 UUV 全局逐渐接近稳定水平轨迹跟踪[75]。

Bechlioulis 等提出了一种光滑的轨迹跟踪控制策略，以解决运动参数未知的鱼雷形欠驱动 UUV 轨迹跟踪问题；理论上，欠驱动自由度的运动稳定性不会影响轨迹跟踪控制器作用下整个轨迹跟踪控制系统的稳定性[76]。Do 发表了一系列关于 One - step ahead Backsteping 控制方法的文章，利用 Lyapunov 稳定性理论研究了欠驱动全向智能导航器（全方位智能导航仪，ODIN）的三维轨迹跟踪问题，证明控制器作用下的轨迹跟踪误差可以逐渐收敛到原点[77]。Harmouche 等基于饱和控制方法，提出了欠驱动 USV 的全局状态反馈轨迹跟踪控制方法；该控制器可以确保航行器的运动控制执行机构始终在有界条件下工作，避免饱和，并确保轨迹跟踪误差收敛[78]。基于非线性采样控制理论，Katayama 等研究了欠驱动 USV 的直线轨迹跟踪控制,同时考虑了状态反馈和输出反馈;提出了基于 Euler 近似模型的全局渐近稳定状态反馈轨迹跟踪控制器和降级状态观测器;然后,综合考虑它们的组合,可以获得几乎半全局一致的渐近稳定输出反馈轨迹跟踪控制器[79]。Sahu 等提出了一种基于理想状态依赖回归矩阵的自适应轨迹跟踪控制器,以解决参数不确定性的 UUV 轨迹跟踪问题,该控制器可以在小误差下实现 UUV 的三维轨迹跟踪[80]。

Bi 等在速度对流可测条件下开展欠驱动 UUV 的水平轨迹跟踪控制研究;利用海流观测器和反步法,设计出对恒定未知海流具有鲁棒性的全局 K 指数稳定的轨迹跟踪控制器[81]。Bi 等利用非奇异坐标变换将航行器的水平轨迹跟踪误差方程转换为级联形式;然后分别采用反馈线性化和模糊滑模控制方法使两个子系统保持稳定,在外部干扰和参数不确定性条件下,实现欠驱动 UUV 的水平轨迹跟踪[82]。另外,毕凤阳等在控制输入有限的情况下,基于反步法和模糊滑模控制方法,设计水平轨迹跟踪控制器,用于解决在参数不确定和存在外部扰动情况下的控制问题[83]。Xia 等利用非奇异终端滑模控制研究了 USV 的直线轨迹跟踪控制;这种控制策略是基于输出重定义和非奇异终端滑模控制方法给出的[84]。高剑等采用级联控制和反步法研究了欠驱动 UUV 的水平轨迹跟踪控制,提出了全局一致、渐近稳定的轨迹跟踪控制器[85]。Zhang 等利用 Lyapunov 直接法和反步法提出了一种部分状态反馈轨迹跟踪控制器,跟踪欠驱动 USV 的轨迹。首先,轨迹跟踪通过引入非奇异坐标变换将跟踪误差方程转换为级联形式,并使用指数收敛状态观测器估计不可测航行器速度;然后实现 USV 的轨迹跟踪控制[86]。

综上所述,随着控制技术的发展,各种先进的控制方法被相继应用。国内外的参考文献中主要采用以下控制方法来实现深海潜水器的运动控制:PID 自适应控制、滑模控制方法、反步控制方法、鲁棒控制方法。UUV 是一种具有强非线性参数、在未知复杂的海洋环境中运行的不确定系统,一旦发生事故,可能造成巨大的财产损失。设计水下航行器控制系统面临的主要困难是系统模型具有高度非线性,时变、流体动力学参数不确定,多变量、强耦合、随机扰动流量大等特点。PID 控制器由于结构、参数调节简单,其性能在很多场合都是可以接受的,所以 PID 自适应控制仍然是水下航行器研发和操作人员广泛使用的方法[87]。因此,本书为了满足实际需要,主要研究用 PID 控制器实现 UUV 的姿态控制,旨在为读者未来实践指引方向和提供理论基础。

从无人系统的定义来看,自主性是无人系统自我管理能力的体现。自主性等级是自我管理能力的量化标准,其与人机交互的信息量成反比,当无人系统处于遥控状态时,系统完全由外部控制,人机交互的信息量最大;相反,当无人系统处于完全独立的状态时,人机交互的信息量最小。自主决策通常关注如何在不确定的复杂环境中获得最大的预期效用,进行理性地决策。一个合理的自主决策模式可以帮助决策者系统地考虑自己的状态和条件、自身偏好和环境不确定性,明确表示变量之间的关系。在相应的约束条件下,通过计算推理和预期效用来进行决策。国外关于自主决策方法的研究成果很多,包括无人车或无人机的决策方法研究,这些研究成果对 UUV 自主决策研究具有一定的参考价值。例如,针对自主车辆的实时决策问题,澳大利亚学者 Andrei Furda 为了使位于城市道路交通环节的自主车辆做出适当的驾驶决策,提出了一种使用 Petri 网络和多准则决策(MCDM)的实时决策解决方案。方案侧重从一组策略中选择最合适的驾驶策略,在此过程中,构建了整体控制系统架构,然后制定任务分解方法,测试结果证实 MCDM 方法在所研究领域具有决策灵活性和可伸缩性等优势。

针对不确定运动环境下的动态障碍,哈尔滨工程大学的张伟提出了一种基于碰撞的动态障碍的动态避碰法,这是一种风险评估和改进速度障碍的方法。首先,通过前视声呐数据的集成和优化,减少数据冗余,获取障碍物的位置、大小和速度信息,为下一步避免碰撞提供准确的决策依据。其次,根据障碍物与 UUV 避碰所需的最短时间和最小距离,构建了碰撞风险评估模型,筛选了避免碰撞的主要障碍物。最后,基于改进的速度障碍信息,建立了优化目标函数的速度集,并利用 UUV 运动特性计算可实现的速度集。在速度集中搜索 UUV 的最佳碰撞速度,计算相应的航向和速度,并将其输入到运动控制模块。

从以上分析可以看出,无人系统的决策是人工智能领域研究的重点问题,这个问题已成为专家系统、智能决策、智能行为选择和协调决策领域的中心问题。无人系统的决策环境通常是动态变化、复杂和不确定的,难以有效地表达和准确处理。从上述研究来看,大多为无人系统的避碰决策、故障决策和优化路径决策等,所采用的研究方法大致有:模糊 Petri 网络、多标准决策、DBN、专家系统、对策论、影响图法等。模糊 Petri 网络无法解决属性隶属度不确定的问题;专家系统技术成熟,易于实现,但适应性差,当条件变化时易导致系统故障。DBN 可以表示多变量间的复杂关系,但在环境信息不确定的情况下处理决策问题的效果并不理想。影响图法适应性强,决策效果在环境信息不确定的情况下也比较好。有时需要将多种方法结合起来使用,决策效果会更理想。

无人系统的自主决策方法研究仍处于发展阶段,特别是在环境信息不确定的情况下如何有效实现动态自主决策已成为研究热点。本书基于上述研究现状,为解决 UUV 的自主决策,将大量信息和知识存储在数据库和知识库中,通过自主学习问题处理系统,利用一定的问题处理规则和方法对问题进行分析、判断、推理、决定等,引导 UUV 产生合适问题解(路径规划)。

1.2.2 四旋翼无人机研究现状

由于分布式旋翼飞机的难控性能和单旋翼直升机的成熟技术,在过去的十年里,单旋翼直升机得到了大力发展,分布式旋翼飞机的发展出现了短暂的空白期。直到 21 世纪初,随着新材料、高性能芯片、MEMS 传感器和计算机技术的发展,微型多旋翼飞机慢慢进入了人们的研究范围,短短十年相关技术就取得了巨大的进步。代表性的研究团队、机构和相关成果有澳大利亚 Mahony 团队,宾夕法尼亚大学 GRASP 实验室,斯坦福 STARMACI 测试平台、苏黎世联邦理工学院 OS419120 无人机等[88-90]。中国在这方面的研究起步较晚,主要研究机构代表为浙江大学、北京航空航天大学、哈尔滨工业大学、国防科技大学、清华大学等[91-95]。随着研究的深入,基于 Lyapunov 原理,人们提出了能够实现自稳飞行的反步控制方法[96-99]。

与此同时,德国 Microdrones 无人机公司生产的 MD4 系列无人机在商业领域取得了巨大成功。2004 年法国 Parot 无人机公司开展了 AR. Drone 项目,致力于开拓大众视频游戏和家庭娱乐市场。2010 年,该公司推出小型四旋翼无人机 AR. Drone。该无人机由移动终端设备远程控制,叶片外围增加的环形泡沫保护圈大大提高了安全性能[100]。Gabriel 研发了斯坦福 STARMAC 测试平台，以此为基础开发了四旋翼无人机并验证室外自主飞行算法的有效性。飞机搭载台湾 PC104 计算机、低成本 IMU、GPS 超声波等传感器完成轨迹跟踪、航迹规划等任务[101]。STARMAC 平台利用扩展卡尔曼滤波算法，以线性二次型调节器（LQR）为内环的姿态控制器，可以实现四旋翼在室内外复杂的环境中飞行。该平台通过蓝牙模块将数据传输到地面站，实现实时任务飞行和信息传输。苏黎世联邦理工学院 ASL 实验室 Bouabdallah 设计了 OS4 四旋翼无人机验证非线性控制算法，Bouabdallah 为 OS4 设计了五种控制器进行算法验证：第一种非线性控制器是基于 Lyapunov 函数设计的，主要用于姿态控制；第二种和第三种非线性控制器是基于反步法设计的；第四种和第五种非线性控制器是典型的 PID 和简化动力学的 LQ 控制器[102-105]。由苏黎世联邦理工学院 Andrea 教授设计的四旋翼无人机可以在 Vicion 系统下规划任务，并且可以放置倒立摆，倒立摆可以绕支点旋转 50°，在螺旋桨断裂损坏的情况下，该四旋翼无人机仍能稳定飞行，具有较强的鲁棒性。

国内在多旋翼无人机相关技术领域的研究起步相对较晚，但在诸多高校、研究机构及民营企业的不懈努力与探索下，依旧取得了许多出色的研究成果。如深圳市大疆创新科技有限公司在 2012 年发布的“精灵”四旋翼一体机，具备一定的机体载重和抗风扰能力，风靡于运动拍摄市场。广州市星翼电子科技有限公司推出的 MiniFly 微型四轴飞行器，支持用户自主选择定高、手动、4D 空翻、抛飞、定点等飞行模式，适用于研究人员进行后续二次开发。2019 年，零零科技发布了 V 型双旋翼无人机 Falcon（“猎鹰”），首创采用双旋翼的设计，改变了传统四旋翼无人机的产品形态，在续航方面取得了突破。2019 年极飞科技发布的 P 系列农用植保无人机，在农用无人机领域的应用取得了很大的进展，具有重要意义。此外，哈尔滨工程大学、浙江大学、南京航空航天大学等国内许多大学已投入到四旋翼无人机各技术领域的研究中，成果斐然。2005 年第二届中国空中机器人大赛（ARCC），旋翼组的浙江大学“玉泉之翼”翼式飞机在无人驾驶的情况下首次在空中悬停 1 min。“玉泉之翼”的出现为国内旋翼飞机的发展奠定了理论和实践基础[106]。哈尔滨工业大学通过简化其数学模型建立了四旋翼无人机模型，设计的基于精确的非线性模型的 H∞ 回路控制器可实现四旋翼无人机稳定飞行[107]。2007 年，国防科技大学机器人实验室制定了 Quad-Rotor 计划，研究自主飞行四旋翼无人机，为四旋翼无人机设计基于灵活的静态存储器控制器（FSMC）的姿态控制器，效果良好。哈尔滨工程大学的无人机团队开发了世界上第一架油动直驱多旋翼无人机“TM-1 号”。其控制器采用非线性模型参考自适应控制（MRAC）设计，具有较强的鲁棒性和自适应性。“TM-1 号”以汽油发动机为动力，自重 60 kg，载重 50 kg，满载续航时间 50 min，解决了电动多旋翼载荷小、续航时间短的问题，为大载重、长航时多旋翼无人机研究奠定了理论和实践基础。

由上述国内外多旋翼无人机的研究现状可知，四旋翼无人机工程技术的发展已经具有许多研究成果和知识储备。四旋翼无人机研究作为一个交叉综合课题，涉及材料、机械、电子、通信等许多学科，可以肯定的是，随着四旋翼无人机的广泛推广和应用，对四旋翼无人机自身位置等状态的感知精度和控制系统的稳定性要求将越来越高。四旋翼无人机的稳定控制除了需要具有可靠的硬件设计和布局外，还需要具有准确、可靠的位置信息以及具有较强抗干扰能力的控制策略。其关键技术可以简单概括为多源传感器误差校正补偿技术、姿态解算技术和飞行控制策略设计。在无人机投入使用之前，为了获得更准确的传感器原始数据并为多源传感器信息的校正补偿做好合作准备,首先需要为无人机配备 MEMS。

刘伟等对加速度计进行了更高精度的校正,但使用的精密仪器成本高,具有局限性[108]。陈剑等采用无须转台的快速校正方法,完成加速度计校正补偿,但后者需要粗校正和精确校正,比较烦琐[109]。Mou 介绍了基础光纤陀螺仪(FOG)基于倾斜传感器的误差情况,阐述了测角原理和倾斜传感器的原理。通过模拟分析和误差分析,设计了传感器的补偿方案[110]。

加速度计等传感器获得的测量数据,不能直接用于控制器设计,测量数据需要在时间轴上对齐,构建系统所需的状态和测量方程,之后再选择合适的优化估计理论来优化状态预测量和观测量,以获得状态变量的最佳估计值[111]。因此,在误差校正后的惯性测量过程中,低成本 MEMS 传感器仍存在偏移或噪声干扰等问题。为了获得更准确的位置信息,合理选择多传感器信息的集成模式尤为重要。线性互补滤波算法是利用不同传感器在不同频率段测量相同物理值的互补关系,通过数学操作获得所需物理量高精度测量值的方法。许多学者已经对此进行了验证。如,裴优典设计了基于线性互补滤波器算法的姿态解决方案。互补滤波器算法可以显著降低处理器的速度和精度要求,有效整合低成本 IMU 的传感器数据,实现小型四旋翼无人机的高精度姿态解决方案[112]。郭晓鸿等实现了基于加速度计与陀螺仪的传感器数据集成,实验证明了线性互补滤波算法可用于实现姿态角的最优估计[113]。线性互补滤波器算法的优势在于不需要考虑传感器噪声的模型,实现较为简单,但实际应用时,线性互补滤波器截止频率较难确定,且当受较大噪声影响时,滤波可能失败。因此通常以线性互补滤波方法为基础,对传感器数据误差向量引入 PI 控制,构成显示互补滤波器,即 Mahony 互补滤波方法[114-115]。徐恩松等的实验表明,针对无人机姿态信息获取,基于 Mahony 互补滤波算法的姿态解算效果良好,可提高实际应用中姿态信息获取的精度[116]。互补滤波算法虽然能得到相对准确、抗噪、不漂移的姿态数据,但是其参数需要手动调整大小,为达到满足要求的滤波效果,需要多次调整测试,十分不便,且鲁棒性不足。为了便于实际应用,本书采用由 Kalman 提出的卡尔曼滤波算法,用于信息融合。由于具有较高的预测精度,该算法也被广泛应用于惯性传感器的信息集成,而且由于可将干扰噪声从数据序列中排除,其适用于对不断变化的复杂系统的最佳估计[117]。

1.2.3 智能无人车研究现状

中国的自动驾驶研究水平有一定的发展。在国内无人车领域,前沿的技术研发企业和学校有百度、国防科技大学,开发了许多关于无人车的产品。如红旗 HQ3 无人车,它由国防科技大学自主研发,2011 年 7 月首次测试取得了多项优异成绩,甚至达到世界先进水平[118],如在复杂环境识别、智能决策和控制等方面突破技术壁垒。2020 年,国产无人车在延崇进行高速公路测试,结果不负众望,取得圆满成功。随着相关技术的不断突破,毫无疑问,新的政策支持成为无人车未来发展的有效推动力。目前,美德在无人车研发领域长期处于技术前沿。这是因为与国内相比,国外无人车的技术研发开始更早。大约在 1970 年,一些发达国,如美国,就开始探索无人车技术。1980 年,美国提出了自主地面车辆(ALV)计划,该 ALV 可以在校园场景中独立驾驶,但速度较慢。从 1980 年底到 1990 年初,各国对无人车的研究重点逐步向民用车辆辅助驾驶转变。

欧洲的无人车研究也蓬勃发展。最著名的研究团队包括意大利帕尔马大学无人车团队、德国卡尔斯鲁厄理工学院(KIT)无人车团队、德国柏林自由大学无人车团队和英国牛津大学无人车团队。与其他团队相比,意大利帕尔马大学无人车团队的技术特点是不使用激光雷达而使用计算机视觉技术。2010 年,该团队两辆无人车行驶 1 300 km,完成了从意大利到中国的行驶。2007 年 7 月,帕尔马大学 BRAiVE 团队成功完成了在各种驾驶环境下的实车测试。KIT 无人车团队通过与奔驰合作开发无人车,于 2013 年在德国南部完成行程超过 100 km 的测试。与其他无人车相比,该车的特点是未使用激光雷达,使用的是传感器和三维相机,利用激光扫描仪观察并实时对无人车周围环境进行 3D 建模。另外,该无人车甚至还能够利用激光扫描仪辨识多种路标,如红绿灯、交通标线等,然后通过车载计算机对 GPS 和激光扫描仪的数据进行组合和分析,再向无人车驾驶系统发送相应命令,从而实现在遵守交通规则前提下的安全自主驾驶。2014 年,谷歌公司推出 Driverless, 它通过车载传感器来识别物体、道路状况等,从而保证车辆随时避开物体,实现安全驾驶。在无人车自主驾驶过程中也离不开一些先进技术的不断创新,例如利用先进自动化技术,无人车可以实现灵活挡位转换、加速,甚至是倒车入库。利用热门的 AI 技术,无人车可以在复杂多变的场景下躲避障碍物等,从容行驶。为了促进团队之间的沟通,提高我国无人车的发展水平,自 2009 年以来,由国家自然科学基金委员会等单位联合举办了十二届“中国智能车未来挑战赛”。比赛吸引了大量国内一流无人车研究团队的积极参与,大大提高了我国无人车的发展水平。从近几年的赛事安排可以看出,比赛对无人车智能化的要求越来越高。在第一届的比赛中,仅测试无人车的基本性能,主要包括基本驾驶性能测试,交通标志、车道线路、红绿灯检测,避障等评估项目。在综合测试中,要求车辆在特定线路上完成特定的动作测试。在第二届比赛中,测试项目增加了锥桶引导曲线路径测试、独立驾驶和独立停车,进一步提高了对车辆的感知能力和自主决策能力的要求。在随后的几届比赛中,比赛项目的设置越来越接近真实的驾驶环境,对车辆在真实驾驶环境中的驾驶能力提出了更高的要求:设置城市环境、农村道路环境两种驾驶模式,测试车辆在不同驾驶模式下的性能。同时针对典型的驾驶环境场景,通过设置不同的测试项目,逐步完善对无人车的特定驾驶能力要求。这些测试项目包括动态障碍物干扰、施工绕行、U-TURN、行人避让、路口通行、终点停车等。在驾驶过程中,车辆需要了解其局部环境中各个区域的可通行性,这需要通过在三维环境中对各要素进行建模来实现。三维环境因素主要包括道路边界和道路动态障碍。由道路边界确定可通行区和不可通行区,由道路动态障碍确定在可通行区中的避让区,两者构建的基础是障碍物格栅图。因此,首先,要进行道路分割,区分路面点和障碍物点,构建障碍物格栅图。在理想情况下,当激光雷达测量点投射在路面上时,由于 Velodyne 是一种旋转激光雷达,点云呈同心圆形分布。但这些点不是障碍物点,而是车辆可以行驶的路面,因此在构建障碍物格栅图时,必须过滤掉这些路面点。由于车身的震动,这些同心圆环含有大量的 T 噪声,影响点云的局部特征结构而造成障碍物点虚检或漏检,给道路分割带来挑战。其次,道路边界不仅是无人驾驶环境中最重要的交通要素,同时也是区分道路内外障碍物的关键。因此,有必要在道路分割的基础上检测道路边界。最后,有必要对道路内的障碍物进行静态特性和动态特性检测建模,反映局部环境中各区域的碰撞风险。

自 1989 年 Lubin 等首次将机器学习理论应用于交通标志检测以来,基于计算机视觉交通标志检测研究逐渐受到专家学者的广泛关注。其中,作为机器学习的代表性算法,HOG特征和SVM分类器结合,在交通标志检测任务中获得较好效果。首先,通过颜色特征获得交通标志的初始兴趣区域,然后在其窗口内获得交通标志,再用SVM分类器检测和分类HOG特征。Jung-Guk等[119]通过Gabor滤波器提取标志特征,用SVM分类器进行检测。Wang等[120]结合SVM分类器和LDA训练HOG特征,并在德国GTSDB数据集中获得了优异的检测精度。为了进一步提高SVM分类器的检测性能,Sugiharto等[121]提出了基于HOG特征和对多个简单的二值化SVM分类器进行等级检测结构的金字塔HOG特征方法来检测相同形状的交通标志。Liu等[122]通过并联多个不同的级联分类器实现了各种类型的交通标志检测任务。Jagannathan等[123]提出了一种基于金字塔HOG特征的Adaboost集成检测算法,可在嵌入式设备中实现低功耗检测。此外,遗传计算方法作为机器学习的另一种代表性技术,也应用于交通标志检测领域,Kobayashi等[124]提出了基于自适应亮度校正和遗传算法的交通标志检测模型。

近年来,人们利用机器学习,使计算机自动学习图像特征,并结合分类器进行分类,该方法逐渐受到高度关注。其中,神经网络作为深度学习的代表性算法广泛用于交通标志分类领域。Chen等[125]将检测到的交通标志样本尺寸统一为32×32,采用多层感知网络进行训练,整个网络分为4层,共设置了10种不同类型的输出,整个网络获得了良好的识别精度。Rong等[126]在Chen等研究的基础上,以图像的所有像素为特征,利用多层感知分类器训练每个交通标志,并将所有分类器分级,以实现各种交通标志的识别。这种算法原理简单,但由于每个样本的特征维度较大,网络收敛缓慢,训练集的较小变化也会导致网络需求的重新培训,需要人工经验来确定网络层数和隐藏层参数,导致识别精度低,无法满足实际要求。事实上,车道线识别本质上是一种分割问题,目前针对车道线识别有边缘检测、颜色阈值、透视变换,结合CNN、SCNN、SegNet等深度神经网络的方法,鉴于竞赛条件下赛道为单一色彩(黄色)车道线,其特征并不复杂,所以本书无人车采用颜色阈值结合CNN的方法实现车道线检测。

1.2.4 虚实机械臂研究现状

VR技术起源于美国,最早可以追溯到20世纪40年代。在此期间,VR技术主要应用于美军对飞行员和宇航员的模拟训练,以增强培训效果和降低培训成本。

在80年代,美国为了搭建一个VR训练系统平台,一个名叫“虚拟行星探索”的实验项目正式启动。VR技术在美国航空航天局(NASA)、美国国防部(DOD)的研究中得到广泛应用,包括太空探索、紧急情况应对、训练和战争模拟等多个领域。研究成果不仅推动了VR技术的发展,也为完成NASA和DOD的任务提供了强有力的支撑。至今NASA已经建立了一套完善的有关航空航天、卫星运维以及空间站运维的VR训练系统。这套系统模拟了太空工作空间,帮助宇航员适应太空环境,大大提高了安全性,为宇航员进入太空前的训练提供了很大帮助。此外VR系统也应用在了教育方面,用于建立可供全国使用的VR教育系统。

VR系统同样也被用于制造运输机的工业领域。波音公司开发了自己的VR系统,用于无纸化设计和制造运输机。该系统将虚拟环境与车间的真实环境叠加在一起,演示加工流程。这会使整个加工流程变得更加清晰，而立体显示待加工的运输机零件，也增强了工人加工工件时的体验感，提高了工作效率。该项 VR 应用实例主要目的是引导技术人员熟悉工件加工流程。

荷兰国家应用科学院(TNO)的物理电子实验室开发了一套训练和模拟系统，采用 VR 技术来提高仿真效果。该系统通过改进人机界面，使用户能够完全沉浸在模拟环境中，达到更好的训练效果。该系统利用 VR 技术来模拟各种场景和情境，例如火灾、地震等紧急情况，以及机器人操作和维护、飞行模拟，等。用户可以在 VR 场景中进行训练和模拟，从而提高实践中的应对能力和技能水平。

为了提高仿真效果，该系统采用了改进的人机界面设计，包括头戴式显示器、手套式控制器等，使用户仿佛身临其境，能够更加自然地和虚拟环境进行交互。

日本也很早就开始开发 VR 技术，在建立大规模 VR 知识库和 VR 游戏方面成果显著。东京大学的高级科学研究中心致力于研究远程控制技术，所研究的项目旨在通过可控制的远程摄像系统和随动机械臂，实现用户对远程工作的控制。这项技术的应用范围广泛，可以用于危险环境下的操作、太空探索等领域。

此外，该研究中心还开发出一种嗅觉模拟器，这是由日本奈良先端科学技术大学研究生院教授千原国宏领导的研究组在 2004 年开发出来的。这种嗅觉模拟器可以将虚拟空间中的气味通过设备呈现出来，用户可以在虚拟环境中感知真实的气味。

这种嗅觉模拟器的工作原理是将气味的分子挥发出来，并通过电极传输到设备中，再通过喷嘴将气味释放出来。用户只需要将设备放在鼻子附近，就可以有真实的气味感受。

这种嗅觉模拟器的应用也非常广泛，可以用于 VR 游戏、医学诊断、食品工业等多个领域。通过这种模拟器，用户可以在虚拟环境中感受到真实的气味，进一步提高 VR 技术的仿真效果。

IBM、麻省理工学院(MIT)和 Heartport 公司合作研发了“达芬奇”手术机器人(图 1.6)，此款机器人综合应用了 VR 技术、人机交互技术以及远程控制技术。“达芬奇”手术机器人主要由三大模块构成，即医用操作台模块、机械臂控制模块、三维成像模块，每个模块间都有数据的交互和严密的逻辑关系。该机器人运用了多种技术手段，如三维成像技术、远程通信技术等。

通过采集医护人员手术时的动作信息和触觉信息，远程通信系统将数据传输给操作器的末端执行器，远程控制手术操作。三维成像模块通过 VR 技术将手术画面呈现在医护人员眼前，医护人员能实时看清远程手术场景。“达芬奇”手术机器人有多个系统模块，各个模块之间有大量的信息需要交互和操作，为了降低在远程控制过程中的时间延迟，系统使用信息间的实时交互和末端执行器快速执行操作的技术，可见机械臂的精确控制能力也成了手术成功的关键，对其要求极其苛刻，主要通过控制系统和控制算法的优异性能来实现。

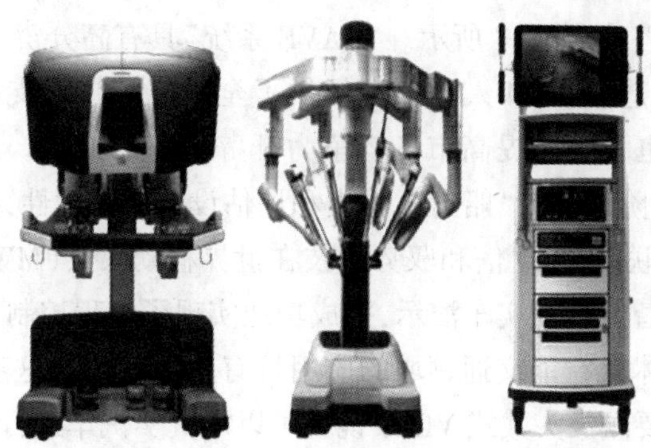

图 1.6 "达芬奇"手术机器人

VR 技术的发展对我国经济和社会的发展具有重要意义,可以促进传统产业的升级和转型,也可以为新兴产业的发展提供支持。因此,我国在 VR 技术的研究和应用方面还有很大的发展空间和潜力。

"九五"计划、国家自然科学基金委员会、国家高技术研究发展计划将 VR 技术列为重点研究项目,表明了我国对 VR 技术研究和应用的高度重视。在此背景下,许多科研机构和高校开始致力于 VR 技术的研究和应用,并取得了一些显著的研究成果。以清华大学为例,其国家光盘工程研究中心利用 QuickTime 技术,成功搭建了布达拉宫的虚拟场景,实现了大全景 VR 系统。这种系统可以让用户仿佛置身于真实的布达拉宫之中,身临其境地感受震撼。哈尔滨工业大学计算机系在 VR 技术领域取得了突出成果,成功地合成了特定人脸图像,解决了表情合成和唇动合成技术问题,并且还研究人在说话时的手势和头部动作、语音和语调的同步等问题,以提高虚拟人物的逼真程度。这些成果对于 VR 技术的发展和应用具有重要意义。

国内 VR 技术发展较晚,但是在以国内快速发展的计算机相关技术为基础及在国家《工业和信息化部关于加快推进虚拟现实产业发展的指导意见》等一系列相关政策推动的大背景下,国内 VR 技术快速发展并取得了一些成果。北京字节跳动科技有限公司推出的虚拟现实眼镜 PICO4[127]实现了该类型设备的轻量化设计,为使用者提供了更为轻松便捷的 VR 体验。

江苏科技大学的黄磊[128]设计实现了基于 VR 技术的水下机械臂模拟操纵与主从操纵系统,大大地降低了水下机械臂的操作训练成本。陈铁权[129]设计了由计算机、VR 系统、传感器系统、通信系统和执行器系统组成的采摘机器人,通过 VR 技术构造基于实际空间位置的虚拟环境,实现了基于 VR 技术的可避障、定位精准、采摘效果好的采摘机器人。

VR 技术在我国已经广泛应用于城市规划、教育培训、文物保护、医疗、房地产、互联网、勘探测绘、生产制造和航天等许多重要领域。例如,在城市规划领域,虚拟现实技术可以模拟城市的建筑、交通等情况,帮助规划者更好地了解城市的发展状况和预测未来趋势。在医疗领域,VR 技术可以帮助医生进行手术模拟和培训,提高手术成功率,为患者生命安全提供保障。在文物保护领域,VR 技术可以让人们更加真实地感受到文物的历史和文化价值。在生产制造领域,VR 技术可以帮助企业进行产品设计和优化生产流程,提高企业的效率和竞争力。2017 年 8 月中国船舶重工集团有限公司设计出船舶行业首个沉浸式 VR 系统,其名为“CAVE 系统”,如图 1.7 所示。“CAVE 系统”具有高分辨率、完全沉浸式、多人协同等优点。它为船舶制造、维修和人员培训提供了全方位的技术支持,提高了工作人员的技术水平和工作效率,也为企业提高市场竞争力开辟了新的途径。设计人员、用户和建造厂技术人员可以在设计阶段进入“船内”,检查和评估设计的合理性,并提出改进意见。

2018 年 6 月,中国联通、爱立信和驭势科技在世界移动大会(MWC)上海期间共同展示了国内首个 5G 超远程智能驾驶实车演示,并成功地实现了远程控制,如图 1.8(a)所示。这项成果对于实现 5G 技术在智能交通领域的应用具有重要意义。这项技术结合了 VR 和远程控制技术,用户只需要佩戴头戴式 VR 眼镜就可以对真实汽车进行远程控制,使其在不同的场景中完成多种动作,如转弯、加速和制动等。如图 1.8(b)所示,该技术的核心是利用卫星定位和传感器采集车辆的位置和姿态信息,然后将这些信息传输到监控人员的操作界面。监控人员通过分析和判断这些信息,并发出相关指令来调整车辆的运动姿态,使其按照预定的路线行驶。这种实时远程控制技术在智能交通领域有着广泛的应用前景。这项技术的成功预示未来人们可以通过远程控制技术来驾驶汽车,实现更加智能、高效和安全的交通出行方式。此外,这项技术还可用于远程控制无人机、机器人等设备,提升企业的生产效率和安全性。

图 1.7 虚拟船厂交互仿真实验部分场景

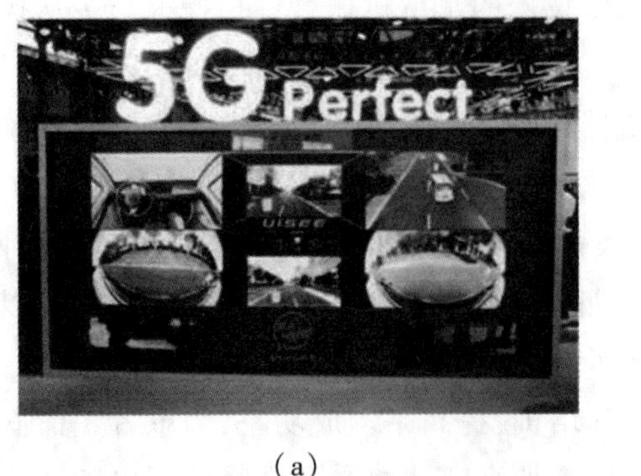

(a)

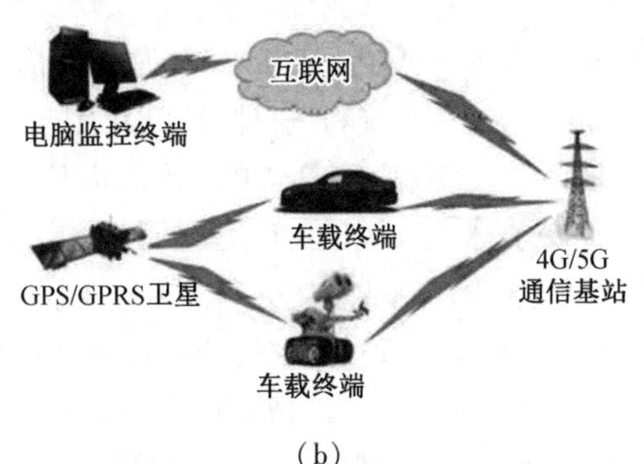

(b)

图 1.8 5G 超远程智能驾驶

5G 技术的到来也促进了医疗技术的快速发展,其网速更快,延迟时间更短。2021 年,华为、中国移动、中国人民解放军总医院联手成功完成了全球首例 5G 远程人体手术,如图 1.9 所示。

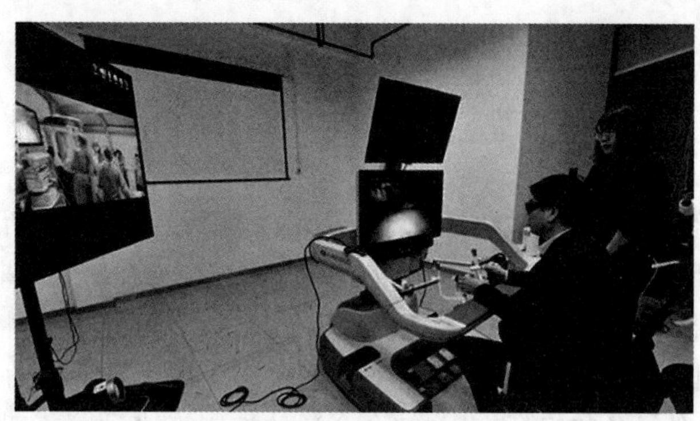

图 1.9　5G 远程手术

本书通过机器人控制系统综合实现模块化六自由度机械臂的运动控制,并结合支持精准运动追踪的 VIVE 系列 VR 设备,设计研究了支持沉浸式联动仿真的机械臂实验系统,丰富了机械臂与 VR 联合技术在实验和仿真中的应用场景,有助于提高机械臂这类复杂系统的沉浸式教学效果。

第2章 无人艇智能系统设计

2.1 引　　言

近五年内,以“智能革命”为主题的技术变革正深刻改变着人类生活的方方面面。得益于计算机技术的长足发展,人类发明了各种以计算机为核心的,性能越来越强、功能越来越多的芯片、模块、仪器。这些芯片、模块、仪器单独使用时只能解决某一特定问题,但是如果将它们组合起来,则能解决各种特别复杂的问题,实现各种综合性的功能。这一应用首先出现在航天领域,各种设备的组合应用,结合合适的控制算法,人类实现了航空航天、载人航天、登月等多个目标。随后这些技术迅速普及,从各种电子设备到工业机器人等,一直发展到近几年的无人车、无人机等。然而,这一“智能革命”在无人艇领域的应用却不是很多,而且已有的应用也大多还停留在辅助人进行无人艇驾驶控制阶段。

文艺复兴和大航海时代世界各地联系起来,各个地区、国家之间的贸易空前繁荣,人类社会经济文化的摩天大楼应声而起。这一浪潮的余热一直延续到今天,而这一浪潮的载体就是无人艇。无人艇一直是大宗贸易的主要载体,就算在航空业如此发达的当今社会也是如此。同时,相比于陆地,海洋有着种类更多、总量更大的自然资源,种种原因使海洋权益成为各个国家力争的核心权益之一。美国作为世界第一大国,凭借其海军实力,享有全球最大的海洋权益,为本国带来了巨大的利益。中国作为一个长海岸线国家,经济社会急速发展,势必需要发展海军力量,维护自己应有的海洋权益。而一个国家的海军力量主要体现在所装备的舰船上。所以无论在军用还是民用领域,对无人艇的需求一直都很迫切。

但是由于对无人艇的需求大多都比较传统,在有人参与的情况下,配以各种设备就能满足基本需求,更明确地说就是当前无人艇的自动化水平虽然较高,但是还不够“智能”,大部分系统只是起到一个数据采集和汇总显示的作用,具体而专业的控制还是以人为主导。现代无人艇虽然配备了电子海图、GPS、高精度定位定向仪、智能罗经、声呐雷达等设备,可以进行自动打舵等辅助操控,但并没有从真正意义上彻底排除人的因素,还是需要由人一直参与控制。无人艇的无人化不仅能提高无人艇的整体性能,使无人艇更加“智能”,应用面更广,还能减少人为因素导致的事故,增加无人艇的安全性。据相关资料,89%~96%的无人艇安全事故都是直接或间接地由人为因素引起的。所以无人艇无人化,或者去人操作化是当今研究的趋势。然而目前业界大部分无人艇无人化研究还停留在仿真实验阶段。而且尽管各种新算法一直不断被提出,但是应用在实船上的却寥寥无几。此外,由于一般的实体船的体型都非常巨大,制造成本非常高,需要特殊的实验场地,不利于无人化的实验研究,所以研究实体无人艇的缩放版或者和实体无人艇操纵性能相同的无人艇就非常有意义和价值。

水面无人艇一般泛指各种无人在艇上操作的水面舰艇,近年来受到世界各国关注,应用也越来越广泛。图 2.1 所示为常见的水面无人艇。无人艇的应用主要包括军用和民用两大方面。在军用方面,无人艇可以装备各种作战设备仪器,通过运输载具进行远程投放作业,也可在基地直接近岸投放,进行作战保护、火力支援。具体应用有扫雷、清除障碍、战术欺骗、战斗掩护、战场评估(BDA)、火力打击、演习和标靶,等等。在民用方面,无人艇可以搭载各种传感器、数据采集设备以及操作设备,在目标水域投放,进行各种功能作业。具体应用有水文监测、水域测绘、污染物清扫、打捞、渔业作业,等等。由于无人艇通常工作在空气和水两种介质的交界处,因此功能和技术指标同其他无人设备区别很大。在功能方面,无人艇需要兼具无人机和无人潜器的优势,可以跨介质实现空气中和水下的各种功能。在技术指标方面,无人艇比无人机有着更长的续航时间、更大的有效载荷,并且可以搭载水下传感器;但在速度、航程、自主性方面则稍逊一筹。而相比水下潜器,水面无人艇则有更长的续航时间和航程、更大的载荷和推力,以及更快的速度,并且能部署水上多种传感器,且通信质量好、距离远,可无线化。但在隐身方面,水面无人艇不及水下潜器,且无法部署深层水下传感器。

(a) (b) (c) (d)

图 2.1 常见的水面无人艇

无人艇的常用工况环境十分复杂,通常都有各种障碍物,同时还受到风、浪、流及其他水上航行器的影响,所以无人艇控制技术需要非常高的自主性,其各项性能要求也与其他无人设备有很大差异。目前业界在基于多传感器融合的基础上,通过抽象无人艇需求任务的物理模型,已经提出了多种无人艇自主控制算法。但是绝大部分研究还是停留在仿真层面,或者小船模层面,无法验证实际海况下的自主控制系统性能。另外,由于无人艇自主控制的复杂性和多变性,目前要想完全实现自主控制是不现实的,在某些极端的情况下,仍然需要由人来做决断。同时由于在某些功能上,无人艇就是为人提供情报,用于分析的,所以也需要与人进行一定的交互。

2.2 无人艇分类

2.2.1 军用无人艇

目前无人艇已经成为一个越来越热门的发展方向。在军用方面,由于无人艇不需要人员随同,所以在执行战术侦察、排雷排险等高危任务时有其独特的优势;在民用方面,无人艇能缩减人员支出费用,代替人进行重复性大、精确性高的任务。所以世界各国的许多机构都在军用和民用领域对无人艇进行了广泛的探索。根据相关资料,目前世界上研究、应用的无人艇类型有 90 种左右,其中处于研发阶段的约有 25 种,已经投入使用的约有 65 种。这些无人艇大部分是为了满足军事作战需要而设计的,主要用来执行信息采集、布雷排雷、常规打击、侦察预警等任务。

在军用方面,无人艇的主要研究力量是美国及其同盟国家,其中水平较高的代表有美国和以色列,主要的研发单位包括军火供应商、学校实验室以及军方科研单位等,并以军火供应商为主。军用无人艇的研究主要集中在自主化水平、技术成熟度(TRL)、隐身、高速、有效载荷等方面。在技术成熟度方面,大部分水面无人艇都为 TRL6 或者 TRL7,即在实船上测试了无人艇的组件和模型。在平台大小方面,大部分水面无人艇都构建于中小型平台,因为中小型平台制造成本低、试验易用性高,且大部分都采用模块化设计,在实际使用时,方便根据需求进行扩大。由于无人艇之间任务差别大,所以其航速和隐身性差别也很大,都是根据实际任务需求来设定的。目前世界上比较先进的水面无人艇列举于表 2.1 中。

表 2.1 世界上比较先进的水面无人艇

代号	艇名	制造单位	制造国	代号	艇名	制造单位	制造国
A	ACTUV	DARPA	美国	N	Rodeur	Sirenha	法国
B	ASW-USV	威拉德海事公司	美国	O	SARPAL	国际潜艇工程公司	加拿大
C	AutoCat	MITAUV 实验室	美国	P	哨兵	AAC/Brunswick	美国
D	通用 USV	AAI 德事隆集团	美国	Q	银色马林鱼	埃尔比特公司	以色列
E	旗鱼	DCNS	法国	R	SPICE	海上系统司令部	美国
F	FAST	阿特拉斯电子	英国	S	黄貂鱼	埃尔比特公司	以色列
G	检察员 Mk1	ECA	法国	T	UISS	俄勒冈钢铁厂	美国
H	检察员 Mk2	ECA	法国	U	U-Ranger	Calzoni/L3	美国
I	Mako	梅吉特训练系统	加拿大	V	USSV-HS	海事应用物理公司	美国
J	MUSCL	NSWC	美国	W	USSV-HTF	海事应用物理公司	美国
K	水虎鱼	Zyvex	美国	X	维纳斯	ST 电子	新加坡
L	莱茵金属-USV	莱茵金属公司	德国	Y	X-3 Trimaran	海港楼公司	美国
M	RMMV	洛马公司	美国				

从表中可以看到,在无人艇研究制造方面,美国占据着绝对优势。美国作为世界军事实力最强的国家,其海军实力也是世界最强的。美国海军一直大量投资发展无人艇技术,将先进的无人艇配备给海军的各个兵种以执行多种作战任务。

美国的军用无人艇应用可以追溯到二战时期,当时美军通过遥控配备有机枪和火炮的无人艇来实施远程攻击。1946 年美国进行了代号为“十字路行动”的核爆炸试验,并用无人艇取样试验区域的水源,监测核爆后水源的放射性情况。在 1960 年左右的对越战争中,美军遥控无人艇执行远程扫雷的作战任务。之后,美军建立了反水雷舰艇系统,该系统采用母船子船合作排雷的方式,其中的子船就广泛使用了无人艇。到了 1990 年前后,美军开始研发更高性能的无人艇,其中较为典型的为“Roboski 号”喷水推进无人艇,该无人艇具有自主防御的功能,可以搭载多种特种传感器,可执行机密任务。通过对这些高性能无人艇进行编队和协同控制,美军在沿海组建了具有作战能力的无人艇分队。同一时期,美国 PEOLMW 计划执行办公室主导研发了半自动化的无人艇,该无人艇设计航速高、续航时间长,且通过模块化设计,可以进行功能选择和切换。艇上搭载有 ARPA 雷达、高清图像采集器、声音采集器、水深仪以及各种温度的红外风速测量器等。

图 2.2 所示为美国“幽灵船”,图 2.3 所示为美国“隐形巡航无人艇”。

图 2.2　美国“幽灵船”

图 2.3　美国“隐形巡航无人艇”

进入 21 世纪后,2002 年美国海军水下作战中心联合公司又发起了代号为 SPARTANSCOUTUSV 的联合项目,该项目致力于将最新技术应用到水面无人艇上,提高无人艇的额定航速,使无人艇模块化可重构,能同时执行多种任务,具有一定的半自主性。2003 年法国和新加坡也加入此项目。同时该项目的某一机器人方向的成员小组还研发了无人艇通用平台,提高了无人艇控制系统的泛用性。该平台侧重提高无人艇的有效载荷以及自主航行能力。针对无人艇的发展方向及具体规划,美国海军某办公室于 2007 年发布了“海军无人艇总体规划”。该规划针对无人艇的发展,主要阐述了以下两点:

①水面无人艇的发展以满足海军的需求为主要方向;

②发展过程和结果须满足“2020 年军事结构转变目标”。

该规划同时还表明了军队需要进一步提高无人艇的自主化水平,减轻人的工作量,提高无人艇的性能,并对无人艇的军事任务做了如下概括:

①排雷排险;

②防御反击潜水艇;

③海洋安全保障；

④水面常规战争和特种战争；

⑤电子对抗战争；

⑥特殊海洋任务。

以色列也是在军用无人艇技术上比较领先的国家之一，国际知名的 PROTECTOR 系列无人艇就是由其研发的。该艇隐身性能很强，能代替作战人员执行一些特种任务，有效减少了作战人员面临的风险。PROTECTOR 系列无人艇大都采用遥控的操控方式，其最大航速为 40 节，目前大量应用于美国海军和新加坡军队。该系列的“保护者号”如图 2.4 所示。以色列研发的另一款知名的中型无人艇为 Silver Marlin，又称“银色马林鱼”（图 2.5）。该艇实现了自动航行功能，能进行远程遥控和监控。此外它还具备简单的自动避碰功能，可以避开较大的静态障碍物，且能装备多种传感器和战斗系统，因此它可以执行多种作战任务，如护卫、排雷、援救、反恐，等等。

图 2.4 “保护者号”无人艇

图 2.5 以色列“银色马林鱼”无人艇

2.2.2 民用无人艇

除了军用方面，各国在民用无人艇方面也进行了广泛的研究。民用无人艇主要应用在水文检测、气象监测等非复杂领域。美国的 UOV 集团研发了具有超长续航时间的无人艇，该艇采用太阳能和风能作为混合能，可进行动力回收，所以理论航行时间无限长。该艇被用于海洋数据收集和测量等。1990 年左右，美国 Navtec 公司研发了喷水推进的水面无人艇，代号 Owl MKII。相比于之前的无人艇，该艇的有效载荷显著增大，隐蔽性极大增强，且能够实时采集图像和探测侧方声呐。2005 年以色列 Elbit 公司研发了一艘代号为 Stingary 的水面无人艇，又称“黄貂鱼号”水面无人艇。该艇体型较小、隐蔽性好，同时改进应用了无人机中大量的成熟技术，能进行自主巡查，能识别海岸的特定目标，甚至能进行一定程度的电子对抗。美国 Liquid Robotics 公司研制了名为“波浪滑翔机”（Wave Glider）的水面无人艇，该艇于 2011 年 11 月在太平洋行驶了约 59 500 km，通过搭载的相关测绘仪器进行了海洋测绘，并将实时采集的数据发送给 Google Earth。

通过上文的介绍我们可以看到世界范围内的无人艇研究主要集中在军事应用方面，且无人艇主要扮演着搭载传感器协同人员或者其他设备工作的角色，协同形式多数为遥控，自主性较弱。水面无人艇的自主性通常按表 2.2 进行分级。

表 2.2　水面无人艇自主性分级

级别	自主性描述
0	无自主性(全部依赖远程控制)
1	初级半自主性(可自主航行,但不能避障)
2	半自主性(可自主航行及避障)
3	高级半自主性(能避障且寻到最优路径)
4	适应多种环境的自主性(配合应用实现丰富功能)
5	不区别环境的完全自主性(近似于人的自主)

根据上表,目前大部分的无人艇自主性还处于级别 0 或者级别 1 阶段,所以研究水面无人艇的自主控制就显得十分迫切和必要。

2.2.3　国内无人艇发展现状

与国外发达国家比较,我国水面无人艇的研究发展起步较晚,无论是理论研究,还是应用建造,都与国外发达国家有着极大的差距,特别是在军用领域。在军用领域,由于国内自身薄弱的技术积累以及其他国家的技术封锁,水面无人艇的发展应用非常缓慢。但是在民用领域,水面无人艇的发展则非常迅速,已经大量制造应用了自主性 0 级的无人艇,并正研究探索自主性 1 级的无人艇。

国内第一艘能进行真正意义上的工程应用的水面无人艇为“天象 1 号”,它是由沈阳航天新光集团有限公司于 2008 年研制成功的。随后,该艇在 2008 年北京奥运会青岛奥帆赛中,通过搭载的传感器,监测赛场的水文和气象信息,为比赛提供保障服务。“天象 1 号”艇长 6.5 m,搭载设备大部分集中于“集成电子桅杆”。其自主控制系统由两部分组成:一部分是艇上监控执行系统;另一部分则是岸基综合控制系统。整个控制系统集成了简单的智能驾驶、图传及图像处理、雷达、卫星应用等功能。2013 年,上海大学成功主导研制了国内第一条水面无人测量艇[22],命名为“精海号”。相较于“天象 1 号”,其自主性提高了一级,并且扩展了丰富的功能,主要实现了遥控、自主航行以及简单障碍物规避等功能。通过搭载的测深仪、声呐、多普勒流测量仪等传感器,“精海号”可以进行测深、前视和侧扫声呐探测及流体速度方向测量等海洋多要素综合测量。

近两年,以珠海云洲智能科技股份有限公司为代表的企业推出了民用级产品“全自动无人采样艇”(图 2.6),产品已在国内广泛销售应用。其最具代表性的产品为 ES30 应急采样监测无人艇。它的最大连续航行时间为 6 h,最高时速为 26 kn;集成了 3G/GPRS 通信技术、超声波障碍检测技术、自动导航技术以及机器人操控技术;采用了网络化管理模式,可以进行自主航行,自主避碰。国内还有许多以开发测绘设备为主的公司研制具有该行业特性的无人艇,例如广州中海达卫星导航技术股份有限公司、上海华测导航技术股份有限公司(图 2.7 所示为其研制的“华微 5 号”)等。这些公司研制的无人艇设备大都具有级别 0 的自主性,有些初步具有级别 1 的自主性,可以进行遥控操作,能进行简单的直线航迹自主航行,但自主航行效果受环境影响大,且基本没有局部避障功能。无人艇艇身设计为方便搭载、更换各种测绘设备的结构。无人艇主要执行的任务是进行海洋测绘、水文监测等。

图 2.6　M75 系列巡逻搜救无人艇

图 2.7　“华微 5 号”

可以看出，目前国内水面无人艇在民用领域的发展是十分迅速的，在结构设计、制造生产、自主控制以及组合功能等方面和国外已差距不大。但在军用领域，无人艇几乎没有大量的实际应用，大多是军方和研究所以及高校的合作研究，且处于探索阶段。这主要是因为我国海军原本起步较晚，加之国内无人艇的技术虽然能满足民用的需求，但是还达不到军用的精度要求，因此无法得到大规模应用。

纵观国内外无人艇的发展现状，军用无人艇的发展在各个领域遥遥领先，民用无人艇则在水文、气象、测绘领域快速发展。目前大部分的无人艇自主性级别都不高，处于级别 1 阶段，可以实现遥控、自主航行和避障等功能。国外由于技术封锁，暂时还不清楚最突出水面无人艇自主航行和避障的实现原理。根据相关资料，国内水面无人艇的实船自主航行主要是通过 PID 算法实现，期望航迹距离长，精度要求不高。避障算法则是简单的 if-else 切换模式，或者是基于人工势场法的全局避障，还有模型复杂的局部避障法，但是物理不可实现。实际上国内水面无人艇自主航行的理论研究是很多的，有许多高级的控制算法，但由于实船环境的特殊性和复杂性，这些理论难以应用于实船。而且目前国内一艘无人艇的制造成本仍然偏高，许多研究者并没有用真实的无人艇来进行研究。所以本书针对以上问题，依托项目平台，研究了水面无人艇的设计搭建，验证了基于 *KT* 方程的 LMI 模型预测控制算法在实船环境下的可行性，为国内无人艇自主化研究打下一些基础。

2.3　无人艇控制模型

控制的最本质的核心就是模型。控制模型在水面无人艇控制中扮演着重要角色，模型的准确度和复杂度直接影响着控制的性能和效果。所以对于水面无人艇控制系统设计，如何较为精确地抽象出相应控制问题的合适的控制模型便是最首要的任务。对于控制模型，不仅要求其精度高，能准确反映控制问题的特质，还要求其能进行相应的物理实现。这一研究领域，现在许多控制模型的准确度都很高，但是其中有很多不可物理获得的状态量，即状态量不可测或者测量误差很大，这就大大限制了控制模型的应用，而往往只能通过软件仿真来验证可行性。此外，由于现代控制学和计算机是密不可分的，几乎全部的控制问题都是通过计算机实时求解并发送控制量给操作机构来实现的，所以这也要求我们在抽象控制模型的时候,考虑模型计算的复杂程度。如果模型计算复杂度太大,那么就会导致模型的实时性差,控制效率低下,增加控制成本,甚至由于复杂度超出设备性能的上限,导致物理不可实现。所以针对上述这些问题,本书根据学界已有的一些水面无人艇自主控制模型,优化抽象出了适合实船控制的控制模型。该模型能准确描述水面无人艇的操纵机理,同时也足够精练,便于实船计算,为后续章节研究解决水面无人艇高级控制问题奠定了基础。

2.4　无人艇运动坐标系

水面无人艇通常采用造船师和轮机工程师协会(The Society of Naval Architects and Marine Engineers,SNAME)发布的水面航行器通用标准以及符号来描述其在水域中的六自由度运动,该标准主要定义了地球固联坐标系(earth-fixed frame)和无人艇随动坐标系(body-fixed frame)。二者相互正交,且都为右手直角坐标系。相关定义如图 2.8 所示。

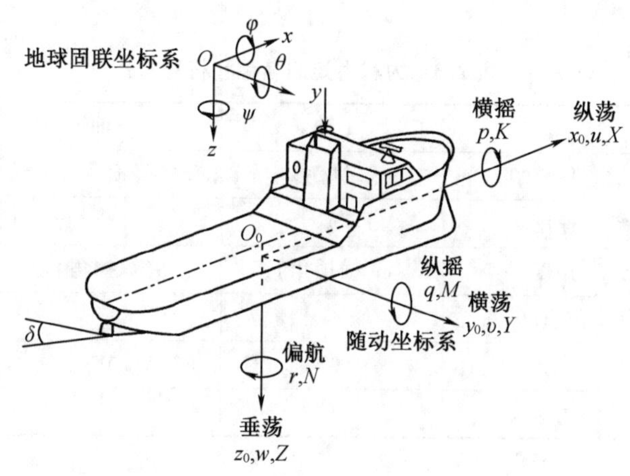

图 2.8　无人艇六自由度运动坐标系定义

2.4.1　地球固联坐标系

图 2.8 所示的地球固联坐标系 $O-xyz$ 又称定坐标系。O_0 为地球表面的定点,是人为选择的坐标系原点,一般取为 $t=0$ 时无人艇重心 G 所在的点。Ox 轴处于静水平面内,指向无人艇运动的方向。Oy 轴与 Ox 轴垂直,并在静水平面内按右手直角坐标系原则由 Ox 轴顺时针转动 90°得到。Oz 轴垂直于静水平面,正方向指向地球中心。

通常无人艇在水面上的运动是受地球自转影响的,但是由于影响程度特别微弱,可以忽略,所以,可以认为地球固联坐标系 $O-xyz$ 为右手直角惯性坐标系。在地球固联坐标系中描述水面航行器设备十分直接方便,所以本书用地球固联坐标系 $O-xyz$ 来描述水面无人艇的位置及航向角,从而建立水面无人艇的运动学方程。

2.4.2 无人艇随动坐标系

图 2.8 所示的无人艇随动坐标系 $O_0-x_0y_0z_0$ 又称动坐标系。其原点为 O_0，可以为船体上的任意一点，通常选为无人艇重心 G 所在的点。O_0x_0 轴垂直于船体中心点的横剖面，方向为船首方向。O_0y_0 轴垂直于船体中心点的横剖面，方向指向船的右舷。O_0z_0 轴则在纵剖面内指向龙骨，并垂直于水线面。根据无人艇随动坐标系的定义，可知其只有在无人艇匀速直线运动时为惯性坐标系，其他情况都是非惯性的。

和地球固联坐标系 $O-xyz$ 不同，无人艇随动坐标系 $O_0-x_0y_0z_0$ 更加适合描述无人艇自身的状态，所以通常用无人艇随动坐标系来表示水面无人艇的水动力相关的变量，以此建立水面无人艇的动力学方程。

2.4.3 坐标系中变量名称及符号

国际拖曳水池会议(International Towxing Tank Conference, ITTC)建议用表 2.3 所示的符号来表示坐标系中的变量。

表 2.3 力和力矩的名称和符号

运动		x 轴	y 轴	z 轴
直线	位移	x(纵荡)	y(横荡)	z(垂荡)
	速度	u	v	w
旋转	角度	φ(横摇角)	θ(纵摇角)	ψ(艏摇角)
	角速度	p	q	r
作用力	力	X	Y	Z
	力矩	K	M	N

2.5 无人艇运动方程和水动力分析

2.5.1 无人艇水平面运动方程

无人艇在水域中航行时可视为流体中六自由度的复杂刚体运动。其完整的非线性描述方程非常复杂，包含了许多无人艇状态量的高阶导数项，且这些项的水动力系数几乎不可能获得，又会根据船型的不同而有大幅的变化，根本无法建立精确的模型。所以这一模型无法应用于控制器仿真或者实船实验，只能作为表征无人艇物理特性使用。为了进行控制器设计并将其应用到实船上，我们必须简化该模型，获得一个方便计算且能精确表征无人艇运动特性的模型，该模型考虑了实际问题的具体特性，通常称为水面无人艇标准运动模型(standard model for ocean vessels)。

本书使用由贾欣乐提出的基于平野模型的三自由度数学模型，具体表达式如下：

$$\begin{cases}(m+m_x)\dot{u}-(m+m_y)vr=X_P+X_H+X_W\\(m+m_y)\dot{v}+(m+m_x)ur=Y_P+Y_H+Y_W\\(I_{zz}+J_{zz})\dot{r}=N_P+N_H+N_W\end{cases}\tag{2-1}$$

式中　m——无人艇的质量；

m_x、m_y——无人艇在 x 轴和 y 轴上的附加质量；

u、v、r——无人艇的纵荡速度、横荡速度和艏摇角速度；

X_P、Y_P、N_P——推进装置提供的力和力矩；

X_H、Y_H、N_H——表征无人艇水动力特征的力和力矩；

X_W、Y_W、N_W——受风浪流等外界干扰引发的力和力矩；

I_{zz}——绕随体坐标系 z 轴的惯性矩；

J_{zz}——附加惯性矩。

该模型针对无人艇航迹跟踪问题，充分考虑了无人艇的转艏运动、横荡运动以及纵荡运动，忽略了无人艇的横摇、纵摇和垂荡运动。这样就将六自由度高度非线性的模型简化成了三自由度模型，同时还能对航迹跟踪问题进行精准描述。

2.5.2　无人艇水动力分析

无人艇的三自由度数学模型虽然形式相对简单，但是仍然含有一些需要计算的水动力参数。其中附加质量 m_x、m_y 和附加惯性矩 J_{zz} 可以通过解斯托克斯方程获得。X_H、Y_H、N_H 则可以由以下公式获得：

$$\begin{cases}X_H=X_{uu}u|u|+X_{vr}vr+X_{vv}v^2+X_{rr}r^2\\Y_H=Y_{H0}(v,r)+Y_{H1}(v,r,\varphi)\\N_H=N_{H0}(v,r)+N_{H1}(v,r,\varphi)-Y_H\cdot x_G\end{cases}\tag{2-2}$$

式中　$X_{uu}=-\rho S(C_f+C_r+\Delta C)/2$，其中 S 为无人艇浸入水中的面积，C_r、C_f、ΔC 为与阻力相关的系数，ρ 为水的密度；

X_{vv}、X_{vr}、X_{rr}——无人艇纵向上水动力参数的导数；

Y_{H0}、N_{H0}——不考虑横倾时无人艇受到的流体动力和力矩，且有

$$\begin{cases}Y_{H0}=Y_v v+Y_r r+Y_{vv}v|v|+Y_{vr}|v|r+Y_{rr}r|r|\\N_{H0}=N_v v+N_r r+N_{vvr}v^2r+N_{vrr}vr^2+N_{rr}r|r|\end{cases}\tag{2-3}$$

Y_{H1}、N_{H1}——考虑横倾时需要添加的横向力和力矩，且有

$$\begin{cases}Y_{H1}(v,r,\varphi)=0\\N_{H1}(v,r,\varphi)=N_\varphi\varphi+N_{v\varphi}v|\varphi|+N_{r\varphi}r|\varphi|\end{cases}\tag{2-4}$$

以上各式中的参数系数都可以通过流体力学软件 CFD 根据具体的船型参数计算获得。

2.6 无人艇舵机模型

本书舵机模型采用一阶惯性模型,模型表达式如下:

$$\dot{\delta}=K_{\mathrm{E}}(\delta_{\mathrm{R}}-\delta)/T_{\mathrm{E}} \tag{2-5}$$

式中 δ——舵角;

δ_{R}——设定舵角;

K_{E}——增益系数;

T_{E}——舵机时间常数,一般取1。

由于转舵机构的物理特性限制,舵角 δ 的幅度和变化速率都是有范围的,所以有 $|\delta|\leqslant 35°$, $|\dot{\delta}|\leqslant 15°/\mathrm{s}$。

2.7 无人艇操纵响应方程

本书的研究侧重点为航迹跟踪控制问题,出发点为通过操舵来改变无人艇的航向,进而控制无人艇的运动轨迹,实现航迹跟踪控制。控制过程中没有速度闭环,只开环设定恒定航速。本书只考虑舵角对无人艇的影响,且不考虑推力装置对无人艇的作用,从而获得了结构简单、易于计算的操纵性响应模型。操纵性响应模型中的参数可以通过无人艇的回转实验和稳定性实验(Z形实验)来获得,辨识方便准确,十分适合水面无人艇的航迹跟踪控制及其控制器的设计。

将式(2-2)~(2-4)代入式(2-1)中整理得到:

$$\begin{cases}(m+m_x)\dot{u}=(m+m_y)vr+X_{uu}u|u|+X_{vr}vr+X_{vv}v^2+X_{rr}r^2+X_{\mathrm{P}}+X_{\mathrm{W}}\\(m+m_y)\dot{v}=-(m+m_x)ur+Y_vv+Y_rr+Y_{vv}v|v|+Y_{rr}r|r|+Y_{vr}|v|r+Y_{\mathrm{P}}+Y_{\mathrm{W}}\\(I_{zz}+J_{zz})\dot{r}=N_vv+N_rr+N_{vvr}v^2r+N_{vrr}vr^2+N_{rr}r|r|+N_{\mathrm{H1}}-Y_{\mathrm{H}}x_{\mathrm{G}}+N_{\mathrm{P}}+N_{\mathrm{W}}\end{cases} \tag{2-6}$$

由于外界干扰十分复杂且难以准确测量,所以为了简化模型,我们将干扰项 X_{W}、Y_{W} 和 N_{W} 予以忽略。同时由于横倾附加的横向力矩项 N_{H1} 相对于式中的其他量,量级太小,所以也不予考虑。水动力力矩 N_vv 为无人艇斜拖实验参数,通常包括了惯性力矩 $(m_x-m_y)uv$,为了进一步简化模型,可以将 $(m_x-m_y)u$ 项单独列出,从而得到:

$$\begin{cases}(m+m_x)\dot{u}=(m+m_y)vr+X_{uu}u|u|+X_{vr}vr+X_{vv}v^2+X_{rr}r^2+X_{\mathrm{P}}\\(m+m_y)\dot{v}=-(m+m_x)ur+Y_vv+Y_rr+Y_{vv}v|v|+Y_{rr}r|r|+Y_{vr}|v|r+Y_{\mathrm{P}}\\(I_{zz}+J_{zz})\dot{r}=(m_x-m_y)uv+N_vv+N_rr+N_{vvr}v^2r+N_{vrr}vr^2+N_{rr}r|r|+N_{\mathrm{P}}\end{cases} \tag{2-7}$$

在航迹跟踪的时候,为了保证安全性,无人艇舵角幅值不能过大,舵角变化率也不能过大,所以通常都是以小舵角进行操舵的。无人艇在小舵角的情况下,其前向速度、侧向速度变化缓慢,转艏角速度也比较小,所以可以将横摇和纵摇运动忽略,且忽略式中的非线性项。所以设 $N_{\mathrm{P}}=-x_{\mathrm{G}}Y_{\mathrm{P}}$, $Y_{\mathrm{P}}=F_{\mathrm{N}}\sin(\delta)\approx F_{\mathrm{N}}\delta$,则式(2-7)中的二子式、三子式可以简化为下式:

$$\begin{cases}(m+m_y)\dot{v}=-(m+m_x)ur+Y_r r+Y_v v+F_N\delta \\ (I_{zz}+J_{zz})\dot{r}=(m_x-m_y)uv+N_r r+N_v v-x_G F_N\delta\end{cases} \tag{2-8}$$

进一步简化，令 $Y_\delta=F_N, N_\delta=-x_G F_N, u=u_0$，则式(2-8)可写为

$$\begin{cases}\dot{v}=[-(m+m_x)u_0 r+Y_r r+Y_v v+Y_\delta\delta]/(m+m_y) \\ v=[N_r r-(I_{zz}+J_{zz})\dot{r}+N_\delta\delta]/[(m_y-m_x)u_0-N_v]\end{cases} \tag{2-9}$$

把式(2-9)的第二个等式代入第一个等式，消去 v，得到：

$$\begin{aligned}&(m+m_y)(I_{zz}+J_{zz})\ddot{r}-[(m+m_y)N_r+(I_{zz}+J_{zz})Y_v]\dot{r}+ \\ &\{[(m+m_x)u_0-Y_r][N_v-(m_y-m_x)u_0]+Y_v N_r\}r \\ =&(m+m_y)N_\delta\dot{\delta}+\{Y_\delta[N_v-(m_y-m_x)u_0]-N_\delta Y_v\}\delta\end{aligned} \tag{2-10}$$

再令

$$\begin{cases}C=[(m+m_x)u_0-Y_r][N_v-(m_y-m_x)u_0]+Y_v N_r \\ T_1T_2=(m+m_y)(I_{zz}+J_{zz})/C \\ T_1+T_2=-[(m+m_y)N_r+(I_{zz}+J_{zz})Y_v]/C \\ K=\{Y_\delta[N_v-(m_y-m_x)u_0]-N_\delta Y_v\}/C \\ T_3=\dfrac{(m+m_y)N_\delta}{Y_\delta[N_v-(m_y-m_x)u_0]-N_\delta Y_v}\end{cases} \tag{2-11}$$

则式(2-10)可以简化为下式：

$$T_1T_2\ddot{r}+(T_1+T_2)\dot{r}+r=K\delta+KT_3\dot{\delta} \tag{2-12}$$

式(2-12)就是通用的船舶艏摇响应线性方程，又称二阶线性 KT 方程。通过该方程，我们可以分析无人艇的操舵特性和艏摇变化特性。由于无人艇自身具有大惯性的特点，且操舵机构的执行速度为常量，所以无人艇的操舵响应处于低频段，对高频干扰响应很小。忽略式中的 $\ddot{r}$ 和 $\dot{\delta}$，则有：

$$T\ddot{\psi}+\dot{\psi}=K\delta \tag{2-13}$$

这就是学界广泛采用的 Nomoto 模型。式中，ψ 为航向角；δ 为控制器输出的舵角；K 为无人艇回旋性能参数，K 值越高，表示无人艇的回旋性能越好，打舵后的航向角速度变越快；T 为无人艇追随性能参数，T 值越小，表示无人艇的追随性能越好，打舵后的航向角加速度值越大。

由于获得 Nomoto 模型的时候进行了大量简化，所以一定会造成模型失配。同时无人艇的工作环境一般都有风浪流的干扰，所以为了使模型更精确，本书引入了非线性干扰项 $d(t)$，用于表示外界干扰和模型失配对 Nomoto 模型的影响，从而得到更适合实船建模的 Nomoto 模型：

$$T\ddot{\psi}+\dot{\psi}=K\delta+d(t) \tag{2-14}$$

2.8 无人艇运动模型参数辨识

2.8.1 无人艇的运动模型参数辨识原理

对特定的无人艇的模型参数进行辨识常用的方法是实验法，利用回转实验、Z 形实验，可以测试无人艇的转向能力，尤其是可以测试无人艇在大舵角的控制下进行转向的能力，能够测量在一定舵角、一定的航速下艏向角的变化情况，并且利用回转实验能够测量无人艇转向时所需的水域面积。

无人艇运动模型参数辨识过程一般可分为两步：

(1)从模型出发，利用差分方程求得 *KT* 方程各变量的值；

(2)将所得的各变量的值代入 *KT* 方程，逆推得到 *KT* 模型中的参数。

可以通过实验的方法得到相关数据，利用差分法得到 *KT* 方程各变量的值，其计算公式如下：

$$r(k)=[\varphi(k+1)-\varphi(k-1)]/(2h) \tag{2-15}$$

$$\dot{r}(k)=[\varphi(k+1)-2\varphi(k)+\varphi(k-1)]/h^2 \tag{2-16}$$

$$\ddot{r}(k)=[\varphi(k+2)-2\varphi(k+1)+2\varphi(k-1)-\varphi(k-2)]/(2h^3) \tag{2-17}$$

式中 $\varphi(k)$——k 时刻无人艇的艏向角。

由以上三式可以计算得到无人艇运动模型中的变量 r 与 $\dot{r}$，由于打舵的角度 δ 是已知的，则可以逆推得到：

$$K=r/\delta \tag{2-18}$$

$$T=(K\delta-r)/\dot{r} \tag{2-19}$$

由此可知，只需要得到无人艇在运动时每一时刻的艏摇角速度 r 与和艏摇角加速度 $\dot{r}$，并且在舵角一定的情况下，就可以得到每一时刻的 *KT* 方程所对应的 K、T。根据最小二乘法或求取平均值等方法求取 *KT* 方程的参数值，便可通过实验法得到相应的无人艇的运动控制模型。

2.8.2 无人艇的运动模型参数辨识实验

利用 *KT* 方程进行模型参数的辨识，首先通过回转实验得到需要的特征参数，记录无人艇从实验开始到结束过程中的每一时刻的位置信息，然后根据位置信息可以绘制出无人艇在水面上的运动轨迹。我们只需要通过回转实验得到无人艇在一定打舵角度及一定速度下的回转半径，就可验证 *KT* 方程的正确性。

回转实验步骤：

步骤一：使无人艇以定速朝某一方向行驶。

步骤二：操舵为某一固定角度。

步骤三：无人艇在做匀速回转运动超过两圈且回转圆基本不变后停止。

在做回转实验时，首先选择手动操作模式使无人艇行驶在水面上，并手动更改舵角和螺旋桨转速。给无人艇一个固定的舵角和一个固定的转速，经过一段时间，当无人艇以一定艏向角和速度行驶在水面上时开始记录每一时刻的位置信息。在开始记录后保持无人艇的状态,当航向角改变540°以上时停止记录,便可得到一定打舵角度和一定速度的无人艇的回转实验轨迹图。改变打舵角度便可以得到新的旋回轨迹。

Z形实验步骤:

步骤一:使无人艇匀速直线行驶,记录初始航向角。

步骤二:操舵为右方某角度 $A(°)$,无人艇开始往右偏转。

步骤三:采样无人艇的航向角变化,当其向右变化超过初始航向角 $A(°)$ 时,立刻操舵为左方 $A(°)$,无人艇开始往左偏转。

步骤四:若已进入步骤四5次,则结束实验;否则采样无人艇的航向角变化,当其向左变化超过初始航向角 $A(°)$ 时,转到步骤二。

由于室内实验条件的限制,无法进行小角度的回转实验,我们完成了舵角为±30°,速度为30 r/s的回转实验,实验结果如图2.9所示。

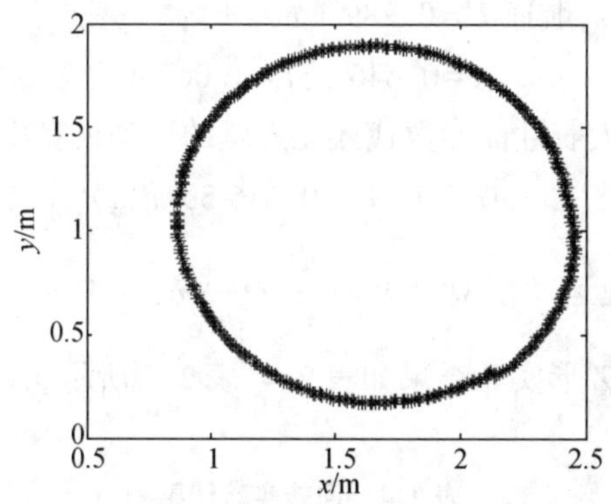

图2.9　大舵角回转实验无人艇位置显示

通过回转实验可得,无人艇在舵角为30°时的回旋半径为1.6 m左右。

进行Z形实验时,例如做20° Z形实验:首先选择手动操作模式,令无人艇以一定的速度匀速行驶在水面上,当无人艇进入稳定状态以后,开始记录数据,使无人艇向右打舵一定角度,之后无人艇将以一定的角速度向右偏转。当无人艇的航向角转动刚超过20°时,立即将无人艇向左打舵20°,并保持向左转动的状态,直到无人艇航向左偏离初始航向超过20°时,迅速向右打舵20°,使无人艇航向向右偏离初始航向20°时再向左打舵,重复上述步骤5次以上便可结束Z形实验,实验结果如图2.10和图2.11所示。在一个完整的Z形实验中,我们需要得到无人艇艏摇角速度、角加速度等信息,还需要在实验中记录无人艇每一时刻的航向角、舵角、位置、航速、螺旋桨转速等信息。

为了使实验测得的无人艇的运动模型更准确,更具有说服力,我们在做完±20°舵角的实验以后,还需要改变舵角进行多组实验,例如±15°、±10°、±5°等。不同的舵角代表无人艇不同的机动力,相应的Z形实验的结果可能不同,而且即使在同样的舵角下,不同的操作过程,也可能使Z形实验的结果不同。只有在不同机动力的操作下进行多次实验,并对每种情况辨识出来的参数进行统计,得到的参数才更加科学。

我们对±15°和±20°的多组Z形实验模型结果进行滤波处理,去掉不合理的值,最终通过参数辨识得到无人艇运动模型的 KT 方程。

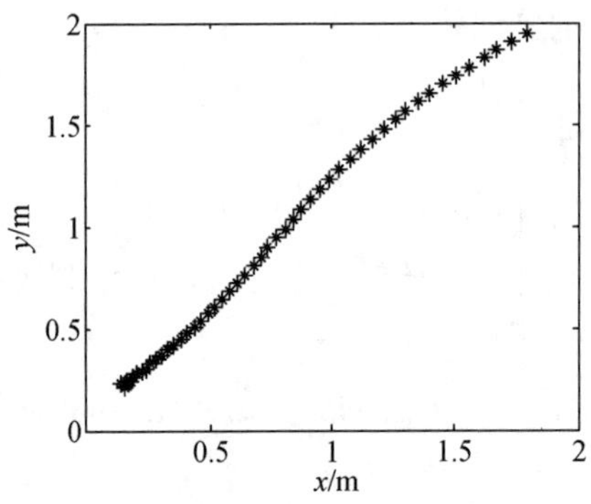

图 2.10　±20° Z 形实验位置变化图

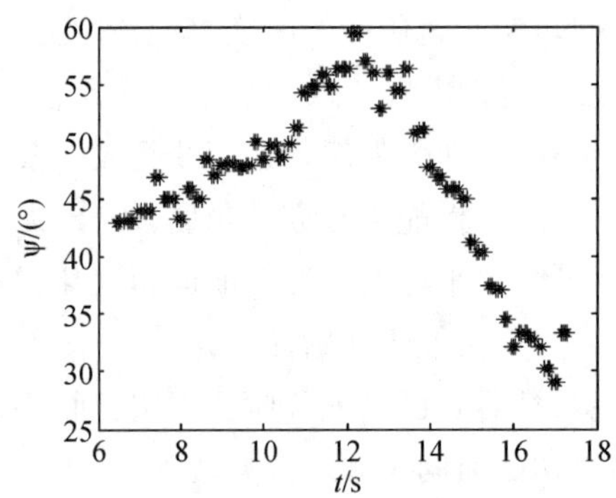

图 2.11　±20° Z 形实验航向角变化图

通过 Z 形实验便可以得到无人艇运动模型 *KT* 方程的最终辨识结果：

在螺旋桨速度为 30 r/s，航速 $U=0.2891$ m/s 时：

$$K=0.6463,T=1.0674$$

将通过辨识求得的无人艇性能参数代入无人艇的运动模型中，可知该运动模型为

$$1.0674\dot{r}+r=0.6463\delta+d(t) \tag{2-20}$$

例 2.1　某水面无人艇运动模型为 $\dot{r}=-\frac{d_{33}}{m_{33}}r+\frac{1}{m_{33}}\delta$，其中 m_{33} 为惯性质量，d_{33} 为阻尼系数，δ 为舵角，回转实验和 Z 形实验结果如表 2.4、表 2.5 所示。试计算该艇的 *KT* 方程。

表 2.4　回转实验结果

舵角/(°)	轨迹圆周直径/m	角速度/((°)/s)
5.9	2.01	22.28
7.4	1.98	25.28

表 2.5　Z 形实验结果

实时航向角速度/((°)/s)	实时航向角加速度/((°)/s²)
0.580 101 786	3.127 338 333
2.315 195 833	10.117 516 96
10.697 618 75	19.272 743 45
21.587 939 29	3.346 714 744
−194.528 014 3	254.593 495 6
278.955 437 5	196.598 020 5
2.070 006 25	−286.722 105 4
−7.766 667 857	−31.938 169 07
−31.145 689 58	−29.128 175 89
−36.894 843 75	4.844 893 155
−26.300 796 43	14.124 284 86

解　回转实验中航向角加速度为0,则阻尼系数 d_{33} 可由方程 $d_{33}=\frac{\delta}{r}$得到,将表2.4中的数据分别代入方程 $d_{33}=\frac{\delta}{r}$中,将所得结果取平均值,可得 $d_{33}=0.277\ 3$。

惯性质量 m_{33} 可由方程 $m_{33}=\frac{\delta-d_{33}r}{\dot{r}}$得到,代入 d_{33} 的值和表2.5中的数据,将所得结果取平均值,可得 $m_{33}=0.484\ 8$。

由此可得无人艇的 KT 方程为

$$\dot{r}=-\frac{d_{33}}{m_{33}}r+\frac{1}{m_{33}}\delta=-\frac{1}{T}r+\frac{K}{T}\delta=-0.572\ 0r+2.062\ 7\delta$$

例2.2　某水面无人艇运动模型的 KT 方程为 $0.7483\dot{r}+r=1.506\ 2\delta$,其回转和Z形实验部分实验结果如表2.6、表2.7所示。试用Matlab编制回转和Z形实验仿真程序,并与实际实验结果进行对比从而验证辨识参数的准确性。

表2.6　回转实验结果

横坐标/m	2.087 719	2.080 351	2.052 105	1.998 07	1.910 877	1.790 526	…
纵坐标/m	1.637 222	1.645	1.668 333	1.713 704	1.755 185	1.797 963	…

表2.7　Z形实验结果

横坐标/m	2.612 105	2.608 421	2.594 912	2.561 754	2.475 789	2.352 982	…
纵坐标/m	0.995 556	0.995 556	1.002 037	1.009 815	1.042 222	1.056 481	…

注:实际实验结果数据量较大,此处仅给出部分实验结果,实际仿真验证过程中应使用完整的实验数据。

解　(1)回转实验仿真

设无人艇初始位置为(0.7,0.1),航行速度为1.7 m/s,恒定偏航力矩为$\delta=N$,仿真时间为24 s,部分代码如下:

```
u(1)=0; % 航向角初始化
\delta=5.88/360*2*pi; % 舵角输入单位转换
K=1.5062; % 辨识所得回旋性参数
x(1)=0.7; % 初始位置横坐标
y(1)=0.1; % 初始位置纵坐标
v=1.7; % 航行速度
for t=0:h:24; % 时间
h=0.08; % 采样时间
u(t/h+2)=K*\delta*h+u(t/h+1); % 迭代计算下一时刻航向角
i=t/h+1;
x(i+1)=x(i)+v*0.08*sin(u(i)); % 航迹横坐标变化情况
```

```
y(i+1)=y(i)+v*0.08*cos(u(i)); % 航迹纵坐标变化情况
end
```

仿真结果如图 2.12 所示。

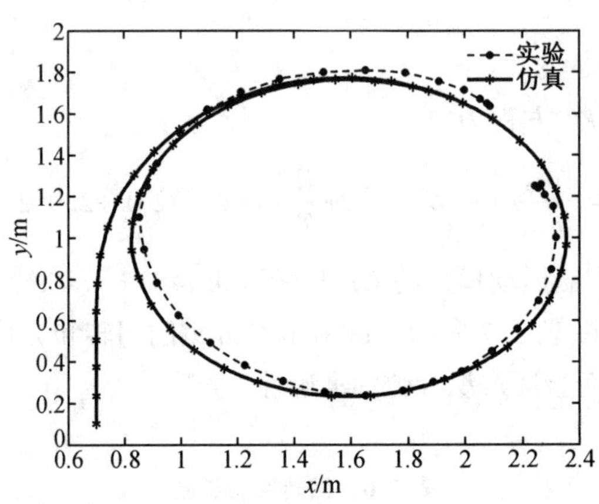

图 2.12　回转实验仿真结果

对比回转实验的仿真轨迹和实际实验轨迹,符合运动模型参数辨识的误差要求。

(2)Z 形实验仿真

设无人艇初始位置为(2.62,0.99),航行速度为 0.5 m/s,偏航力矩为 $\delta=N$,仿真时间为 24 s,部分代码如下:

```
u(1)=0;
u(2)=0; % 航向角初始化
\delta=5.88/360*2*pi; % 舵角输入单位转换
K=1.5062; % 辨识所得回旋性参数
T=0.7483; % 辨识所得操纵性参数
x(1)=2.62; % 初始位置横坐标
y(1)=0.99; % 初始位置纵坐标
v=0.5; % 航行速度
for t=0:h:24; % 时间
h=0.08; % 采样时间
u(t/h+3)=(K*\delta*h^2-(h-2*T)*u(t/h+2)-(T-h)*u(t/h+1))/T;% 迭代计算
下一时刻航向角
if abs(u(t/0.08+3)-u(a))>=\delta/360*2*pi
a=t/0.08+3; % 记录当前时间点
\delta=-\delta; % 舵角反向
end
i=t/h+1;
x(i+1)=x(i+1)+v*0.08*sin(u(i));  % 航迹横坐标变化情况
```

```
y(i+1)=y(i)+v*0.08*cos(u(i));  %航迹纵坐标变化情况
end
```

仿真结果如图 2.13 所示。

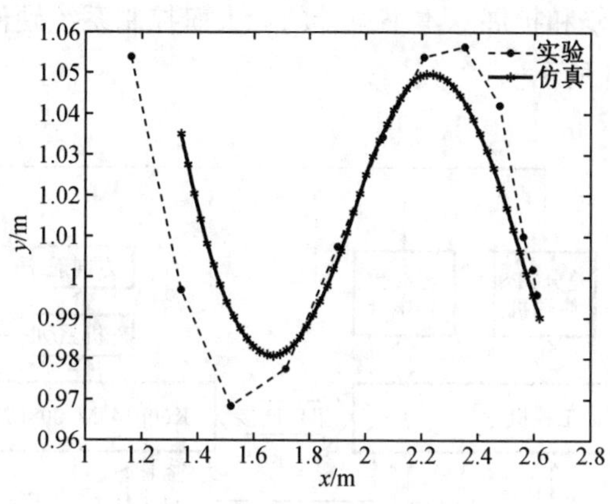

图 2.13　Z 形实验仿真结果

对比 Z 形实验的仿真轨迹和实际实验轨迹,符合运动模型参数辨识的误差要求。

2.9　无人艇控制系统设计实例

2.9.1　引言

完整的控制系统除了需要有控制模型、控制器和控制算法外,还需要有稳定高效地执行控制的软硬件平台。该软硬件平台同时还需要有人机交互部分,为控制人员提供数据显示、控制设定等功能。所以为本书的水面无人艇控制系统设计功能全面的、性能优越的软硬件平台就显得十分必要。水面无人艇软硬件平台分为两大部分:硬件部分和软件部分。硬件部分构建主要是根据水面无人艇的功能和性能要求,选择相应的传感器、驱动机构、计算机控制器、通信设备器材、能源提供装置等,然后将以上各部分连接起来,形成完整的硬件控制平台。软件部分设计主要考虑协调驱动各种硬件实现水面无人艇相应的功能,同时还要考虑人机交互、数据存储、故障处理等方面。无论硬件部分还是软件部分,首先需要保证的是其可靠性,只有可靠性得到了保证,控制系统的状态才是可以确定的,这样才能进行控制器的调试与优化,解决实船实验中遇到的种种问题。其次需要考虑的是复杂度和成本。整个软硬件平台的复杂度不能太高,高复杂度除了会带来不确定性外,还会增加成本。软硬件平台的成本也需要控制在合理范围内,成本过低会导致各个环节的性能大打折扣,最终无法达到理想的控制效果;成本过高则会大大增加实验风险,使水面无人艇控制系统的实验鲁棒性降低,不利于研究成果的扩大与推广。综合考虑以上各种问题和需求,本章根据本书设计的水面无人艇的功能和特点,设计和实现了稳定的高性能无人艇控制系统硬件部分和软件部分,为后续章节实船实验提供支持。

2.9.2 无人艇控制系统的硬件设计

无人艇控制系统的硬件组成大致可以分为五个部分:无人艇艇身、无人艇推进机构、无人艇转向机构、无人艇遥控系统、无人艇自主控制系统(后两部分组成无人艇电控系统)。这五个部分之间相对独立但又互相影响。每个部分都采用模块化设计,可方便进行自由组装拆卸,有利于系统的维修和扩展。本书设计的无人艇控制系统硬件总体框图如图 2.14 所示,垂直平视图如图 2.15 所示。

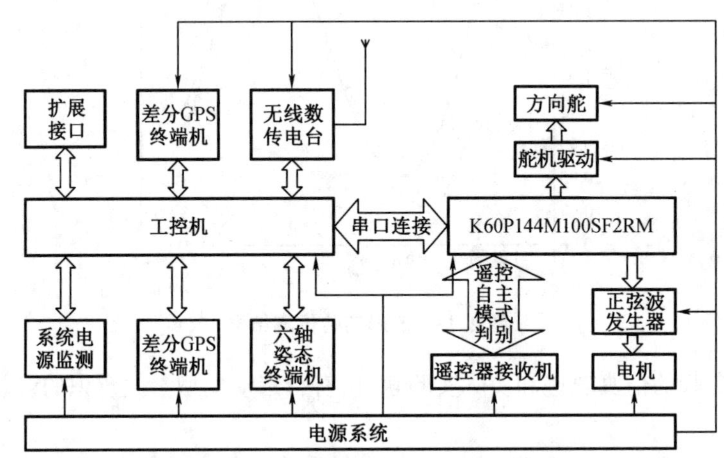

图 2.14　无人艇控制系统硬件总体框图

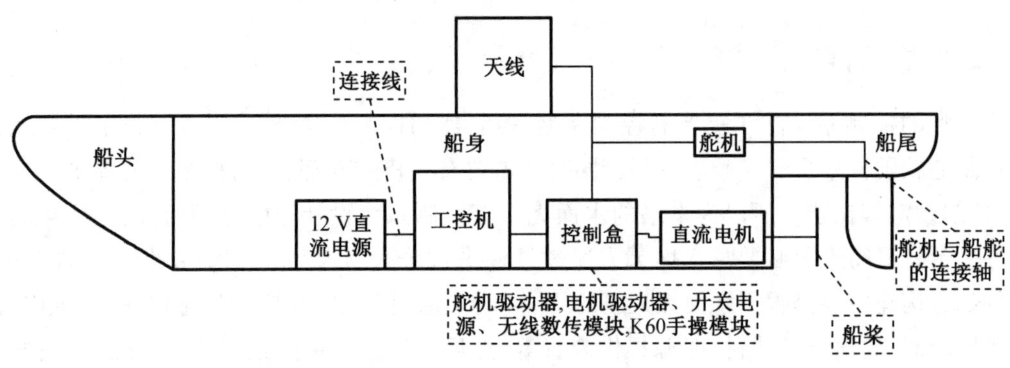

图 2.15　无人艇垂直平视图

1. 无人艇艇身

本书无人艇艇身采用流线型设计,船体使用玻璃钢(FRP)一体化打造。玻璃钢学名纤维增强塑料,别名纤维增强复合塑料,亦称作 GFRP,即纤维强化塑料。玻璃钢质轻而硬、不导电、性能稳定、机械强度高、耐腐蚀。因此,相对于钢铁船体,玻璃钢船体整体质量小、耐腐蚀,有效载荷更大。同时,结构强度也比钢铁船体高,性能优越。船体最外圈安装了一圈橡胶环,作为防撞保护。整个无人艇分为上中下三层,最上层用于安装摄像头、传感器、天线等;中层用于安装控制器盒子、工控机、推进器等;最下层用于安装电池、压舱沙袋等。无人艇技术参数如表 2.8 所示。

表 2.8 无人艇技术参数

参数	符号	数值
长	L	2.20 m
宽	B	0.67 m
高	H	0.56 m
质量	m	67 kg
惯性	I	5.4 kg · m^2

2. 无人艇推进机构

本书无人艇的推进机构采用电动船外机,为安装在船体后外侧的发动机,又叫舷外机。船外机集成度高、安装选购简单,十分适合作为中小型水面无人艇的推进装置。船外机按能量来源不同可分为燃油船外机和电动船外机。燃油船外机一般动力更强劲,续航能力更持久,但工作时噪声大,也会产生空气和水体污染,而且需要联合机械装置进行控制,十分不便且不精确。电动船外机得益于电机技术的发展,在动力方面和一般的燃油型相差不多,且工作时噪声小、无污染。由于使用电子控制器,所以方便进行精确控制,扩展性好。由于本书的实船实验环境是内陆城市区域的江河湖泊,对污染和噪声水平要求极其严格。同时因水域有限,风浪干扰也不是很大,所以对于推进能力要求不是特别高。

综合以上原因,本书无人艇选取电动船外机作为推进装置。电动船外机安装在船尾,使用船外机自带的机械夹具固定在龙骨上,螺旋桨通过下侧开口进入水中,开口处有挡流板,防止螺旋桨激起的水花进入船体内部。

3. 无人艇转向机构

无人艇转向机构的实现方式多种多样,常见的有船舵转向和喷水推进差动转向两种方式。

船舵转向机构的历史由来已久,从无风帆时代的划桨动力无人艇,一直到各种现代无人艇中都有应用。船舵转向机构实现方式简单,主要由舵叶、传动机构、动力机构组成。舵叶通过控制动力机构转动,不同角度的舵叶在船行驶的过程中会受到不同的水阻力,水阻力的分力作用于船尾,方向与船的航向垂直,从而推动船体转动,实现转向。通过受力分析可知,船舵打向右方,无人艇向右转向;船舵打向左方,无人艇向左转向。

船舵转向机构的优点主要有:

(1)结构简单,安装方便;

(2)控制原理简单,控制方便;

(3)应用成本低;

(4)应用面十分广泛,方便系统移植和扩展。

船舵转向机构的缺点主要有:

(1)不是由矢量控制,是由欠驱动控制;

(2)浅水效应严重,在浅水区域容易卡进泥沙中。

喷水推进差动转向机构是由现代无人艇发展而来的,其推力是由水泵喷射水流引起的反向作用力,可以通过改变两个喷流的方向来差分地实现无人艇的转向。喷水推进器一般由原动机及传动装置、推进水泵、管道系统、倒斗等设备组成。

喷水推进器差动转向机构的优点主要有：

(1)高速机动性，回转半径小；

(2)相比于船舵转向，其噪声和振动较小，通常会低(7~10)dB(A)；

(3)吃水浅、浅水效应小、传动机构简单、附件阻力小、保护性能好；

(4)日常保养及维护较为容易；

(5)转向是由矢量控制。

喷水推进器差动转向机构的缺点主要有：

(1)低航速时效率低；

(2)整体机构复杂，质量大，船的载荷变小；

(3)应用成本相对较高，对于小船的转向力小。

由于本书无人艇艇型不大，且有效载荷并不富裕，同时船舵转向机构的操作性能已经很好，再考虑到成本和复杂度的问题，因此本书无人艇最终选择了船舵转向机构。

本书无人艇船舵转向机构组成也分为三部分：动力机构、机械传动机构、舵叶。其中动力机构由两个舵机组成，两个舵机通过舵机驱动模块进行控制，而舵机驱动模块由下位机进行控制。机械传动机构是自主设计的三轴联动机构。这是由于水下打舵受到水的阻力较大，市面上大部分舵机都无法单独提供水下快速打舵所需要的力，所以本书采用两个舵机，通过三轴联动机构带动舵叶轴转动，转动舵叶，实现打舵。舵叶选择的就是该艇型的常用舵叶。船舵机构整体示意图及实物图分别如图2.16和图2.17所示。

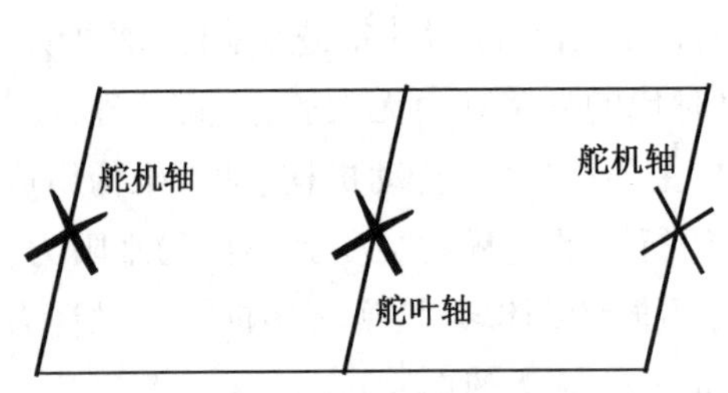

图2.16　船舵机构整体示意图

图2.17　舵机实物图

船舵转向机构采用Spring SM-8型的舵机，该型号的舵机体积小、扭矩大、功耗低、寿命长、成本适中，非常适合作为无人艇的动力部件。

舵机一般采用PPM波进行控制，本书无人艇采用以单片机为主控的舵机控制模块。该模块可以同时控制多路舵机工作；采用UART通信；上位机通过UART串口通信向其发送指令，从而控制舵机转动角度。

4. 无人艇电控系统

本书针对水面无人艇控制系统的设计需求，自主搭建了水面无人艇电控系统。电控系统主要分为两大部分：无人艇遥控系统和无人艇自主控制系统。电控系统整体实物图如图2.18所示。

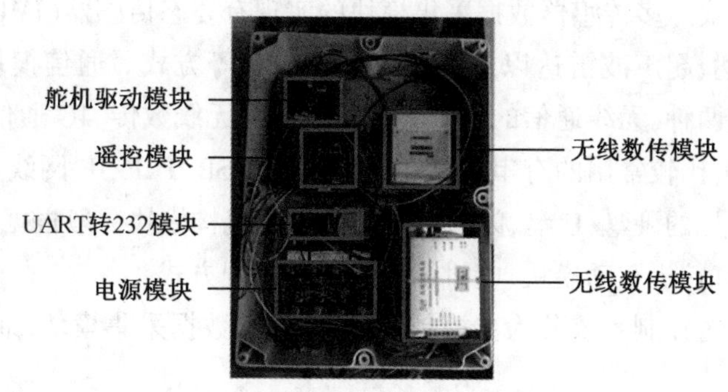

图 2.18　电控系统整体实物图

(1)无人艇遥控系统

无人艇遥控系统是电控系统的重要组成部分。无人艇实际工作环境情况十分复杂,或者风浪干扰大,或者航道弯曲、岸边水草多。而且军用无人艇通常执行的是作战任务,面对的风险更大。如果在工作过程中,无人艇控制系统出现故障或者失灵,则必须有一个有效的手段接管无人艇的控制权,来控制无人艇继续完成任务或者终止任务安全返航。此外,无人艇正常执行任务的过程中,也需要人的配合,进行部分遥控操作,来帮助自主控制系统更好地完成任务。基于以上需求,一般无人艇控制系统都有一套十分稳定的遥控系统。该遥控系统有最高的控制权限,能屏蔽无人艇自主控制系统,在危险时刻接管无人艇的控制。同时无人艇遥控系统对稳定性要求极高,一般选取稳定性特别好的嵌入式芯片来实现其功能,这种芯片的高稳定性可保证该系统极少出现故障,随时处于待命状态。但这些要求也导致该系统的功能欠丰富,只能实现无人艇加速、转向、停止、关闭设备等少数核心功能。

本书无人艇遥控系统采用飞思卡尔 K60 单片机作为主控芯片,自主设计了权限控制电路,配备了天地飞无线遥控器。K60 根据遥控器的控制信号来控制权限控制电路,从而进行相应的操作。无人艇自主控制器的控制信号也通过权限控制电路下达给执行机构。所选用的主控芯片 K60 处理速度快、稳定性高、可适用供电电压变化范围广、功能强大、编程简单、易于调试,在方波采集和发送方面表现尤为突出,十分适合作为遥控系统的控制器。权限控制电路由积分芯片 LTC2644、三 2 通道数字控制模拟开关以及外围电路组成。LTC2644 将天地飞遥控信号转换成 K60 可识别信号,用于 K60 和天地飞遥控器之间的通信。三 2 通道数字控制模拟开关用来模拟电子开关,由 K60 控制来实现权限控制。这些芯片稳定性强、执行速度快、体积小且成本低,十分契合模块特性。

(2)无人艇自主控制系统

无人艇自主控制系统是水面无人艇的核心硬件系统。水面无人艇的运行环境复杂,需要执行的任务也十分危险、烦琐,这就要求必须有一个功能强大的、稳定的自主控制系统。根据具体工作环境和任务需求的不同,无人艇自主控制系统的组成也有所差别,但大体上可以分为如下几个部分:主控制器、多传感器数据采集模块、通信模块、数据存储模块、执行机构模块。其功能实现流程可以概括为:由多传感器数据采集模块获得所需要的各种信息,并将其传输给主控制器,主控制器根据自身的功能实现方式进行响应。

一般,自主控制系统的每个部分都有多种实现方式,如主控制器的实现有嵌入式芯片、工控机、PC 机等方式。多传感器数据采集模块的实现有姿态传感器(IMU)、GPS 定位、图像采集系统、激光雷达、超声波雷达以及其他特种传感器等方式。通信模块的实现方式有无线通信和有线通信两种,无线通信的实现方式又可分为无线数传、4G 通信等;有线通信的实现方式则包含更多,比较常用的有串口通信、I^2C、SPI、USB、TCP/IP 网线等。数据存储模块的实现则是比较常见的硬盘、U 盘、闪存等方式。执行机构模块一般根据无人艇执行机构的需求来设计,通常有舵机驱动模块、电机驱动模块等实现方式。

本书无人艇自主控制系统分为主控制器、多传感器数据采集模块、通信模块、数据存储模块四个部分。

主控制器选择的是小型高性能工控机(industrial personal computer,IPC)。工控机又称工业控制计算机,是一种采用总线结构对生产过程及机电设备、工艺装备进行检测与控制的工具总称。其运行的系统通常是 PC 平台系统,如 Windows 或者 Linux 系统。工控机耐腐蚀、耐冲击、稳定性高,相对于嵌入式芯片,其能支持更多的传感器,尤其是图像传感器,运算速率快、存储容量大,且有更好的人机交互界面,十分适合作为无人艇的主控制器。本书选择的工控机型号为 IPC-610。

多传感器数据采集模块选择的是 MTI-G 姿态传感器。MTI-G 的内部处理器功耗低,能实时输出 GPS 位置信息、姿态信息、加速度信息;输出角度没有漂移,便于无人艇的控制,且稳定性非常好,模块化串口设计易于集成。该模块可测量任意平面的航向角,角度分辨率为 0.05°,动态精度为 1°,静态精度为 0.5°。MTI-G 具体性能参数如表 2.9 所示。

表 2.9 MTI-G 性能参数

性能参数	角速率	加速度	地磁场
维	三轴	三轴	三轴
满量程	±300°/s	50 m/s^2	±750 mG①
线性	0.1%FS	0.5%FS	0.2%FS
轴校准错误	0.1°	0.1°	0.1°
宽带(标准)	40 Hz	30 Hz	10 Hz

注:①1 G=10^{-4}T。

通信模块采用无线数传作为上下位机通信方式,采用 RS323 串口通信作为模块间通信方式。

数据存储模块采用的是硬盘储存方式。

2.9.3 无人艇控制系统的软件系统设计

无人艇的软件系统是整个系统的另一个核心和灵魂。一方面,软件系统驱动整个无人艇的硬件,联系各个不同的硬件模块;另一方面,软件系统又负责各种功能算法的实现,控制无人艇各个模块实现需求功能。无人艇软件系统通常要实现的功能有数据采集、人机交互、算法、硬件控制、通信等。本书无人艇控制系统的软件系统采用面向对象的模块化设计思路，每个模块独立设计，提供接口用于各模块之间交互，模块内容对外是隐藏的。软件系统设计为一个独立的程序，我们称之为无人艇运动控制软件，按照选择状态可分别具化为上位机运动控制软件和下位机运动控制软件。无人艇运动控制软件包括六大模块：事件管理模块、界面结构模块、算法模块、运动显示模块、通信模块、文件管理模块。整体框图如图2.19所示。

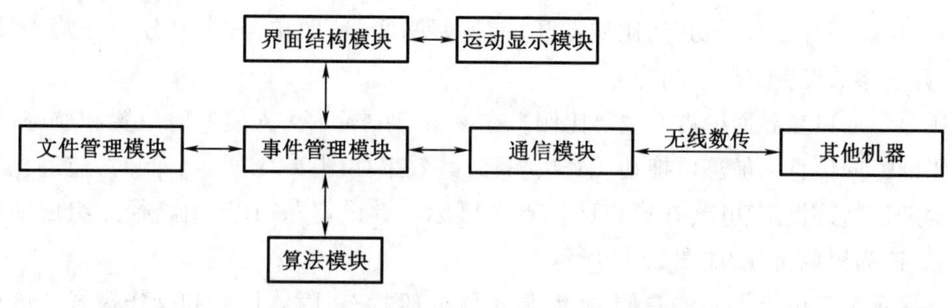

图2.19　无人艇运动控制软件结构整体框图

1. 运动控制软件界面设计

运动控制软件界面按照体系结构可以分为界面结构模块和运动显示模块。界面结构模块主要完成软件的框架搭建，划分运动显示模块的各部分分布区域、调用方式，以及提供各种按钮菜单等功能。软件的框架选择MFC框架，MFC软件框架简洁明了，可实现功能多、扩展性和可移植性强，在工业软件领域应用广泛。本书无人艇运动控制软件在MFC软件框架下，进行了区域划分，实现了相应功能的菜单按钮。运动显示模块主要包括航迹显示子模块、无人艇状态曲线显示子模块、无人艇状态数字显示子模块这三个部分。三个部分都是独立自主编程，航迹显示子模块主要实现航迹、期望路径和障碍点的显示，模块显示区域可自由平移，分辨率也可以自由缩放；无人艇状态曲线显示子模块主要以可视化的方式显示无人艇某些状态，注重的是状态的变化，方便操作人员进行研究和分析；无人艇状态数字显示子模块则侧重无人艇状态显示的直接性和实时性，方便操作人员进行读取。无人艇运动控制软件的总体效果图如图2.20所示。

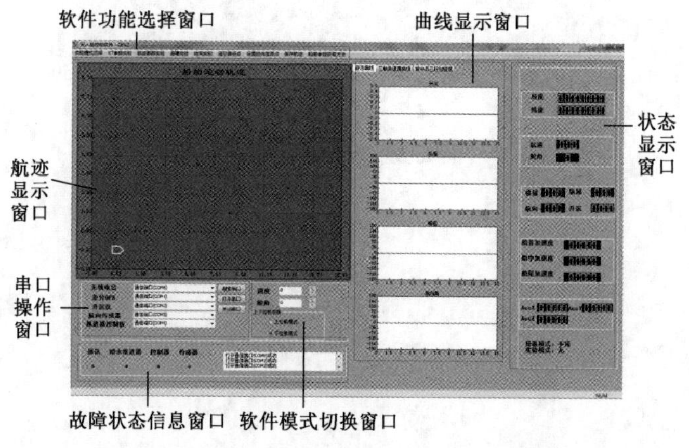

图2.20　无人艇运动控制软件总体效果图

运动控制软件界面的两大模块在功能上是有交互且有所重叠的。按照实际功能划分，可以分为如下几个部分：软件功能选择窗口、航迹显示窗口、状态显示窗口、串口操作窗口、曲线显示窗口、故障状态信息窗口和软件模式切换窗口。

软件功能选择窗口提供控制软件的功能选择和相关设置，功能选择包括实验模式选择、KT 参数实验、航迹跟踪实验、避障实验、结束实验、清空路径点、曲线显示、设置经纬度原点、保存航迹、无人艇参数获取方法。各个功能选择以菜单栏的方式提供，位于界面的顶端，每个主功能还有各种子功能，比如点开“航迹跟踪实验”菜单，其中又分为开始实验、算法选择、算法参数设置三个子功能。

航迹显示窗口在界面中占有主要比例。在该窗口中显示无人艇实时位置和航迹，以及无人艇当前方向信息。航迹可拖动、缩放、平移，其效果如图 2.21 所示。同时，航迹显示窗口还包含期望航迹设定功能，在窗口区域点击鼠标右键设定路径点，由路径点组成期望航迹，期望航迹为黑色折线，如图 2.22 所示。

状态显示窗口位于界面的右侧，实时显示无人艇状态，附体信息和操作模式。该窗口的显示采用 LED 数码管效果的形式，实时直接、美观大方。

串口操作窗口提供搜索、打开、关闭串口的功能。该窗口根据功能需求设置了对应的串口项。此窗口后期可扩展，且带有错误自检功能，在串口通信出错或者搜索不到可用串口时，对应串口显示为空。

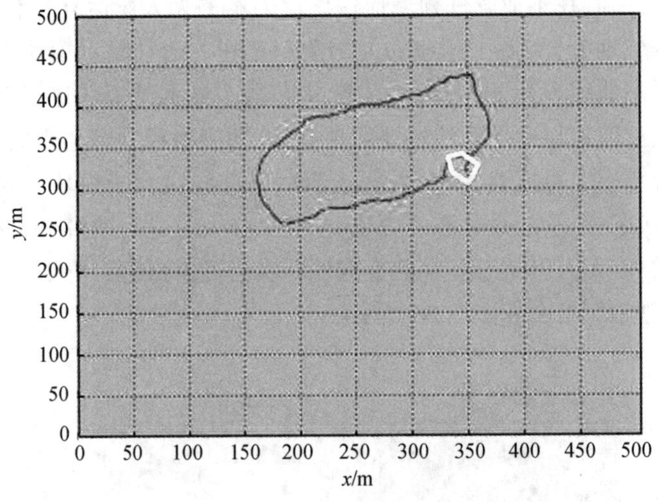

图 2.21　航迹显示图

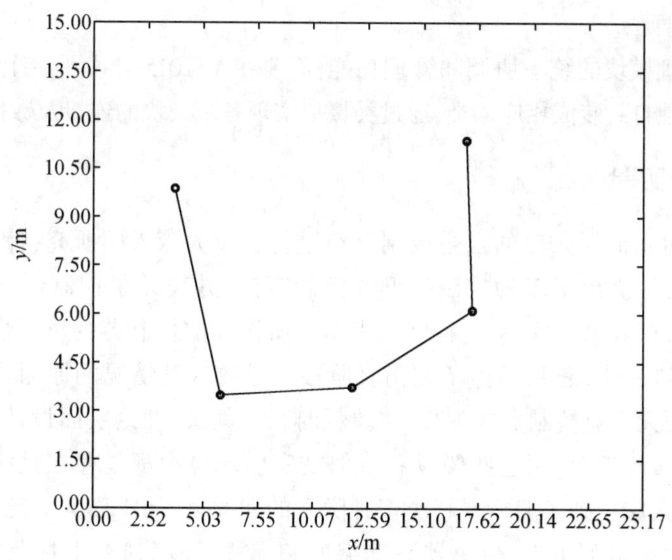

图 2.22　期望航迹设定图

曲线显示窗口可以实时显示无人艇状态，突出状态的变化，可独立设置每个状态曲线的采样频率、数据定义、显示效果等。窗口设计了分页模式，不同性质的状态在不同的页面显示，方便进行对比分析。

故障状态信息窗口由故障灯和状态信息文字窗口组成。在某一部分出现故障时，故障灯显示为亮红色，同时文字窗口输出可能的错误信息，供操作人员分析；故障消失时，故障灯显示为暗红色。故障状态信息窗口提供的是某一模块整体故障信息，由软件预先定义相应标准，主要起到提醒作用，因为有些故障只看状态信息未必能被发现，而实时对比各个信息是否合法也不现实。

软件模式切换窗口用于进行上下位机的切换。其界面很简单，只有两个按钮，但软件层面进行了复杂的设置，在按钮变换时，会有一系列的标志随之改变，相应的程序换为另一个流程。设置软件模式切换窗口的初衷是使上下位机在界面层面尽量一致，增加程序的可读性，降低使用门槛，同时也给下位机提供了丰富的显示模块，便于测试阶段调试。

2. 文件管理模块

文件管理模块主要用于实现数据存储功能，对无人艇状态、控制模式以及软件状态进行实时储存。储存形式为文件，以软件运行的时间为文件名称，可以进行更改、复制、删除等操作。文件格式与 Matlab 互通，可以用 Matlab 进行相关的数据分析。

3. 事件管理模块

事件管理模块可调度管理其他五个模块。事件管理模块主要包括全局变量和定时调用程序两部分。事件管理模块响应界面和逻辑操作，并通过模块间提供的接口实现具体的操作。在事件管理模块中，我们设置了全局变量来负责各个模块间的数据传递工作。事件管理模块通过接口调用将数据传递给航迹显示子模块，实现无人艇航迹显示和期望航迹设定。事件管理模块通过通信接口与下位机进行通信，实现数据和信息的交互。事件管理模块通过与文件管理模块的接口实现文件的存储和调用。事件管理模块通过接口调用算法模块中各个相应的算法。

要实现事件管理模块的统一协调和管理功能，需要在 VS2015 开发平台上把事件管理模块及其他各个模块独自封装成相应的类，通过类接口实现各个模块的连接及数据传输。

2.9.4　实船实验

目前，控制界对水面无人艇的自主控制已经进行了较为深入的研究，针对水面无人艇的具体控制问题，已经提出了多种控制模型和控制算法，并设计了控制器，进行了仿真实验，仿真实验结果大都效果良好，一定程度上表明了所设计的控制器的可行性。然而，大部分的研究并没有更进一步，还只是停留在仿真阶段。导致这种情况的原因是多种多样的。首先，实船验证水面无人艇控制器成本高，实验耗时长。其次，理论层面设计的控制器通常带有许多理想的假设和近似，而这些假设和近似在实船环境中都是存在且必须考虑的，所以将理想控制器直接应用到实船需要解决多种隐含的问题，比如水面无人艇水动力参数误差大、无人艇高阶状态量测不准、传感器数据突变和漂移、环境强烈干扰及干扰模型不确定，等等。最后，在实船环境下，水面无人艇的硬件机构也存在着一定的执行误差和不稳定性，而这些如果只当作集总干扰考虑到模型中，是不够有效的。所以，为了能使已取得的研究成果和结论真正正确地应用于实际环境中，切实解决实际的控制问题，我们必须进行实船实验，并解决由仿真到实船应用过程中出现的各种问题。前面的章节已经从理论层面和软硬件层面进行了相应的优化，使本书设计的水面无人艇能更好地进行实船实验。本章则在前文研究的基础上，立足理论的同时，从实船实验的细节出发，发现和解决这一过渡过程中出现的问题，最终设计合理的实船实验，验证本书设计实现的水面无人艇控制系统的性能效果，为这一领域各种理论的实际应用进行先期探索提供一些参考。

2.9.5　实验准备

1. 传感器数据优化

传感器是水面无人艇控制系统的核心硬件之一，其作用是采集无人艇的各种物理信息，通常包括位置信息、姿态信息、速度信息、加速度信息。控制器使用这些信息数据进行算法计算，进而控制执行机构动作实现相关功能。由此可见，传感器的精度是非常重要的，一旦传感器测量的参数不够精确，则后面的算法以及各种功能都将受到影响，甚至发生错误进而导致灾难。通常，工业设计良好的传感器自身有质量较好的硬件以及各种优秀复杂的算法来保证其参数精确稳定，但也导致了这些传感器价格过高，不适合大批量生产应用，因此本书无人艇采用了惯性导航传感器和舵角传感器。同时由传感器到控制器，信息数据还要经过一次或多次传输，这就产生了许多不可控因素，比如自身硬件性能稳定性、外界干扰等。所以最终控制器收到的参数还是会出现误差，一般表现为参数突变。无人艇状态量参数突变会导致控制器给出的控制量发生突变、执行机构抖动，甚至是控制算法发散等一系列问题。

针对参数突变，目前最常用的应对方法就是滤波。常用的滤波算法有限幅滤波、均值滤波、中值滤波、高斯滤波、卡尔曼滤波，等等。常见滤波算法的介绍与比较[53]如表 2.10 所示。

表 2.10　常见滤波算法介绍与比较

名称	方法	优点	缺点
限幅滤波	设定连续两次采样的最大差值 A,如果本次采样值与前次采样值的差大于 A,则用前次采样值代替本次采样值	能滤除偶然脉冲干扰	无法滤除周期平滑干扰
均值滤波	采用前 N 次的平均值作为本次采样的值	有效滤除随机干扰	抑制脉冲干扰效果差,实时性差,占用内存高
中值滤波	将连续 N 次采样值的中间大小的那个值作为本次的采样值	有效抑制脉冲干扰	不适合处理本身快速变化的信号
高斯滤波	用全局数据的均值和方差设计高斯函数,然后将这个函数作为滤波器,对每一个数据滤波	有效抑制服从正态分布的噪声	如果干扰不符合正态分布,或者数据符合正态分布,则不能有效滤波
卡尔曼滤波	利用系统模型,结合观测到的系统输入输出数据,用本次采样值的最优估计代替本次采样值	对各种干扰都有很好的抑制作用	依赖数据模型

由上表可知,比较适合抑制参数突变的滤波算法有限幅滤波和中值滤波。由于参数突变只是某一时刻突变,且突变幅度不能确定,所以限幅滤波算法的限幅值不好确定。因此本书无人艇选用中值滤波算法来抑制参数突变,在控制器通过串口接收传感器采集到的各种信息数据之后,对数据进行中值滤波,窗口长度为 5。

2. 舵角标定

操舵机构一般由动力机构和传动机构组成。本书无人艇动力机构选用的是双舵机,传动机构选用的是三轴联动机构。由于舵机自身的机械误差以及传动机构的机械误差,最终执行的控制舵角与控制器给传动机构发送的控制舵角并不一样,某些角度差别甚至会很大。这就引入了控制误差,导致无人艇运行效果和期望效果并不一致,所以进行实船实验的时候必须尽量减小这一误差。

本书控制算法输出舵角范围为 $-15°\sim15°$,为整数值,所以其本质就是 31 个数字量。由于上述误差的存在,每个整数舵角都会与实际有所不同,且对于不同的实际转舵传动机构,某些位置的误差较大。由于整体数据量只有 31 个,数据量不大,所以本书采用标定法来校正误差,具体步骤如下:

步骤一:将无人艇抬高后放在支架上并固定住。取 A4 纸画半圆,并用量角器精确标出角度值。

步骤二:设置一个与舵叶最下端等高的桌面,将纸放置其上,并将圆心对齐,且保证纸张相对于无人艇静止不动。

步骤三:先从左到右打舵,读出实际舵角,并记录设定舵角和实际舵角。

步骤四:从右到左打舵执行一次,读出实际舵角,并记录设定舵角和实际舵角。

步骤五:若第 N 次执行到步骤五,则转到步骤六,否则转到步骤四。

步骤六:对 N 次记录的数据求取平均值,然后结束测量。

通过以上步骤得到的数据如表 2.11 和表 2.12 所示。

表 2.11　无人艇舵角设定-15°~15°时对应的实际值(从左到右打舵)　　单位:(°)

设定值	-15	-14	-13	-12	-11	-10	-9
实际值	-16.5	-14.8	-13.1	-11.5	-10.9	-10	-9.1
设定值	-8	-7	-6	-5	-4	-3	-2
实际值	-8.1	-7	-5.9	-4.3	-4.1	-2.8	-2.1
设定值	-1	0	1	2	3	4	5
实际值	-1	-0.6	1.1	1.9	8.7	4.1	5.2
设定值	6	7	8	9	10	11	12
实际值	6.1	7.1	8.5	8.9	10.7	11.1	11.9
设定值	13	14	15				
实际值	13.2	14.8	16.2				

表 2.12　无人艇舵角设定 15°~-15°时对应的实际值(从右到左打舵)　　单位:(°)

设定值	15	14	13	12	11	10	9
实际值	16.4	15	12.9	12.1	11.1	10.5	9.1
设定值	8	7	6	5	4	3	2
实际值	8.6	7	6	5.1	4	8.6	2.1
设定值	1	0	-1	-2	-3	-4	-5
实际值	0.9	-0.7	-1.1	-2	-2.9	-4	-4.4
设定值	-6	-7	-8	-9	-10	-11	-12
实际值	-6.1	-7.1	-8	-8.9	-9.9	-11	-11.4
设定值	-13	-14	-15				
实际值	-13	-14.7	-16.4				

通过分析表 2.11 和表 2.12 中列出的数据,我们可以发现:

(1)舵角设定值和实际值大多存在一定的偏差,但偏差不大,基本为 0.1°~0.2°。所以这部分舵角设定值可以直接使用。

(2)舵角设定值在某几个点处,与实际值偏差较大,且为非线性规律。对这部分舵角设定值必须进行相应纠偏,改变成能准确映射当前舵角设定值的数值。具体的突变点为舵角设定值-15°、-14°、-12°、-5°、0°、3°、8°、10°、14°、15°处。

根据上文的分析可知,大部分舵角设定值都是可以直接使用的。对于误差较大的突变点,由于其左打舵和右打舵误差值特别稳定,且无特殊规律,所以本书采取试凑法进行再标定,得到突变点的准确设定值。多次试凑并取均值后的结果如表 2.13 所示。

表 2.13　无人艇舵角误差较大突变点再标定后对应的设定值　单位(°)

设定值	-15	-14	-12	-5	0	3	8	10	14	15
实际值	-14.3	-18.6	-12.3	-5.4	0.3	2.5	7.7	9.7	18.5	14

通过以上对误差较大的突变点进行再标定后,就可以得到每个整数舵角比较准确的设定值。在每个设定值处,操舵机构都可以控制舵叶转动到控制器期望的角度,从而减小了操舵误差。这一标定过程本质上是一种映射过程,通过具体的实验获得数据,找到数据间的对应规律,从而实现映射。最终设定的映射律如表 2.14 所示。

表 2.14　无人艇舵角期望值与设定值映射率　单位(°)

期望值	15	14	13	12	11	10	9
设定值	14	18.5	13	12	11	9.7	9
期望值	8	7	6	5	4	3	2
设定值	7.7	7	6	5	4	2.5	2
期望值	1	0	-1	-2	-3	-4	-5
设定值	1	0.3	-1	-2	-3	-4	-5.4
期望值	-6	-7	-8	-9	-10	-11	-12
设定值	-6	-7	-8	-9	-10	-11	-12.3
期望值	-13	-14	-15				
设定值	-13	-18.6	-14.3				

2.9.6　控制模型参数辨识

根据控制器设计的内容可知,本书采用 Nomoto 模型作为水面无人艇的控制模型,后续的控制算法都是在此基础上进行设计计算的。所以准确获得 Nomoto 模型中与水面无人艇相关操纵性参数是十分重要的。

根据 Nomoto 模型所得的控制模型中未知的操纵性参数有三个,分别为 T,K,U,其中 K 为水面无人艇的回旋性参数,T 为水面无人艇的追随性参数,U 为水面无人艇的前进速度。由于本书假定水面无人艇的运动控制是恒速控制,所以 U 为常数,该航速值通过 GPS 和惯性导航设备融合获得。对于水面无人艇的 K 参数和 T 参数,则需要通过相应的实船实验获得。本书采用回转实验和 Z 形实验分别获得水面无人艇的 K 参数和 T 参数。回转实验体现了水面无人艇相应舵角下的转向能力,可以获得水面无人艇的回转半径。Z 形实验则体现了水面无人艇响应舵角变化的灵敏程度,反映了水面无人艇的偏转抑制性能。具体实验步骤如下。

回转实验步骤：

步骤一：使无人艇以定速朝某一方向行驶。

步骤二：操舵为某一固定角度。

步骤三：无人艇在做匀速回转运动超过两圈且回转圆基本不变后停止。

Z 形实验步骤：

步骤一：使无人艇匀速直线行驶，记录初始航向角。

步骤二：操舵为右方某角度 $A(°)$，无人艇开始往右偏转。

步骤三：采样无人艇的航向角变化，当其向右变化超过初始航向角 $A(°)$ 时，立刻操舵为左方 $A(°)$，无人艇开始往左偏转。

步骤四：若已进入步骤四 5 次，则结束实验；否则采样无人艇的航向角变化，当其向左变化超过初始航向角 $A(°)$ 时，转到步骤二。

采用以上方法，本书以某次松花江水域无人艇实船实验为例，获得的部分实验数据如图 2.23~图 2.25 所示。

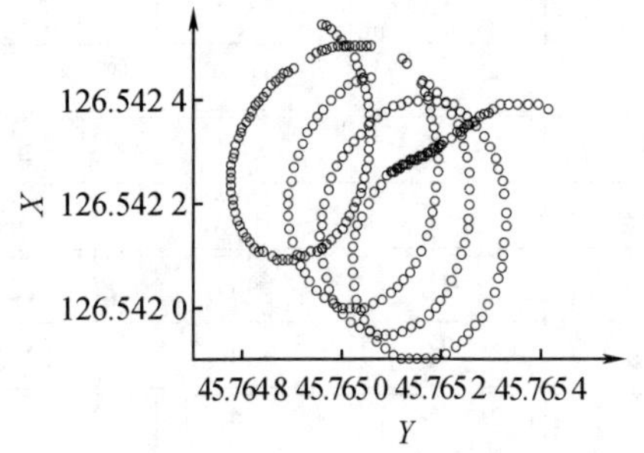

图 2.23　舵角 15°时回转实验轨迹图

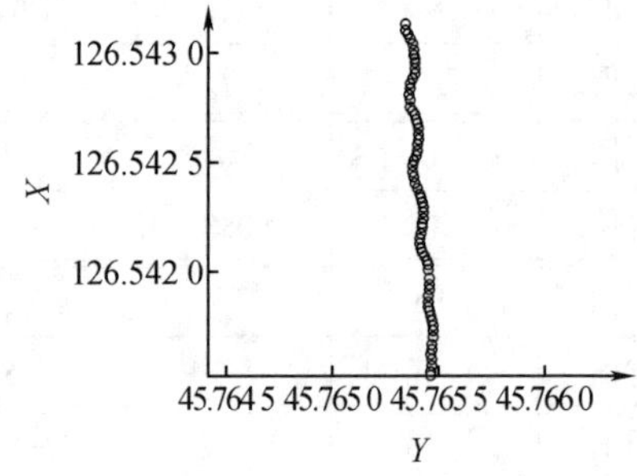

图 2.24　舵角 15°时 Z 形实验轨迹图

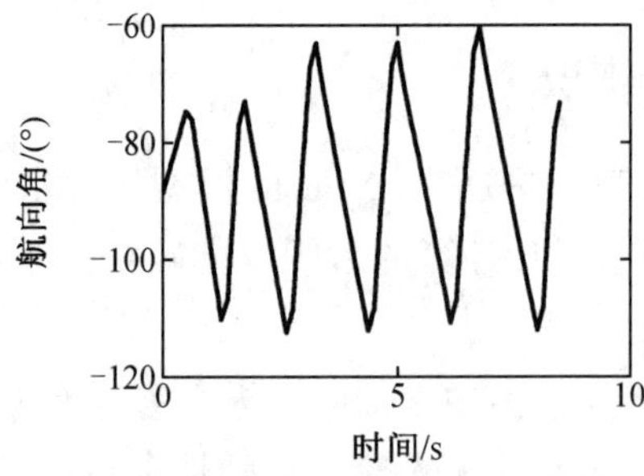

图 2.25　舵角 15°时的 Z 形实验航向角变化曲线

航向角偏差的导数可以通过相邻采样时刻航向角的差分获得，具体计算公式如下：

$$\begin{cases}\dot{\psi}(k)=[\varphi(k+1)-\varphi(k-1)]/(2h)\\ \ddot{\psi}(k)=[\varphi(k+1)-2\varphi(k)+\varphi(k-1)]/h^2\\ \dddot{\psi}(k)=[\varphi(k+2)-2\varphi(k+1)+2\varphi(k-1)-\varphi(k-2)]/(2h^3)\end{cases}\tag{2-21}$$

式中,h 为采样时间。忽略干扰项,且由于水面无人艇回转运动时 $\ddot{\psi}$ 几乎为 0,所以分别根据回转实验和 Z 形实验,整理可得:

$$\begin{cases} K=\dot{\psi}/\delta \\ T=(K\delta-\dot{\psi})/\ddot{\psi} \end{cases} \tag{2-22}$$

通过回转实验和 Z 形实验数据,先计算式(2-21),然后将结果代入式(2-22)即可求得一组 K、T 参数的值,对不同舵角的计算结果求均值,我们就可以得到水面无人艇最终的比较准确的 K、T 参数值。

通过选取不同的舵角,水面无人艇控制模型参数辨识结果如下:在航速 $U=1.55$ m/s 的情况下,$K=24.159\ 2$,$T=0.407\ 3$。

2.9.7　实船实验

1. 实验环境介绍

水面无人艇进行实船实验的场地为松花江太阳岛附近的一段支流水域,水面开阔,对无线通信基本无干扰,且能够容纳水面无人艇进行各种航迹跟踪实验和避障实验。实验期间天气晴朗,水域浪强度适中,但有风的干扰,会对无人艇的控制产生影响。实验场地还配备船只以及拖拽工具,用于在实验过程中出现问题时拖回急停的无人艇。实船实验现场照片如图 2.26 所示。

图 2.26　实船实验现场照片

2. 实验步骤

验证实验根据水面无人艇控制系统的功能需求进行设计,主要分为两部分:航迹跟踪实验,避障实验。两部分实验步骤既有所重合,也有所差别。航迹跟踪实验的具体步骤如下:

步骤一:给水面无人艇控制系统上电。

步骤二:开启运动控制软件,检测水面无人艇状态,测试各设备是否正常运转。如果状态正常,所有设备正常运转,则转步骤三;否则进行故障排除,之后转步骤一。

步骤三:打开运动控制软件串口,连接上下位机,选择航迹跟踪模式。

步骤四:在运动控制软件中设定期望航迹,选择控制算法,并设定控制算法的相应参数。参数的具体数值根据水面无人艇航迹跟踪的效果分析设定或者初始时根据经验设定。点击模式选择中的“开始实验”,开始水面无人艇航迹跟踪实验。

步骤五:观测水面无人艇在水面的真实运动效果,结合运动控制软件中无人艇实时航迹与期望航迹的对比,分析水面无人艇控制系统的航迹跟踪效果。如果效果不理想,则转步骤四;否则转步骤六。如果观察到水面无人艇不受控制或者出现故障,则立刻转步骤七。

步骤六:在水面无人艇进行完整的航迹跟踪后,点击“停止实验”按钮,保存实验图片和数据,然后设定不同的期望航迹,当第 N 次进入步骤六时转步骤七;否则转步骤四。如果观察到水面无人艇不受控制或者出现故障,则立刻转步骤七。

步骤七:点击运动控制软件的“停止实验”按钮,停止水面无人艇自主控制。通过手操模式使无人艇返回岸边,并断开水面无人艇控制系统电源,收回水面无人艇,结束整个实验。

避障实验的具体步骤如下:

步骤一:给水面无人艇控制系统上电。

步骤二:开启运动控制软件,检测水面无人艇状态,测试各设备是否正常运转。如果状态正常,所有设备正常运转,则转步骤三;否则进行故障排除,之后转步骤一。

步骤三:打开运动控制软件串口,连接上下位机,选择避障模式。

步骤四:在运动控制软件中设定期望航迹,设置合理的障碍点,选择控制算法,并设定控制算法的相应参数。参数的具体数值根据水面无人艇避障的效果分析设定或者初始时根据经验设定。点击模式选择中的“开始实验”,开始水面无人艇避障实验。

步骤五:观测水面无人艇在水面的真实运动效果,结合运动控制软件中无人艇实时航迹与期望航迹的对比,分析水面无人艇控制系统的避障效果。如果效果不理想,则转步骤四;否则转步骤六。如果观察到水面无人艇不受控制或者出现故障,则立刻转步骤七。

步骤六:在水面无人艇进行完整的避障跟踪后,点击“停止实验”按钮,保存实验图片和数据,然后设定不同的期望航迹和障碍点,当第 N 次进入步骤六时转步骤七;否则转步骤四。如果观察到水面无人艇不受控制或者出现故障,则立刻转步骤七。

步骤七:点击运动控制软件的“停止实验”按钮,停止水面无人艇自主控制。通过手操模式使无人艇返回岸边,并断开水面无人艇控制系统电源,收回水面无人艇,结束整个实验。

2.9.8 实验结果分析

1. 航迹跟踪实验结果分析

航迹跟踪实验结果如图 2.27 和图 2.28 所示。由图可知,本次实验中的水面无人艇在直线航迹跟踪情况下能快速跟上设定的期望航迹,跟踪效果在要求之内,但在某些地方有超调,这是由于实船环境下风浪较大。在曲线航迹跟踪情况下,由于设定的期望航迹点间距离不固定,在两个点距离过小的情况下,会出现比较大的超调,偏离期望航迹过远。这是由于在曲线航迹跟踪时,算法将曲线转换成一段段折线实现寻迹,本质上是一种以局部最优来近似整体最优的方法,所以必然会出现这种情况,尤其在航迹尺度较小时。但是在大尺度范围时,这种影响会变得很小,可以忽略。同时也因为存在较大干扰,所以航迹存在一定的固差。因此综合来看,在曲线航迹跟踪时,本书设计的控制器也是有效和可行的。

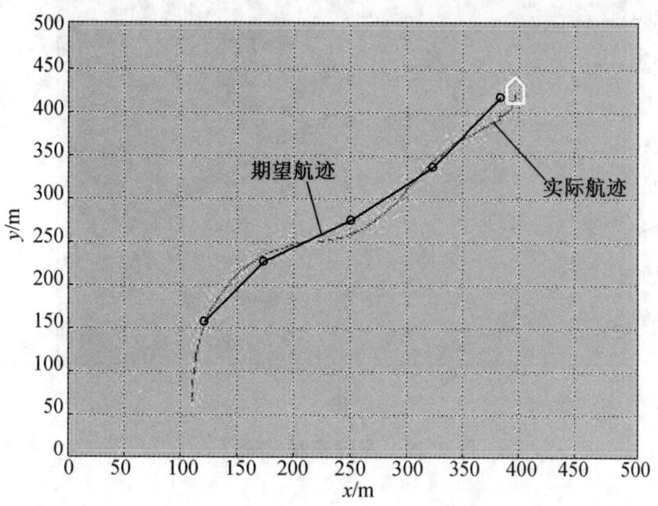

图 2.27　直线航迹跟踪实验结果图

2. 避障实验结果分析

避障实验结果如图 2.29 所示。障碍物的检测目前还是一个难点,常规方法比如超声波、雷达、前扫声呐和摄像头等方法,要么效果不好,要么成本太高,此外还有安装实现复杂等问题。本实验没有设计障碍物检测模块,而是直接在期望航迹中设定一个虚拟障碍点来代替实际障碍点,以验证避障控制器的有效性和可行性。从图中可知,在避障控制器的控制下,水面无人艇成功避开了障碍点,这表明设计的控制器是有效和可行的。但是我们也可以看出,实际航迹和期望航迹对比并没有那么平滑,这是由实船环境下的干扰所导致的。这也说明了设计避障控制器时需要对干扰进行更多的考虑。

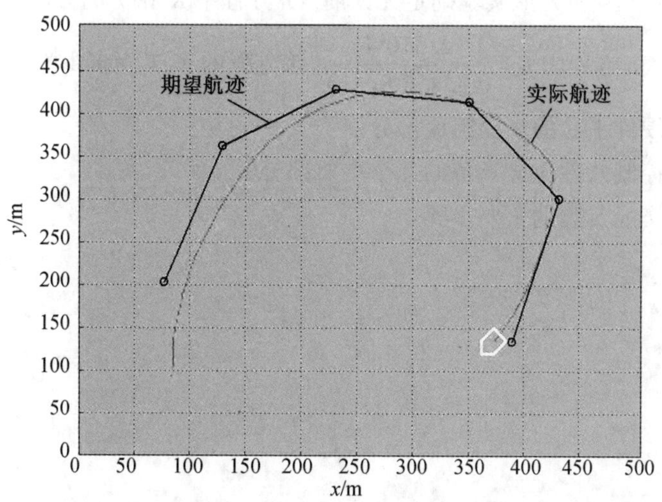

图 2.28　曲线航迹跟踪实验结果图

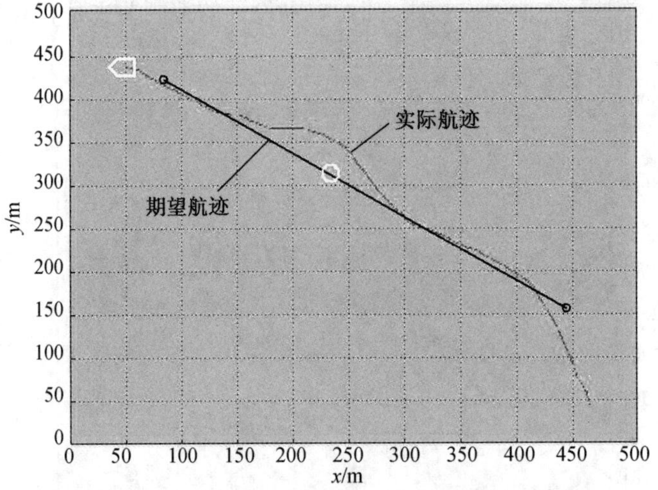

图 2.29　避障实验结果图

习　题

1. 简述无人艇的基本概念。

2. 无人艇都具有哪些类型?

3. 已知无人艇的平面运动方程为

$$
\begin{cases}
(m+m_x)\dot{u}-(m+m_y)vr=X_P+X_H+X_W\\
(m+m_y)\dot{v}+(m+m_x)ur=Y_P+Y_H+Y_W\\
(I_{zz}+J_{zz})\dot{r}=N_P+N_H+N_W
\end{cases}
$$

(1)试推导无人艇 KT 方程。

(2)写出无人艇一阶 KT 方程的基本形式。

(3)简述用回转实验和 Z 形实验确定无人艇 KT 方程中 K 和 T 的方法。

4. 某无人艇的 KT 方程为 $G=\dfrac{2.3104}{s(3.4558s+1)}$,该方程的 K、T 为多少?

5. 简述无人艇硬件平台的主要组成部分。

6. 简述无人艇控制软件应该具备的几个主要部分。

7. 简述无人艇实船实验的主要步骤。

第3章 四旋翼无人机控制系统原理与实现

3.1 引 言

从20世纪90年代开始，随着集成电子电路、自动化技术、机械设计、计算机、大数据存储等技术的高速发展和应用,无人飞行器的理论研究和实际应用也迎来了新的机遇。无人飞行器因拥有高机动性、自由悬停、沿纵向起飞、便携性强、质量较小、稳定性高、鲁棒性强以及便于使用等许多优势,在很多领域中得到了广泛关注和应用。在无人飞行器中,四旋翼无人机构造简单且对称,不仅飞行灵活,相对于多旋翼无人机还能削弱气流场造成的干扰。此外,在相同的空间利用条件下,四旋翼无人机的尺寸较大,这有助于提升升力效率,因此,四旋翼无人机的性能较为全面,相比于其他多旋翼无人机拥有更广泛的应用领域。图3.1展示了四旋翼无人机的三种应用场景。

(a)火灾救援

(b)农药喷洒

(c)物资运输

图3.1 四旋翼无人机的三种应用场景

但是就目前研究现状而言,四旋翼无人机还存在以下问题有待进一步研究。首先,四旋翼无人机是欠驱动系统,这就意味着输入量比要控制量少。研究欠驱动系统的意义不仅在于节约能耗,更重要的是全驱动系统在出现故障时可能会变成欠驱动系统,因此如果在设计控制器的时候能够考虑到欠驱动的情况就可以极大地保证系统的安全性和可靠性。其次,四旋翼无人机是一种高非线性、强耦合性、多变量性的复杂系统,控制器设计难度大。最后,在实际四旋翼无人机控制系统中,应尽可能地减少接口交互、提高通信速率,并且考虑到四旋翼无人机的应用,还应避免因控制器过于复杂导致时效性变差和空间受限的问题,各种元器件尺寸更要尽量小。

本章旨在引导读者了解四旋翼无人机的基本原理,建模、控制方案的设计和实现。首先,介绍了四旋翼无人机的工作模式,紧接着分析了姿态描述和解算的原理;其次,为了减小由传感器引起的误差,介绍了两种常用的滤波算法原理;再次,对相关传感器和控制器的工作原理进行了简要概述;最后,实现四旋翼无人机控制系统的设计和验证,进一步说明本章方法的有效性和快速性。

3.2 四旋翼无人机的基本原理和姿态解算

3.2.1 四旋翼无人机工作原理

四旋翼无人机是一种依靠四个速度可变的旋翼实现灵活机动的空中机器人,其通过改变四个旋翼的转速,完成各种飞行动作。每个旋翼可产生竖直向上的拉力和与旋翼旋向相反的反扭矩,力和扭矩的大小与各自旋翼的转速呈正相关,利用力的合成和分解实现对无人机的操纵。四个旋翼的分布方式一般有两种,分别是X形分布与“十”字形分布。

这里需要注意,相邻螺旋桨的旋向相反,如图3.2所示,2、4旋翼顺时针旋转,而1、3旋翼逆时针旋转。相应地,2、4旋翼采用的螺旋桨是“正桨”,一般指顺时针方向转动能产生向上拉力的桨;而1、3旋翼采用的螺旋桨是“反桨”,一般指逆时针方向转动能产生向上拉力的桨。在实际装配时,可以通过螺旋桨旋转时带动气流的方向加以区分,正常应该是“向下吹风”的状态。

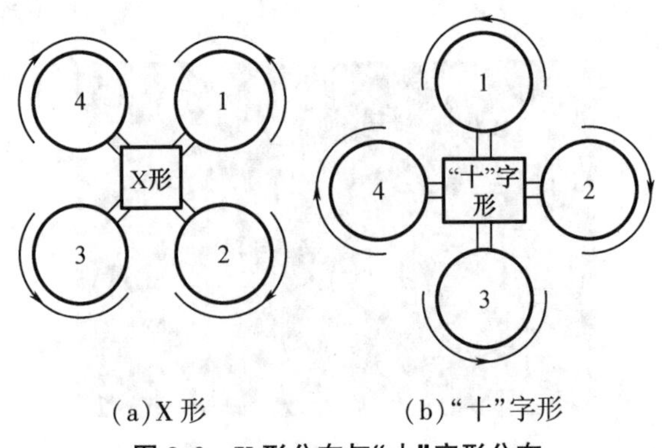

图3.2 X形分布与“十”字形分布

下面仅介绍X形分布四旋翼无人机的操纵原理,对于“十”字形分布四旋翼无人机的操纵原理,读者可以类似地进行自行分析。四旋翼无人机的飞行动作主要包括以下几种:

1. 悬停

当四旋翼无人机悬停时,四个螺旋桨产生的拉力的合力与重力抵消,产生的滚转、俯仰力矩为零，偏航力矩为零，四个螺旋桨反扭矩效应被抵消，理论上此时四个螺旋桨的转速完全一样（图 3.3）。

2. 升降运动

升降运动与悬停状态类似，同时同量地增大四个螺旋桨的转速，螺旋桨产生的总拉力增大，力矩和依然为零。当拉力的合力大于重力时，四旋翼无人机做上升运动（图 3.4），反之做下降运动。

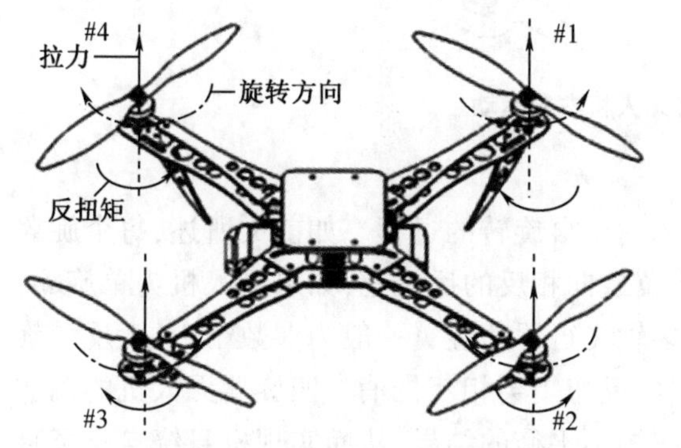

图 3.3　四旋翼无人机悬停

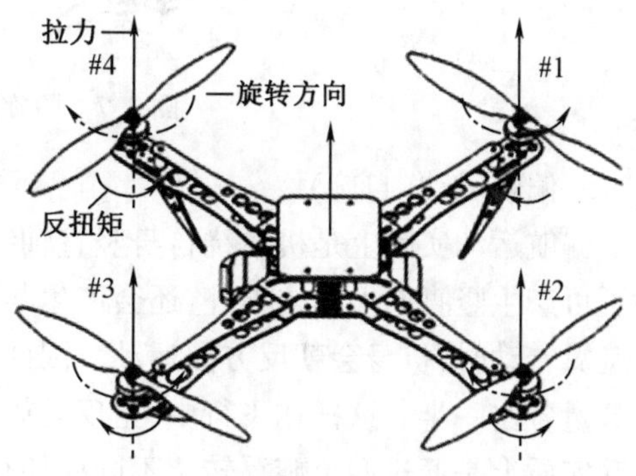

图 3.4　四旋翼无人机上升运动

3. 前后运动

前向运动时，同量减小 1、4 螺旋桨的转速，同时同量增大 2、3 螺旋桨的转速，从而引起四旋翼无人机的前俯运动，产生向前的分力，无人机做前向运动（图 3.5）；反之引起四旋翼无人机的后仰运动，产生向后的分力，无人机做后向运动。在以上过程中，要时刻保证竖直方向分力与四旋翼无人机所受到的重力相抵消（图 3.6）。

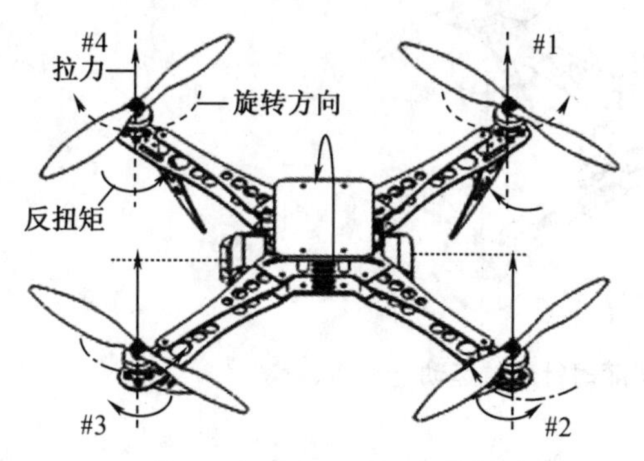

图 3.5　四旋翼无人机前向运动

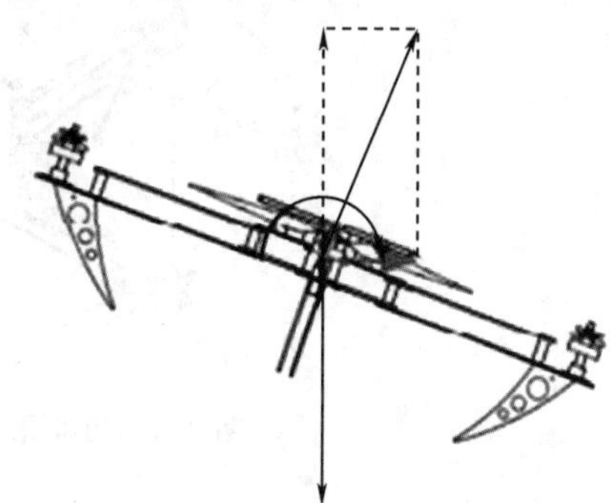
图 3.6　前后运动受力示意图

4. 左右运动

右向运动时，同量减小 1、2 螺旋桨的转速，同时同量增大 3、4 螺旋桨的转速，从而引起四旋翼无人机的右向滚转运动，产生向右的分力，无人机做右向运动（图 3.7）；反之引起四旋翼无人机的左向滚转运动，产生向左的分力，无人机做左向运动。与前后运动同理，在以上过程中，也要时刻保证竖直方向分力与四旋翼无人机所受到的重力相抵消。

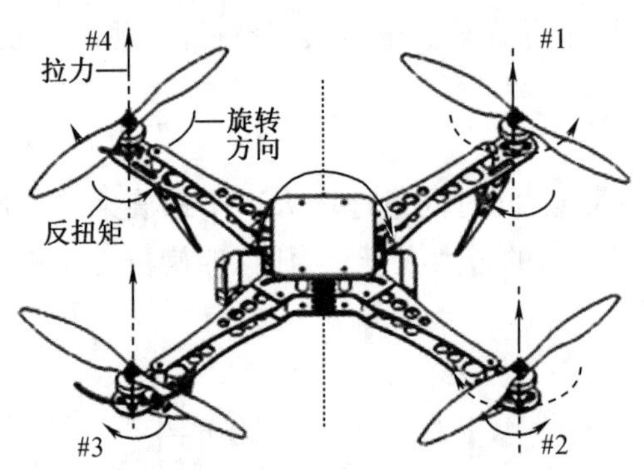

图 3.7　四旋翼无人机右向运动

5. 偏航运动(自旋)

偏航运动实际上是机体绕自身竖直轴线的一个自旋转的过程。如前文所述,每个旋翼除了可产生竖直向上的拉力外,还会产生与旋翼旋向相反的反扭矩,如果无人机为单旋翼,在旋翼转动时,机身会朝反方向运动。因此,多轴飞行器的旋翼一般为偶数个,且正反转旋翼数量各占一半。这样在飞行中,正反转旋翼的反扭矩会相互抵消。四旋翼无人机的偏航运动实质上是通过四个旋翼转速不同而使得扭矩不平衡的结果,从而实现机身绕自身竖直轴线旋转的效果。

以顺时针偏航运动为例,同量减小 2、4 螺旋桨的转速,同时同量增大 1、3 螺旋桨的转速,使前后运动和左右运动的力矩为零。但当顺时针的偏航力矩增大时,飞行器做顺时针偏航运动;反之,做逆时针偏航运动(图 3.8)。

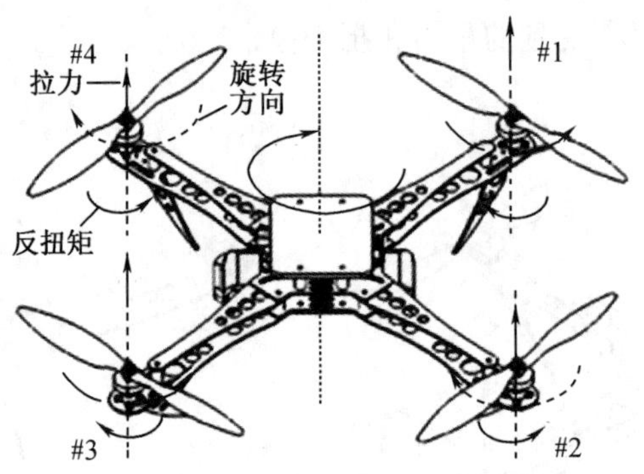

图 3.8　四旋翼无人机顺时针偏航运动

3.2.2　四旋翼无人机的姿态描述

要想描述姿态首先需要建立坐标系,坐标系的定义总体遵循“右手定则”,右手大拇指指向 x 轴的正方向,食指指向 y 轴的正方向,中指所指的方向即是 z 轴的正方向,坐标系定义如图 3.9 所示。相应地,要确定旋转正方向,用右手的大拇指指向轴的正方向,弯曲四指,那么四指所指向的方向即是旋转正方向。

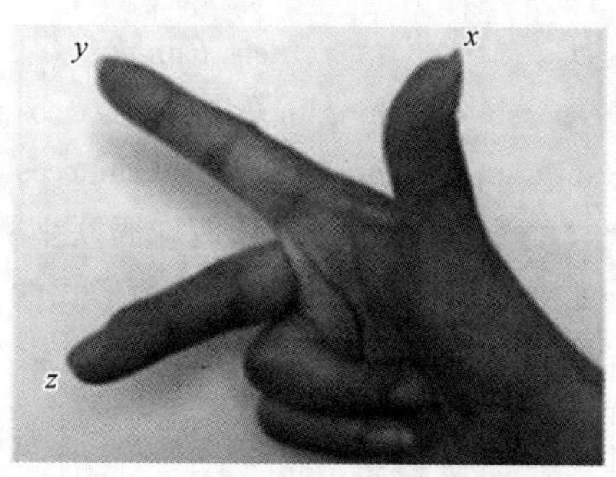

图 3.9 右手定则下的坐标系定义

为了便于研究四旋翼无人机的控制，要建立两个基本坐标系，即地球固联坐标系和机体坐标系。

地球固联坐标系用于研究四旋翼无人机相对于地面的运动状态，确定机体的空间位置坐标。它忽略地球曲率，即假设地球表面为一张平面，通常以四旋翼无人机起飞位置或者地心作为坐标原点 O_e；先让 x_e 轴在水平面内指向某一方向，z_e 轴垂直于地面向下，然后，按右手定则确定 y_e 轴。

机体坐标系与四旋翼无人机固联，其原点 O_b 取在四旋翼无人机的重心位置上。x_b 轴在四旋翼无人机对称平面内指向机头。z_b 轴在飞机对称平面内，垂直于 x_b 轴向下。然后，按右手定则确定 y_b 轴。

两坐标系关系如图 3.10 所示（注：下标 e 表示 earth，b 表示 body）。

机体坐标系与地球固联坐标系之间的夹角就是飞机的姿态角，又称欧拉角（图 3.11）。

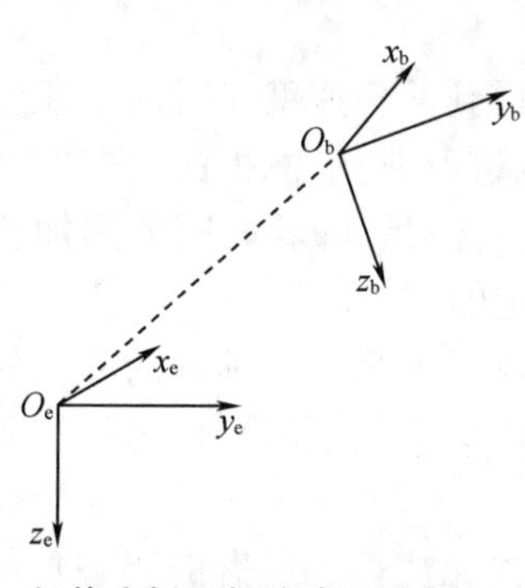

图 3.10 机体坐标系与地球固联坐标系

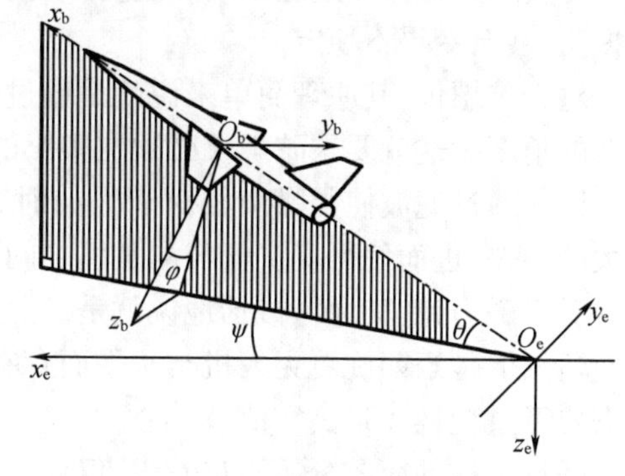

图 3.11 欧拉角示意图

俯仰角 θ：机体轴与地平面（水平面）之间的夹角，飞机抬头为正。

偏航角 ψ：机体轴在水平面上的投影与地轴之间的夹角，以机头右偏为正。

滚转角 φ：飞机对称面绕机体轴转过的角度，右滚为正。

经过三个欧拉角转动后，地球固联坐标系下的一个矢量 $\boldsymbol{r}^e=(x^e,y^e,z^e)$ 与其对应的机体坐标系下的矢量 $\boldsymbol{r}^b=(x^b,y^b,z^b)$ 之间的关系可以表示为

$$\begin{bmatrix} x^b \\ y^b \\ z^b \end{bmatrix}=\begin{bmatrix} 1 & 0 & 0 \\ 0 & \cos\varphi & \sin\varphi \\ 0 & -\sin\varphi & \cos\varphi \end{bmatrix}\begin{bmatrix} \cos\theta & 0 & -\sin\theta \\ 0 & 1 & 0 \\ \sin\theta & 0 & \cos\theta \end{bmatrix}\begin{bmatrix} \cos\psi & \sin\psi & 0 \\ -\sin\psi & \cos\psi & 0 \\ 0 & 0 & 1 \end{bmatrix}\begin{bmatrix} x^e \\ y^e \\ z^e \end{bmatrix}$$

$$=\begin{bmatrix}\cos\theta\cos\psi & \cos\theta\sin\psi & -\sin\psi\\ \sin\varphi\sin\theta\cos\psi-\cos\varphi\sin\psi & \sin\varphi\sin\theta\sin\psi+\cos\varphi\cos\psi & \sin\varphi\cos\theta\\ \cos\varphi\sin\theta\cos\psi+\sin\varphi\sin\psi & \cos\varphi\sin\theta\sin\psi-\sin\varphi\cos\psi & \cos\varphi\cos\theta\end{bmatrix}\begin{bmatrix}x^{e}\\ y^{e}\\ z^{e}\end{bmatrix} \tag{3-1}$$

用简化的写法表示为$\boldsymbol{r}^{b}=\boldsymbol{C}_{e}^{b}\boldsymbol{r}^{e}$,其中$\boldsymbol{C}_{e}^{b}$称为从地球固联坐标系到机体坐标系的变换矩阵或旋转矩阵。反过来,$\boldsymbol{r}^{e}=\boldsymbol{C}_{b}^{e}\boldsymbol{r}^{b}$,其中,$\boldsymbol{C}_{b}^{e}$称为欧拉角形式的方向余弦矩阵,$\boldsymbol{C}_{b}^{e}=(\boldsymbol{C}_{e}^{b})^{T}$。设机体旋转的角速率为${}^{b}\boldsymbol{\omega}=[\omega_{x_b}\quad\omega_{y_b}\quad\omega_{z_b}]^{T}$,其与欧拉角变化率的关系如下:

$$\begin{bmatrix}\omega_{x_b}\\ \omega_{y_b}\\ \omega_{z_b}\end{bmatrix}=\begin{bmatrix}1 & 0 & -\sin\theta\\ 0 & \cos\varphi & \cos\theta\sin\varphi\\ 0 & -\sin\varphi & \cos\theta\cos\varphi\end{bmatrix}\begin{bmatrix}\dot{\varphi}\\ \dot{\theta}\\ \dot{\psi}\end{bmatrix} \tag{3-2}$$

于是可得

$$\begin{bmatrix}\dot{\psi}\\ \dot{\theta}\\ \dot{\varphi}\end{bmatrix}=\begin{bmatrix}0 & \sin\varphi\sec\theta & \cos\varphi\sec\theta\\ 0 & \cos\varphi & -\sin\varphi\\ 1 & \sin\varphi\tan\theta & \cos\varphi\tan\theta\end{bmatrix}\begin{bmatrix}\omega_{x_b}\\ \omega_{y_b}\\ \omega_{z_b}\end{bmatrix} \tag{3-3}$$

3.2.3 姿态解算

在后续实际控制时,因为传感器测量数据存在误差,所以仅仅通过低通滤波器无法避免变速运动产生的误差。

对于加速度计,在无其他加速度的干扰下,确实可以精确地得到俯仰角和滚转角,且通过低通滤波器可以过滤掉噪声干扰。但是,当四旋翼无人机做变速运动时,很显然存在使得四旋翼无人机做变速运动的加速度,干扰测量结果,这时如果不加以处理,系统很可能产生振荡,甚至变得不稳定。

对于陀螺仪,其原理简单来说就是通过不断对测量得到的角速度在时间上积分来得到偏转的角度。这就要求陀螺仪必须在很小的时间范围内进行测量,测得的角速度才是有效的。即使通过滤波使得噪声相对于当前时刻的数据很小,但是,随着时间的累加也会产生很大的误差,进而使得真实值与测量值之间始终存在一定的误差。

对于磁力计,其原理概括地说就是参照地磁场分别测量场强在坐标轴的分量从而得到偏航角。但是当四旋翼无人机与水平面存在一定夹角时(即出现倾斜),磁力计得到的偏航角需要经过变换才是真实值。

通过上述的简要分析不难看出,仅仅使用一种传感器无法得到所有的姿态角信息。因此,这里引出三种比较常用的信息融合姿态解算方法,依次是互补滤波算法、卡尔曼滤波算法、四元数法。

加速度计和陀螺仪自身特性对比如表 3.1 所示。

表 3.1 加速度计和陀螺仪自身特性对比

对比项	加速度计	陀螺仪
高频振动噪声	敏感	无影响
低频姿态漂移	稳定	漂移

通过表 3.1 我们可以发现,加速度计和陀螺仪的优劣特性正好存在互补关系,而互补滤波算法就是基于这一特点。先来看一下互补滤波算法的表达式:

$$\theta=\alpha\cdot(\theta+\theta_t)+(1-\alpha)\cdot A_{CC} \tag{3-4}$$

$$\theta_t=\int_t \omega \mathrm{d}t \tag{3-5}$$

式中　θ——滤波后得到的角度;

ω——陀螺仪测得的角加速度;

θ_t——陀螺仪测得的角加速度的积分;

A_{CC}——加速度计测得的角度数据;

α——介于 0 和 1 之间的值,它也是我们主要需要调节的参数。

互补滤波算法的核心思想可以通俗地表达为在"旧的滤波值"和"新的采样值"之间权衡,选择相信哪一个,从而达到合适的滤波效果。而在四旋翼无人机姿态数据滤波的应用中,就是通过一个介于 0 到 1 之间的参数 α 的值来选择相信加速度计测量值还是陀螺仪测量值。

互补滤波算法虽然能得到相对准确、抗噪、不漂移的姿态数据,但是其参数 α 是一个定值,需要手动调大小,为达到满足要求的滤波效果,需要多次调整测试,十分不便,且鲁棒性不足。那么有没有一种滤波算法可以动态地调整置信度呢? 下面要介绍的卡尔曼滤波算法做到了这一点。

卡尔曼滤波算法是一种"最优化自回归数据处理算法",其思想并不是得出完全正确无误的当前状态,而是采用一种递归自更新的方法来估计出当前状态,且保证原状态与估计的当前状态的均方误差收敛至最小。

卡尔曼滤波算法的核心内容是五个黄金公式:

$$\boldsymbol{X}(k|k-1)=\boldsymbol{AX}(k-1|k-1)+\boldsymbol{BU}(k-1) \tag{3-6}$$

$$\boldsymbol{P}(k|k-1)=\boldsymbol{AP}(k-1|k-1)\boldsymbol{A}^{\mathrm{T}}+\boldsymbol{Q} \tag{3-7}$$

$$\boldsymbol{K}_{\mathrm{g}}(k)=\boldsymbol{P}(k|k-1)\boldsymbol{H}^{\mathrm{T}}[\boldsymbol{HP}(k|k-1)\boldsymbol{H}^{\mathrm{T}}+\boldsymbol{R}]^{-1} \tag{3-8}$$

$$\boldsymbol{X}(k|k)=\boldsymbol{X}(k|k-1)+\boldsymbol{K}_{\mathrm{g}}(k)[\boldsymbol{Z}(k)-\boldsymbol{HX}(k|k-1)] \tag{3-9}$$

$$\boldsymbol{P}(k|k)=[\boldsymbol{I}-\boldsymbol{K}_{\mathrm{g}}(k)\boldsymbol{H}]\boldsymbol{P}(k|k-1) \tag{3-10}$$

下面从这五个黄金公式出发,逐一对每个公式进行分析。

1. 先验估计方程:$\boldsymbol{X}(k|k-1)=\boldsymbol{AX}(k-1|k-1)+\boldsymbol{BU}(k-1)$

在理解此方程前,先要理解如下方程:

$$x(t)=\boldsymbol{A}\cdot x(t-1)+\omega(t) \tag{3-11}$$

我们称方程(3-11)为状态转移方程,其中 $\boldsymbol{A}$ 为状态转移矩阵,$\omega(t)$ 为系统模型描述误差,$x(t)$ 为时刻的状态值,$x(t-1)$ 为上一时刻的状态值。

状态转移方程可以通俗地理解为通过状态转移矩阵由上一时刻的状态转移得到系统的当前状态,转移的过程还要考虑系统的实际噪声。

系统的当前状态除了受上一时刻的状态影响外,还受控制量的影响,于是状态转移方程变为如下形式:

$$x(t)=\boldsymbol{A}\cdot x(t-1)+\boldsymbol{B}\cdot u(t-1)+\omega(t) \tag{3-12}$$

式中　$\boldsymbol{B}$——控制量矩阵;

$u(t-1)$——上一时刻的控制量。

在做线性卡尔曼滤波时,我们并不知道系统当前的真实状态,所以会用系统当前的状态估计来代替。既然不知道系统当前的真实状态,自然也不可能知道系统当前的实际噪声 $\omega(t)$,因此在滤波的过程中将其忽略,公式(3-12)就变成了如下形式:

$$x(t)=\boldsymbol{A}\cdot x(t-1)+\boldsymbol{B}\cdot u(t-1) \tag{3-13}$$

各元素变成向量的形式就得到了先验估计方程(3-6):

$$\boldsymbol{X}(k|k-1)=\boldsymbol{AX}(k-1|k-1)+\boldsymbol{BU}(k-1)$$

式中 $\boldsymbol{X}(k|k-1)$——根据上一时刻估计出来的这一时刻的估计值向量;

$\boldsymbol{X}(k-1|k-1)$——上一时刻的最优值向量;

$\boldsymbol{A}$——上一时刻状态转移到当前时刻状态的状态转移矩阵;

$\boldsymbol{B}$——控制量矩阵;

$\boldsymbol{U}(k-1)$——上一时刻的控制量向量。

2. 误差协方差方程:$\boldsymbol{P}(k|k-1)=\boldsymbol{AP}(k-1|k-1)\boldsymbol{A}^{\mathrm{T}}+\boldsymbol{Q}$

如前所述,卡尔曼滤波算法本质上是真实状态与估计出来的状态的均方误差收敛至最小的过程,也可以说是减小误差的方差的过程。因此,我们要先将误差提取出来,这里可以令真实状态表达如下:

$$\boldsymbol{X}(k)=\boldsymbol{AX}(k-1)+\boldsymbol{BU}(k-1)+\boldsymbol{W}(k-1) \tag{3-14}$$

则真实状态与估计值之间的误差为

$$\begin{aligned}\boldsymbol{X}(k)-\boldsymbol{X}(k|k-1)&=\boldsymbol{AX}(k-1)+\boldsymbol{BU}(k-1)+\boldsymbol{W}(k-1)-[\boldsymbol{AX}(k-1|k-1)+\boldsymbol{BU}(k-1)]\\&=\boldsymbol{AX}(k-1)+\boldsymbol{W}(k-1)-\boldsymbol{AX}(k-1|k-1)\\&=\boldsymbol{A}[\boldsymbol{X}(k-1)-\boldsymbol{X}(k-1|k-1)]+\boldsymbol{W}(k-1)\end{aligned} \tag{3-15}$$

我们再对这个误差求方差 D:

$$\begin{aligned}D[\boldsymbol{X}(k)-\boldsymbol{X}(k|k-1)]&=D\{\boldsymbol{A}[\boldsymbol{X}(k-1)-\boldsymbol{X}(k-1|k-1)]+\boldsymbol{W}(k-1)\}\\&=D\{\boldsymbol{A}[\boldsymbol{X}(k-1)-\boldsymbol{X}(k-1|k-1)]\}+D[\boldsymbol{W}(k-1)]+\\&\quad 2\mathrm{cov}\{\boldsymbol{A}[\boldsymbol{X}(k-1)-\boldsymbol{X}(k-1|k-1)],\boldsymbol{W}(k-1)\}\end{aligned} \tag{3-16}$$

这里 $\mathrm{cov}\{\boldsymbol{A}[\boldsymbol{X}(k-1)-\boldsymbol{X}(k-1|k-1)],\boldsymbol{W}(k-1)\}$ 是 $\boldsymbol{A}[\boldsymbol{X}(k-1)-\boldsymbol{X}(k-1|k-1)]$ 与 $\boldsymbol{W}(k-1)$ 的协方差,我们认为二者不会相互制约,即二者相互独立,故 $\mathrm{cov}\{\boldsymbol{A}[\boldsymbol{X}(k-1)-\boldsymbol{X}(k-1|k-1)],\boldsymbol{W}(k-1)\}=0$。

由此,误差的方差可以进一步推导为

$$\begin{aligned}D[\boldsymbol{X}(k)-\boldsymbol{X}(k|k-1)]&=\{\boldsymbol{A}[\boldsymbol{X}(k-1)-\boldsymbol{X}(k-1|k-1)]\}\{\boldsymbol{A}[\boldsymbol{X}(k-1)-\boldsymbol{X}(k-1|k-1)]\}^{\mathrm{T}}+\\&\quad[\boldsymbol{W}(k-1)][\boldsymbol{W}(k-1)]^{\mathrm{T}}\\&=\boldsymbol{A}[\boldsymbol{X}(k-1)-\boldsymbol{X}(k-1|k-1)][\boldsymbol{X}(k-1)-\boldsymbol{X}(k-1|k-1)]^{\mathrm{T}}\boldsymbol{A}^{\mathrm{T}}+\\&\quad[\boldsymbol{W}(k-1)][\boldsymbol{W}(k-1)]^{\mathrm{T}}\end{aligned} \tag{3-17}$$

这里我们设:

$$\begin{aligned}\boldsymbol{P}(k-1|k-1)&=[\boldsymbol{X}(k-1)-\boldsymbol{X}(k-1|k-1)][\boldsymbol{X}(k-1)-\boldsymbol{X}(k-1|k-1)]^{\mathrm{T}}\\\boldsymbol{Q}&=[\boldsymbol{W}(k-1)][\boldsymbol{W}(k-1)]^{\mathrm{T}}\end{aligned} \tag{3-18}$$

于是就得到了误差协方差计算公式(3-7):

$$\boldsymbol{P}(k|k-1)=\boldsymbol{AP}(k-1|k-1)\boldsymbol{A}^{\mathrm{T}}+\boldsymbol{Q}$$

在分析公式(3-8)之前,我们先来分析公式(3-9)。

3. 状态更新方程:$\boldsymbol{X}(k|k)=\boldsymbol{X}(k|k-1)+\boldsymbol{K}_{\mathrm{g}}(k)[\boldsymbol{Z}(k)-\boldsymbol{HX}(k|k-1)]$

之所以先分析公式(3-9),是因为公式(3-8)的结论会由下面对公式(3-10)的分析过程中得到。

系统状态主要由传感器测量，但受到传感器种类的限制，系统状态往往无法由传感器直接测得，而是与传感器测得的数据存在一定的转化关系。比如陀螺仪测得的角速度值要经过积分过程才能得到我们想要的角度信息，这里引出状态观测方程：

$$\boldsymbol{Z}(k)=\boldsymbol{H}\boldsymbol{X}(k)+\boldsymbol{V}(k) \tag{3-19}$$

式中　$\boldsymbol{Z}(k)$——当前系统的观测值，可以理解为传感器的测量值；

$\boldsymbol{H}$——系统观测矩阵，表征了系统当前状态与传感器测量值之间的转化关系；

$\boldsymbol{V}(k)$——当前的观测噪声。

状态观测方程可以通俗地表达为：传感器当前的测量值等于系统当前状态和观测矩阵的乘积与观测噪声之和。

于是，状态更新方程在逻辑上就可以理解为：先用当前时刻传感器的测量值 $\boldsymbol{Z}(k)$ 减去根据上一时刻状态估计值 $\boldsymbol{X}(k|k-1)$ 估计的传感器测量值 $\boldsymbol{H}\boldsymbol{X}(k|k-1)$，得到残差，然后用比例系数矩阵$\boldsymbol{K}_g(k)$乘上这个残差，再加上根据上一时刻状态最优值 $\boldsymbol{X}(k-1|k-1)$ 得到的状态估计值 $\boldsymbol{X}(k|k-1)$，就可以得到当前时刻的状态最优值。这个最优值既不完全相信传感器，也不完全相信估计值，只要控制好比例系数，就能得到最适合的值。因此，$\boldsymbol{K}_g(k)$ 的选取尤为重要。

4. 误差协方差更新方程：$\boldsymbol{P}(k|k)=[\boldsymbol{I}-\boldsymbol{K}_g(k)\boldsymbol{H}]\boldsymbol{P}(k|k-1)$

这里应注意区分公式(3-7)中的 $\boldsymbol{P}(k|k-1)$ 与本公式中的 $\boldsymbol{P}(k|k)$ 的区别：$\boldsymbol{P}(k|k-1)$ 代表上一时刻的最优估计值与当前时刻真实状态的误差的方差；$\boldsymbol{P}(k|k)$ 代表由当前时刻状态更新方程得到的最优值和当前时刻真实状态的误差的方差，即

$$\boldsymbol{P}(k|k)=D[\boldsymbol{X}(k)-\boldsymbol{X}(k|k)] \tag{3-20}$$

将公式(3-9)和公式(3-19)代入上式，可得：

$$\begin{aligned}\boldsymbol{P}(k|k)&=D\{\boldsymbol{X}(k)-[\boldsymbol{X}(k|k-1)+\boldsymbol{K}_g(k)(\boldsymbol{H}\boldsymbol{X}(k)+\boldsymbol{V}(k)-\boldsymbol{H}\boldsymbol{X}(k|k-1))]\}\\&=D\{\boldsymbol{X}(k)-\boldsymbol{X}(k|k-1)-\boldsymbol{K}_g(k)\boldsymbol{H}\boldsymbol{X}(k)-\boldsymbol{K}_g(k)\boldsymbol{V}(k)+\boldsymbol{K}_g(k)\boldsymbol{H}\boldsymbol{X}(k|k-1)\}\\&=D\{\boldsymbol{X}(k)-\boldsymbol{X}(k|k-1)-\boldsymbol{K}_g(k)\boldsymbol{H}[\boldsymbol{X}(k)-\boldsymbol{X}(k|k-1)]-\boldsymbol{K}_g(k)\boldsymbol{V}(k)\}\\&=D\{[\boldsymbol{I}-\boldsymbol{K}_g(k)\boldsymbol{H}][\boldsymbol{X}(k)-\boldsymbol{X}(k|k-1)]-\boldsymbol{K}_g(k)\boldsymbol{V}(k)\}\end{aligned} \tag{3-21}$$

同样，我们认为$[\boldsymbol{I}-\boldsymbol{K}_g(k)\boldsymbol{H}][\boldsymbol{X}(k)-\boldsymbol{X}(k|k-1)]$和观测噪声$\boldsymbol{K}_g(k)\boldsymbol{V}(k)$相互独立，即

$$\mathrm{cov}\{[\boldsymbol{I}-\boldsymbol{K}_g(k)\boldsymbol{H}][\boldsymbol{X}(k)-\boldsymbol{X}(k|k-1)],\boldsymbol{K}_g(k)\boldsymbol{V}(k)\}=0$$

则式(3-21)计算如下：

$$\begin{aligned}\boldsymbol{P}(k|k)&=[\boldsymbol{I}-\boldsymbol{K}_g(k)\boldsymbol{H}][\boldsymbol{X}(k)-\boldsymbol{X}(k|k-1)]\{[\boldsymbol{I}-\boldsymbol{K}_g(k)\boldsymbol{H}][\boldsymbol{X}(k)-\boldsymbol{X}(k|k-1)]\}^{\mathrm{T}}+\\&\quad[\boldsymbol{K}_g(k)\boldsymbol{V}(k)][\boldsymbol{K}_g(k)\boldsymbol{V}(k)]^{\mathrm{T}}\\&=[\boldsymbol{I}-\boldsymbol{K}_g(k)\boldsymbol{H}][\boldsymbol{X}(k)-\boldsymbol{X}(k|k-1)][\boldsymbol{X}(k)-\boldsymbol{X}(k|k-1)]^{\mathrm{T}}[\boldsymbol{I}-\boldsymbol{K}_g(k)\boldsymbol{H}]^{\mathrm{T}}+\\&\quad\boldsymbol{K}_g(k)\boldsymbol{V}(k)\boldsymbol{V}^{\mathrm{T}}(k)\boldsymbol{K}_g^{\mathrm{T}}(k)\end{aligned}$$

设 $\boldsymbol{R}(k)=\boldsymbol{V}(k)\boldsymbol{V}^{\mathrm{T}}(k)$，则有：

$$\begin{aligned}\boldsymbol{P}(k|k)&=[\boldsymbol{I}-\boldsymbol{K}_g(k)\boldsymbol{H}]\boldsymbol{P}(k|k-1)[\boldsymbol{I}-\boldsymbol{K}_g(k)\boldsymbol{H}]^{\mathrm{T}}+\boldsymbol{K}_g(k)\boldsymbol{R}(k)\boldsymbol{K}_g^{\mathrm{T}}(k)\\&=[\boldsymbol{P}(k|k-1)-\boldsymbol{K}_g(k)\boldsymbol{H}\boldsymbol{P}(k|k-1)][\boldsymbol{I}-\boldsymbol{K}_g(k)\boldsymbol{H}]^{\mathrm{T}}+\boldsymbol{K}_g(k)\boldsymbol{R}(k)\boldsymbol{K}_g^{\mathrm{T}}(k)\end{aligned} \tag{3-22}$$

上式中的 $\boldsymbol{I}$ 和 $\boldsymbol{P}(k|k-1)$ 都是对称阵，则上式进一步推导如下：

$$\begin{aligned}\boldsymbol{P}(k|k)&=[\boldsymbol{P}(k|k-1)-\boldsymbol{K}_g(k)\boldsymbol{H}\boldsymbol{P}(k|k-1)][\boldsymbol{I}-\boldsymbol{H}^{\mathrm{T}}\boldsymbol{K}_g^{\mathrm{T}}(k)]+\boldsymbol{K}_g(k)\boldsymbol{R}(k)\boldsymbol{K}_g^{\mathrm{T}}(k)\\&=\boldsymbol{P}(k|k-1)-\boldsymbol{P}(k|k-1)\boldsymbol{H}^{\mathrm{T}}\boldsymbol{K}_g^{\mathrm{T}}(k)-\boldsymbol{K}_g(k)\boldsymbol{H}\boldsymbol{P}(k|k-1)+\\&\quad\boldsymbol{K}_g(k)[\boldsymbol{H}\boldsymbol{P}(k|k-1)\boldsymbol{H}^{\mathrm{T}}+\boldsymbol{R}(k)]\boldsymbol{K}_g^{\mathrm{T}}(k)\\&=\boldsymbol{P}(k|k-1)-\boldsymbol{P}^{\mathrm{T}}(k|k-1)\boldsymbol{H}^{\mathrm{T}}\boldsymbol{K}_g^{\mathrm{T}}(k)-\boldsymbol{K}_g(k)\boldsymbol{H}\boldsymbol{P}(k|k-1)+\end{aligned}$$

$$
\begin{aligned}
&\boldsymbol{K}_g(k)[\boldsymbol{HP}(k|k-1)\boldsymbol{H}^T+\boldsymbol{R}(k)]\boldsymbol{K}_g^T(k)\\
=&\boldsymbol{P}(k|k-1)-[\boldsymbol{HP}(k|k-1)]^T\boldsymbol{K}_g^T(k)-\boldsymbol{K}_g(k)\boldsymbol{HP}(k|k-1)+\\
&\boldsymbol{K}_g(k)[\boldsymbol{HP}(k|k-1)\boldsymbol{H}^T+\boldsymbol{R}(k)]\boldsymbol{K}_g^T(k)\\
=&\boldsymbol{P}(k|k-1)-[\boldsymbol{K}_g(k)\boldsymbol{HP}(k|k-1)]^T-\boldsymbol{K}_g(k)\boldsymbol{HP}(k|k-1)+\\
&\boldsymbol{K}_g(k)[\boldsymbol{HP}(k|k-1)\boldsymbol{H}^T+\boldsymbol{R}(k)]\boldsymbol{K}_g^T(k)
\end{aligned}
\tag{3-23}
$$

我们反复强调,卡尔曼滤波算法是一个不断减小最优估计值与当前时刻真实状态误差的方差的过程,$\boldsymbol{P}(k|k)$就是当前时刻最优估计值与真实状态值误差的方差矩阵,其对角线元素就是各个状态元素的最优估计值与当前时刻真实状态值误差的方差,我们把$\boldsymbol{P}(k|k)$的对角元素加起来,求取总的方差值,通过保证这一方差值总和最小,来实现最优估计值与当前时刻真实状态值误差的方差趋向最小化。

将方差矩阵对角线元素相加的做法也称为矩阵的迹,通常用 tr 表示,则:

$$
\begin{aligned}
\mathrm{tr}[\boldsymbol{P}(k|k)]=&\mathrm{tr}\{\boldsymbol{P}(k|k-1)-[\boldsymbol{K}_g(k)\boldsymbol{HP}(k|k-1)]^T-\boldsymbol{K}_g(k)\boldsymbol{HP}(k|k-1)+\\
&\boldsymbol{K}_g(k)[\boldsymbol{HP}(k|k-1)\boldsymbol{H}^T+\boldsymbol{R}(k)]\boldsymbol{K}_g^T(k)\}\\
=&\mathrm{tr}[\boldsymbol{P}(k|k-1)]-\mathrm{tr}\{[\boldsymbol{K}_g(k)\boldsymbol{HP}(k|k-1)]^T\}-\mathrm{tr}[\boldsymbol{K}_g(k)\boldsymbol{HP}(k|k-1)]+\\
&\mathrm{tr}\{\boldsymbol{K}_g(k)[\boldsymbol{HP}(k|k-1)\boldsymbol{H}^T+\boldsymbol{R}(k)]\boldsymbol{K}_g^T(k)\}
\end{aligned}
\tag{3-24}
$$

我们可以看到,$\mathrm{tr}[\boldsymbol{P}(k|k)]$的大小与增益系数矩阵$\boldsymbol{K}_g(k)$有很大的关系,问题又转化为选取增益系数矩阵$\boldsymbol{K}_g(k)$上。

当 $\mathrm{tr}[\boldsymbol{P}(k|k)]$最小时,其相对于$\boldsymbol{K}_g(k)$的导数为 0,我们用 $\mathrm{tr}[\boldsymbol{P}(k|k)]$对$\boldsymbol{K}_g(k)$求导,可得:

$$
\begin{aligned}
\frac{\mathrm{d}\{\mathrm{tr}[\boldsymbol{P}(k|k)]\}}{\mathrm{d}\boldsymbol{K}_g(k)}=&\frac{\mathrm{d}\{\mathrm{tr}[\boldsymbol{P}(k|k-1)]\}}{\mathrm{d}\boldsymbol{K}_g(k)}-\frac{\mathrm{d}(\mathrm{tr}\{[\boldsymbol{K}_g(k)\boldsymbol{HP}(k|k-1)]\}^T)}{\mathrm{d}\boldsymbol{K}_g(k)}-\\
&\frac{\mathrm{d}\{\mathrm{tr}[\boldsymbol{K}_g(k)\boldsymbol{HP}(k|k-1)]\}}{\mathrm{d}\boldsymbol{K}_g(k)}+\frac{\mathrm{d}(\mathrm{tr}\{\boldsymbol{K}_g(k)[\boldsymbol{HP}(k|k-1)\boldsymbol{H}^T+\boldsymbol{R}(k)]\boldsymbol{K}_g^T(k)\})}{\mathrm{d}\boldsymbol{K}_g(k)}\\
=&0-\frac{\mathrm{d}\{\mathrm{tr}[\boldsymbol{K}_g(k)\boldsymbol{HP}(k|k-1)]\}}{\mathrm{d}\boldsymbol{K}_g(k)}-[\boldsymbol{HP}(k|k-1)]^T+\\
&\frac{\mathrm{d}(\mathrm{tr}\{\boldsymbol{K}_g(k)[\boldsymbol{HP}(k|k-1)\boldsymbol{H}^T+\boldsymbol{R}(k)]\boldsymbol{K}_g(k)^T\})}{\mathrm{d}\boldsymbol{K}_g(k)}\\
=&-2\boldsymbol{P}(k|k-1)\boldsymbol{H}^T+\boldsymbol{I}\,\boldsymbol{K}_g(k)[\boldsymbol{HP}(k|k-1)\boldsymbol{H}^T+\boldsymbol{R}(k)]+\\
&\boldsymbol{IK}_g(k)[\boldsymbol{HP}(k|k-1)\boldsymbol{H}^T+\boldsymbol{R}(k)]^T\\
=&-2\boldsymbol{P}(k|k-1)\boldsymbol{H}^T+\boldsymbol{K}_g(k)[\boldsymbol{HP}(k|k-1)\boldsymbol{H}^T+\boldsymbol{R}(k)]+\\
&\boldsymbol{K}_g(k)\{[\boldsymbol{HP}(k|k-1)\boldsymbol{H}^T]^T+\boldsymbol{R}(k)^T\}
\end{aligned}
\tag{3-25}
$$

而 $\boldsymbol{HP}(k|k-1)\boldsymbol{H}^T$ 和 $\boldsymbol{R}(k)$都是对称矩阵,它们的转置等于自身,则:

$$
\begin{aligned}
\frac{\mathrm{d}\{\mathrm{tr}[\boldsymbol{P}(k|k)]\}}{\mathrm{d}\boldsymbol{K}_g(k)}=&-2\boldsymbol{P}(k|k-1)\boldsymbol{H}^T+\boldsymbol{K}_g(k)[\boldsymbol{HP}(k|k-1)\boldsymbol{H}^T+\boldsymbol{R}(k)]+\\
&\boldsymbol{K}_g(k)[\boldsymbol{HP}(k|k-1)\boldsymbol{H}^T+\boldsymbol{R}(k)]\\
=&-2\boldsymbol{P}(k|k-1)\boldsymbol{H}^T+2\,\boldsymbol{K}_g(k)[\boldsymbol{HP}(k|k-1)\boldsymbol{H}^T+\boldsymbol{R}(k)]
\end{aligned}
\tag{3-26}
$$

令$\dfrac{\mathrm{d}\{\mathrm{tr}[\boldsymbol{P}(k|k)]\}}{\mathrm{d}\boldsymbol{K}_g(k)}=0$,有$\boldsymbol{K}_g(k)=\boldsymbol{P}(k|k-1)\boldsymbol{H}^T[\boldsymbol{HP}(k|k-1)\boldsymbol{H}^T+\boldsymbol{R}(k)]^{-1}$,这里也就是公式(3-8)的内容,也就是我们的增益系数矩阵$\boldsymbol{K}_g(k)$的选取原则。

我们将公式(3-8)两边同时乘以$[\boldsymbol{HP}(k|k-1)\boldsymbol{H}^{\mathrm{T}}+\boldsymbol{R}(k)]\boldsymbol{K}_{\mathrm{g}}^{\mathrm{T}}(k)$,可得:

$$\boldsymbol{K}_{\mathrm{g}}(k)[\boldsymbol{HP}(k|k-1)\boldsymbol{H}^{\mathrm{T}}+\boldsymbol{R}(k)]\boldsymbol{K}_{\mathrm{g}}^{\mathrm{T}}(k)=\boldsymbol{P}(k|k-1)\boldsymbol{H}^{\mathrm{T}}\boldsymbol{K}_{\mathrm{g}}^{\mathrm{T}}(k) \tag{3-27}$$

将式(3-27)替换进$\boldsymbol{P}(k|k)$的表达式中,可得:

$$\begin{aligned}\boldsymbol{P}(k|k)=&\boldsymbol{P}(k|k-1)-\boldsymbol{P}^{\mathrm{T}}(k|k-1)\boldsymbol{H}^{\mathrm{T}}\boldsymbol{K}_{\mathrm{g}}^{\mathrm{T}}(k)-\boldsymbol{K}_{\mathrm{g}}(k)\boldsymbol{HP}(k|k-1)+\\&\boldsymbol{K}_{\mathrm{g}}(k)[\boldsymbol{HP}(k|k-1)\boldsymbol{H}^{\mathrm{T}}+\boldsymbol{R}(k)]\boldsymbol{K}_{\mathrm{g}}^{\mathrm{T}}(k)\\=&\boldsymbol{P}(k|k-1)-\boldsymbol{P}^{\mathrm{T}}(k|k-1)\boldsymbol{H}^{\mathrm{T}}\boldsymbol{K}_{\mathrm{g}}^{\mathrm{T}}(k)-\boldsymbol{K}_{\mathrm{g}}(k)\boldsymbol{HP}(k|k-1)+\boldsymbol{P}(k|k-1)\boldsymbol{H}^{\mathrm{T}}\boldsymbol{K}_{\mathrm{g}}^{\mathrm{T}}(k)\\=&\boldsymbol{P}(k|k-1)-\boldsymbol{K}_{\mathrm{g}}(k)\boldsymbol{HP}(k|k-1)\\=&[\boldsymbol{I}-\boldsymbol{K}_{\mathrm{g}}(k)\boldsymbol{H}]\boldsymbol{P}(k|k-1)\end{aligned} \tag{3-28}$$

至此,误差协方差更新方程推导完毕。

卡尔曼滤波算法的递推流程可以总结为图3.12所示。

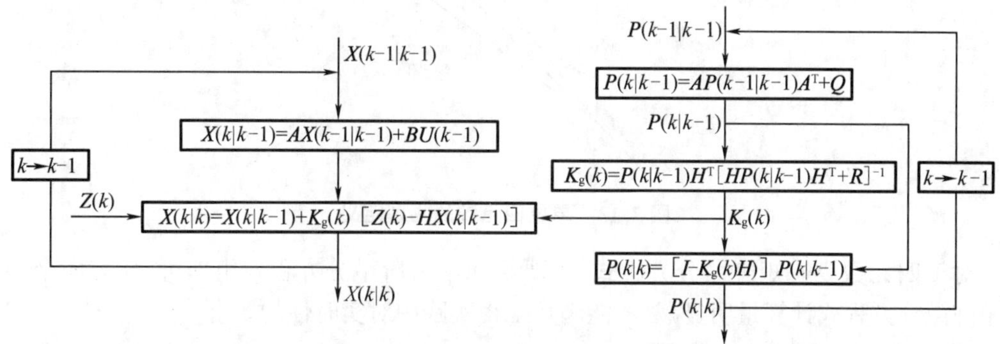

图3.12　卡尔曼滤波算法递推流程图

①从一个时刻的状态变量的最优估计值$\boldsymbol{X}(k-1|k-1)$和它的均方误差矩阵$\boldsymbol{P}(k-1|k-1)$导出未更新的均方误差矩阵$\boldsymbol{P}(k|k-1)$。

②均方误差矩阵$\boldsymbol{P}(k|k-1)$代入增益系数矩阵$\boldsymbol{K}_{\mathrm{g}}(k)=\boldsymbol{P}(k|k-1)\boldsymbol{H}^{\mathrm{T}}[\boldsymbol{HP}(k|k-1)\boldsymbol{H}^{\mathrm{T}}+\boldsymbol{R}]^{-1}$中,得到增益系数矩阵$\boldsymbol{K}_{\mathrm{g}}(k)$。

③增益系数矩阵$\boldsymbol{K}_{\mathrm{g}}(k)$代入状态更新矩阵$\boldsymbol{X}(k|k)=\boldsymbol{X}(k|k-1)+\boldsymbol{K}_{\mathrm{g}}(k)[\boldsymbol{Z}(k)-\boldsymbol{HX}(k|k-1)]$中,得到当前时刻的最优估计值$\boldsymbol{X}(k|k)$,状态更新进入下一循环。

④增益系数矩阵$\boldsymbol{K}_{\mathrm{g}}(k)$和未更新的均方误差矩阵$\boldsymbol{P}(k|k-1)$代入误差协方差更新方程$\boldsymbol{P}(k|k)=[\boldsymbol{I}-\boldsymbol{K}_{\mathrm{g}}(k)\boldsymbol{H}]\boldsymbol{P}(k|k-1)$中,得到更新后的均方误差矩阵$\boldsymbol{P}(k|k-1)$,均方误差矩阵更新进入下一循环。

至此,完成了卡尔曼滤波算法的一次完整的递推过程。卡尔曼滤波算法是不断递归的运算过程,因此每次递归过程的输出都是下一次递归运算的输入。由此可以看出,若起始状态是非稳态,卡尔曼滤波算法进行若干次的递归运算后就能得到稳态的收敛输出值。

很显然,前两者是基于欧拉角的形式不断解算出信息融合过程之后的姿态角信息。虽然欧拉角微分方程式只有3个,但每个方程都含有三角函数的运算,运算复杂、速度慢,且方程会出现“奇点”,使方程式退化,故不能全姿态工作。在实际的工程中难以广泛采用,取而代之的是四元数法。

四元数可以描述一个坐标系或一个矢量相对某一个坐标系的旋转,工程上一般使用范数为1的特征四元数。如图3.13所示,当描述向量$\boldsymbol{v}_1$至向量$\boldsymbol{v}_1'$相对于参考坐标系$O-xyz$绕瞬时轴$\boldsymbol{v}$旋转时,可用一个单位四元数,描述为:$\boldsymbol{q}=[q_0\quad q_1\quad q_2\quad q_3]^{\mathrm{T}}$,其中

$$|\boldsymbol{q}| = q_0^2+q_1^2+q_2^2+q_3^2 = 1$$
$$q_0 = \cos(\theta/2)$$
$$q_1 = \sin(\theta/2)\cos\alpha$$
$$q_2 = \sin(\theta/2)\cos\beta$$
$$q_3 = \sin(\theta/2)\cos\gamma \tag{3-29}$$

在公式(3-29)中,θ 表示旋转角,α、β、γ 分别表示瞬时轴 $\boldsymbol{v}$ 与参考坐标系 x 轴、y 轴和 z 轴的夹角。

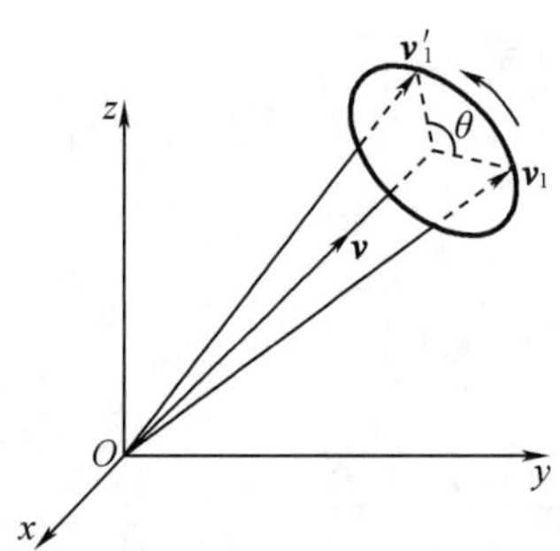

图 3.13　单位四元数的物理定义

对于四元数姿态矩阵微分方程式,只要解四个一阶微分方程式组即可,比方向余弦姿态矩阵微分方程式计算量明显减少,能满足工程实践中对实时性的要求。

3.2.4　信息融合

通过前面的分析不难发现,四旋翼无人机实时姿态数据的获取主要依靠机体上搭载的加速度计和陀螺仪。加速度计可以获得四旋翼无人机各个方向的加速度分量,测量值随时间的变化相对较小,但是四旋翼无人机的线性振动给测量引入了强烈的噪声,使得这个数据不能被直接使用;陀螺仪可以获得四旋翼无机人角速度数据,需要对其进行积分才能得到姿态角,长时间容易出现误差积累。

为了得到更好的姿态数据测量效果,我们需要将两个传感器的数据融合起来。数据融合的算法有很多,这里介绍 Madgwick 的 IMUupdate 算法。

设 g_x、g_y、g_z 分别为陀螺仪测量得到的三个旋转角速度分量,a_x、a_y、a_z 分别为加速度计测量得到的三个加速度分量。首先,将加速度计测得的三个向量转换为单位向量,根据余弦矩阵和欧拉角的定义,将地球固联坐标系的重力向量转到机体坐标系,得到当前的四元数机体坐标参照系上换算出来的重力单位向量v_x、v_y、v_z,其中

$$v_x = 2(q_1q_3-q_0q_2)$$
$$v_y = 2(q_0q_1+q_2q_3)$$
$$v_z = q_0q_0-q_1q_1-q_2q_2+q_3q_3 \tag{3-30}$$

a_x、a_y、a_z 是机体坐标参照系上加速度计测出来的重力向量,也就是实际测出来的重力向量。v_x、v_y、v_z 是用陀螺仪积分后的姿态来推算出的重力向量,都是机体坐标参照系上的重力向量。它们之间的误差向量,就是陀螺仪积分后的姿态和加速度计测出来的姿态之间的误差。向量间的误差,可以用向量叉积来表示,这里设每两个重力向量的叉积为 e_x、e_y、e_z,其中

$$e_x = (a_yv_z-a_zv_y)$$

$$e_y=(a_z v_x-a_x v_z)$$
$$e_z=(a_x v_y-a_y v_x) \tag{3-31}$$

这个向量叉积和陀螺仪积分误差都在机体坐标系上,而且向量叉积的大小与陀螺仪积分误差成正比,所以可以用来纠正陀螺仪的测量数据。由于陀螺仪是对机体三个旋转角速度的直接积分,所以对陀螺仪的纠正量会直接体现在对机体坐标系的纠正上。用叉积误差 e_x、e_y、e_z 来做 PI 调节,最后用得到的调节量对陀螺仪进行零偏修正(下文会对 PI 调节进行介绍)。

经过上一步可以得到修正过零偏的陀螺仪数据 g_x、g_y、g_z,在这里设机体坐标系相对地球固联坐标系的转动四元数为

$$\boldsymbol{Q}=q_0+q_1\boldsymbol{i}_h+q_2\boldsymbol{j}_h+q_3\boldsymbol{k}_h \tag{3-32}$$

利用一阶龙格-库塔法对陀螺仪角速度值进行处理,可以得到新的四元数据。设四元数更新周期为 T,则一阶龙格-库塔法计算式为

$$\boldsymbol{q}(t+T)=\boldsymbol{q}(t)+T\boldsymbol{\Omega}_{\mathrm{h}}(t)\boldsymbol{q}(t) \tag{3-33}$$

式中

$$\boldsymbol{\Omega}_{\mathrm{h}}=\begin{bmatrix} 0 & -g_x(t) & -g_y(t) & -g_z(t) \\ g_x(t) & 0 & g_z(t) & -g_y(t) \\ g_y(t) & -g_z(t) & 0 & g_x(t) \\ g_z(t) & g_y(t) & -g_x(t) & 0 \end{bmatrix}$$

将上一步得到的角速度值代入公式(3-33),可得

$$q_0(t+T)=q_0(t)+\frac{T}{2}[-g_x(t)q_1(t)-g_y q_2(t)-g_z q_3(t)]$$

$$q_1(t+T)=q_1(t)+\frac{T}{2}[g_x(t)q_0(t)-g_z q_2(t)-g_y q_3(t)]$$

$$q_2(t+T)=q_2(t)+\frac{T}{2}[g_y(t)q_0(t)-g_z q_1(t)+g_x q_3(t)]$$

$$q_3(t+T)=q_3(t)+\frac{T}{2}[g_z(t)q_0(t)+g_y q_1(t)-g_x q_2(t)] \tag{3-34}$$

更新得到新的四元数数据后,还需要将对其进行规范化处理,规范化公式如下:

$$q_i=\frac{q_i}{\sqrt{q_0^2+q_1^2+q_2^2+q_3^2}} \tag{3-35}$$

至此得到了稳定、有效的姿态四元数数据。但由于欧拉角在飞行器姿态物理意义表达上的直观性,在设计控制规律时仍需要利用欧拉角数据,因此还需要将四元数数据转换为欧拉角,转换公式如下:

$$\begin{bmatrix} \varphi \\ \theta \\ \psi \end{bmatrix}=\begin{bmatrix} \arctan\dfrac{2(q_0q_1+q_2q_3)}{1-2(q_1^2+q_2^2)} \\ \arctan[2(q_0q_2-q_1q_3)] \\ \arctan\dfrac{2(q_0q_3+q_1q_2)}{1-2(q_2^2+q_3^2)} \end{bmatrix} \tag{3-36}$$

但是这一形式不能覆盖所有的角度,因此需要用 arctan 2 来代替 arctan,修正后的公式为

$$\begin{bmatrix}\varphi\\\theta\\\psi\end{bmatrix}=\begin{bmatrix}\arctan 2[2(q_0q_1+q_2q_3),1-2(q_1^2+q_2^2)]\\\arcsin[2(q_0q_2-q_1q_3)]\\\arctan 2[2(q_0q_3+q_1q_2),1-2(q_2^2+q_3^2)]\end{bmatrix}\tag{3-37}$$

以上过程总结如图 3.14 所示,其中 e 系指地球固联坐标系,b 系指机体坐标系。

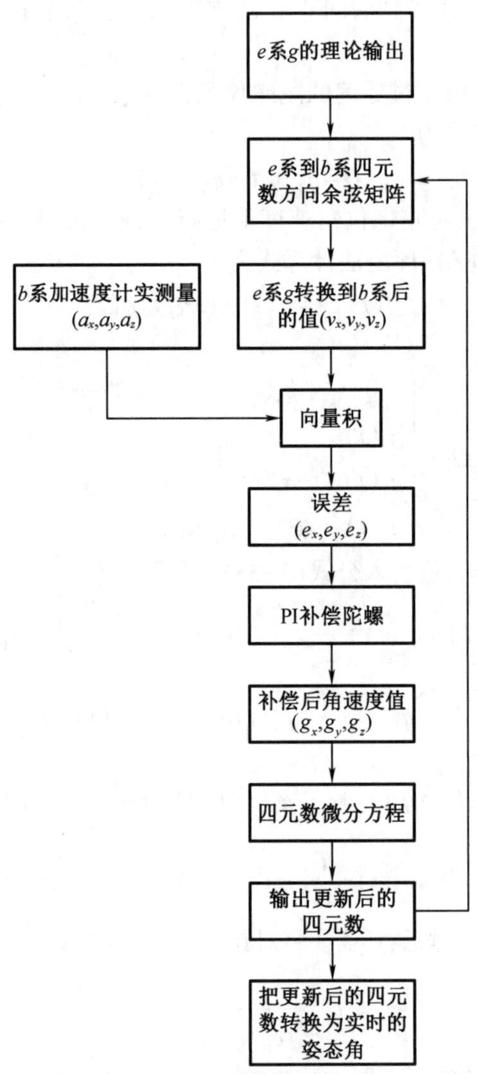

图 3.14 加速度计、陀螺仪姿态解算过程

至此,经姿态解算得到了四旋翼无人机稳定、可靠的姿态角数据。

3.3 四旋翼无人机简化建模

针对四旋翼无人机系统,定义引起起飞/降落,以及姿态角发生变化的控制力和力矩为

$$\boldsymbol{U}=[U_1\quad U_2\quad U_3\quad U_4]^{\mathrm{T}}\tag{3-38}$$

式中 U_1——四个旋翼的推力总和;

U_2、U_3——绕体轴系 x_b、y_b 轴的差动推力；

U_4——围绕体轴系 z_b 轴的力矩。

对于本书研究的四旋翼无人机构型，控制力 $\boldsymbol{U}$ 和四旋翼无人机转速之间存在下面的关系：

$$
\begin{aligned}
U_1 &= k_{l_1}(\xi_1^2+\xi_2^2+\xi_3^2+\xi_4^2) \\
U_2 &= k_{l_1}(-\xi_2^2+\xi_4^2) \\
U_3 &= k_{l_1}(\xi_1^2-\xi_3^2) \\
U_4 &= k_{l_2}(\xi_1^2-\xi_2^2+\xi_3^2-\xi_4^2)
\end{aligned} \tag{3-39}
$$

式中　k_{l_1}、k_{l_2}——与四个旋翼的结构有关的系数，可以通过测定得到；

$\xi_1 \sim \xi_4$——旋翼 1 至旋翼 4 的转速，定义为

$$\boldsymbol{\xi} = [\xi_1 \quad \xi_2 \quad \xi_3 \quad \xi_4]^{\mathrm{T}} \tag{3-40}$$

公式(3-38)和公式(3-40)之间的变换关系是由公式(3-39)给出的，将转速向量变换为控制力/力矩向量的优势在于可以将其他被控对象的控制算法直接应用到四旋翼无人机上，反之亦然。

考虑到实际应用的可行性，下面我们将建立四旋翼无人机的状态方程。基于公式(3-1)和公式(3-3)，定义状态向量 $\boldsymbol{X}=[\varphi \quad w_{z_b} \quad \theta \quad w_{y_b} \quad \psi \quad w_{x_b} \quad Z \quad \dot{Z} \quad X \quad \dot{X} \quad Y \quad \dot{Y}]^{\mathrm{T}}$，这里的 X、Y、Z 分别是地球固联坐标系下的北、东、地位置。结合公式(3-1)和公式(3-3)，假设忽略扰动，可以得到动力学模型的状态方程如下：

$$
\dot{X} = \begin{bmatrix}
w_{z_b} + s\varphi t\theta w_{y_b} + c\varphi t\theta w_{x_b} \\
w_{y_b} w_{x_b} \dfrac{I_y - I_z}{I_x} + w_{y_b} \dfrac{I_1}{I_x}\xi_1 + \dfrac{l}{I_x} U_2 \\
c\varphi w_{y_b} - s\varphi w_{x_b} \\
w_{z_b} w_{x_b} \dfrac{I_z - I_x}{I_y} - w_{z_b} \dfrac{I_1}{I_y}\xi_1 + \dfrac{l}{I_y} U_3 \\
\dfrac{s\theta}{c\theta} w_{y_b} + \dfrac{c\varphi}{c\theta} w_{x_b} \\
w_{z_b} w_{y_b} \dfrac{I_x}{I_z} - \dfrac{I_y}{I_z} + \dfrac{U_4}{I_z} \\
\dot{Z} \\
c\varphi c\theta \dfrac{U_1}{m-g} \\
\dot{X} \\
-(c\varphi s\theta c\psi + s\varphi s\psi)\dfrac{U_1}{m} \\
\dot{Y} \\
-(c\varphi s\theta s\psi - s\varphi c\psi)\dfrac{U_1}{m}
\end{bmatrix} \tag{3-41}
$$

为了方便表示，式中 s、c、t 分别代表 sin、cos、tan 三角函数；I_x、I_y、I_z 分别为绕体轴系 x_b、y_b、z_b 轴的转动惯量；m 为机体质量；g 为重力加速度；l 为旋翼臂长；I_1 为四旋翼无人机旋转结构的转动惯量总和；ξ_1 为所有螺旋桨的合转速。对于四旋翼无人机而言，有如下关系成立：

$$\xi_1=\xi_1+\xi_3-(\xi_2+\xi_4) \tag{3-42}$$

可以看出，如果对于理想系统而言，ξ_1 仅在偏航情况下产生。在实际的四旋翼无人机中，由于推进系统的轴线没有对准，即使在悬停情况下也会存在静态的 ξ_1，ξ_1 也是四旋翼无人机轴间耦合的来源之一。

3.4 传感器和集成模块原理

由 3.2 节可知对各个传感器得到的信息进行解算和融合会得到稳定、可靠的姿态角度。这一节旨在让读者了解常用的四旋翼无人机传感器以及它们的工作原理，为后续实验打下坚实基础。

3.4.1 陀螺仪

我们平时生活中看到的陀螺在旋转起来以后的一段时间内不会倒，会尽量保持当前的姿态，这是因为高速旋转的物体的轴线方向在不受外力的影响下是不会改变的。其原理可以用物理三大守恒定律中的角动量守恒定律来解释，机械式陀螺仪正是利用了这个原理。

机械式陀螺仪如图 3.15 所示。

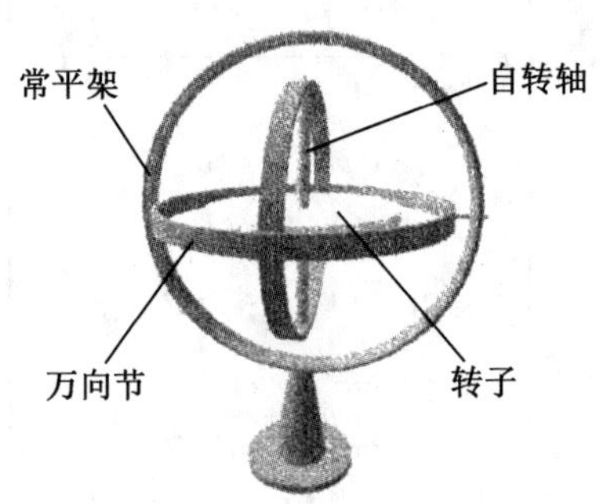

图 3.15 机械式陀螺仪

它的核心部分是装置在常平架上的一个质量较大的转子，常平架由套在一起且分别具有竖直轴和水平轴的两个圆环组成。转子装在内环上，其轴与内环的轴垂直。转子是一根精确地对称于其转轴的圆柱，各轴承均高度润滑。这样转子就可以绕其三个相互垂直的轴自由转动。因此，不管常平架如何移动或转动，转子都不会受到任何力矩的作用。所以一旦转子高速转动起来，根据角动量守恒定律，它都将保持其轴线在空间的指向不变。

陀螺仪无须借助任何如重力或磁场等的外在力量，能够自主地发挥其功能，这一点相较于加速器与磁罗盘，存在一定优势。

基于角动量守恒定律的原理，陀螺仪具有以下两个基本特性：

(1)定轴性

在转子高速旋转，且没有任何外力矩作用在陀螺仪上时，其轴线在惯性空间中指向不变,同时抵抗任何改变转子轴线指向的力量。这种特性叫作陀螺仪的定轴性,且定轴性的强弱与转子的转动惯量和角速度大小成正比。

(2)进动性

当转子高速旋转时,若外力矩作用于外环轴,则陀螺仪将绕内环轴转动;若外力矩作用于内环轴,则陀螺仪将绕外环轴转动。其转动角速度方向与外力矩作用方向互相垂直。这种特性,叫作陀螺仪的进动性。进动角速度的方向取决于动量矩的方向和外力矩的方向,自转角速度矢量以最短的路径追赶外力矩。进动角速度的大小与外界作用力大小成正比,与转子的转动惯量和角速度成反比。

机械式陀螺仪应用到运动体上,初始时陀螺仪转子竖直旋转,即使地面是斜的,陀螺仪转子也会保持竖直旋转,这是陀螺仪的定轴性;运动体处于初始姿态时,陀螺开始旋转,当运动体姿态变化时,便与初始姿态产生一个夹角,但陀螺仪转子依然会以初始姿态继续高速旋转,这是陀螺仪的进动性。利用安装在陀螺仪上的传感器就可以知道这个夹角的大小和方向,从而确定其姿态的变化。

与机械式陀螺仪不同,MEMS 陀螺仪主要利用的是物理学中的科里奥利力(科氏力),四旋翼无人机控制系统中使用的陀螺仪大部分也都是这种。

在像地球一样的自身旋转的参考系(非惯性系)下,做直线运动的物体由于惯性会保持原来的运动状态,在自身旋转的参考系下,好像受到一个外力,偏离了运动方向,这个假想的力就是科氏力。

单轴 MEMS 陀螺仪内部构造如图 3.16 所示,其内部没有旋转的部件,而是有一个连续振动的振动块,对固定振动块的固定指施加交替改变的电压,从而让振动块做振动式往复运动,运动方向如图中黑色箭头指示方向,当外部施加一个如图中白色旋转标识方向的角速度时,就会产生一个与振动块运动方向垂直的科氏力,方向如灰色箭头指示方向,MEMS 陀螺仪中的科氏力感知,指感知到产生的科氏力后将正比于角速度的电信号传递到传感单元。

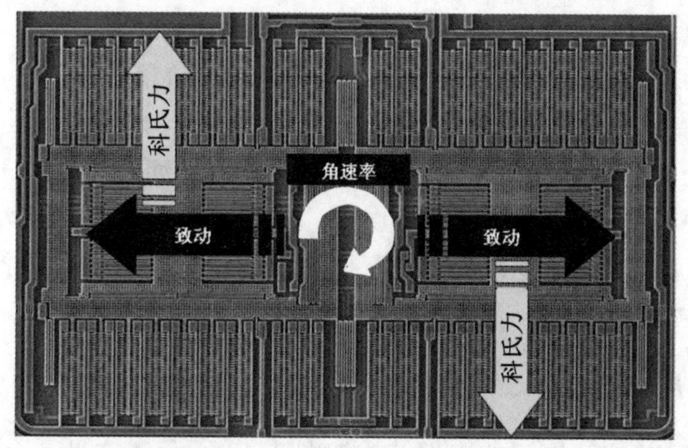

图 3.16　单轴 MEMS 陀螺仪内部构造

实际的 MEMS 陀螺仪内部构造更加复杂,往往和加速度计融合在一起,如图 3.17 所示。

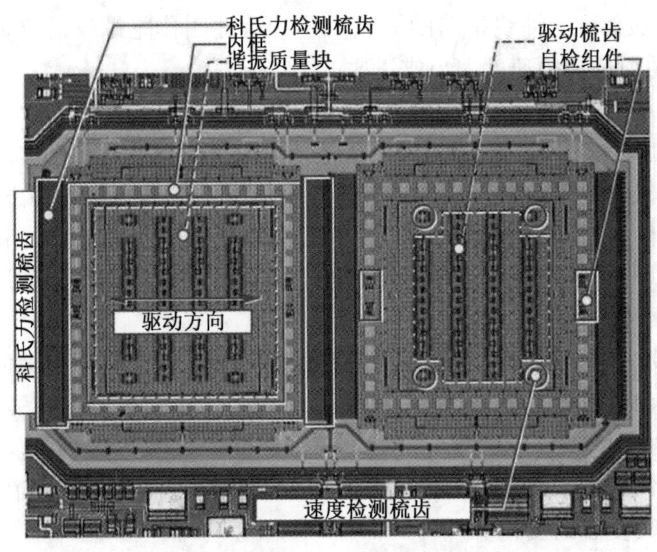

图 3.17　MEMS 陀螺仪实际内部构造

陀螺仪输出得到的是载体的角速度,是一个间接的测量仪器,需要对角速度在时间域进行积分才能得到角度。设角速度为 ω、角速度传感器的采样时间为 t,则相应的角度公式为

$$\theta = \theta_0 + \int_0^t \omega \mathrm{d}t \tag{3-43}$$

式中　θ——旋转后的绝对角度;

θ_0——旋转前的绝对角度。

实际使用中,不容忽视的是陀螺仪的多次积分很容易引入误差。误差来源包括两方面:

(1)积分时间,即采样间隔,间隔越小,计算出的角度越精准。

(2)陀螺仪本身的误差,需要校准之后才能使用,且误差随时间的增加而不断累积,多次积分之后将偏离真实的角度。

因此,陀螺仪的输出只是在短时间内具有较大的参考价值。

传感器测量总有误差,因为环境温度的变化、传感器结构的热胀冷缩效应、残余应力的作用、系统的刚度变化等,都会使传感器输出产生漂移。故而在传感器开始使用之前,应当对其进行标定,以便尽可能提高精度,减小误差。标定陀螺仪数据的方法为:当无人机静止时,多次测量陀螺仪的输出值并求其平均值,把这个值作为陀螺仪的零漂,在以后的测量中去掉这个零漂值即可。

3.4.2　加速度计

一种常用的 MEMS 加速度计的内部结构如图 3.18 所示。这是一个容感式 MEMS 加速度计基本单元的示意图,它是利用比较成熟的硅加工工艺在硅片内形成立体结构,其中的质量块是 MEMS 加速度计的执行器,与可动臂相连,可以随着质量块左右运动;可动臂的两侧各有一个固定臂,可动臂和固定臂形成了两个电容结构,这里我们称之为三极板双电容结构(图 3.19)。为了对质量块的运动速度进行限制,质量块运动方向两端各设置一个弹簧结构,实际是由硅材料经过立体加工形成的一种力学结构,它在加速度计中的作用相当于弹簧;为了限制质量块的运动位置,质量块还连有一个阻尼器(限位器)。

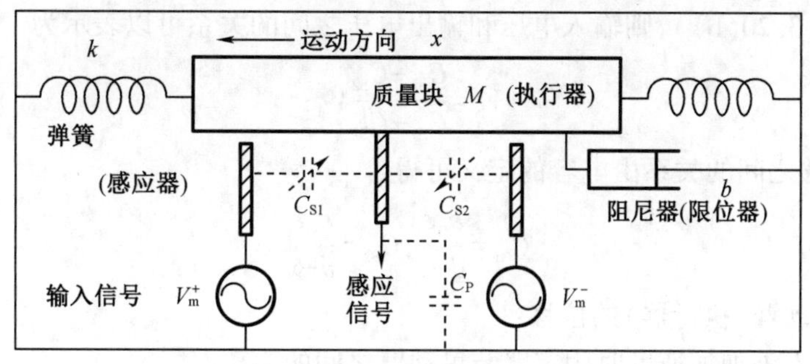

图 3.18　MEMS 加速度计的内部结构

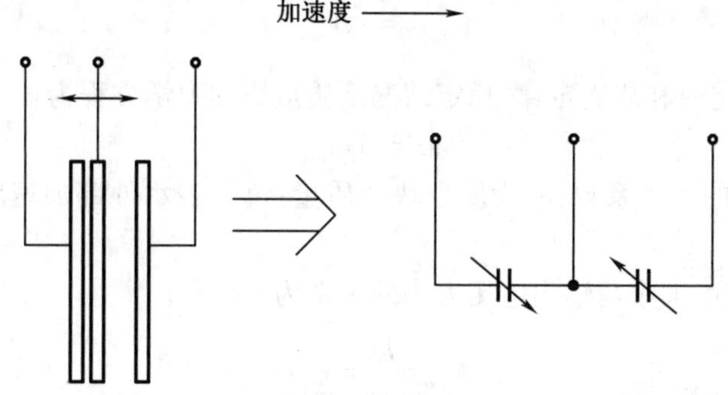

图 3.19　三极板双电容结构

加速度计的工作原理就是当加速度计连同外界物体一起做加速运动时,由于惯性,质量块会向相反的方向运动,质量块产生的位移会受到弹簧结构和阻尼器的限制。当外界加速度固定时,质量块移动到一个固定位置后不再产生位移;当外界加速度变化时(变化频率不高),质量块的位置就会持续变化。

伴随着质量块的位置变化,与质量块固联的可动臂就会发生变化,进而可动臂距离两端固定臂的距离也会发生变化,相应地,可动臂和固定臂(即感应器)之间的电容就会发生变化,对电容极板施加电压的话,两个电容两端形成的电压也会分别发生变化,于是就建立了电信号和加速度信号的一一对应关系。通过测量两个电容电压就能测得外界加速度。容感式加速度计工作原理如图 3.20 所示。

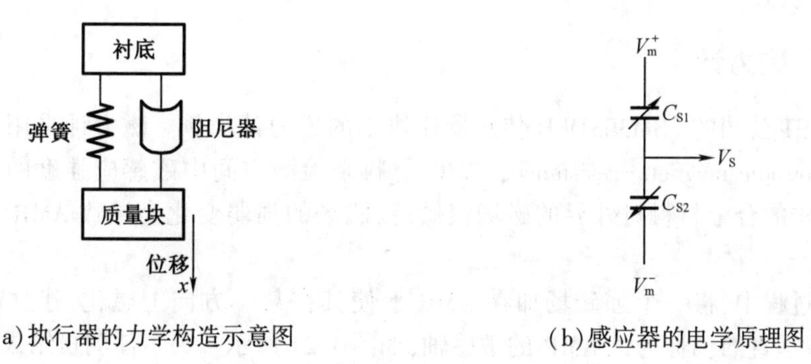

(a)执行器的力学构造示意图　　(b)感应器的电学原理图

图 3.20　容感式加速度计工作原理图

以 V_m 表示外加输入电压,V_S 表示输出电压,C_{S1} 与 C_{S2} 分别表示固定臂与可动臂之间的两个电容(图 3.20(b)),则输入电压和输出电压之间的关系可以表示为

$$V_S=\frac{C_{S1}-C_{S2}}{C_{S1}+C_{S2}}V_m \tag{3-44}$$

其中电容与位移之间的关系由电容的定义可得:

$$C_{S1}=\frac{\varepsilon_0\varepsilon}{d-x},C_{S2}=\frac{\varepsilon_0\varepsilon}{d+x} \tag{3-45}$$

式中 x——可动臂(执行器)的位移;

d——没有外加加速度时固定臂与可动臂之间的距离。

于是由公式(3-44)和公式(3-45)可得:

$$V_S=\frac{x}{d}V_m \tag{3-46}$$

根据牛顿第二定律和胡克定律,稳定情况下质量块的力学方程为

$$kx=-ma_{ext} \tag{3-47}$$

式中,k 为弹簧结构的劲度系数;m 为质量块的质量;负号表示外部加速度方向与质量块位移方向相反。

因此,外界加速度大小与输出电压大小的关系为

$$a_{ext}=\frac{kx}{m}=\frac{kdV_S}{mV_m} \tag{3-48}$$

可见,在加速度计的结构和输入电压确定的情况下,输出电压大小与加速度大小成正比。

压电式加速度计和热感式加速度计的原理与容感式加速度计的原理类似,主要的不同体现在加速度信号转换为电信号的方式上。

压电式加速度计运用的是压电效应,在其内部有一个由刚体支撑的质量块,外部施加加速度时,质量块发生运动,对支撑刚体产生压力,从而使刚体产生应变,把加速度信号转换成电信号输出。

热感式加速度计与另两者不同,内部没有任何质量块,它的中央有一个加热体,周边是温度传感器,里面是密闭的气腔。工作时在加热体的作用下,气体在内部形成一个热气团,热气团的比重和周围的冷气是有差异的,通过惯性热气团的移动形成的热场变化让感应器感应到加速度值。

3.4.3 磁力计

这里以 ST 公司的 LSM303DLH 传感器模块中的磁力计为例。磁力计采用各向异性磁致电阻(anisotropic magneto-resistance,AMR)材料来检测空间中磁感应强度的大小。这种具有晶体结构的合金材料对外界的磁场很敏感,磁场的强弱变化会导致 AMR 自身的电阻值发生变化。

在制造过程中,将一个强磁场加在 AMR 上使其在某一方向上磁化,建立起一个主磁域,与主磁域垂直的轴称为该 AMR 的敏感轴,如图 3.21 所示。为了使测量结果以线性的方式变化,AMR 材料上的金属导线呈 45°角倾斜排列,电流从这些导线上流过,如图 3.22 所示。由初始的强磁场在 AMR 材料上建立起来的主磁域和电流的方向有 45°的夹角。

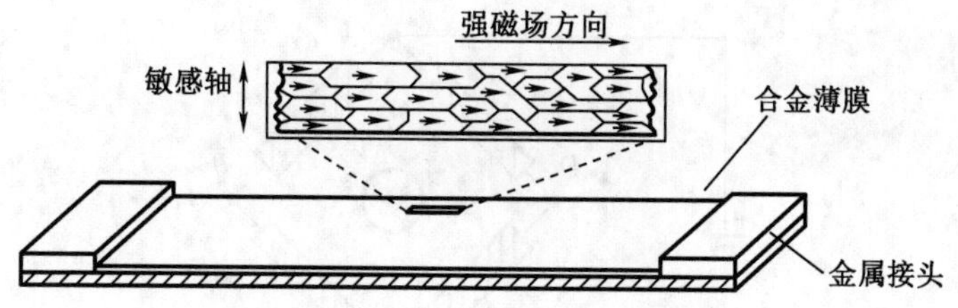

图 3.21 AMR 材料示意图

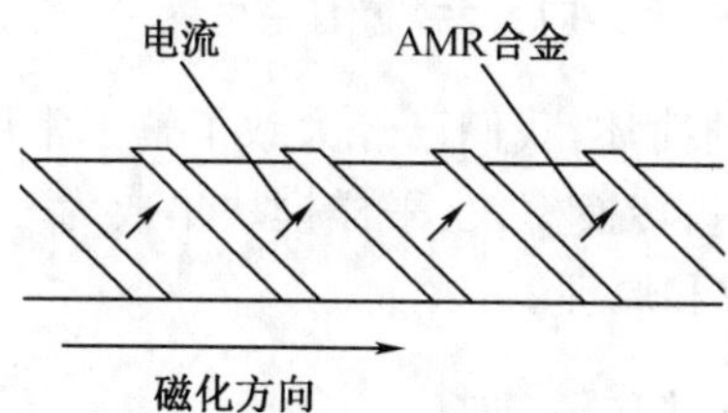

图 3.22 45°角排列的导线

当有外界磁场 Ha 时，AMR 上主磁域方向就会发生变化而不再是初始的方向了，那么磁场方向和电流的夹角 θ 也会发生变化，如图 3.23 所示。对于 AMR 材料来说，θ 角的变化会引起 AMR 自身阻值的变化，并且呈线性关系，如图 3.24 所示。

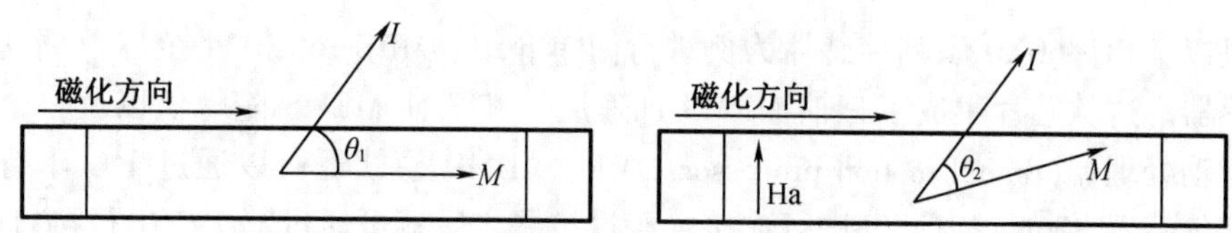

图 3.23 磁场方向和电流方向的夹角

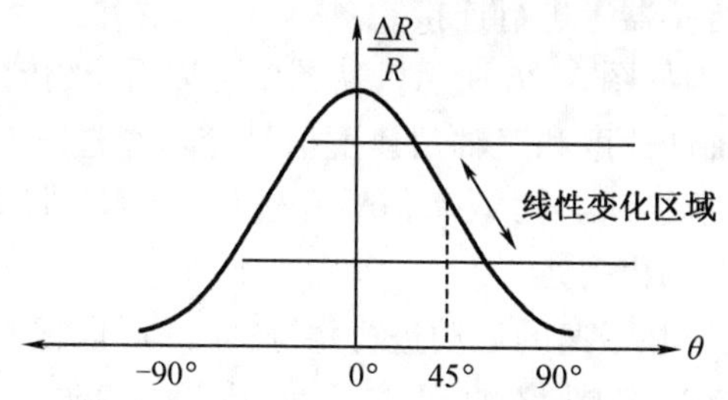

图 3.24 θ-R 特性曲线

LSM303DLH 传感器利用惠斯通电桥检测 AMR 阻值的变化，如图 3.25 所示。R_1、R_2、R_3、R_4 是初始状态相同的 AMR 电阻，但是 R_1 与 R_2 与 R_3 和 R_4 具有相反的磁化特性。当检测到外界磁场的时候，R_1 和 R_2 阻值增加 ΔR 而 R_3 和 R_4 阻值减小 ΔR。这样在没有外界磁场的情况下，电桥的输出为零；而在有外界磁场时，电桥的输出为一个微小的电压 ΔV。

当 $R_1=R_2=R_3=R_4=R$ 时，在外界磁场的作用下电阻变化为 ΔR 时，电桥输出 ΔV 正比于 ΔR。

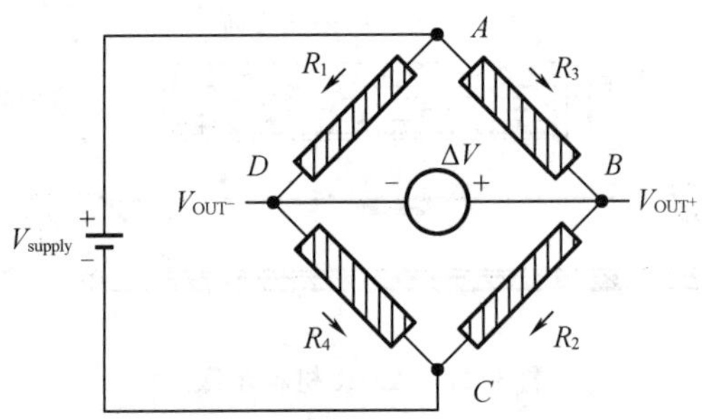

图 3.25　惠斯通电桥

通过上面三小节对原理的简述,我们已经大致了解了常用传感器的基本原理,在实际系统中,它们常常与其他的一些转换模块、采样模块集成为一个总体模块。下面将介绍两种比较常用的集成模块的构成和原理。

3.4.4　集成模块的构成和原理

IMU 是一个用于测量物体的加速度和角速率的装置。一个 IMU 包含有三轴加速度计和三轴陀螺仪,加速度计用于检测物体的加速度信号,陀螺仪用于检测物体相对于导航坐标系的角速度信号,IMU 通过测量物体在三维立体空间的加速度与角速度,并利用这两个信号解算出无人机的飞行姿态。IMU 属于捷联惯导系统,在无人机的导航中发挥了巨大的作用。

这里以 MPU-60X0 系列传感器为例进行简单介绍。MPU-60X0 是全球首例九轴运动处理传感器。这款芯片集成了三轴 MEMS 加速度计和三轴 MEMS 陀螺仪以及一个可扩展的数字运动处理器(digital motion processor,DMP)。DMP 模式下可以通过 I^2C 串行接口和其他数字传感器,例如磁力计等进行连接。经过扩展之后就可通过其 I^2C 串行接口(或 SPI 接口)将测量的信号数据传输给处理器。MPU-60X0 也可以通过其 I^2C 串行接口和非惯性的数字传感器,例如压力传感器等进行连接。

MPU-6050 的系统结构如图 3.26 所示。从图中可以看出,传感器内部首先是对自身状态进行测量,将测量的三轴加速度和三轴角速度信号分别经过三个 16 位的 A/D 转换器进行转换,将模拟信号转换成数字信号,数字信号经过信号调节处理之后存储到传感器的寄存器,数据通过 I^2C 接口传输出去。

为了能够精确地对快速和慢速的运动进行跟踪,用户可以根据需要对传感器的测量范围进行选择。MPU-60X0 陀螺仪的可测量范围为 ±250°/s,±500°/s,±1 000°/s,±2 000°/s(dps),其加速度计的可测量范围为 $\pm 2g$,$\pm 4g$,$\pm 8g$,$\pm 16g$。

MPU-60X0 带有一个片上 1 024 字节的 FIFO,它能够有力地降低系统功耗。MPU-60X0 在与所有其他设备寄存器之间进行通信的时候是采用 400 kHz 的 I^2C 通信接口或 1MHz 的 SPI 通信接口(注意:SPI 通信接口仅 MPU-6000 芯片支持)。对于那些传输速度要求比较高的应用领域,在对寄存器进行读取和中断应用中可采用 20 MHz 的 SPI 通信接口。另外,MPU-60X0 还内嵌了一个温度传感器以及在工作环境下仅有 ±1% 变动的振荡器。

芯片尺寸 4 mm×4 mm×0.9 mm,采用 QFN 封装(无引线方形封装),可承受最大 10 000g 的冲击,并带有可编程的低通滤波器。关于电源,MPU-60X0 可支持 V_{DD} 范围为

2.5 V±5%,3.0 V±5%,或 3.3 V±5%。另外,MPU-6050 还有一个 VLOGIC 引脚,用来为 I^2C 接口输出提供逻辑电平。VLOGIC 电压可取 1.8 V±5%或者 V_{DD}。MPU-6050 的实物图和引脚封装图分别如图 3.27 和图 3.28 所示。MPU-6050 各引脚功能如表 3.2 所示。

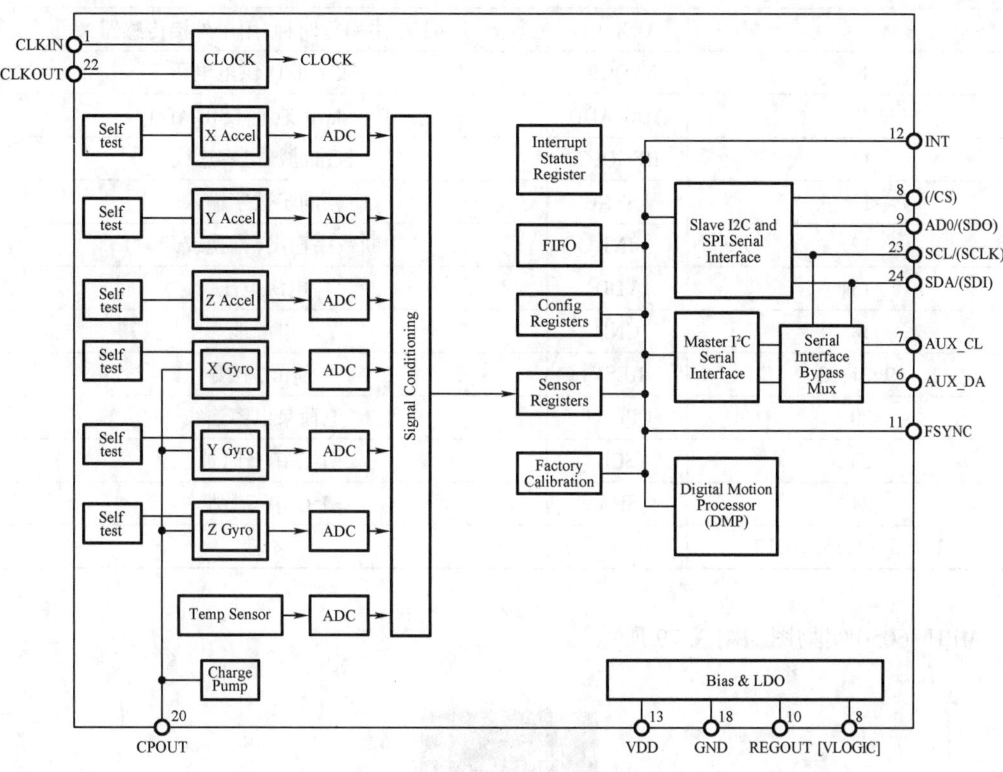

图 3.26　MPU-6050 的系统结构图

图 3.27　MPU-6050 实物图

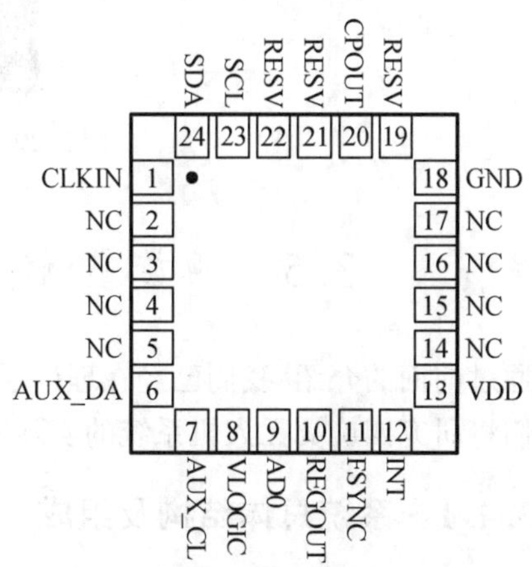

图 3.28　MPU-6050 引脚封装图

表 3.2　各引脚功能表

引脚编号	引脚名称	描述
1	CLKIN	可选的外部时钟输入,如果不用则连接 GND
6	AUX_DA	I^2C 主串行数据,用于外接传感器
7	AUX_CL	I^2C 主串行时钟,用于外接传感器
8	VLOGIC	数字 I/O 供电电压
9	AD0/ADD	I^2C slave 地址 LSB(AD0)
10	REGOUT	校准滤波电容连线
11	FSYNC	帧同步数字输入
12	INT	中断数字输出(推挽或开漏)
13	VDD	电源电压
18	GND	电源地
19,21,22	RESV	预留,不接
20	CPOUT	电荷泵电容连线
23	SCL	I^2C 串行时钟
24	SDA	I^2C 串行数据
2,3,4,5,14,15,16,17	NC	不接

MPU-6050 实物图如图 3.29 所示。

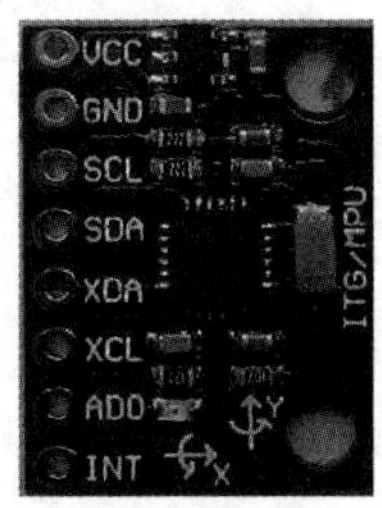

图 3.29　MPU-6050 实物图

3.5　四旋翼无人机控制系统实现方法

通过前面的介绍,我们已经在理论层面对四旋翼无人机系统有了系统的认识。在这一节我们将研究四旋翼无人机系统的实际实现原理,旨在全面提高读者的实践能力。

3.4.1　系统总体结构及组成

四旋翼无人机控制系统简称飞控系统,是整个无人机的大脑,其总体结构如图 3.30 所示。

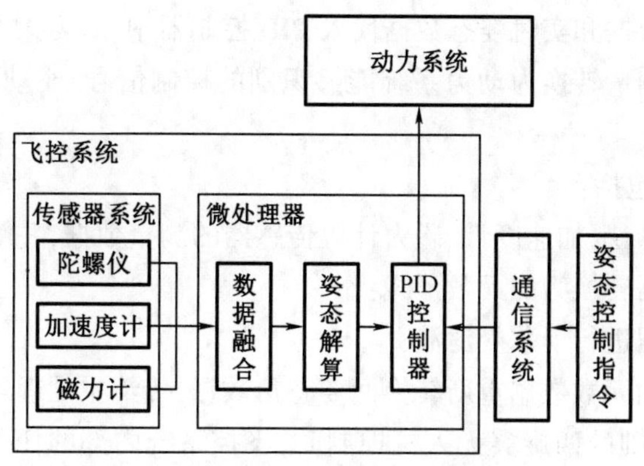

图 3.30　四旋翼无人机飞控系统总体结构

飞控系统利用内部的传感器系统获取无人机的实时位姿信息并反馈到微处理器；微处理器对传感器系统的数据进行数据融合和姿态解算，并将结果送入 PID 控制器，同时微处理器接收来自通信系统的姿态控制指令，得到期望姿态角度并送入微处理器的 PID 控制器中；最后 PID 控制器输出控制量，由微处理器转化为动力系统能识别的控制信号，从而驱动动力系统，利用 3.2 节介绍的原理对无人机的姿态进行操控。微处理器以意法半导体集团开发的 STM32 微处理器最具代表性，其性价比高、产品多样化、开发方式简单，为各品牌飞控系统所广泛使用。

为了减轻微处理器的工作负担，方便硬件电路的维护和升级，很多飞控硬件系统采用模块化设计。四旋翼无人机飞控系统是实现无人机运动控制的最基本组成结构，一些高级四旋翼飞控系统还会采用双处理器配合的思路，使主、从两块微处理器共同工作，协调分配处理任务。这样的设计既能满足高频信号处理的要求，也能提高处理效率。双处理器任务协调框图如图 3.31 所示。

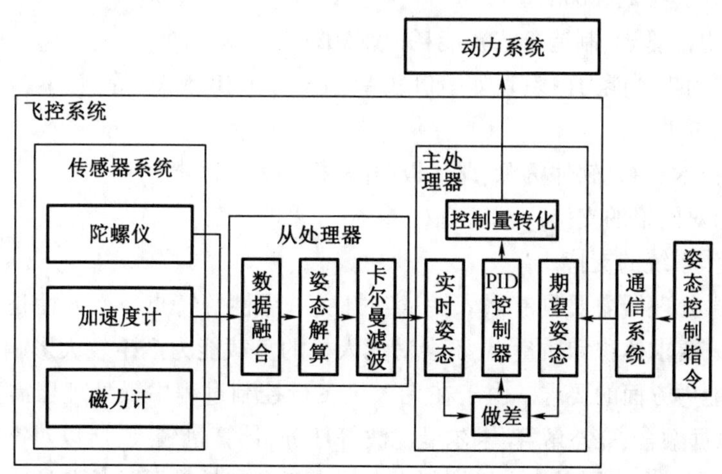

图 3.31　双处理器任务协调框图

飞控硬件系统主处理器的功能包括：

(1)接收来自通信系统的姿态控制指令，并解算为无人机的期望姿态信息；

(2)接收来自从处理器的实时姿态信息；

(3)将期望姿态数据和实时姿态数据代入 PID 控制器中,获得无人机实时控制量;

(4)将获得的控制量转换为动力系统能够识别的控制信号,驱动动力系统完成飞行器的操纵。

从处理器的功能包括:

(1)采集来自陀螺仪、加速度计、磁力计等传感器的测量数据,并解算为姿态角数据;

(2)将姿态角数据转换为四元数形式;

(3)对四元数数据进行卡尔曼滤波;

(4)将滤波后的四元数数据重新转换回姿态角数据,传给主处理器。

以上是实现最基础的四旋翼无人机控制时,飞控系统内部的任务协调方法,有的飞控系统还带有定点巡航、悬停、跟飞、特技等功能,这些功能的实现均需要主处理器的处理。为了避免主处理器因运行故障而造成无人机坠毁,从处理器还担任了冗余处理器的任务,当主处理器发生运行故障时,进入自动重启状态,由从处理器暂时接管控制权,主处理器完成重启后,控制权交还给主处理器。

由此我们可以看到,最简单的飞控系统所包含的硬件设备有陀螺仪、加速度计、磁力计、微处理器等。

3.5.2 微处理器和数据采集电路原理

任何控制系统都离不开主控芯片,它是整个系统的核心所在。因此,嵌入式系统主控芯片的选择往往要考虑以下几方面:

(1)速度(主频、效率、多核);

(2)数据处理能力(浮点、除法、乘法、单指令多数据流等);

(3)存储系统(MMU、Cache、TCM、Flash、内存、总线架构);

(4)异常系统(中断、abort 等);

(5)功耗(电源管理、制造工艺)、能耗(W/MHz);

(6)处理器的扩展能力(接口,如串口、CAN、PWM、USB、MAC 等);

(7)开发调试工具;

(8)成本、技术资料、软件资源、评估板/开发板等其他因素;

(9)处理器对网络的支持;

(10)对操作系统的支持。

无人机的微处理器需要具有嵌入性、实时性、可靠性等特点。嵌入性是对微处理器外形方面的要求。要求体积和质量小,不会对无人机的负载能力产生较大影响。实时性是对微处理器运算能力方面的要求。由于在无人机飞行控制过程中微处理器需要执行 PID 算法实时迭代、数据融合、姿态解算、卡尔曼滤波等任务,计算量较大,所以对微处理器的主频与运算速度的要求较高;同时无人机控制本身的多任务特性也要求控制器有足够大的内存和最短的中断时间。可靠性是对微处理器稳定性方面的要求。控制过程中需要保证无人机微处理器工作稳定,能够抵抗各种干扰,包括有较宽的工作温度范围和较强的抗电磁干扰能力等。

微处理器采用意法半导体推出的基于 Cortex-M4 内核的 STM32 F4 系列中的 STM32

F407 VGT6 单片机,该芯片工作频率达到了 168 MHz,集成了高速嵌入式存储器,闪存高达 1 MB,SRAM 高达 192 KB,同时拥有非常丰富的可扩展的外围接口,可满足目前绝大部分市场性能要求。为保证单片机的正常工作,需要为其搭建单片机最小系统电路并满足相应功能的外围扩展电路。

单片机最小系统是主控制系统的最小工作单元,该系统通常包括电源电路、启动电路、时钟电路、复位电路。整个控制系统的数据采集、控制命令均由最小系统来完成,单片机最小系统即是控制系统的综合处理中心。

(1)电源电路

电源电路如图 3.32 所示,控制板要求系统提供 3.3 V 和 5 V 两组电压,5 V 输入电压由 EBC 电调直接提供,同时利用 AZ1117-3.3 电压转换芯片将 5 V 电压降至系统所需的 3.3 V 电压。AZ1117-3.3 是一个低压降稳压降压器, 内部集成限流电路和热保护电路,输出电压上下偏差均不到 0.1 V,纹波抑制比达到 75 dB,输出电流高达 1 A,满足该控制系统对电压的各方面要求。图中 D2 为肖特基二极管,在电路中主要起稳定电压的作用,当输入电压过高时,稳压二极管 D2 开始工作,这时 FUSE 因电流过大而爆毁,对电路起到保护作用。C23、C24、C25 和 C26 为滤波电容,容值 0.1 μF 的 C23、C25 主要用于滤除电路中的高频信号干扰,容值 10 μF 的 C24、C26 主要用于滤除电路中的低频干扰。当电路中电流发生较大变化时这些电容自动充放电,起到缓冲作用。电路中有数字信号和模拟信号,为避免这两种信号因电平原因发生干扰,两种信号的参考地用 0 Ω 电阻连接。

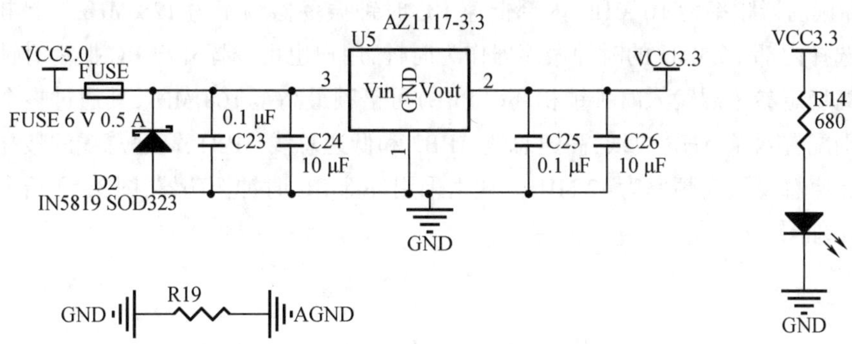

图 3.32　电源电路

(2)启动电路

启动模式选择电路如图 3.33 所示,主要作用是通过跳线帽控制 BOOT0 和 BOOT1 的高低电平,设置启动方式。表 3.3 给出了 BOOT0 和 BOOT1 的启动模式。当系统从 FLASH 启动运行程序时,需要将 BOOT0 拉低,BOOT1 为任意电平;如果采用串口下载程序,则需要在程序下载前将 BOOT0 拉高,将 BOOT1 拉低,下载完程序后需要将 BOOT0 拉低,重新上电或按一下复位开关,程序便开始运行;SRAM 启动是将程序下载至单片机的 SRAM 中,并在 SRAM 中运行程序。这种模式仅用于程序调试。考虑到飞控系统应尽量简化,这里采用 SWD 下载方式,该下载方式只用两根线即可实现程序的下载和在线仿真,可以直接将 BOOT0 和 BOOT1 全部拉低,免去控制板上启动模式的选择。

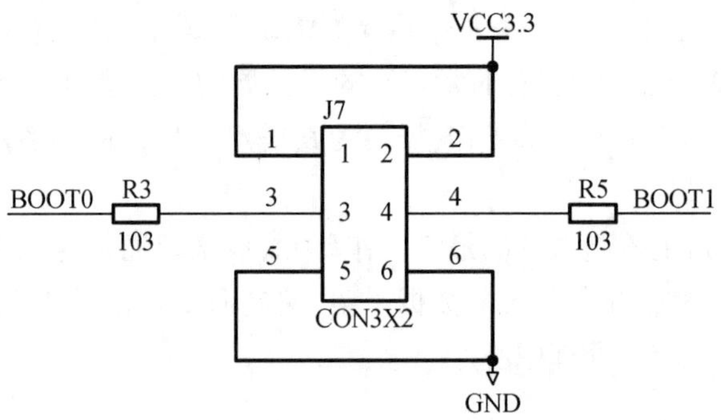

图 3.33　启动模式选择电路

表 3.3　启动模式

BOOT0	BOOT1	启动模式	说明
0	X	用户闪存存储器	用户闪存存储器启动(FLASH 启动)
1	0	系统存储器	系统存储器启动(用于串口下载)
1	1	SRAM 启动	SRAM 启动(用于在 SRAM 中调试代码)

(3)时钟电路

STM32 单片机有三个可选的时钟源,分别是外部晶振(外部时钟),内部高速 RC 时钟振荡器和内部低速 RC 时钟振荡器,其中外部时钟可选择 4~26 MHz 之间的任意晶振,内部高速 RC 时钟振荡器频率为 16 MHz,内部低速 RC 时钟振荡器频率为 128 MHz。上电复位后系统默认选择内部 16 MHz 的时钟振荡器作为时钟,用户也可选择外部 RC 振荡时钟。这些时钟作为高稳定参考源输入时钟锁相环(LPPL)可倍频最高至 168 MHz,其通过多个预分频器可以分别配置两条 AHB 总线,高速总线 APB2 和低速总线 APB1,高速总线的最高频率为 84 MHz,低速总线最高频率为 42 MHz。这里采用外部 RC 时钟振荡器,图 3.34 给出了外部时钟电路原理图。

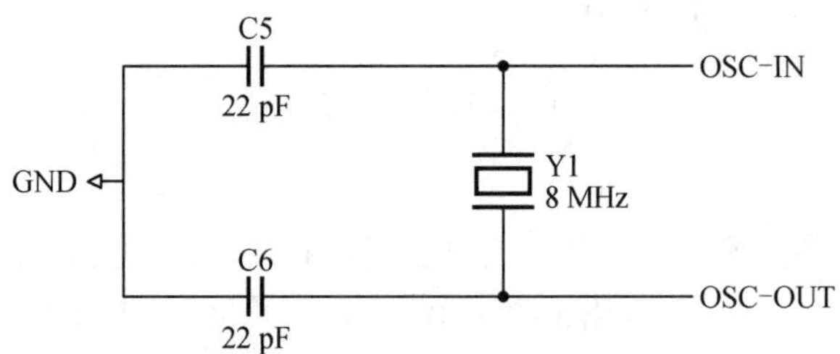

图 3.34　外部时钟电路原理图

(4)复位电路

单片机通常有手动复位、上电复位以及看门狗复位三种复位方式,STM32 系列单片机采用低电平复位,当 RST 引脚加上低电平超过 2 个机器时间周期便会使程序自动复位。图 3.35 给出了手动复位电路,开关按下时,NRST 接入低电平,当开关被按下的时间超过单片机的 2 个机器时间周期程序便会自动复位。在上电的一瞬间电容 C7 还没有充电,可视为短路,此时 NRST 相当于与 GND 连接,当 C7 充满时可视为断路,此时 NRST 端为高电平,R4 和 C7 决定了电容充放电的时间,也就决定了 NRST 端低电平持续的时间。为使控制板尽量轻量化,省去手动复位开关,STM32 在复位端口内部设置了上拉电阻,从而省去外部电路中电阻 R4。

实际上,处理器处理的数据是通过数据采集电路得到的。因此,在介绍完主控系统的工作原理之后,下面介绍姿态数据采集电路的实现。

如图 3.36 所示, MPU-6050 和 HMC5883L 共同连接在同一条 I^2C 总线上,主控制器通过 I^2C 总线通信读取传感器输出的数据,在 SDA 和 SCL 总线上的 2 个上拉 4.7 kΩ 电阻可使通信更加稳定。

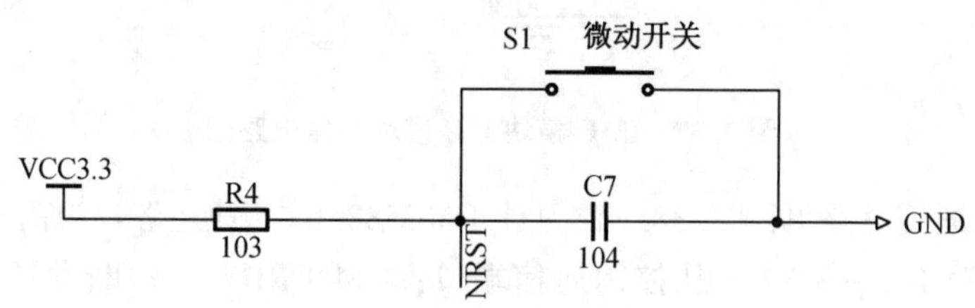

图 3.35　手动复位电路

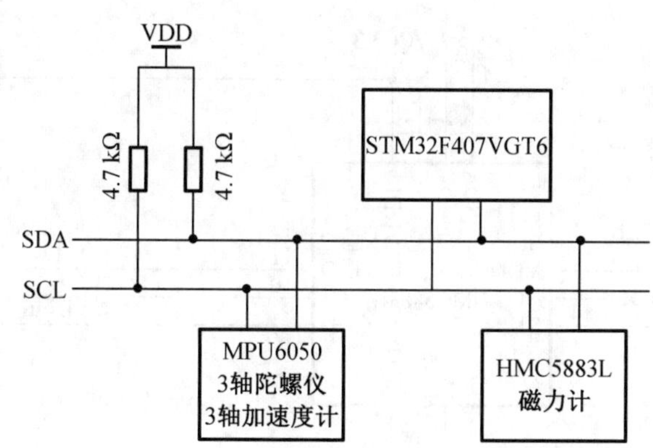

图 3.36　姿态数据采集电路示意图

IMU 的 I^2C 通信电路如图 3.37 所示, I^2C1_SCL 通信时钟引脚和 I^2C1_SDA 通信数据引脚与单片机 I^2C 的时钟和数据端口连接。9510_INT 为 MPU-6050 中断端口,与单片机 IO 口连接。当 MPU-6050 数据转换完成时,该端口就发出一低电平脉冲,单片机收到该脉冲后开始读取 I^2C 总线上的数据。AD0 端口为地址选择端口,为了让两个 MPU-6050 能够连接在一组 I^2C 总线上,当 AD0 引脚接入逻辑低电平时,设备的地址是 0x68,当 AD0 引脚接入逻辑高电平时,设备的地址是 0x69。这里将 AD0 接地,I^2C 通信地址为 0x68。MPU-6050 支持主从发送模式,端口 AUX_DA 和 AUX_CL 连接其他元器件的 I^2C 地址,可通过该端口控制其他元器件数据的发送和接收。

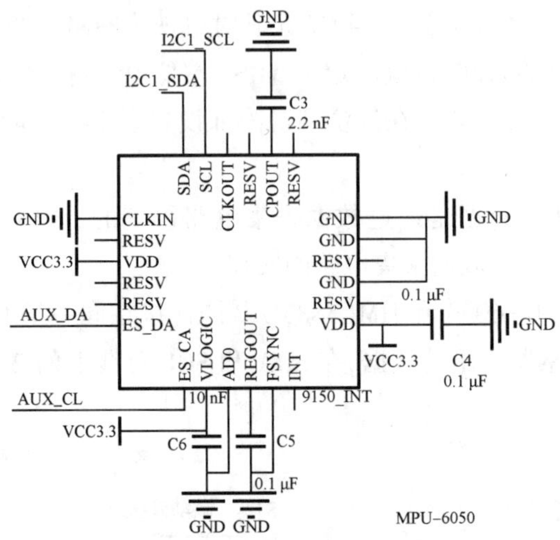

图 3.37　IMU 模块 I²C 模块通信电路图

磁力计 I²C 通信电路见图 3.38。磁力计 HMC5883L 外围电路较为简洁，端口 SCL 和 SDA 连接陀螺仪 MPU-6050 主从控制通信端口；端口 DRDY 为中断发送端口，与 MPU-6050 中断发送端口完全一致。

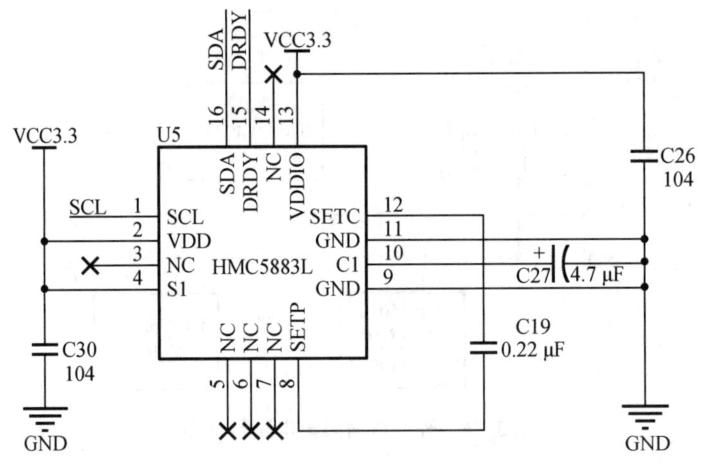

图 3.38　磁力计 I²C 通信电路图

除上述硬件系统外，控制系统还包括遥控信号采集系统、电机驱动信号系统、程序下载系统以及扩展功能接口等。

这里仅介绍遥控信号采集和电机驱动信号系统，相应电路见图 3.39，这两个系统均采用 PWM 信号输入输出，通过调节输出 PWM 波形高电平的占空比来调节电动机转速，单片机 PWM 输入捕获和输出 PWM 波均需要借助定时器来完成，STM32F407VGT6 共有 14 个定时器，每个定时器均有 4 个通道，每个通道可以完全独立配置成不同频率和占空比的 PWM 波。端口配置为 PWM 输出或者输入时，I/O 端口将配置为推挽模式，此模式下 I/O 内部接上上拉电阻，为确保单片机在工作的过程中不会因电流过大而被烧毁，应在端口接入一定阻值的限流电阻。遥控信号输入端口接入阻值为 10 kΩ 限流电阻,电机驱动信号输出端接入阻值为 1 kΩ 限流电阻。

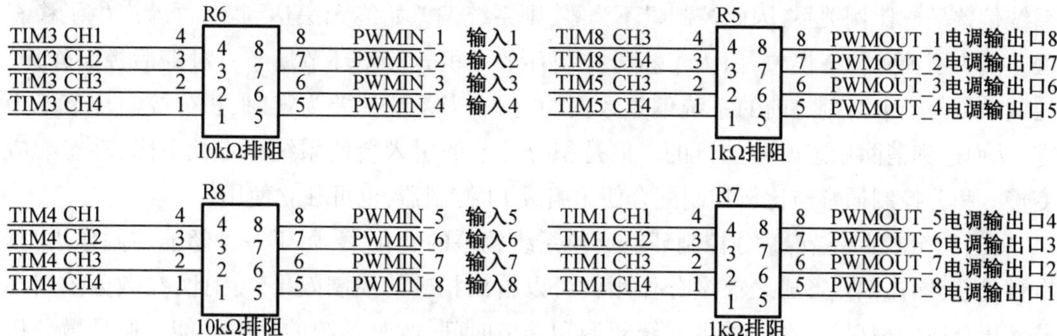

图 3.39　遥控信号采集和电机驱动信号系统

3.4.3　PID 控制算法原理和离散化

四旋翼无人机控制系统的主要任务就是控制四旋翼无人机按照我们期望的姿态飞行,本质就是通过一定的控制方法使四旋翼无人机的各实时姿态角度趋向于期望姿态角度,这里采用 PID 控制算法。

PID 控制算法是一种把偏差的比例、积分和微分通过线性组合构成控制量,并用这一控制量对被控对象进行控制的控制算法。

PID 控制算法的原理可以表达为图 3.40。

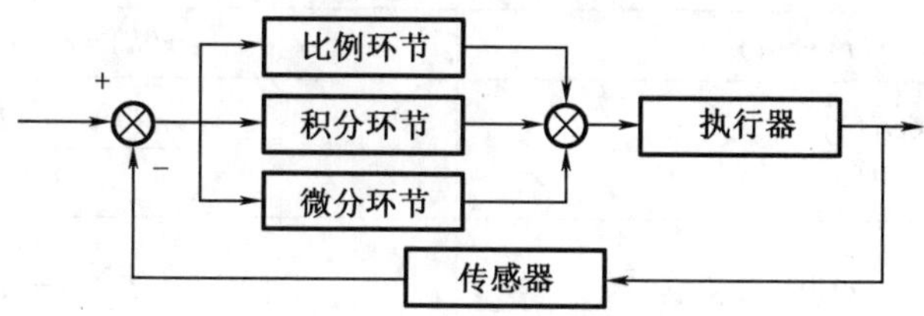

图 3.40　PID 控制算法原理框图

表达为数学公式如下:

$$u(t) = K_P\left[err(t) + \frac{1}{T_I} \cdot \int err(t)\mathrm{d}t + \frac{T_D \mathrm{d}err(t)}{\mathrm{d}t}\right] \tag{3-49}$$

式中　$u(t)$——控制量;

$err(t)$——期望值与当前状态值的偏差;

K_P——比例系数;

T_I——积分时间常数;

T_D——微分时间常数。

其中比例控制环节、积分控制环节和微分控制环节在实际控制中均具有不同的作用。

(1)比例控制环节:按比例反映系统的偏差,系统一旦产生偏差,比例控制环节立即发挥控制作用,使被控量朝着减小偏差的方向变化。比例环节作用大,可以加快调节,减小误差,但是过大的比例会使系统的稳定性下降,甚至造成系统发散。

(2)积分控制环节:积分控制环节主要用来消除稳态误差,比例控制环节的控制作用与系统偏差呈成比例关系,因此控制量不为零,则系统偏差始终无法达到零,这就产生了稳态误差。为了消除稳态误差,引入了积分控制环节。积分控制环节属于一种滞后控制作用,控制效果与当前时刻之前的系统偏差数据均有关,当系统偏差为零时,积分控制环节不为零,从而达到消除稳态误差的目的。但是积分环节的引入会使系统稳定性下降,动态响应变慢。积分控制通常与比例控制配合使用组成 PI 控制器,也可独立使用。

(3)微分控制环节:微分控制环节反映系统偏差的变化率,属于一种超前控制作用,具有预见性,即在偏差形成之前微分作用就可以给出相应的控制效果。因此,在微分控制环节使用合适的情况下,可以减少系统超调和调节时间,改善系统的动态性能。但是微分作用对系统扰动比较敏感,使用不善可能造成系统发散。与积分控制不同,微分控制环节无法单独使用,必须与另外两种控制环节配合,组成 PD 控制或者 PID 控制系统。

PID 控制系统结构简单、数学原理清晰、易于实现且性能优良,广泛用于各种工业控制领域。

四旋翼无人机控制系统主要使用的是单片机数字系统,在算法运用和表达上需要进行数字离散化处理,因此在控制器编程中使用的是数字 PID 控制算法。

首先要对各参数进行离散化处理,处理方法如表 3.4 所示。

表 3.4 PID 控制算法参数离散化

模拟形式	离散化形式
$err(t)=r(t)-c(t)$	$err(k)=r(k)-c(k)$
$\dfrac{\mathrm{d}err(\mathrm{t})}{\mathrm{dT}}$	$\dfrac{err(k)-err(k-1)}{T}$
$\int_0^t err(t)\,\mathrm{d}t$	$T\sum_{i=0}^{k} err(i)$

上表中,$r(t)$为被控量实际值,$c(t)$为被控量期望值,k 为采样序列标识,T 为采样时间。数字 PID 控制算法又分为位置式 PID 控制算法和增量式 PID 控制算法。

1. 位置式 PID 控制算法

经过上述的参数离散化过程,PID 控制算法表达成如下形式:

$$u(k)=K_{\mathrm{P}}\left\{err(k)+\frac{T}{T_i}\sum_{i=0}^{k}err(i)+\frac{T_{\mathrm{D}}}{T}[err(k)-err(k-1)]\right\} \tag{3-50}$$

进一步,公式可以整理为

$$u(k)=K_{\mathrm{P}}\left\{err(k)+K_{\mathrm{I}}\sum_{i=0}^{k}err(i)+K_{\mathrm{D}}[err(k)-err(k-1)]\right\} \tag{3-51}$$

其中,K_{P} 称为比例系数,K_{I} 称为积分系数,K_{D} 称为微分系数,通过调节这三个量的大小来调节相应控制环节的强弱。

以上就是位置式 PID 控制算法的表达形式。

位置式 PID 控制算法有一些缺点:对 $err(k)$ 的持续累加过程,所占的内存很大,且计算工作量较大;控制算法的输出 $u(k)$ 往往对应了执行机构当前的实际位置,一旦出现较大的瞬时干扰或者计算故障,容易出现安全问题。作为改进,增量式 PID 控制算法出现了。

2. 增量式 PID 控制算法

由式(3-51)递推可得:

$$u(k-1)=K_{\mathrm{P}}\left\{err(k-1)+K_{\mathrm{I}}\sum_{i=0}^{k-1}err(i)+K_{\mathrm{D}}[err(k-1)-err(k-2)]\right\} \quad (3-52)$$

再用式(3-51)减去式(3-52)可以得到控制输出的增量 $\Delta u(k)$:

$$\Delta u(k)=K_{\mathrm{P}}\{[err(k)-err(k-1)]+K_{\mathrm{I}}err(k)+K_{\mathrm{D}}[err(k)-2err(k-1)+err(k-2)]\}$$

以上就是增量式 PID 控制算法表达形式。

看似简单的操作却带来了很多好处:每次计算的结果仅与近三次的被控量偏差有关,消除了位置式 PID 控制算法的被控量偏差持续累加过程,提高了运算效率,节省了内存;算法输出的是被控量增量,对随机干扰的影响没有那么敏感,提高了系统的抗干扰性和安全性。

3.4.4 四旋翼无人机控制系统实现案例

本案例运用了 I^2C 总线协议对传感器进行数据采集。I^2C 总线是 Philips 公司推出的一种双线串行总线协议,具有接口线少、控制简单、器件封装尺寸小、通信速率较高等优点。

I^2C 总线由两根通信线路组成,分别是串行数据线 SDA 和串行时钟线 SCL,既可发送数据,又可接收数据。在 CPU 和被控的芯片之间、芯片与芯片之间都能够实现数据的双向传输。根据数据传输速率的不同,I^2C 总线模式可分为三种,分别是标准模式(100 kbit/s)、快速模式(400 kbit/s)和高速模式(3.4 Mbit/s)。I^2C 总线支持多主和主从两种工作方式,通常使用主从工作方式。在主从通信中,可以有多个 I^2C 总线的器件同时接到 I^2C 总线上,然后通过器件地址来识别通信对象,大大减少了外部接口的数量。

I^2C 数据传输的通信时序图如图 3.41 所示。主机的功能是进行总线初始化并产生时钟信号,从机在总线中作为一个被寻址单元,负责数据的采集并等待主机所发送的指令。数据传输的启动和停止命令都是通过主机来控制的,在总线空闲的时候,时钟线(SCL)和数据线(SDA)都为高电平状态;当数据传输启动以后,时钟线置高电平,数据线由高至低产生一个跳变,并开始发送数据;主机在接收完从机发送的数据以后会产生一个应答信号(ACK),如果没有产生应答的话,就继续等待发送新的启动信号;数据传输完成之后,时钟线置高电平,数据线由低到高跳变,产生一个结束信号。数据传输中,数据线(SDA)在时钟线(SCL)的高电平周期内必须保持稳定,仅仅在时钟线为低电平的时候,数据线的电平状态才发生变化。

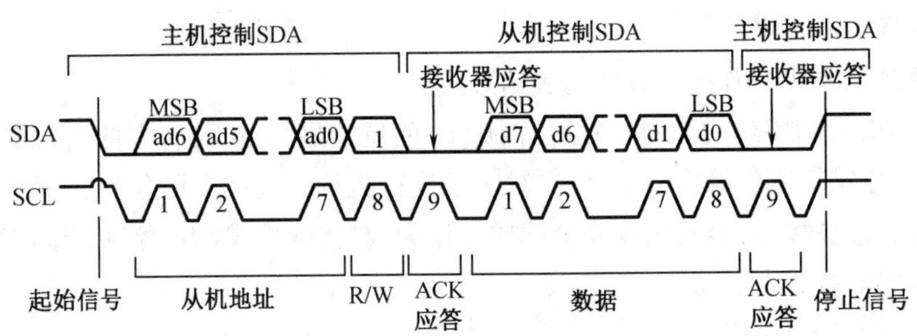

图 3.41 I²C 总线上数据通信格式示意图

这里 IMU 模块采用的是姿态传感器 MPU-6050,它集成了 3 轴 MEMS 陀螺仪,3 轴 MEMS 加速度计,以及一个可扩展的数字运动处理器 DMP,可用 I²C 接口连接一个第三方的数字传感器,比如磁力计。上面已经对 MPU-6050 的参数和功能等做了一个详细的介绍,这里运用 I²C 协议对传感器进行数据采集。MPU-6050 共有 117 个寄存器,这里主要用到的寄存器有:

(1)分频寄存器(0x19)

(2)配置寄存器(0x1A)

(3)陀螺仪配置寄存器(0x1B)

(4)加速度计配置寄存器(0x1C)

(5)加速度计数据寄存器(0x3B~0x40)

(6)陀螺仪数据存储器(0x43~0x48)

(7)电源管理寄存器 1 (0x6B)

(8)设备地址寄存器(0x75)(用于对设备的身份进行标识)

通过这一微惯性测量单元,可读取到无人机的三轴加速度数据和角加速度数据,然后经过数据处理和一些相关算法进行解算,就能够得到无人机的位置、姿态、速度等信息。MPU-6050 数据采集流程如图 3.42 所示。

MPU-6050 数据采集首先是对传感器进行初始化,解除休眠状态,配置好相关的寄存器,传感器的部分初始化程序如下。

```
void InitMPU6050(void)
    {
        Single_WriteI2C(PWR_MGMT_1, 0x00); //解除休眠状态
        Single_WriteI2C(SMPLRT_DIV, 0x07); //分频器设置
        Single_WriteI2C(CONFIG, 0x06); //寄存器配置
        Single_WriteI2C(GYRO_CONFIG, 0x18);//陀螺仪配置
        Single_WriteI2C(ACCEL_CONFIG, 0x01);//加速度计配置
    }
```

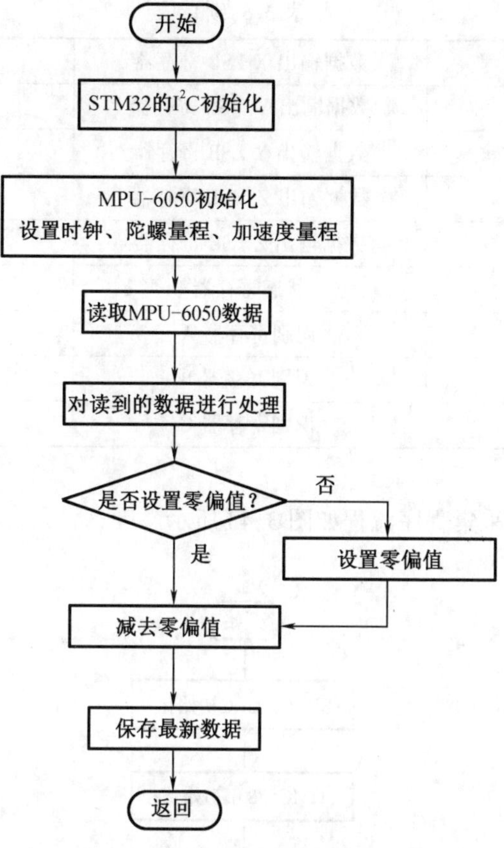

图 3.42　MPU-6050 数据采集流程图

初始化完成之后，设定测量模式，通过 I^2C 协议读取 MPU-6050 的相关寄存器，从而得到加速度信息和角速度信息。通过微处理器对读取的数据进行处理，从而得到我们需要的姿态信息。

对于 HMC5883L 磁航向传感器，这里使用的是内置的 ASIC 放大器和 A/D 转换器，其采用 I^2C 总线方式接口来和主机进行数据传输，支持标准测量模式与快速测量模式，从器件地址为 0x1E，写入为 0x3C，读出为 0x3D。

HMC5883L 内部有 13 个寄存器，其中有 3 个是可读写的寄存器，对应的寄存器列表如表 3.5 所示。

表 3.5　HMC5883L 寄存器列表

地址	寄存器名称	访问方式
00	配置寄存器 A	R/W
01	配置寄存器 B	R/W
地址	寄存器名称	访问方式
02	模式寄存器	R/W
03	数据输出 X MSB 寄存器	R

表 3.5(续)

04	数据输出 X LSB 寄存器	R
05	数据输出 Y MSB 寄存器	R
06	数据输出 Y LSB 寄存器	R
07	数据输出 Z MSB 寄存器	R
08	数据输出 Z LSB 寄存器	R
09	状态寄存器	R
10	识别寄存器 A	R
11	识别寄存器 B	R
12	识别寄存器 C	R

HMC5883L 的数据采集程序流程如图 3.43 所示。

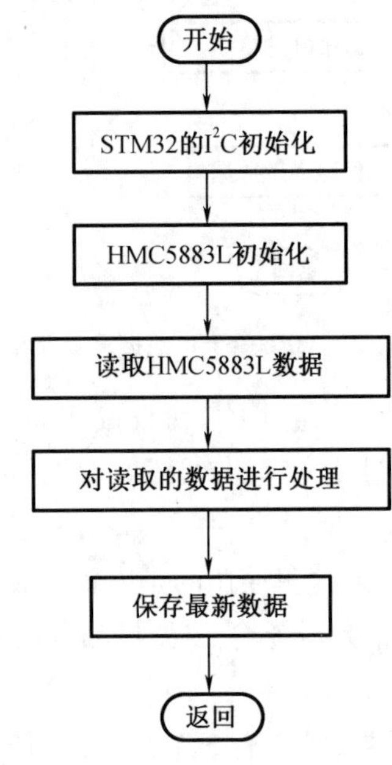

图 3.43　HMC5883L 数据采集程序流程图

传感器在收到主机发送的启动命令后,开始对 HMC5883L 的寄存器进行设置。对寄存器 A(CRA6:0)进行写操作,设置采样数为 8,输出速率为 75 Hz;对寄存器 B(CRB7:5)进行写操作,设置输入磁场范围为+1.3 G,增益为 1 090;对模式寄存器(MR1:0)进行写操作,设置传感器的测量模式为连续测量模式。

传感器在测量过程中除自身误差之外,还需对应用环境的磁场进行考虑,环境变化也会对传感器产生磁场干扰等影响。通常情况下,磁场干扰又可以分成硬磁干扰和软磁干扰。所谓硬磁干扰,指的是外围磁性物质引发传感器产生一个固定的输出特性偏移;所谓软磁干扰,指的是几种磁性材料之间,产生相互干扰从而导致的一个方向性变化。图 3.44 所示为传感器输出特性影响及校准方法。

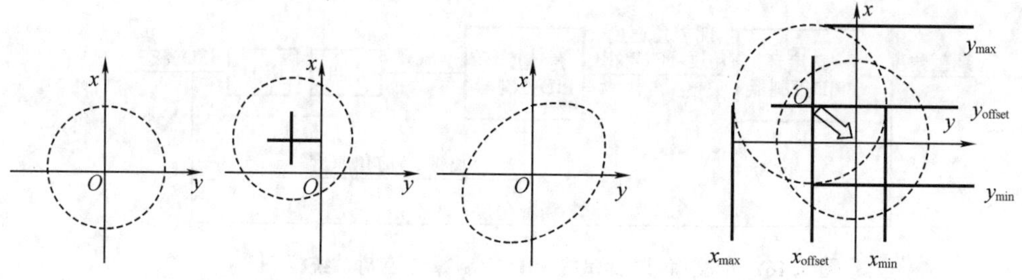

(a)无干扰、硬磁干扰、软磁干扰影响示意图　　(b)x/y 轴畸变校准外磁场对磁阻传

图 3.44　传感器输出特性影响及校准方法

降低这两种干扰的影响方法有:

(1)软磁干扰降低方法:减小磁力计的安装位置附近的磁性物质的影响;

(2)硬磁干扰降低方法:在校准模式中采集 x、y、z 轴磁场强度的最大值和最小值,计算偏移量 $x_{offset}=(x_{max}+x_{min})/2$,$y_{offset}$、$z_{offset}$ 的计算相同,并将结果保存在 FLASH 中,在测量模式中减去相应轴的偏移量即可校准硬磁干扰。

通过以上方法就可以降低干扰影响,使传感器获得一个比较准确的磁场信息。

在四旋翼无人机的控制中,控制系统框图可以表达为图 3.45 所示的形式。

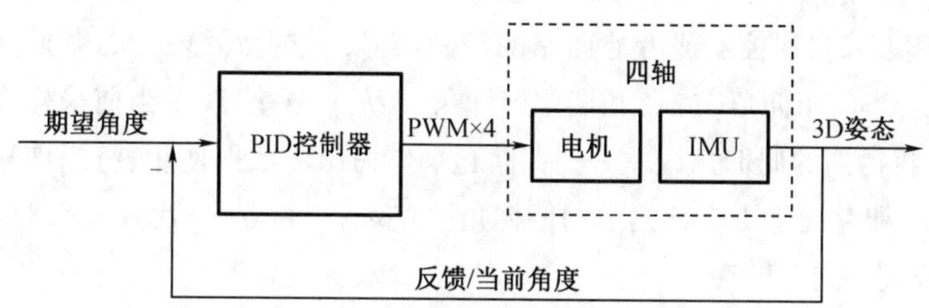

图 3.45　角度单环 PID 原理框图

根据遥控器或者地面基站给出的飞行姿态命令,控制系统解算出三维姿态角度作为期望角度输入到 PID 控制器中,利用 IMU 获取四旋翼无人机当前实时三维姿态角,两者做差获得姿态角偏差,参与 PID 控制器的计算,所得到的控制量转换为相应的电机控制信号,调节四旋翼无人机向姿态角偏差减小的方向做动作,再重复上述过程,直至姿态角偏差为零。

上述角度单环 PID 控制算法仅仅考虑了四旋翼无人机的角度信息,如果想增加无人机的稳定性,我们可以进一步控制角速度,于是角度/角速度串级 PID 控制算法应运而生。

角度/角速度串级 PID 控制算法的控制系统框图可以表达为图 3.46 所示的形式。

串级 PID 控制算法实际是将两个 PID 控制器串起来,严格来说,是将角速度 PID 控制器嵌套于角度 PID 控制器中。这种串级 PID 控制器虽然增加了整体控制器的复杂程度和整定难度,但是大大提高了系统的抗干扰性和稳定性,因为两个控制器组合起来,可以比单环控制器控制更多的变量,使得无人机的适应能力更强。

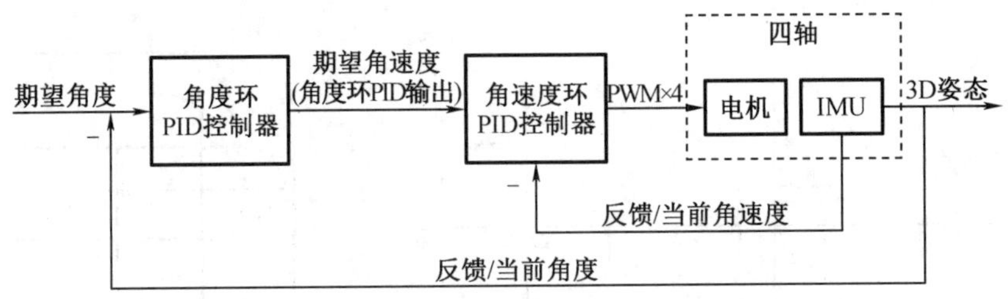

图 3.46　角度/角速度串级 PID 控制算法控制系统框图

下面结合前面内容给出无人机角度单环 PID 控制算法的程序运行过程，以俯仰角 θ 的控制为例，首先定义在第 k 个采样周期获得的俯仰角为 $pitch_k$、期望俯仰角为 $pitch_{\exp}$、俯仰角误差为 err_k、控制输出为 u_k、控制输出增量为 Δu_k，各数值会随着采样周期的变化实时更新；同时，定义用于俯仰角 PID 控制的比例系数 Kp_{p}、积分系数 Ki_{p}、微分系数 Kd_{p}，各数值在常规 PID 控制算法里只赋值一次，由 PID 整定获得。

如图 3.47 所示，完成相关参数定义后，需要对控制器各相关参数进行初始化处理，即对相关参数赋予一个初始值，这里我们将 $pitch_0$、$pitch_{\exp}$、err_0、u_0、Δu_0 均初始化为零，Kp_{p}、Ki_{p}、Kd_{p} 初始化为事先经 PID 整定获得的值。

完成参数定义和参数初始化后，程序正式进入控制循环。首先利用前述的 $\mathrm{I^2C}$ 通信协议获得传感器数据，经过数据融合和数据滤波操作后获得当前采样周期下的飞行器俯仰角 $pitch_k$；接下来读取来自遥控器或者地面站的控制信号，经过微处理器的数据处理获得期望俯仰角 $pitch_{\exp}$，；当前俯仰角 $pitch_k$ 和期望俯仰角 $pitch_{\exp}$ 做差，获得当前采样周期下的俯仰角误差 err_k，并将得到的俯仰角误差 err_k 存储起来作为历史数据使用；将当前采样周期下的俯仰角误差 err_k 和存储于历史数据中的俯仰角误差 err_{k-1} 和 err_{k-2} 代入 3.5.3 节中的增量式 PID 控制算法表达式中：

$$\Delta u_k = Kp_{\mathrm{p}}[(err_k - err_{k-1}) + Ki_{\mathrm{p}} err(k) + Kd_{\mathrm{p}}(err_k - 2err_{k-1} + err_{k-2})]$$

获得当前采样周期下控制增量，则当前控制量为 $u_k = u_{k-1} + \Delta u_k$，将当前控制量转换为对应的电机控制信号从而驱动飞行器实现姿态的改变。至此一个 PID 控制循环结束，进入下一个采样周期。

其他姿态角的 PID 控制流程与之相似，这里不做赘述。

在实际的工业控制中，基于时域的整定 PID 方法通常有临界比例法、衰减曲线法和试凑法等。临界比例法适用于具有振荡的系统，通常要求系统的阶数大于 3 阶；衰减曲线法是根据衰减频率特性来整定参数，即调试值系统出现一大一小的两个相邻超调波形，记录两个波形出现的时间差以及此时的比例增益 K_{p}，通过时间差和 K_{p} 即可整定出较理想的 PID 参数；试凑法通过调试经验对控制系统的增益参数进行调试，通常遵循先比例、后积分、再微分的顺序调节原则。

由于各姿态信息对应的控制模型有一定差异，通常各姿态信息对应的 PID 控制算法的控制系数也不尽相同，下面给出一组整定后的 PID 控制系数，如表 3.6 所示。

将上述 PID 参数写入控制算法中，通过无线数传采集三个姿态方向的姿态角数据。飞行过程中通过遥控进行突然打舵，测试无人机反应的快速性以及稳定性。图 3.48 所示为横滚角反向打舵后立即松舵的响应曲线图,从图中可以看出,在遥控打舵后的 0.5 s 之内横滚角基本恢复至水平位置;图 3.49 为俯仰角反向打舵后立即松舵的响应曲线图,从图中可以看出,在遥控打舵后的 1 s 之内俯仰角基本恢复至水平位置;图 3.50 为偏航角打舵后航向角的跟随响应曲线,从图中可以看出,无人机偏航方向能够快速跟随遥控航向指令的变化,超调量较小,对系统飞行基本不造成影响。

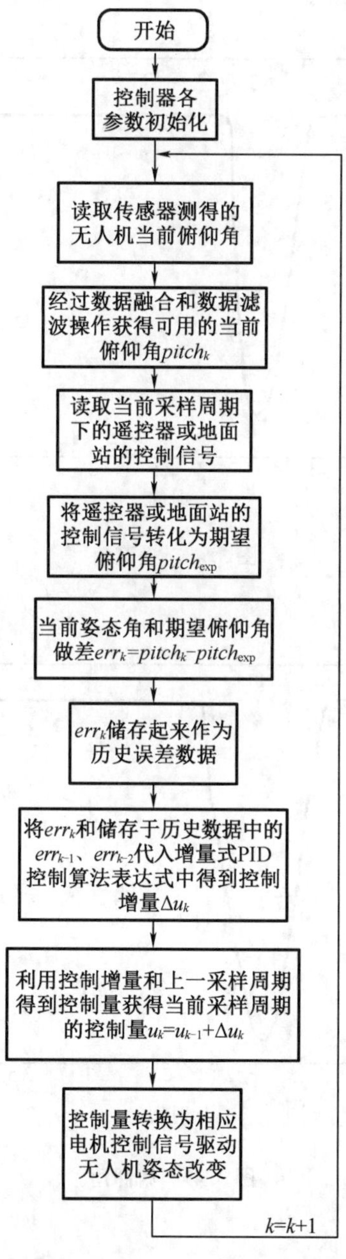

图 3.47　俯仰角 PID 控制算法程序运行过程

表 3.6　四旋翼无人机 PID 控制系数

PID 控制参数	比例(P)	积分(I)	微分(D)
俯仰角度	4.8	0.35	0.2
横滚角度	4.8	0.35	0.2
偏航角度	3.2	0.15	0.12

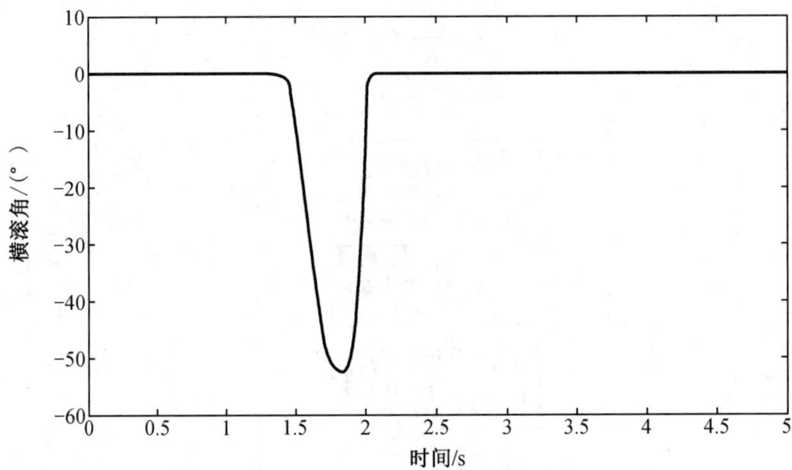

图 3.48　横滚角

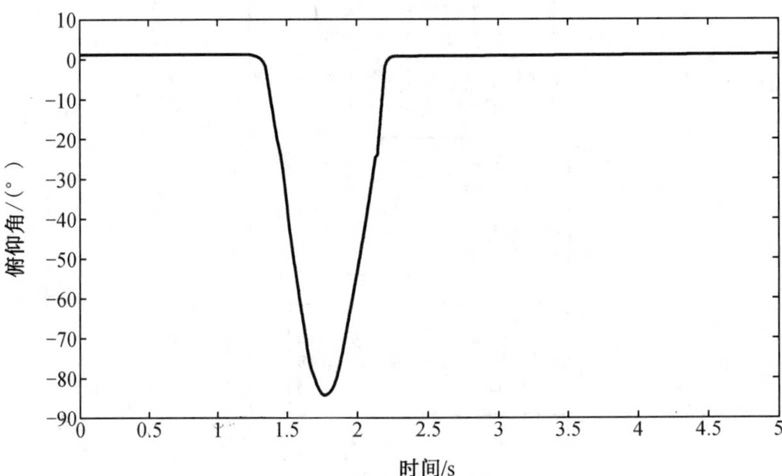

图 3.49　俯仰角

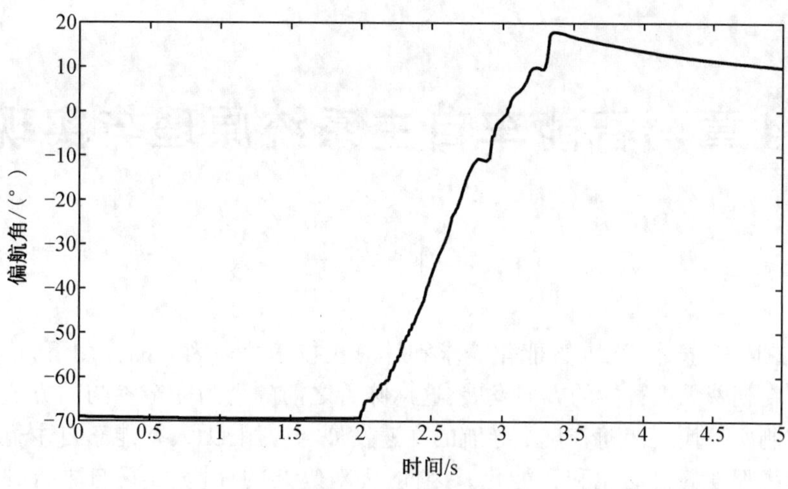

图 3.50　偏航角

习　　题

1. 四元数有什么性质？它与欧拉角表示法有什么区别？
2. 试推导四旋翼无人机的动力学方程并发现其与状态方程的关系。
3. 什么是四旋翼无人机需要的姿态信号,其所要得到的姿态信号有哪些？
4. 四旋翼无人机控制系统有由哪几部分组成？

第4章　智能车自主系统原理与实现

4.1 引　　言

一方面,在时代、技术、无人智能化需求和计算机技术等多因素的作用下,传统的人为参与的方式正在朝着无人智能的方向发展,这意味着之前的人为完全参与的方式已经被自主智能系统控制所替代。伴随着自主导航的高速发展与应用,无人智能车自主行驶的方式已经趋向于更高程度的自动化和智能化。因此,面对复杂的环境,实现自主行驶并且具有避障功能的智能车自主系统研究已经成为全球研究热点。无人智能车的本质就是利用智能化处理器接收并迅速处理各种传感器收集的周围环境变化以及自身状态信息,并将这些信息整理成信号传入执行系统引发相应的行为,从而实现智能车自动驾驶以及无人控制等功能。总的来说,想要实现智能车自主行驶,就需要处理三个核心的问题,分别是定位、建图以及路径规划或重规划。

在定位、建图以及路径规划或重规划三个任务中,定位是无人车实现自主移动的重要技术依赖,也是保障。针对无人车的定位问题,虽然有很多种实现方法,但应用相对广泛的方法是即时定位与地图构建(SLAM)技术。近年来,SLAM 技术被广泛用于研究机器人自主移动的智能化,这意味着即使在几乎未知的环境中,如果在装备激光雷达等关键传感器后,通过 SLAM 技术也会有助于机器人构建未知环境地图,进而帮助机器人实现自主移动。SLAM 的定位导航技术分为激光 SLAM 和视觉 SLAM。与前者相结合的激光定位导航主要是通过对目标物发射激光信号,再根据从物体反射回来的信号时间差来计算这段距离,然后再发射激光的角度来确定物体和发射器的角度,从而得出物体与发射器的相对位置。考虑到视觉 SLAM 对于环境光影的变化或者在室内比较昏暗的场景中无法使用,而激光 SLAM 导航的精度更能得到有效保障,能更好地适应室内环境,本书提出一种基于激光 SLAM 导航的智能车设计方案,以便读者了解智能车自主移动的原理和实现方法。

另一方面,近年来通过对深度学习和人工智能算法的研究,无人自主智能化控制系统的应用已经越来越广泛了。而这其中基于深度学习的智能驾驶逐渐成为很受关注的重点研究方向。其中,对给定的道路可行驶区域的有效检测被认为是自主驾驶和智能辅助驾驶技术一直备受关注的重要研究问题,也是车辆实现稳定自主移动的基础。现有的检测方法大致可分为三类:基于模型的区域检测算法、基于特征的区域检测算法和基于深度学习的区域检测算法。本书采用卷积神经网络对车道线进行检测,并将检测的交通标志物送入网络中得到训练的模型,进一步实现交通标志物识别,最后再将智能车训练好的车道线模型和交通标志物模型部署在处理器上,实现自主移动。

本章主要介绍两种智能车自主移动方案:一种是基于激光 SLAM 导航的智能车自主移动的原理和实现方案;另一种是将深度学习应用在智能车上实现自主移动。主要目的在于引导读者快速入门智能车的理论和实践研究。

4.2　基于激光 SLAM 导航的智能车自主移动

4.2.1　智能车总体设计

智能车设计采用 PC 主机接收激光雷达及 IMU 测量的数据建立地图并进行路径规划，同时通过串口经过底层控制驱动主板对驱动电机及转向舵机进行控制，实现自主导航。系统整体架构如图 4.1 中所示。

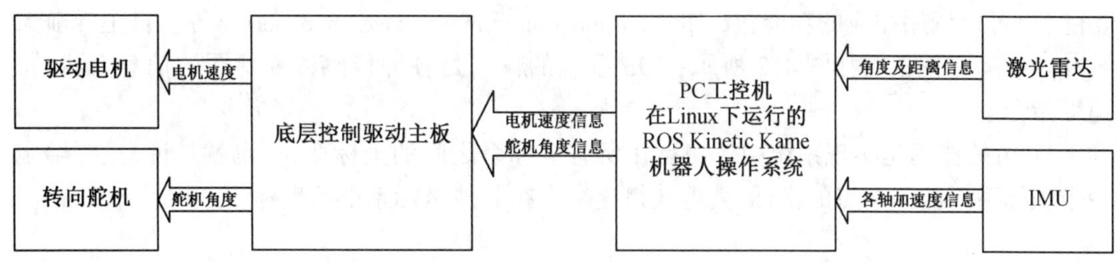

图 4.1　系统整体架构

下面从四部分说明智能车设计的主要思路。

1. 无人车运动系统的选择

无人车运动系统选用了北京钢铁侠公司提供的车模，该车模具有前后悬挂式减震装置和差速器，实现前后车轮同时驱动；行进部分采用了 K2150 三相无刷电机，驱动采用 10BL120 120A 的有感无刷电调，采用 2S 动力锂电池为电机供电；无人车转向系统采用 SG995 舵机进行转向控制，驱动部分设计在控制主板上，通过解析 PC 主机发送的信息转动到指定的角度。

2. 无人车底层控制主板设计

无人车底层控制主板采用飞思卡尔 KEA128 MCU，Kinetis EA 系列 MCU 内核基于 32 位 ARM Cortex-M0+，具有高度可扩展性。此系列产品对成本敏感的应用进行了优化，可提供低引脚的选择，且具有极低功耗的工作状态。2.7～5.5 V 供电及优异的 EMC/ESD 健壮性，使 Kinetis EA 系列 MCU 非常适合从车身电子到车身安全或通用传感器节点等的应用。Kinetis EA 系列 MCU 产品共用类似的外设且引脚兼容，丰富的存储器尺寸划分，为开发者从冗余过多的设计过渡到 Kinetis 紧凑的设计提供了方便。Kinetis EA 系列 MCU 的兼容性和扩展性，可使开发者标准化地开发其产品，最大化地重用硬件和软件，从而缩短开发周期。Kinetis EA 系列 MCU 支持很多第三方或飞思卡尔的开发工具，例如 Code Warrior、Keil、iAR、Processor Expert（处理器专家）和 MQX。开发者可在上述的开发环境中，快速且方便地进行设计。Kinetis EA 系列 MCU 同时具有多路 PWM 输出接口和多种通信接口，满足设计要求。控制板上还搭载了 USB 和激光雷达的通信接口，以及 MCU、激光雷达、电量显示等多路供电接口。

3. 无人车即时定位和地图构建

导航和避障系统在无人车上的 PC 主机运行，采用了运行在 Linux 系统下的 ROS Kinetic Kame 机器人操作系统，对接收的激光雷达返回的数据及 IMU 的惯性导航数据进行融合,车辆遥控更改位置,并采用 Gmapping 算法实时定位并构建地图。Gmapping 算法有效利用了里程计信息,在构建小场景地图时所需的计算量较小且精度较高。

4. 无人车实时导航和避障

地图构建完成后,根据设定的初始位置和结束位置采用自适应蒙特卡洛定位(AMCL)算法对车辆进行定位和对路径进行规划,在车辆行驶过程中检测障碍物并实时对路径进行调整,将车辆运动控制信息通过串口发送给下位机,以控制车辆行进的速度和方向。

4.2.2 基于 ROS 系统的智能车自主导航实现

ROS 系统主要由节点/move_base、/amcl、/imu、/tf 组成;ROS 中的 Navigation stack(导航功能包)可以调用相应的功能包,如 amcl、gmapping、move_base、map_server 等。自主导航系统/move_base 框架图如图 4.2 所示;ROS 系统的输入是各种传感器和地图的信息,输出是速度指令。

TF 树的作用是实现系统中任一点在所有坐标系之间的坐标变换,也就是说,只要给定一个坐标系下的一个点的坐标,就能获得这个点在其他坐标系下的坐标。

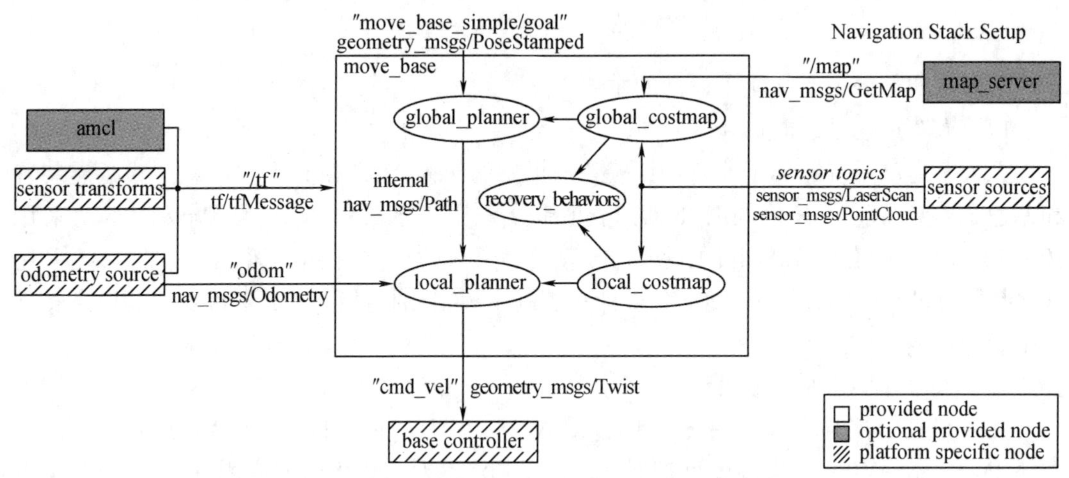

图 4.2 自主导航系统/move_base 框架图

1. 智能车程序结构

智能车程序包括通信层、决策层和坐标转换层。

(1)通信层:用于电脑端和智能车平台的数据交换。电脑端将发出的速度指令传给智能车平台的控制部分,以及接收传感器返回的信息,通过发布/odom topic(传感器数据包),订阅数据包的节点接收相关的数据并进行计算,从而进行智能车位置估计。

(2)决策层:决策层与导航有关,建立地图和实现定位,然后根据发布的传感器信息做出路径规划,输出智能车的速度和转向速度。这部分主要与 ROS 系统中的 Navigation stack 有关,可以调用相应的功能包,如 amcl、gmapping、move_base、map_server 等。输入是各种传感器和地图的信息,输出是速度指令。

(3)坐标转换层(TF 树):TF 树图如图 4.3 所示;TF 树的作用是实现系统中任一点在所有坐标系之间的坐标变换,也就是说,只要给定一个坐标系下的一个点的坐标,就能获得这个点在其他坐标系下的坐标。为达到这个目的,就需要确定各个坐标系之间的关系,也就是获得任一坐标系在其他任一个坐标系下的描述。

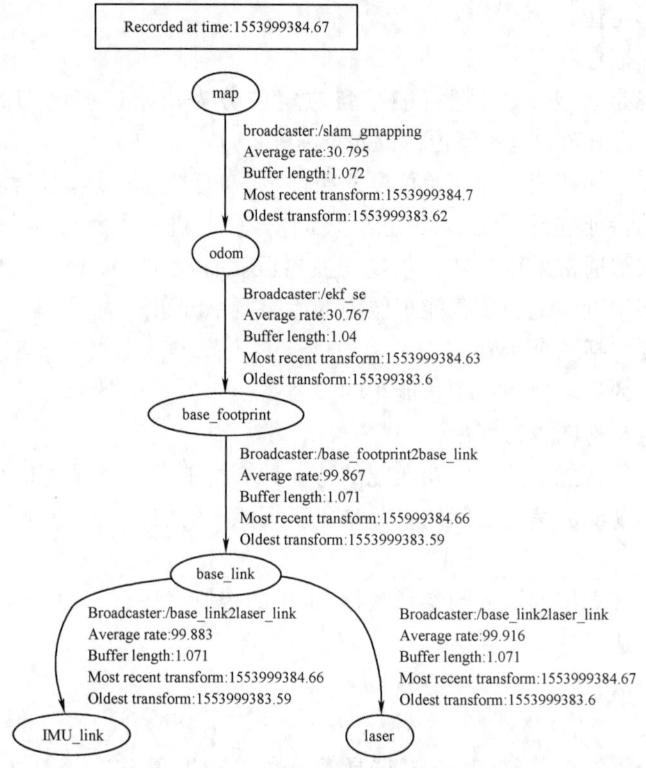

图 4.3　ROS 智能车的 TF 树

2. 智能车接口配置

智能车通过串口获取各个传感器数据，在 ROS 系统下通过建立的各个传感器的 Node 获取传感器信息并通过/dev topic（外部接口话题）返回给 ROS 系统下的其他 Node。

（1）速度接口

move_base 是由 ROS 系统中导航包设定的类，它根据各个节点发布的信息做出路径规划，发布智能车的速度和转向速度的 cmd_vel topic（速度控制话题），进而控制智能车的运动。不同类型的移动平台，建立的运动学方程不同，因此将速度值解算成电机的转速值的方式也是不同的。本方案中智能车的底层平台接收的是轮子的期望转速与车期望的转向角度，同时需要注意速度的平滑。所以我们用插值的方法平滑速度，以此避免因过大的加减速等造成电机无法正常工作。

（2）里程计接口

智能车采用 IMU 作为里程计，通过 ROS 系统的基础包中的 odom 包驱动其运行。此外在驱动里程计运行的同时还可以进行航迹推测，对智能车的位置进行粗略的估计。即通过里程计采集车辆速度及加速度信息，进行滤波处理后，进一步算出智能车整体的位移，并为后续的导航功能提供一个里程计数据的输入。

（3）激光雷达接口

厂家提供了相应的驱动程序，运行相应驱动文件就可以运行其接口程序（/ls01g topic）。智能车的固有坐标系信息需要相应的传感器采集，当激光雷达固定好之后，可以用静态 TF(坐标变换)来将传感器所在的坐标系的数据变换到以智能车中心所在的坐标系,便于信息的传递。

3. ROS 智能车定位

(1)定位算法概述

按照初始位姿是否已知,可把智能车自主定位分为初始位姿已知的位姿跟踪(pose tracking)和初始位姿未知的全局定位(global localization)。

位姿跟踪是在已知智能车的初始位姿的条件下,在智能车的运动过程中通过将观测到的特征与地图中的特征进行匹配,求取它们之间的差别,进而更新智能车的位姿的智能车定位方法。位姿跟踪通常采用扩展卡尔曼滤波器(extended Kalman filter,EKF)来实现。该方法采用高斯分布来近似地表示智能车位姿的后验概率分布。

计算过程主要包括三个步骤:

①根据智能车的运动模型预测智能车的位姿;

②将观测信息与地图进行匹配;

③根据预测后的智能车位姿以及匹配的特征计算智能车应该观测的信息,并利用应该观测的信息与实际观测的信息之间的差距来更新智能车的位姿。

(2)AMCL 算法

定位模块作为规划层的输入与参考数据,常用的定位算法有三种:

①蒙特卡洛算法;

②粒子滤波算法;

③AMCL 算法;

通过比较各个算法的优缺点,本书选择第三种 AMCL 算法。该算法的定位原理如图 4.4 所示。

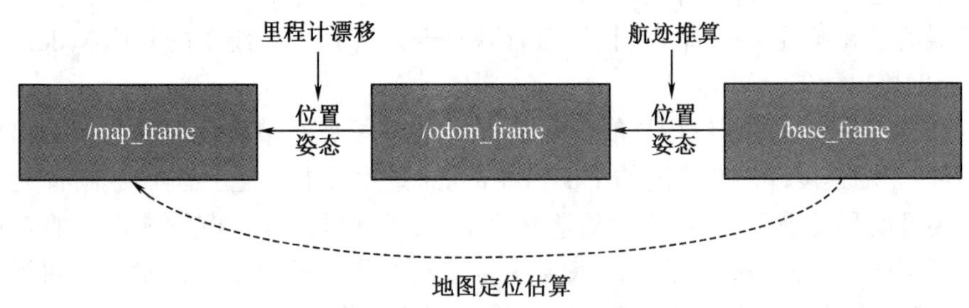

图 4.4　ACML 定位原理

系统采用自适应定位算法,优点主要体现在以下两个方面:

①解决了智能车绑架问题。它会在发现粒子的平均分数突然降低(意味着正确的粒子在某次迭代中被抛弃了)的时候,重新在全局再撒一些粒子。

②解决了粒子数固定的问题。当智能车基本定位后,没有必要维持很多粒子,这时可减少粒子数。

4. 基于激光雷达的 SLAM 建图

(1)建图算法选择

在 ROS 系统中提供有五种基于 2D 激光的 SLAM 算法,分别是 HectorSLAM,

Gmapping，KartoSLAM，CoreSLAM 和 LagoSLAM。

HectorSLAM 是一种结合了鲁棒性较好的扫描匹配方法 2D SLAM 和使用惯性传感系统的导航技术。传感器的要求：高更新频率、小测量噪声的激光扫描仪，不需要里程计，使空中无人机与地面小车在不平坦区域运行存在可能性。

Gmapping 是一种基于激光的 SLAM 算法，它已经集成在 ROS 中，是移动智能车中使用最多的 SLAM 算法。这个算法由 Grisetti 等人提出，是一种基于 Rao-Blackwellized 的粒子滤波的 SLAM 方法。基于粒子滤波的算法用许多加权粒子表示路径的后验概率，每个粒子都给出一个重要性因子。但是，它们通常需要大量的粒子才能获得比较好的结果，从而增加该算法的计算复杂性。此外，与粒子滤波算法的重采样过程相关的粒子退化耗尽问题也降低了算法的准确性。粒子退化问题包括在重采样阶段在样本集粒子中消除大量的粒子。发生这种情况是因为它们的重要性权重可能变得微不足道。因此，这意味着有一定的小概率事件会消除正确的假设的粒子。为了避免粒子的退化问题，人们开发了自适应重采样技术。

LagoSLAM 是线性近似图优化，不需要初始假设。基本的图优化 SLAM 的方法就是利用最小化非线性非凸代价函数. 每次迭代，解决局部凸近似的初始问题来更新图配置，过程迭代一定次数直到局部最小代价函数达到。

KartoSLAM 是基于图优化的方法，用高度优化和非迭代 cholesky 矩阵进行稀疏系统解耦作为解。图优化方法利用图的均值表示地图，每个节点表示智能车轨迹的一个位置点和传感器测量数据集，箭头指向的连接表示连续智能车位置点的运动，每加入一个新节点，地图就会依据空间中的节点箭头的约束进行计算更新。

CoreSLAM 是一种最小化性能损失的 SLAM 算法。将算法简化为距离计算与地图更新两个过程：第一步，每次扫描输入，基于简单的粒子滤波算法计算距离，粒子滤波的匹配器用于激光与地图的匹配，每个滤波器粒子代表智能车可能的位置和相应的概率权重，这些都依赖于之前的迭代计算。第二步，选择最好的假设分布，即低权重粒子消失，新粒子生成。重复进行以上步骤，将扫描得到的线加入地图中，当障碍出现时，围绕障碍点绘制调整点集，而非仅一个孤立点。

图 4.5 给出了 SLAM 算法收敛速度对比值。

HectorSLAM	Gmapping	KartoSLAM	CoreSLAM	LagoSLAM
0.456 3	0.420 0	0.550 9	11.839 3	1.464 6

图 4.5　SLAM 算法收敛速度对比

以已有的传感器类型与算法收敛的速度为依据进行算法选择，最终选择使用 Gmapping 算法。

(2) Gmapping 算法建图的基本原理

Gmapping 是滤波方法 SLAM 框架下的常用开源 SLAM 算法，基于 RBPF 算法，即将定位和建图过程分离，先进行定位再进行建图。Gmapping 算法在 RBPF 算法基础上做了两个主要的改进：改进提议分布和选择性重采样。粒子滤波主要步骤如下：

①初始化阶段：这个阶段规定粒子数量，将粒子平均分布在规划区域，规划区域需要人为或者通过特征算法计算得出。比如人脸追踪，在初始化阶段需要人为标出图片中人脸范

围或者使用人脸识别算法识别出人脸区域。对于 SLAM 算法来说,规划区域一般为用来进行定位的地图,在初始化时,将需要设置的特定数量粒子均匀撒满整张地图。

②转移阶段:这个阶段的任务就是对每个粒子根据状态转移方程进行状态估计,每个粒子将会产生一个与之相对应的预测粒子。这一步同卡尔曼滤波方法相同,只是卡尔曼滤波是对一个状态进行状态估计,粒子滤波是对大量样本(每个粒子即是一个样本)进行状态估计。

③决策阶段:决策阶段也称校正阶段。在这一阶段中,算法需要对预测粒子进行评价,越接近真实值的粒子,其权重越大,反之,与真实值相差较大的粒子,其权重越小。此步骤是为重采样做准备。在 SLAM 算法中权重计算方式有很多,比如智能车行走过程中,激光雷达或者深度摄像头会返回周围位置信息,如果这些信息与期望值相差较大,亦或者在运动过程中某些粒子本应该没有碰到障碍或者边界,然而在运算中却到达甚至穿过了障碍或边界 ,那么这些粒子就是坏点粒子,这样的粒子权重也就比较低。

④重采样阶段:根据粒子权重对粒子进行筛选,筛选过程中,既要大量保留权重大的粒子,又要有一小部分权重小的粒子;权重小的粒子有些会被淘汰,为了保证粒子总数不变,一般会在权重较高的粒子附近加入一些新的粒子。

⑤滤波:将重采样后的粒子代入状态转移方程得到新的预测粒子 ,然后对它们继续进行上述转移、决策、重采样过程,经过这种循环迭代,最终绝大部分粒子会聚集在与真实值最接近的区域内,从而得到智能车准确的位置,实现定位。

⑥地图生成:每个粒子都携带一个路径地图,整个过程下来,我们选取最优的粒子即可获得规划区域的栅格地图。实际建图效果如图 4.6 所示。

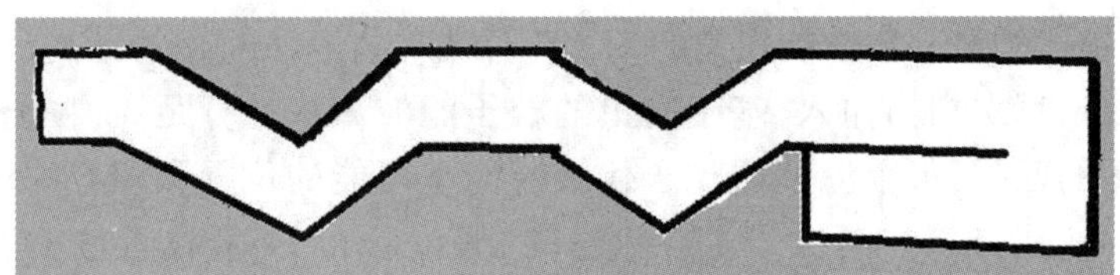

图 4.6　实际建图效果

5. ROS 智能车自主导航

这里选用了 ROS 系统推出的 Navigation 功能包来进行自主导航。此功能包定义了一个 move_base 类,功能为:设定出发和目标位置,导航包计算出智能车行进的路径。move_base 提供了 ROS 系统中导航的配置、运行、交互接口。它实现了一个供上层节点调用的 action(一种 ROS 系统定义的通信方式)接口,即给定坐标信息与相应坐标位置,执行相应的安全导航动作。对于下层电机驱动节点,输出为速度与角度。

自主导航架构从层次上分为以下几个部分。

(1)行为层:move_base 综合智能车状态与上层指令,给出智能车当前行为,包括正常导航、执行恢复动作、给上层节点返回失败、终止导航。其中恢复动作可以自己定义。

(2)全局规划层:global_planner 作为全局规划层的控制节点。

(3)局部规划层:local_planner 作为局部规划层的控制节点。

(4)控制器层:智能车行进控制信息发送部分。

4.2.3　基于 Gazebo 的模型描述和仿真验证

1. ROS 系统中常用的可视化工具

在仿真模拟过程中,ROS 系统平台可以提供非常强大的仿真器和可视化工具,使得移动机器人模型的关键特征能够尽可能地显示在屏幕上,供直观分析和理解,同时能够输出系统的响应以分析系统的稳定性和跟踪指令好坏等属性。本小节将介绍两个仿真平台和一个可视化工具,具体内容如下。

(1)Gazebo 仿真平台

Gazebo 是一个具有强大功能的三维仿真平台,它具有功能强大的物理仿真引擎,首先它可以尽可能真实地展现移动机器人在环境中出现的动力学过程;其次它可以直观地显示移动机器人的外形,使得整个仿真过程更加清晰直观。不仅如此,在 Gazebo 仿真器中通过插件的形式还可以可视化地显示机器人传感器的信息,帮助初学者更加直观地理解传感器的作用和传感器性能参数的意义。

Gazebo 仿真器具备很多优越性,如它可以支持许多不同的性能较好的物理引擎进行移动机器人的动力学仿真,而且其中的三维可视化界面可以体现仿真环境中的光与影以及物品上的纹理等细节信息,仿真环境看起来较为逼真;Gazebo 还支持在仿真界面中仿真显示传感器的数据,甚至可以模拟真实的传感器噪声;Gazebo 中的仿真可以从终端实现控制。

Gazebo 仿真环境启动界面如图 4.7 所示,中间很大的窗口是三维可视化的界面,在界面的左侧是一个工具栏,里面陈列了模型列表,可以点击任意一个部件名称查看该部件的详细信息,如三维坐标等。在界面的下方实时显示仿真时间和仿真步长等信息。添加模型时,可以在左边工具栏的 Insert 选项卡中选择可用的模型,建立简单的三维环境,如图 4.8 所示。

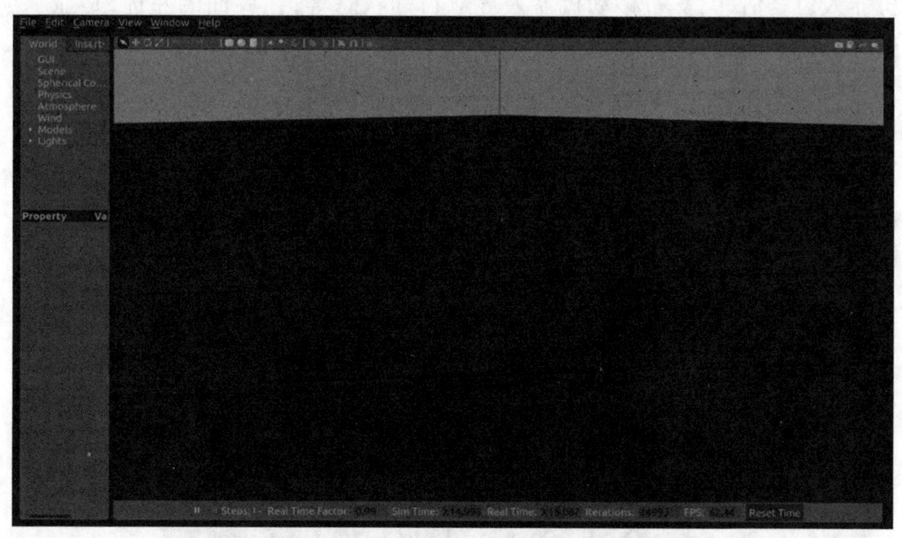

图 4.7　Gazebo 仿真环境启动界面

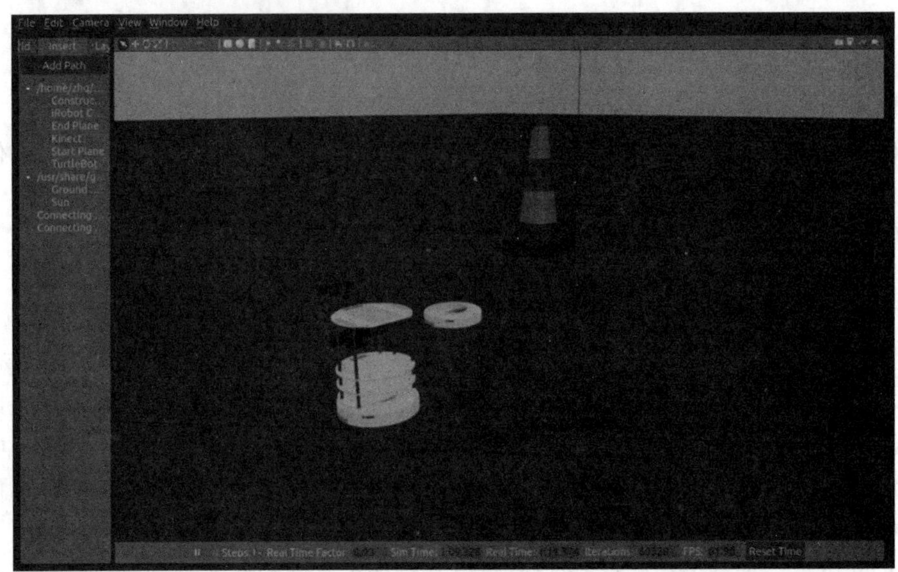

图 4.8　在 Gazebo 仿真环境中添加模型

(2)Rviz 三维可视化平台

Rviz 仿真平台可以将 ROS 系统中的很多不容易被理解的数据形态显示出来,使开发者能够直观地感受数据所对应的内容,如二维栅格地图、激光雷达的采样点以及粒子滤波的粒子云等。

输入终端指令启动 Rviz,可以看到 Rviz 仿真环境启动界面如图 4.9 所示。在界面的中间是一个数据显示区域,在其中既可以显示移动机器人和环境地图的信息,也可以显示各类传感器的探测信息;在界面的上方有一排工具栏,不同的按钮可以实现不同的功能,如调整移动机器人位姿估计、发布移动机器人导航目标状态等;在界面的左边,是显示项列表,从中可以看到每个插件的具体属性;在界面的下方有时间显示区,显示仿真时间。

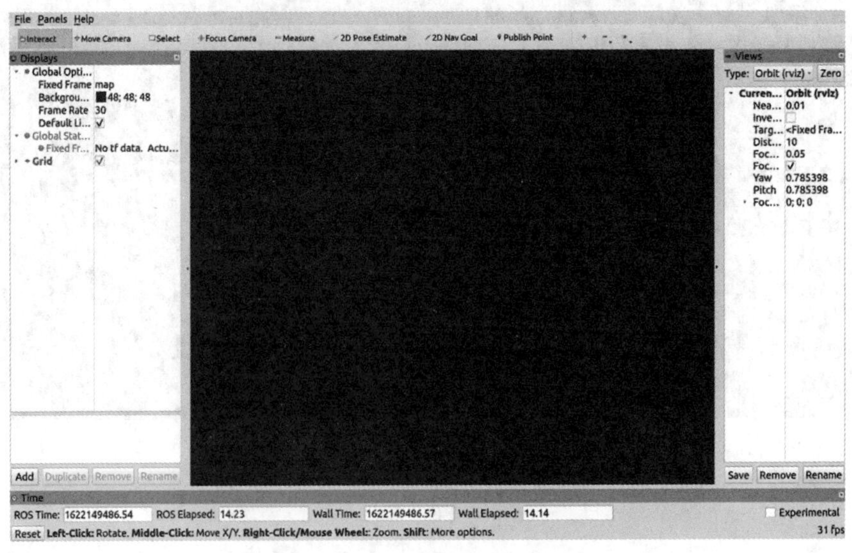

图 4.9　Rviz 仿真环境启动界面

通过点击界面左边显示栏下方的 Add 按钮,可以添加需要在 Rviz 中显示的数据类型对应的显示插件,以在 Rviz 中仿真显示该传感器数据的可视化图像。

(3)Qt 工具箱

为了方便调试参数和显示系统输出的结果,ROS 系统平台提供了一个 Qt 架构的后台图形工具套件,包含日志输出工具、计算图可视化工具和数据绘图工具等。

rqt_console,即日志输出工具,其界面如图 4.10 所示。界面中可以实时显示打印在终端屏幕上的日志消息,包括显示其日志等级、节点名称、时间戳、消息对应的话题等信息。

Console

Displaying 18 messages　　Fit Columns

#	Message	Severity	Node	Stamp	Topics	Location
#18	received value is: 0.064000	Info	/mini...	05:13...	/rosout	/hom...
#17	received value is: 0.063000	Info	/mini...	05:13...	/rosout	/hom...
#16	received value is: 0.062000	Info	/mini...	05:13...	/rosout	/hom...
#15	received value is: 0.061000	Info	/mini...	05:13...	/rosout	/hom...
#14	received value is: 0.060000	Info	/mini...	05:13...	/rosout	/hom...
#13	received value is: 0.059000	Info	/mini...	05:13...	/rosout	/hom...
#12	received value is: 0.058000	Info	/mini...	05:13...	/rosout	/hom...
#11	received value is: 0.057000	Info	/mini...	05:13...	/rosout	/hom...
#10	received value is: 0.056000	Info	/mini...	05:13...	/rosout	/hom...
#9	received value is: 0.055000	Info	/mini...	05:13...	/rosout	/hom...
#8	received value is: 0.054000	Info	/mini...	05:13...	/rosout	/hom...
#7	received value is: 0.053000	Info	/mini...	05:13...	/rosout	/hom...
#6	received value is: 0.052000	Info	/mini...	05:13...	/rosout	/hom...
#5	received value is: 0.051000	Info	/mini...	05:13...	/rosout	/hom...

Exclude Messages...

...with severities: Debug Info Warn Error Fatal

Highlight Messages...

...containing:　　Regex

图 4.10　日志输出工具界面

rqt_graph,即计算图可视化工具,它可以将当前运行的 ROS 系统的计算图显示出来,如图 4.11 所示。从中可以直观且清晰地得到系统中各个节点的名称、节点与节点之间交互的消息类型以及消息的传输方向。

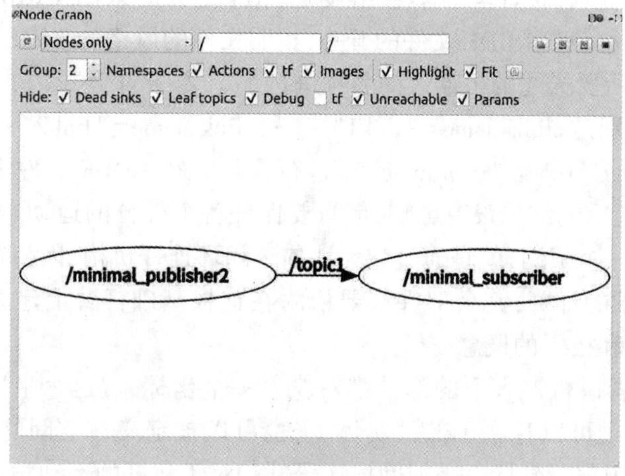

图 4.11　计算图可视化工具界面

rqt_plot,即数据绘图工具,其界面如图 4.12 所示。在界面上方的 Topic 栏添加想要绘图的话题消息,就能够在该界面中显示该消息的值随时间变化的序列。该工具可以看作是虚拟的示波器,这对于分析系统的稳定性和系统输出跟踪期望信号程度的好坏十分便捷。

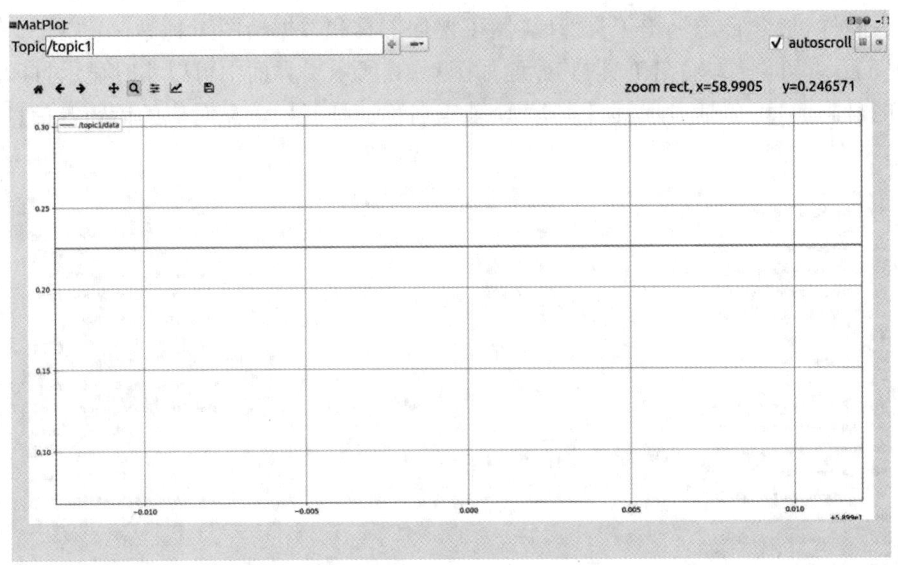

图 4.12 数据绘图工具界面

2. 统一机器人描述格式

如果想要在仿真环境中尽可能接近现实地对移动机器人进行仿真,详尽的运动学和动力学描述是不可缺少的。一般来说,详细的机器人建模涉及四个模型,即机器人的动力学模型、运动学模型、碰撞模型和视觉模型。

这些模型都可以用统一机器人描述格式,即 URDF 语言来定义,其描述格式是 XML 风格。将模型导入 ROS 系统自带的动力学仿真器 Gazebo 中即可进行相应的仿真工作。使用 URDF 文件表示一个机器人的过程如下。

(1)运动学模型

如图 4.13 所示是一个简单的单自由度连杆机构机器人的 URDF 描述,其中<?xml version="1.0"?>是每一个 URDF 文件的开头,指明文件的风格为 XML;<robot name="one_DOF_robot">则是对所要描述的机器人的名称进行了定义;从中还可以看出这个机器人模型包含了两个连杆,分别是<link name="link1" />和<link name="link2" />,它们之间通过关节<joint name="joint1" type="continuous">进行连接。在 URDF 文件中,描述机器人各个部件的先后顺序对最后的结果没有影响,但需要保证各个部分的运动学一致性。需要注意的是,URDF 文件有一个限制,就是通过它无法描述闭环连杆机构,因为在文件中,必须指定唯一的部件作为基础的杆臂,其余部件都要依附在这根基础杆臂上建立,同时不断承载其他的部件,类似于树和枝干的概念一样。

每一个连杆或者说机器人上的部件都对应着一个坐标系,这个坐标系与该杆臂固联,随之移动和旋转,它既可以存在于部件实体上,也可以被定义在空间的其他位置。除此之外,URDF 文件中还用关节坐标系来辅助描述子杆相对于父杆的运动学关系,这也导致了机器人描述模型的运动学部分存在冗余。

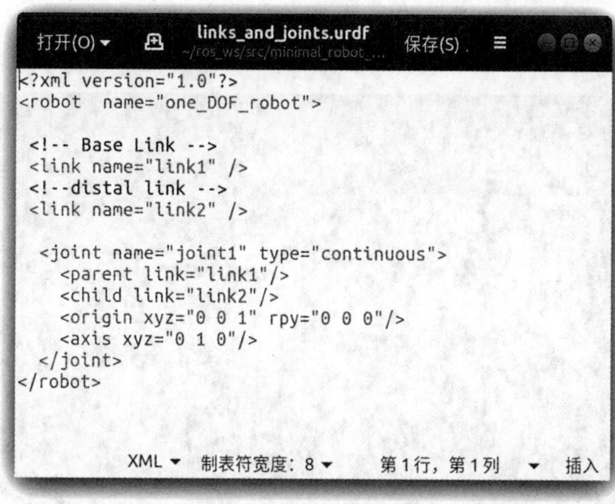

```
打开(O) ▾    links_and_joints.urdf    保存(S)
             ~/ros_ws/src/minimal_robot_...
<?xml version="1.0"?>
<robot  name="one_DOF_robot">

 <!-- Base Link -->
 <link name="link1" />
 <!--distal link -->
 <link name="link2" />

  <joint name="joint1" type="continuous">
    <parent link="link1"/>
    <child link="link2"/>
    <origin xyz="0 0 1" rpy="0 0 0"/>
    <axis xyz="0 1 0"/>
  </joint>
</robot>

      XML ▾  制表符宽度: 8 ▾    第1行, 第1列  ▾  插入
```

图 4.13　URDF 文件中关于运动学模块的描述

在图 4.13 所示的 URDF 文件中可以看出,link1 是基础杆臂,link2 则作为它的一个子杆。基础杆臂的坐标系是任意的,两个杆臂连接处的关节坐标系是通过基础杆臂(或者任一父杆)来定义的,且关节参考系与基础杆臂固联,通过<origin xyz="0 0 1" rpy="0 0 0"/>两个指令分别定义关节坐标系相对父杆对应坐标系的平移和旋转关系。上述指令的含义是关节参考系的原点位于父杆坐标系中点 [0, 0, 1] 处,且相对于父杆坐标系无转动,即二者的 x 轴、y 轴和 z 轴相互平行。另外,指令<axis xyz="0 1 0"/>定义了旋转关节轴的方向,即通过 x、y 和 z 三个维度组成的矢量来表示三维空间中的一个方向,并将这个方向定义为机器人关节在转动时产生的旋转矢量的方向,同时 ROS 系统平台中规定关节轴所在直线必须通过关节坐标系原点,这样就将机器人上一个子杆绕其父杆转动的方式成功定义出来了。

在关节坐标系确定后,子杆对应的参考坐标系也就随之确定了。URDF 文件中规定子杆的原点位置与连接该子杆和其父杆的关节坐标系重合,同时约定当关节转角为零时,关节坐标系的主轴方向即为子杆坐标系的主轴方向,又因二者原点重合,所以当关节处转角为零时,子杆坐标系与关节坐标系重合;当杆臂转动后,由于关节参考系随基础父杆保持固定,子杆坐标系固联在子杆上随之转动,进而导致子杆坐标系与关节坐标系发生相对旋转而不再重合。

在完成 URDF 文件的定义后,可以在终端输入如下指令对所建立的机器人描述进行运动学一致性的判断:

```
check_urdf links_and_joints.urdf
```

其中 links_and_joints 为编写的 URDF 文件的名称。指令运行后产生的结果如图 4.14 所示,表示该文件符合 XML 的编写风格,且该文件所描述的机器人模型符合运动学一致性。

(2)视觉模型

除了定义机器人组成部件之间的运动学约束关系之外,还需要建立可以在仿真器中显示的机器人的可视化模型。如图 4.15 所示的范例,从中可以看出该 URDF 文件定义了两个部件,且关节坐标系与世界平面固联,子部件参考系位于世界坐标系 z 轴方向上 0.5 m 处,各坐标轴与世界坐标系平行。其中指令<box size="0.2 0.2 1"/>定义了子部件的几何外形为 0.2 m×0.2 m×1 m 的三维盒子,类似的指令还可以定义机器人各部件的各式各样的外观

形状,并通过标签<visual>和</visual>进行可视化定义。

```
文件(F) 编辑(E) 查看(V) 搜索(S) 终端(T) 帮助(H)
zhq@zhq:~/ros_ws/src/minimal_robot_description$ check_urdf links_and_joints.urdf

robot name is: one_DOF_robot
---------- Successfully Parsed XML ---------------
root Link: link1 has 1 child(ren)
    child(1):  link2
zhq@zhq:~/ros_ws/src/minimal_robot_description$
```

图 4.14　URDF 文件运动学一致性的判断结果

```
打开(O) ▾    one_link_description.urdf    保存(S)
~/ros_ws/src/minimal_robot_description
<?xml version="1.0"?>
<robot  name="static_robot">

<!-- Used for fixing robot to Gazebo 'base_link' -->
  <link name="world"/>

  <joint name="glue_robot_to_world" type="fixed">
    <parent link="world"/>
    <child link="link1"/>
  </joint>

 <!-- Base Link -->
  <link name="link1">
    <visual>
      <origin xyz="0 0 0.5" rpy="0 0 0"/>
      <geometry>
        <box size="0.2 0.2 1"/>
      </geometry>
    </visual>
  </link>
</robot>
XML ▾   制表符宽度: 8 ▾   第 1 行, 第 1 列   ▾   插入
```

图 4.15　URDF 文件中关于机器人外形的描述

(3)动力学模型

机器人模型的动力学属性,如质量和转动惯量的定义也需要在 URDF 文件中给出描述,使其动力学属性,如重力、科氏力可以在仿真器中得以体现。

如图 4.16 所示,给出了机器人部件的质量属性的定义,在<inertial></inertial>标签下定义了机器人部件的质量为 1 kg(<mass value="1"/>),并在<inertia/></inertia>字段中定义了各个轴向的转动惯量。转动惯量的计算过程比较复杂,其计算公式如下:

$$\boldsymbol{I}=\int_V \rho(x,y,z)\begin{bmatrix} x^2+y^2 & -xy & -xz \\ -xy & z^2+x^2 & -yx \\ -xz & -yz & x^2+y^2 \end{bmatrix}\mathrm{d}x\mathrm{d}y\mathrm{d}z \tag{4-1}$$

其中,$\rho(x,y,z)$指的是在空间位置(x,y,z)处对应的连杆或机器人部件的质量密度,积分范

围为 V,即空间中连杆或部件对应的体积。对于连杆或部件形状比较简单的情况,例如圆柱状、杆状等具有轴对称或旋转对称性质的形状,由于矩阵 $\boldsymbol{I}$ 是对称的,所以计算其转动惯量矩阵是很容易的事情,也便于查找其对应的经验公式;对于具有复杂外形的连杆部件,可以借助质心移动定理来简化解算。

```
<inertial>
  <origin xyz="0 0 0.5" rpy="0 0 0"/>
  <mass value="1"/>
  <inertia
    ixx="1.0" ixy="0.0" ixz="0.0"
    iyy="1.0" iyz="0.0"
    izz="1.0"/>
</inertial>
```

图 4.16　URDF 文件中关于连杆惯性属性的描述

一般情况下,矩阵 $\boldsymbol{I}$ 在不同坐标系下计算得到的各轴间分量是不同的,又由于矩阵 $\boldsymbol{I}$ 具有对称性,所以在 URDF 文件中定义连杆部件的参考系时,可以将其原点设置在连杆的质心处,某一轴与连杆的对称抽重合,这将大大简化其转动惯量的计算,对于建立机器人的动力学模型很有帮助。

需要注意的一点是,在设置机器人各部分的动力学模型时,要避免把它们的质量和绕主轴的转动惯量设为零,因为这将导致 Gazebo 在仿真计算动力学过程中出现“除以零”的情况,这是不允许的。

在图 4.16 所示的描述文件中,机器人(唯一单杆)被设置为质量 1 kg,绕各个主轴的转动惯量为 $1\mathrm{m}^2\cdot\mathrm{kg}$。对于一个质量均匀的立方体来说,这一转动惯量的设置是不符合实际的,但是由于这个单杆是被固定到世界坐标系下的,所以保证质量真实即可,不用特别关心转动惯量的值,只要保证其值不为零就好。

(4)碰撞模型

在机器人描述文件中包含了上述视觉模型、运动学模型和动力学模型后,我们足够在仿真环境中施加一个力或力矩来控制机器人的关节运动,并显示相应的动画过程。然而想要在仿真环境中描述两个物体相互接触(例如碰撞)而产生的影响的话,必须在 URDF 文件中包含对机器人各部分的碰撞模型的描述。在 URDF 文件中可以用<collision></collision>块对机器人的碰撞模型进行定义,主要描述机器人连杆部件的碰撞判定的包络形状,其主要用来确认两物体发生接触或碰撞时空间相交的点,进而分析该作用点上的力和力矩的影响,所以一般情况下,碰撞模型与视觉模型相同。同时需要注意的一点是,碰撞检查的过程是一个计算密集型的过程,往往伴随着大量的计算资源的消耗,所以建立的碰撞模型应当尽量简单、稀疏,这可以通过使用视觉模型的简单包络图形(如圆柱体、多边棱柱)来描述对应的碰撞模型,或者通过减少曲面近似时应用的小三角形平面的数量来实现。

如果两个连杆之间定义的碰撞模型间隔很小,那么仿真环境将会实时显示连杆部件之间在碰撞,从而导致整个的仿真过程不稳定,所以在描述两个相互连接的连杆部件时,需要通过定义比视觉模型更小的碰撞模型来避免这种情况的发生。

另外,对于固联在世界地图上的连杆来说,其碰撞模型其实并不是很重要,所以不需要进行很详细的建模;但是对于我们期望仿真观察的接触或碰撞过程,如机械爪抓取物件或判定机器人撞到障碍物等情况下,则需要用户仔细考虑碰撞模型的建立。

3. ROS 系统中建图和定位方法的仿真对比分析

(1)Gmapping 算法和 Cartographer 算法的建图效果对比

在 Gazebo 仿真环境中导入移动机器人模型和环境地图模型后,打开 ROS 系统终端,分别运行 Gmapping 和 Cartographer 建图节点,并启动键盘控制节点控制移动机器人在 Gazebo 仿真环境中移动,并通过 Rviz 显示构建二维栅格地图的过程。

两种方法构建出来的地图分别如图 4. 17 所示。从两张图的对比中可以看出使用 Gmapping 方法构建出来的地图外围边界并不是严格的正方形,部分边界产生了错位,并且存在很多毛刺,并不平滑,同时地图内的挡板宽度一致性较差,显然 Gmapping 方法构建出来的地图质量不佳。反观使用 Cartographer 方法构建出来的地图,相对 Gmapping 来说具有更加平滑的边界,而且内部挡板的宽度相对一致,图中没有太多毛刺,地图的整体精度较高,故本书采用 Cartographer 的建图结果作为最终的导航仿真平台的输入地图。

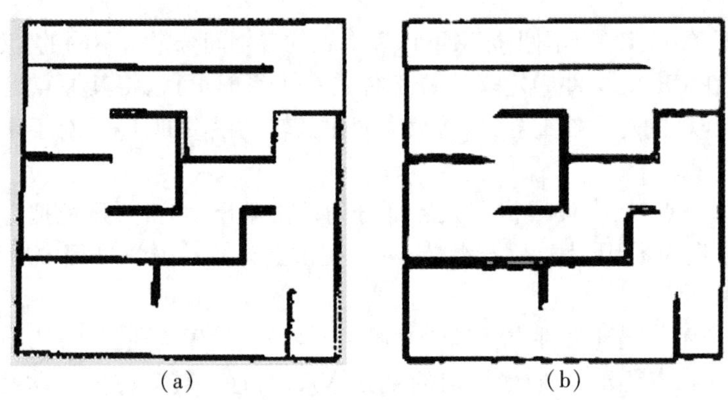

图 4. 17　Gmapping(a)和 Cartographer(b)建图结果

(2)AMCL 算法定位效果图分析

导航过程中使用的 AMCL 算法定位效果如图 4. 18～图 4. 20 所示。图中深色部分为粒子滤波算法估计的车辆的位置,结合这三张图可以看出,在导航开始时,估计移动机器人的采样粒子是比较发散的,随着导航过程的进行,粒子滤波算法估计的移动机器人的位置逐渐收敛,最终收敛在移动机器人真实位置附近。这说明使用 AMCL 算法实现定位的方案在导航进行过程中有一定的自调节能力,鲁棒性较强,能很好地完成导航过程中的定位任务。

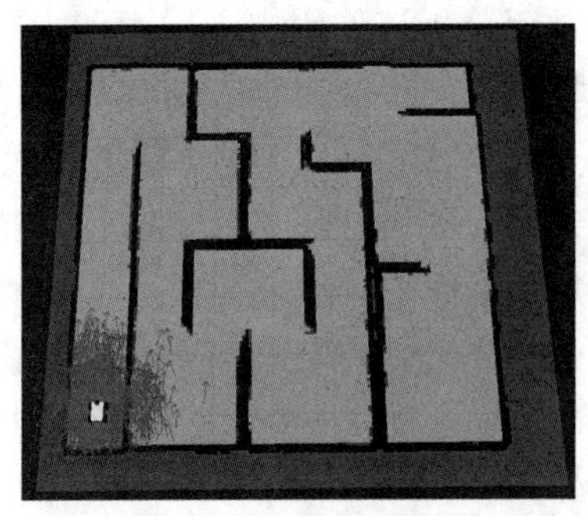

图 4. 18　起始位置的移动机器人位姿估计

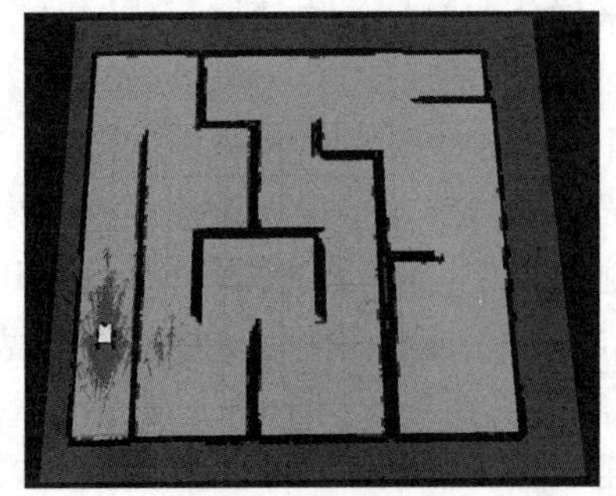

图 4. 19　开始导航时移动机器人的位姿估计

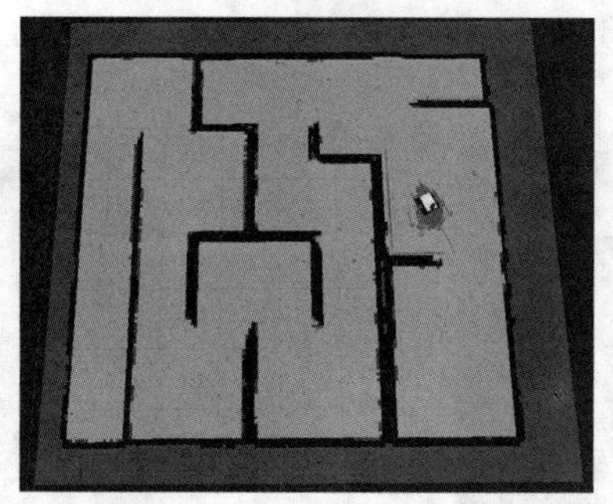

图 4.20　导航后期移动机器人的位姿估计

4. 不同路径规划算法的仿真对比分析

(1) Dijkstra 算法与 A* 算法的仿真实验结果对比

如图 4.21 和图 4.22 所示,图中连接起点到终点的黑色轨迹代表全局路径规划算法规划出来的全局路径。显然,图 4.21 所示的 Dijkstra 算法规划出来的路径更加平滑连续,而且在移动机器人需要转弯的地方,其规划出来的路径在保证弯道的曲率半径尽可能小的情况下使全局规划路线更符合移动机器人的运动学约束;反之,图 4.22 所示的 A* 算法规划出来的结果不够平滑,尤其在需要转弯的路口,A* 算法规划出来的路线摇摆不定,这对移动机器人的性能和到达目标点的时间将造成有一定的影响。因此,本书将采用 Dijkstra 算法规划出的路径作为 ROS 系统移动机器人导航仿真平台来验证后续局部路径规划算法和全局路径规划算法。

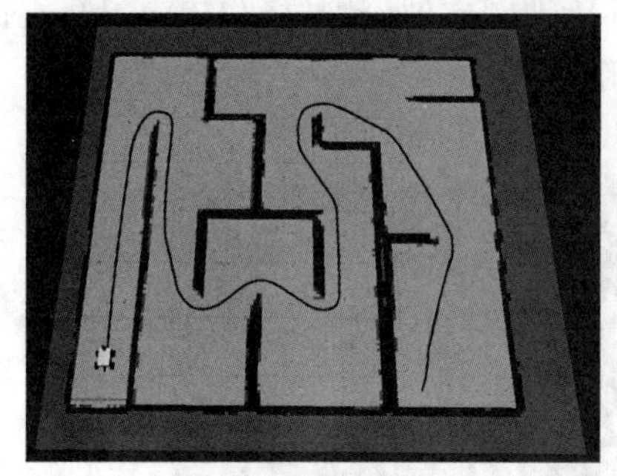

图 4.21　Dijkstra 算法规划出的全局路径图

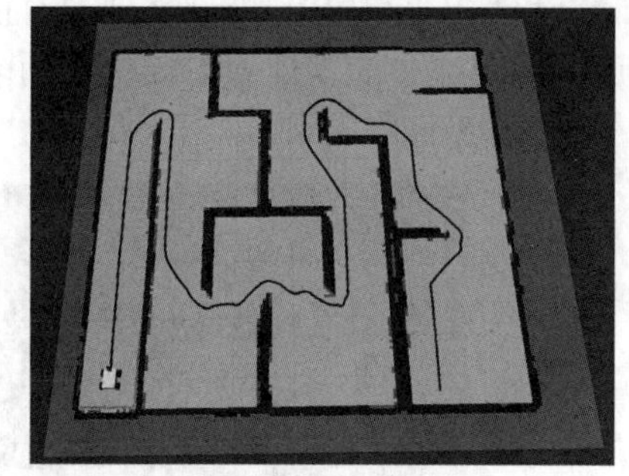

图 4.22　A* 算法规划出的全局路径图

(2) TEB 算法和非线性纯路径跟踪规划算法的仿真实验结果对比

如图 4.23 和图 4.24 所示,图中从移动机器人前端延伸出来的短虚线段是局部路径规划的结果。其中图 4.23 是 TEB 算法规划出来的结果,图 4.24 为非线性纯路径跟踪规划算法的结果,可以看出图 4.23 所示的 TEB 算法规划出来的结果在 U 形转向的时候局部路径规划的结果要与全局路径规划的结果偏离很多,可见其跟踪全局路径规划结果的平稳性相对较差。

其次需要提出的一点是在使用 TEB 算法时需要提前配置参数文件,其中有很多参数需要反复调试以获得一个良好的结果,这往往是一个费时费力的复杂过程,而非线性纯路径跟踪规划算法只需要配置 PID 参数,调参过程相对简单很多,具有明显的多环境易适应性。表 4.1 所示为 TEB 算法和非线性纯路径跟踪规划算法多组仿真实验所花费的时间对比,总体来看非线性纯路径跟踪规划算法更具快速性,因此本书选择非线性纯路径规划算法作为后续实验的局部路径规划算法。

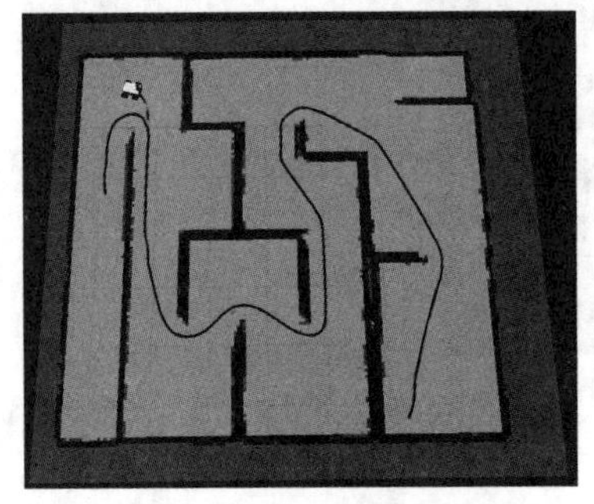

图 4.23　TEB 算法结果

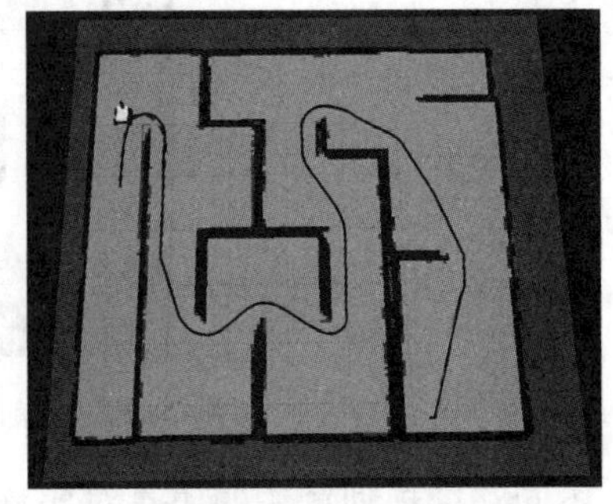

图 4.24　非线性纯路径跟踪规划算法结果

表 4.1　TEB 算法与非线性纯路径跟踪规划算法的多次仿真实验时间对比　　单位:s

实验次数	1	2	3	4	5
TEB 算法	48.854	48.375	47.998	48.264	48.351
非线性纯路径跟踪规划算法	39.272	39.378	39.598	39.103	38.663

5. Gazebo 环境部署

首先需要安装 Ubuntu18.04 的系统,并在该系统上安装对应 Ubuntu18.04 的 ROS 版本 melodic。在 ROS 系统平台上创建一个工作空间,在其中建立一个功能包 gazebo_pkg,将创建的移动机器人的 URDF 模型文件和 Gazebo 中的环境地图文件分别放到 URDF 和 world 文件夹中。该功能包的文件索引树结构如图 4.25 所示。

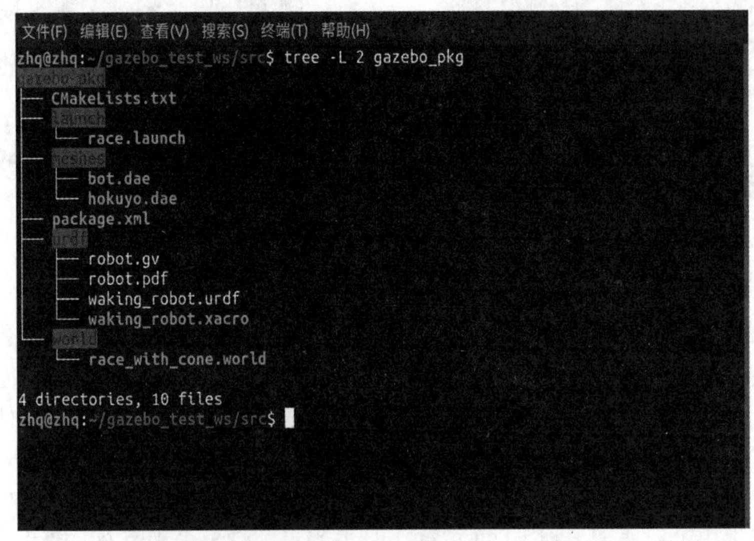

图 4.25　功能包 gazebo_pkg 的文件索引树结构

从图中可以看出该功能包中共包含 4 个文件夹和 10 份文件,在 URDF 和 world 文件夹中分别存放着移动机器人的 URDF 文件和环境地图文件。除此之外,功能包 gazebo_pkg 还包含了 CMakeLists.txt 和 package.xml 两个文件,这两个文件是所有功能包必须包含的文件，分别起到编译程序并连接到 CMake 库和提供功能包版权及作者联系信息等作用。

(1)移动机器人 URDF 模型测试

利用前面小节的知识可以编写简易的移动机器人的模型，打开终端输入 check 指令检查建立的机器人模型文件是否符合运动学一致性，结果如图 4.26 所示。

从上图中可以看出，机器人的名称设定为 robot，它主要由一个矩形的底盘(base_footprint 表示将机器人模型边界，视为矩形)、四个脚轮和深度相机、激光雷达、惯性测量组件这三个传感器组成。在 ROS 终端中输入 urdf_to_graphiz 指令可以生成移动机器人的连杆树模型，如图 4.27 所示，从中可以更加直观、清晰地看出机器人各个连杆之间的连接情况和空间位置关系。

```
文件(F) 编辑(E) 查看(V) 搜索(S) 终端(T) 帮助(H)
.cpp
Error:   Malformed parent origin element for joint [base_to_wheel1]
         at line 362 in /build/urdfdom-YMMa9X/urdfdom-1.0.0/urdf_parser/src/join
t.cpp
Error:   joint xml is not initialized correctly
         at line 206 in /build/urdfdom-YMMa9X/urdfdom-1.0.0/urdf_parser/src/mode
l.cpp
ERROR: Model Parsing the xml failed
zhq@zhq:~/gazebo_test_ws/src/gazebo_pkg/urdf$ rosrun xacro xacro waking_robot.xa
cro > waking_robot.urdf
zhq@zhq:~/gazebo_test_ws/src/gazebo_pkg/urdf$ check_urdf waking_robot.urdf
robot name is: robot
---------- Successfully Parsed XML ---------------
root Link: dummy has 1 child(ren)
    child(1):  base_footprint
        child(1):  base_link
            child(1):  wheel_1
            child(2):  wheel_2
            child(3):  wheel_3
            child(4):  wheel_4
            child(5):  camera_link
            child(6):  laser_frame
            child(7):  imu_link
zhq@zhq:~/gazebo_test_ws/src/gazebo_pkg/urdf$
```

图 4.26　机器人模型文件运动学一致性检查结果

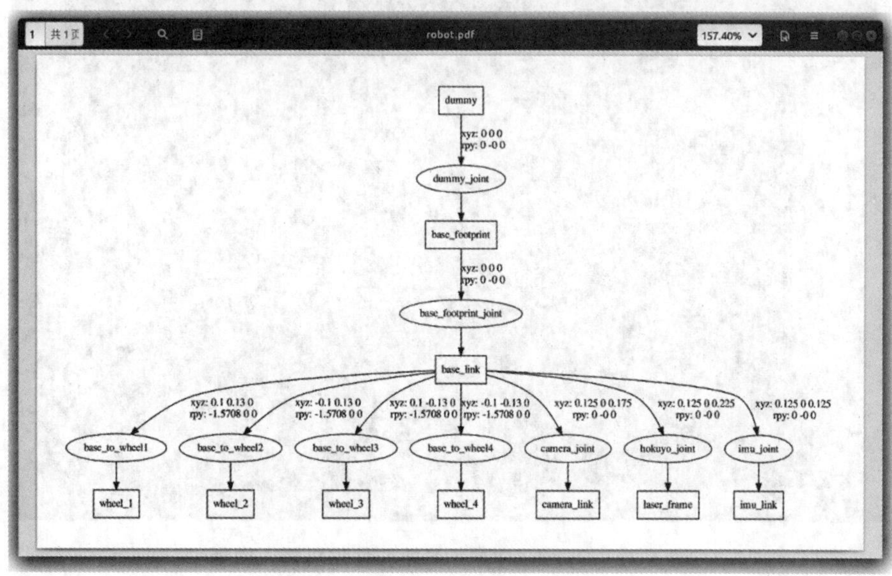

图 4.27　移动机器人的连杆树模型

从图中每个相邻连杆之间弧线上的 xyz 和 rpy 值可以计算得到连杆与连杆之间的相对位置和姿态的关系。

(2)加载移动机器人仿真环境

编写并运行如图 4.28 所示的 launch 文件,启动文件运行结果为打开 Gazebo 仿真界面并将移动机器人模型和环境地图模型加载到 Gazebo 中,如图 4.29 所示。

```
<launch>
  <!-- these are the arguments you can pass this launch file, for example paused:=true -->
  <!-- arg name="paused" default="true"/ -->
<!--   <arg name="use_sim_time" default="true"/> -->
  <arg name="gui" default="true"/>
  <arg name="headless" default="false"/>
  <arg name="debug" default="false"/>
  <!-- <remap from="robot/laser/scan" to="/scan"/> -->

  <include file="$(find gazebo_ros)/launch/empty_world.launch">
    <arg name="world_name" value="$(find gazebo_pkg)/world/race_with_cone.world"/>
    <arg name="debug" value="$(arg debug)" />
    <arg name="gui" value="$(arg gui)" />
  </include>

  <!-- Load the URDF into the ROS Parameter Server -->
  <arg name="model" default="$(find gazebo_pkg)/urdf/waking_robot.xacro" />

  <param name="robot_description" command="$(find xacro)/xacro  --inorder $(arg model)" />

  <!-- Run a python script to send a service call the gazebo_ros to spawn a URDF robot -->
  <node name="urdf_spawner" pkg="gazebo_ros" type="spawn_model" respawn="false" output="screen"
        args="-urdf -model robot -param robot_description -z 0.05"/>

  <node name="joint_state_publisher" pkg="joint_state_publisher" type="joint_state_publisher" />
  <node name="robot_state_publisher" pkg="robot_state_publisher" type="robot_state_publisher"/>

</launch>
```

图 4.28　启动 Gazebo 仿真环境的 launch 文件

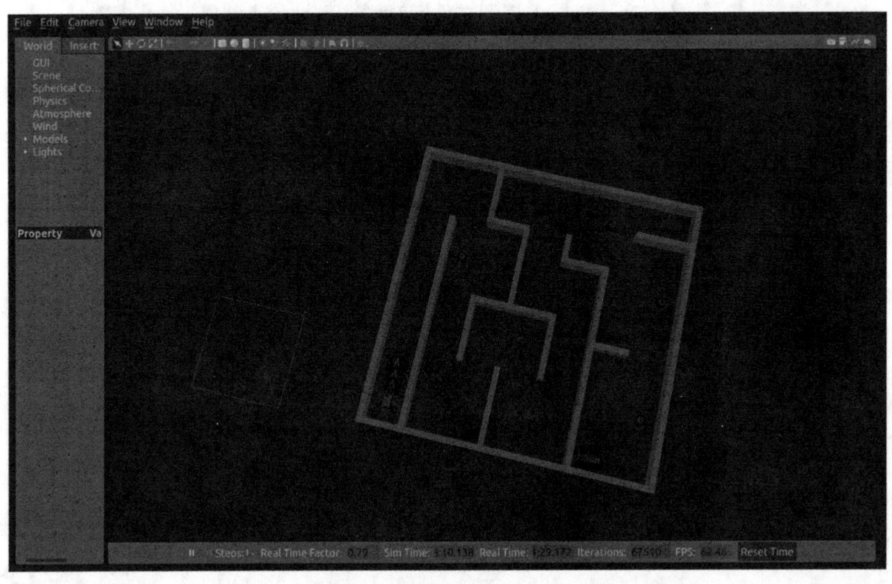

图 4.29　Gazebo 中显示环境和移动机器人模型

(3)查看仿真器发布的话题

在仿真器运行过程中,可以通过 rostopic list 指令查看当前 Gazebo 发布的话题,如图 4.30 所示。图示为话题信息,参考坐标系由 TF 功能包构建的 TF 树进行管理。其中包含以下信息:

```
文件(F) 编辑(E) 查看(V) 搜索(S) 终端(T) 帮助(H)
zhq@zhq:~$ rostopic list
/cam
/cam/compressed
/cam/compressed/parameter_descriptions
/cam/compressed/parameter_updates
/cam/compressedDepth
/cam/compressedDepth/parameter_descriptions
/cam/compressedDepth/parameter_updates
/cam/theora
/cam/theora/parameter_descriptions
/cam/theora/parameter_updates
/camera_info
/clock
/cmd_vel
/gazebo/link_states
/gazebo/model_states
/gazebo/parameter_descriptions
/gazebo/parameter_updates
/gazebo/set_link_state
/gazebo/set_model_state
/imu
/joint_states
/odom
/parameter_descriptions
/scan
/tf
```

图 4.30　当前 Gazebo 发布话题

①激光雷达

话题:/scan

坐标系:laser_frame

②摄像头

话题:/cam

坐标系:camera_link

③IMU

话题:/imu

坐标系:imu_link

④里程计

话题:/odom

坐标系:odom

(4)使用键盘控制小车运动

在终端运行键盘控制节点,如图 4.31 所示,可以选择通过 i 键控制小车前进,通过 j、k 键分别控制小车的左右转向,按住 Shift 键可以控制小车加速度行进,任意其他按键(一般习惯为空格键)使小车停止移动。在 Gazebo 仿真器中,控制小车在地图中移动的过程如图 4.32 所示。至此完成 Gazebo 仿真环境中移动机器人和世界地图的配置。

6. 移动机器人仿真平台实验结果与分析

此处选择地图较清晰的 Cartographer 的建图结果作为最终的导航仿真平台验证算法的输入地图,将 Cartographer 建图的结果导入 Gazebo 和 Rviz 仿真环境中,使用 2D_nav_goal 按钮在 Rviz 地图上选定目标点状态,并启动导航和定位节点,在 Rviz 和 Gazebo 中看到移动机器人可以沿着规划的路径朝着目标点移动,而且在遇到随机摆放的障碍物时,可以通过本书设计的非线性纯路径跟踪规划算法生成局部规划路径,完美地避开了障碍物,最终顺利抵达目标点。

```
文件(F) 编辑(E) 查看(V) 搜索(S) 终端(T) 标签(B) 帮助(H)
/home/zhq/gazebo_test_ws/src/gazebo_p...   zhq@zhq: ~
zhq@zhq:~$ rosrun teleop_twist_keyboard teleop_twist_keyboard.py

Reading from the keyboard  and Publishing to Twist!
---------------------------
Moving around:
   u    i    o
   j    k    l
   m    ,    .

For Holonomic mode (strafing), hold down the shift key:
---------------------------
   U    I    O
   J    K    L
   M    <    >

t : up (+z)
b : down (-z)

anything else : stop

q/z : increase/decrease max speeds by 10%
w/x : increase/decrease only linear speed by 10%
e/c : increase/decrease only angular speed by 10%
```

图 4.31　键盘控制终端显示

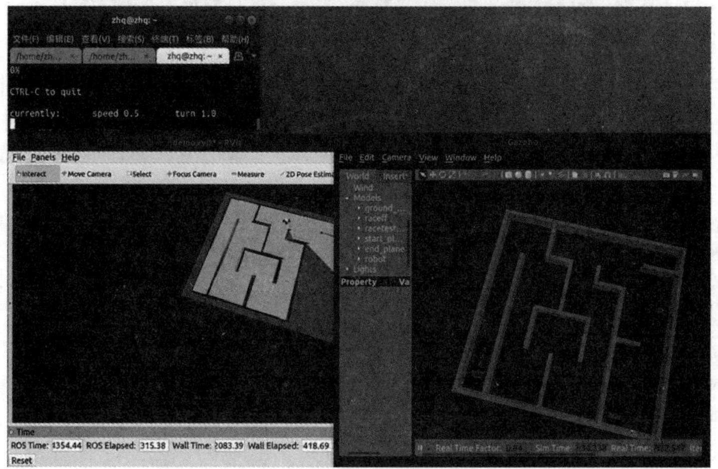

图 4.32　Gazebo 中利用键盘控制小车移动

在导航仿真过程中，打开终端输入 rqt_graph 指令，得到如图 4.33 所示的完整系统的计算图。

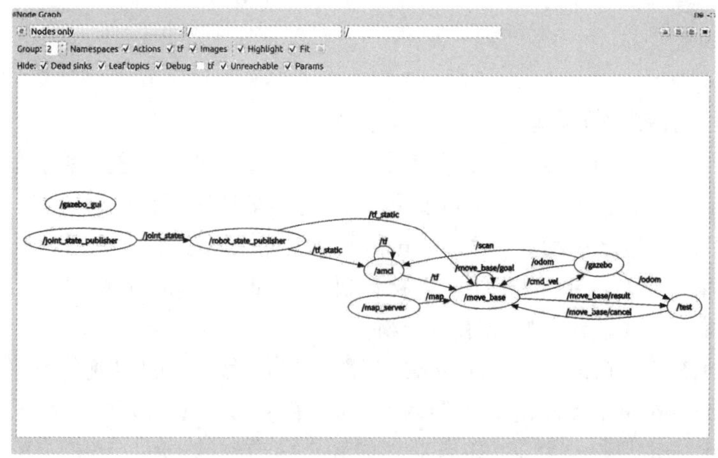

图 4.33　基于 ROS 系统的移动机器人导航仿真平台计算图

从图中可以看出,Gazebo 仿真界面的节点正在运行,所以屏幕上可以显示一个人机交互界面实时仿真机器人的导航状态;/joint_state_publisher 和/robot_state_publisher 两个节点是在启动 Gazebo 的 launch 文件中一起启动的,它们分别发布机器人各个关节的状态和静态 TF 坐标变换;此外可以看到,/map_server、/amcl、/move_base 分别表示建图、定位和导航三大模块,其中/map_server 和/amcl 节点为导航的实现提供地图和机器人位姿等输入,与前文描述一致;/gazebo 节点发布激光雷达和里程计的信息,分别用于移动机器人的自身定位和导航,同时还可以反馈机器人在仿真环境下的位置和姿态信息(由/odom 话题信息得到)。

打开 rqt_plot 界面,可以绘制想要查看的消息的时间序列,如图 4.34 所示。从图中可以看出移动机器人的速度控制指令和其在仿真过程中的真实速度均满足导航参数配置时的速度约束;另外,图中曲线(1)和(2)分别代表机器人角速度指令和真实角速度之间的关系,可以看出移动机器人在导航过程中能够较好地跟踪角速度指令,但是会存在滞后的情况,实时性需要进一步提升;同理可以分析图中曲线(3)和(4)这一对速度控制指令和真实响应速度的关系。

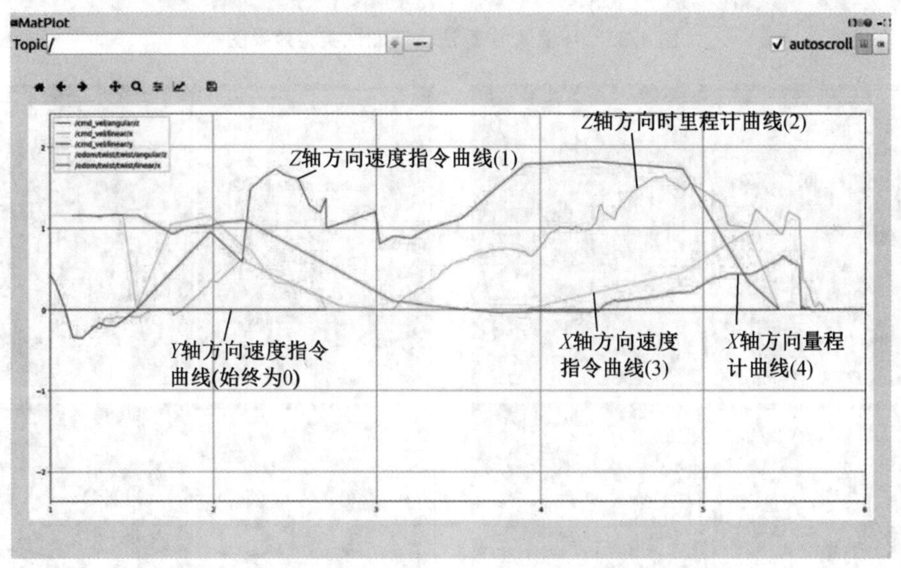

图 4.34　速度控制指令和机器人真实速度的输出曲线

使用 Cartographer 建立另外两种仿真环境的地图,并导入仿真平台进行测试,结果如图 4.35 和图 4.36 所示。可以看出移动机器人平稳地沿着规划路径行进,在接近随机摆放的障碍物时可以通过本书设计的非线性纯路径跟踪规划算法完美地避开障碍物,最终顺利抵达设置的目标终点。为了更好地体现本书所设计算法的导航和避障能力,进行了多组不同环境下的仿真测试实验,每组仿真环境中障碍物的位置均为随机摆放且有所区别,可以看出移动机器人在多组仿真测试实验中均很好地完成了导航任务,验证了本书设计的非线性纯路径跟踪规划算法具有很强的可复用性。

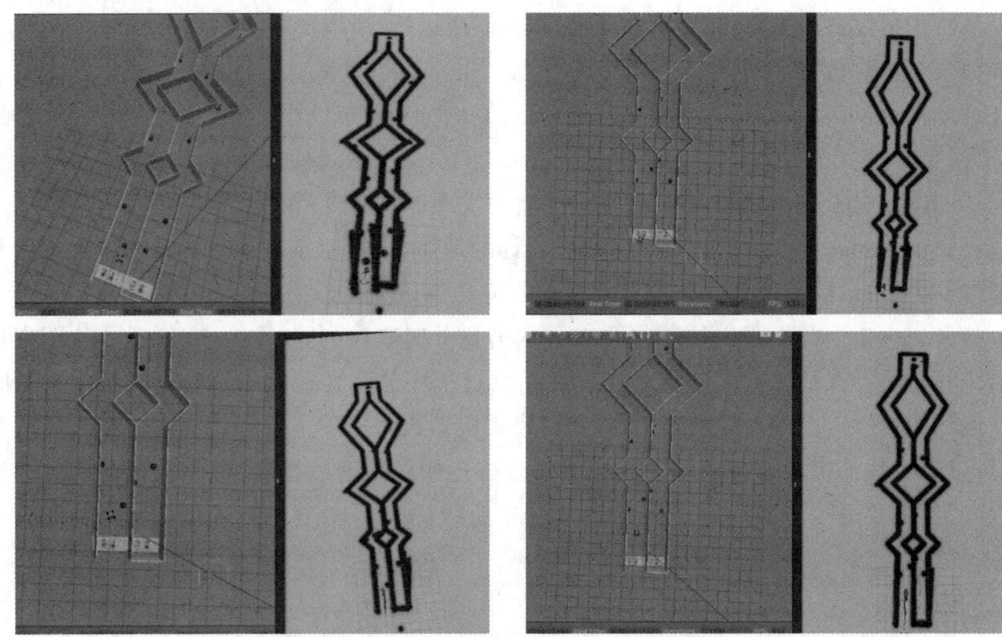

图 4.35　环境 A 中算法验证测试实验效果图

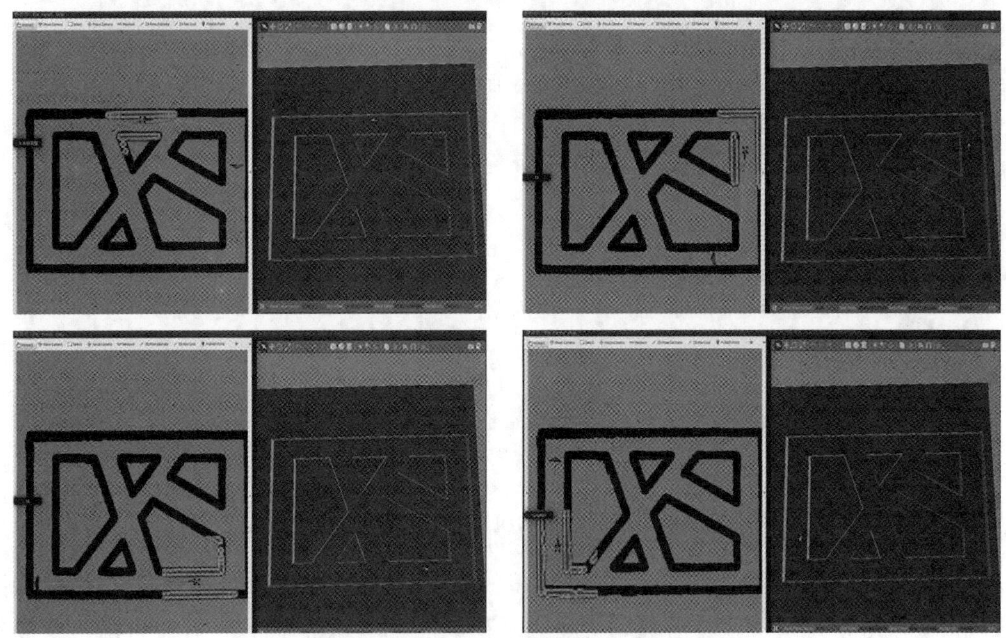

图 4.36　环境 B 中算法验证测试实验效果图

基于深度学习的视觉 AI 智能车应用案例源于 EdgeBoard 深度学习智能车项目，相关代码和数据均上传至 Aistudio 平台，可登录网络平台后对项目代码数据进行访问、修改、运行。车道线检测、交通标志识别项目代码及数据的链接如下：

https://aistudio.baidu.com/aistudio/projectdetail/1970618

https://aistudio.baidu.com/aistudio/projectdetail/1970606

4.3　深度学习智能车原理和实现

无人驾驶汽车是智能汽车的一种,车内有以计算机系统为主的智能系统,这里的计算机系统并不是我们平时所使用的计算机,因为在车辆驾驶过程中会出现很多特殊的情况,所以计算机系统指的是专门的GPU/CPU一体化的嵌入式计算机系统。这种计算机系统能够实现各模块之间的相互通信,记录行车过程,并且对信息进行回收与处理。另外还包括监控的部分,该部分实时监控车辆的各种状态,如果出现任何意外,就会报警,以便人们可以及时解决问题,这种计算机系统还必须通过深度学习实现自动驾驶、自动变速及自动识别道路等功能。

百度公司是我国自动驾驶领域的引领者,是自动驾驶国家新一代人工智能开放创新平台的依托单位。截至2023年一季度,萝卜快跑订单量已超200万,APP用户满意度评价达4.9分,测试总里程超5 000万公里。在北京市众多的测试企业中,百度Apollo作为其中的代表,也连续第三年成为投入测试车数量最多、测试里程最长的企业。2020年,百度Apollo在北京路测的车辆达到55台,占北京市总投入自动驾驶测试车辆总数的75%,测试里程达到112.53万公里。在无人驾驶测试方面,百度与北京智能车联产业创新中心开展了64 827公里的无人化测试验证,确认了无人驾驶技术的可行性以及测试、实施方法和参数的可靠性。

为实现深度学习在无人驾驶中的应用,同时推动更多的高校大学生参与人工智能领域的开发与应用,百度公司和高校一流学科竞赛深度合作,在多个竞赛中加入了人工智能智慧交通的赛题。例如从第十五届全国大学生智能汽车竞赛人工智能创意组的赛题开始,设置了利用飞桨深度学习框架来实现模型训练与部署的项目内容。该竞赛项目能够场景化地复现基于深度学习的智能车在实际领域中的应用,尤其是在无人的环境中,实现数据采集、数据模型构建、自主识别弯道、无人驾驶验证等多种技术融合的场景。

飞桨PaddlePaddle作为国内唯一功能完备的端对端开源深度学习平台,集深度学习训练和预测框架、模型库、工具组件、服务平台为一体,其兼具灵活和效率的开发机制、工业级应用效果的模型、超大规模并行深度学习能力、推理引擎一体化设计以及系统化的服务支持,致力于让深度学习技术的创新与应用更简单。百度大脑AI Studio是基于深度学习平台飞桨的一站式AI开发平台,提供在线编程环境、免费GPU算力、海量开源算法和开放数据集,协助开发者快速创建和部署模型。

4.3.1　深度学习检测原理

深度学习智能车赛道还原驾驶时的道路环境,分布有直道、弯道、十字路口等道路元素和各种交通标志元素。比赛时,无人车需要遵守交通规则,沿车道线行驶,运行途中需要识别人行道、红绿灯、直行标志、限速路段、左右拐弯标志,并且做出启动、行驶、减速、避让、停车等动作。图4.37所示为基于深度学习的自动驾驶智能车辆整体框架流程。

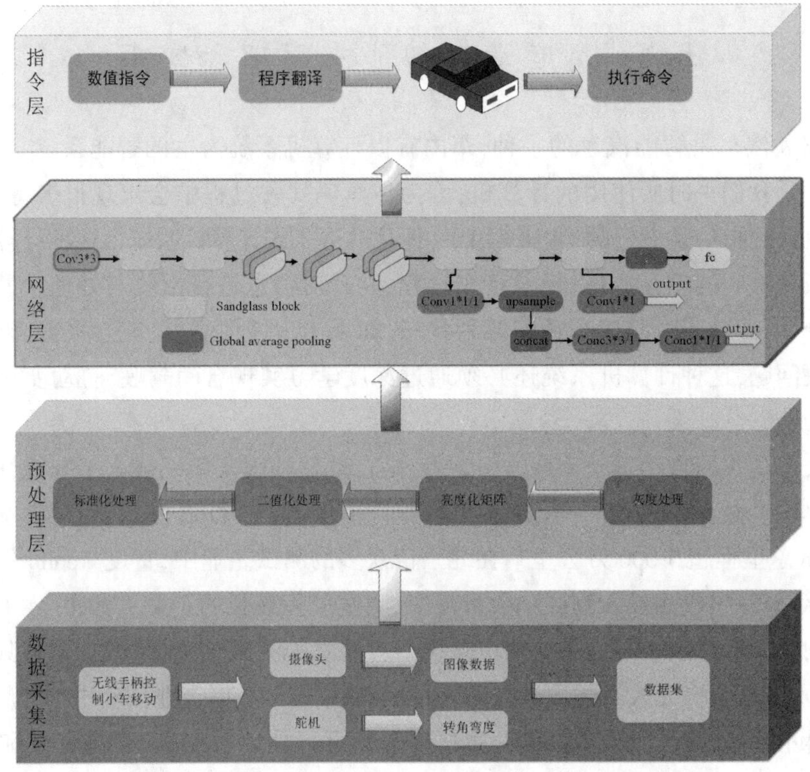

图 4.37 基于深度学习的自动驾驶智能车整体框架流程

比赛规则为小车沿赛道(图 4.38)运行一周,同时对赛道的各个元素进行特殊处理。因此,小车的智能交通部分技术实现路线可分为赛道检测和目标检测。赛道检测负责小车在赛道内的运行,以让小车快速而稳定的运行作为根本目标;目标检测负责在小车运行过程中有效识别特殊元素并进行处理,提高元素识别的稳定性是小车不因特殊元素未处理而被处罚时的关键。

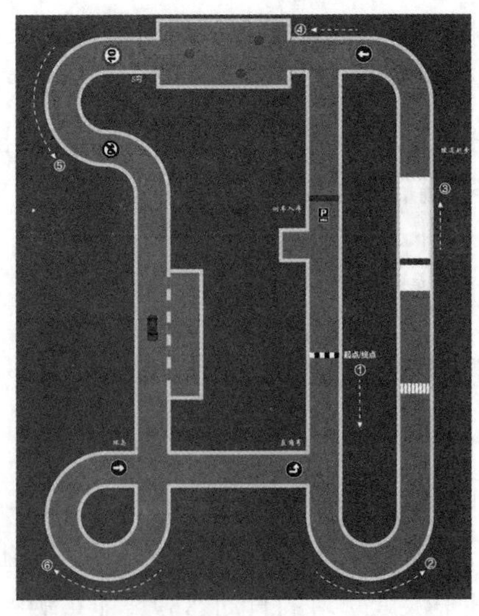

图 4.38 智能交通部分运行赛道

深度学习智能车竞赛要求运用卷积神经网络实现回归任务及目标检测任务,完成小车转向的预测以及交通标志物的识别与控制,基于百度 AI Studio 平台以及飞桨 PaddlePaddle 深度学习框架完成模型训练,并在 edgeboard lite 深度学习计算卡上完成移动端模型部署。在原有基础上,还需要通过多线程运行、标志物自动采集与整理、编写车道线连续采集数据和传统巡线算法自动采集数据等方法,有效减少项目实施的工作量,显著提高小车计算资源利用率以及程序运行速度,实现小车在赛道上高速、流畅地运行,完成比赛。

1. 车道线检测部分

车道线检测主要分为数据采集、数据处理、模型训练和部署。

数据采集,即通过手柄控制小车,小车运行时受手柄信号的控制,保存每张图片并记录从手柄获得的相应的打角,这是深度学习中采集原数据集的操作。为了获得更精确、更好的数据,要进一步改善手柄数据采集的代码,以改善数据集质量。编写基于 OpenCV 的自动赛道采集的代码,首先使用传统的方法在赛道上行驶,全程自动记录运行过程中舵机的转角和赛道的图片备用。

数据处理,即对采集的数据(赛道图片、舵机转角)进行处理,因为深度学习是对图片特征进行提取学习,对于赛道来说,原图虽然也包含赛道的特征,但干扰的东西太多(标志和环境),因此人为处理数据来保留特征,能让模型训练变得简单,在简单的模型结构下得到更好的效果。对数据的预处理分为图片和标注的预处理,对于图片,使用 OpenCV 的一些方法可以较好地提取特征,对于数据,我们也可使用一些方法人为地使其更接近实际(在精准标注较难时)。好的数据和有针对性的预处理有时候比模型优化带来的改善更明显。同时,考虑赛道检测的稳定性要求,在数据预处理上需要对赛道检测的适应性进行一些改良(如 CV 补线和阈值处理),以期获得更好的、更精确稳定的赛道检测。

模型训练和部署,车道线检测模型训练过程中,首先程序从数据库中读取数据,并对数据进行预处理,得到二值化图像,然后将处理后的图像传入卷积神经网络(CNN)进行训练,经过 SGD 优化,训练生成车道线识别模型,将最终获取的模型部署到车上,就可以实现快速而稳定的赛道检测。

车道线检测的问题本质上是一种分割问题,目前针对车道线识别有边缘检测、颜色阈值、透视变换,以及结合 CNN、SCNN、SegNet 等深度神经网络的方法,鉴于竞赛条件下赛道为的单一色彩(黄色)车道线,其特征并不复杂,所以采用颜色阈值结合卷积神经网络的方法实现。

颜色阈值提取车道线:在图像处理中使用较多的是 HSV 颜色空间,它比 RGB 更接近人们对彩色的感知经验,非常直观地表达颜色的色调、鲜艳程度和明暗程度,方便进行颜色的对比。在 HSV 颜色空间下,比 BGR 更容易跟踪某种颜色的物体,常用于分割指定颜色的物体。

卷积神经网络(CNN)学习车道线特征。目前卷积神经网络已经被大范围使用到图像分类、定位等领域中。相比于其他神经网络结构,卷积神经网络需要的参数相对较少,网络结构简单,因此对于车道线检测,选择使用卷积神经网络来实现。

基于卷积神经网络的车道线检测模型训练流程如图 4.39 所示。智能车不能对摄像头传入图像进行理解,就不能顺利完成自动驾驶的任务。获得图像后如何让智能车对赛道、标志物做出识别是车辆自动行驶的关键问题。多数据集读取速度慢会延长训练时间,如何使卷积神经网络快速读入图像增广后的大批量数据集是另一关键问题。最后如何使用优化方法使模型高效训练也是一个亟须解决的问题。

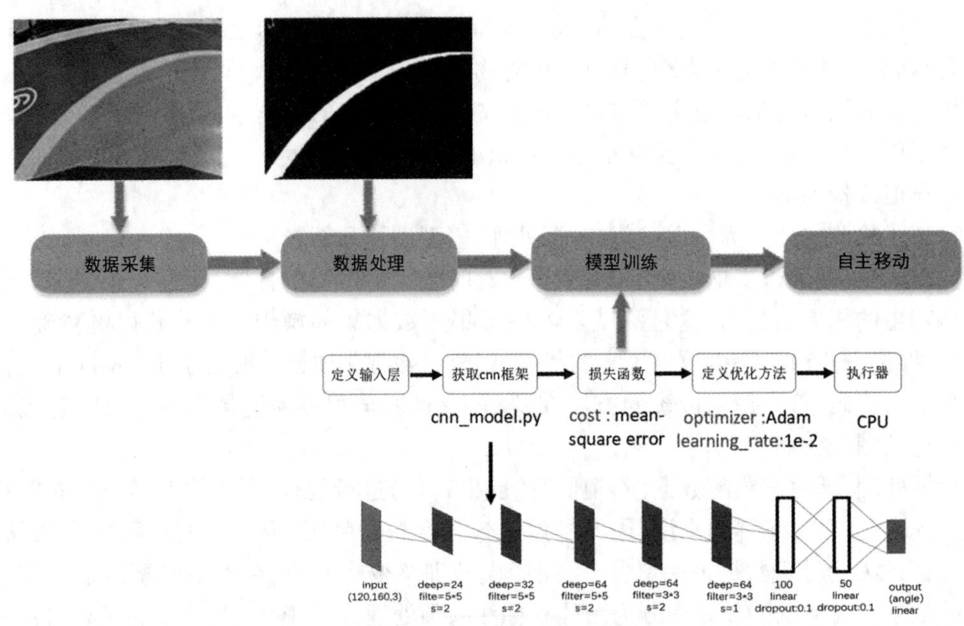

图 4.39　基于卷积神经网络的车道线检测模型训练流程图

通过对比深度学习网络中常见的四种优化器,发现 Adam 更适用于本次无人驾驶的优化。Adam 算法是自适应学习率优化算法,针对机器学习模型,采用不同的策略来调整训练过程中的学习率,从而大大提高训练速度。Adam 优化表达式为

$$\begin{cases} m_t = \beta_1 m_t - 1 + (1-\beta_1) g_t \\ v_t = \beta_2 v_{t-1} + (1-\beta_2) g_t^2 \\ \hat{m}_t = \dfrac{m_t}{1-\beta_1^2} \\ \hat{v}_t = \dfrac{v_t}{1-\beta_2^t} \\ W_{t+1} = W_t - \dfrac{\eta}{\sqrt{\hat{v}_t}+\varepsilon} \hat{m}_t \end{cases} \tag{4-2}$$

式中　m_t 和 v_t——一阶动量项和二阶动量项;

β_1, β_2——动力值大小(通常分别取 0.9 和 0.999);

$\hat{m}_t, \hat{v}_t$——各自的修正值;

W_t——t 时刻即第 t 次迭代模型的参数;

g_t——t 次迭代代价函数关于 W 的梯度大小;

ε——一个取值很小的数(一般为 10^{-8},为了避免分母为 0)。

车道线识别模型采用了卷积神经网络进行训练,对输入图像进行多个通道的卷积,最后通过两个全连接层将图像的特征转化为角度的预测值。

卷积神经网络是一类包含卷积计算且具有深度结构的前馈神经网络,是深度学习的代表算法之一。卷积神经网络具有表征学习能力,能够按其阶层结构对输入信息进行平移不

变分类;可以进行监督学习和非监督学习,其隐含层内的卷积核参数共享和层间连接的稀疏性使得卷积神经网络能够以较小的计算量对格点化特征(例如像素和音频)进行学习,具有稳定的效果。

在训练前,将数据集图片顺序打乱,让数据随机化,避免过拟合,之后对数据集进行图片的预处理,这样处理的目的是:

(1)增加训练的数据量,提高模型的泛化能力;

(2)增加噪声数据,提升模型的鲁棒性。

2. 目标检测部分

目标检测的数据是图片和标注,目标检测的图片是小车车道线数据采集获得的,但舍弃了其中与图片对应的打角信息,即舍弃备注。模型训练是同时需要数据和标注的,目标检测的标注需要人手工来操作,通过 labelimage 软件即可标注图片中的目标,并自动生成.xml 文件,作为数据集的标注部分。目标检测的模型训练比起赛道检测模型训练更为复杂,使用 YOLOv3 对标志进行位置和类别判定的训练。因为 EdgeBoard 的算力有限,采用轻量级的 YOLOv3-Tiny 进行训练和部署。

在将图像放入神经网络训练之前,为了扩大训练数据集,抑制模型过拟合,提升泛化能力,常常会对图片做一些随机变换,产生相似而不相同的样本。常用的有随机改变亮度、对比度、饱和度、颜色、随机缩放和随机翻转等。因随机翻转可能会导致左右转标志识别混乱,在这里只采用前五种方式做图像增广。使用 OpenCV 提供的有关函数即可较为简单地实现图像增广。

目标检测识别流程如下:

(1)数据采集阶段,通过移动小车拍摄不同角度采集标志物图像并进行保存。

(2)数据标定阶段,通过手动标定将不同类型标志物进行整理。对数据进行预处理,对图像对比度、饱和度、明暗、颜色、扩张进行随机变化,将处理后的数据送入网络进行训练。

(3)模型训练阶段,对经过处理的图像送入 YOLOv3 模型提取特征值。

(4)自主移动阶段,通过摄像头拍摄图片,与图片特征值进行比对,根据结果指导小车行驶。目标检测识别流程图如图 4.40 所示。

对于目标检测任务,主要考虑的性能指标是检测速度与检测精度。其中检测速度的快慢是小车能否流畅运行的关键。目前常用的目标检测模型有 Faster-RCNN、SSD、YOLOv3 等,更换更轻量级的骨干网络、调整输入图片大小亦可提高检测速度。图 4.41 是部分模型在 AI Studio 平台上使用 Tesla V100 图形计算卡推理所需要的时间对比。

可以看到,SSD 与 YOLOv3 模型的推理速度较快,用时均在 100 ms 以下,其中百度自研 YOLOv3-Tiny 的推理用时更是少至 8 ms。考虑到小车运行的 Edgeboard Lite 计算卡大约是 Tesla V100 图形计算卡 1/4 的算力,为了保障小车图像处理和运行的流畅度,我们选择 YOLOv3-Tiny 作为目标检测的模型,训练流程如图 4.42 所示。

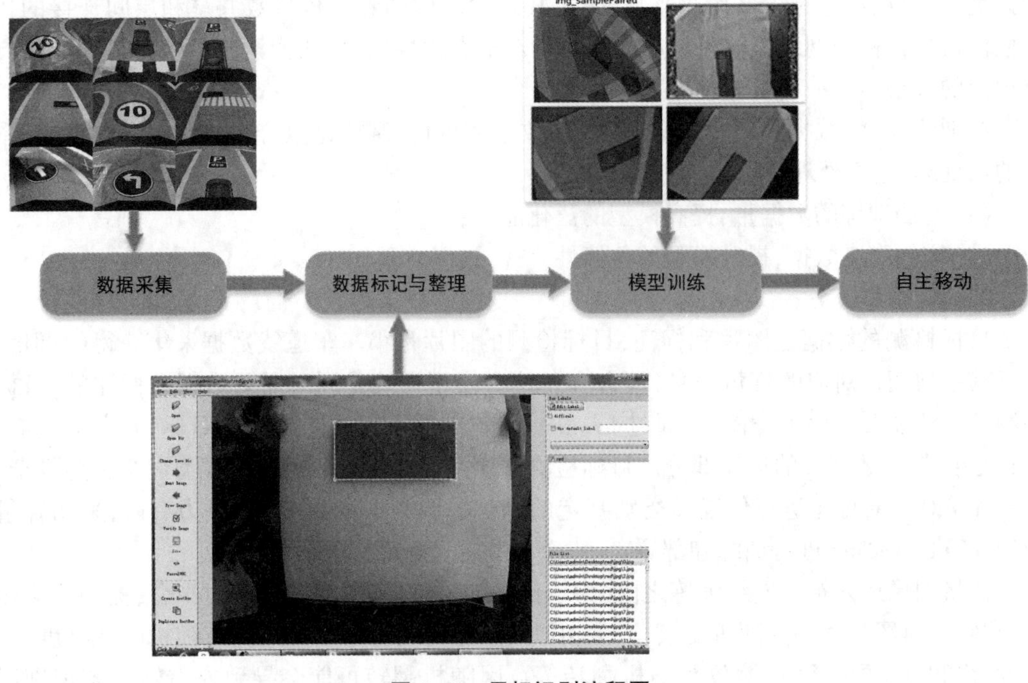

图 4.40　目标识别流程图

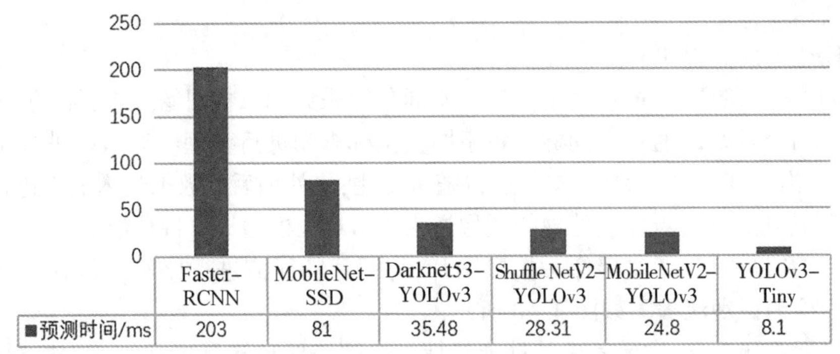

	Faster-RCNN	MobileNet-SSD	Darknet53-YOLOv3	Shuffle NetV2-YOLOv3	MobileNetV2-YOLOv3	YOLOv3-Tiny
■预测时间/ms	203	81	35.48	28.31	24.8	8.1

图 4.41　Faster-RCNN、SSD、YOLOv3 推理时间对比

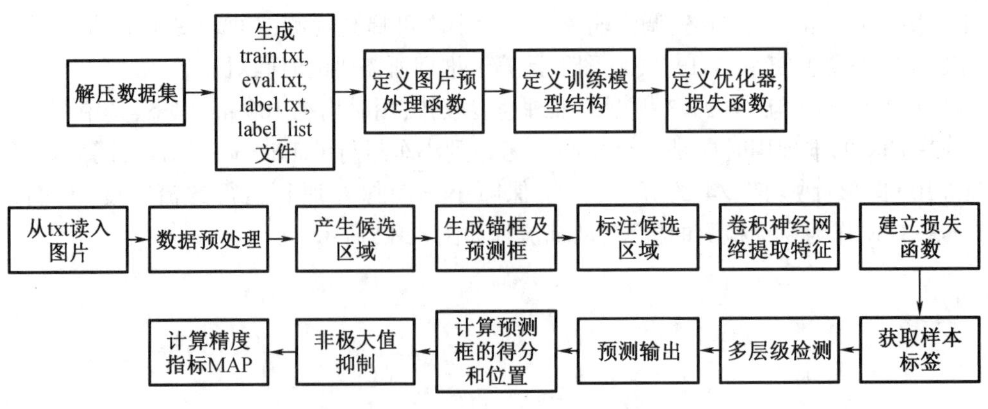

图 4.42　YOLOv3-Tiny 的训练流程

YOLOv3 是目前最热门的目标检测算法之一。与两阶段目标检测相比，单阶段目标检测的 YOLOv3 具有更快的推理速度。而 YOLOv3-Tiny 通过使用更为精简的骨干网络，只使用两个不同尺度的 YOLO 输出层，进一步提高了模型的推理速度，使其更利于在移动端部署(图 4.43)。百度的 AI Studio 平台以及 PaddlePaddle 提供了强大的算力、丰富的模型与开源资料，完整的深度学习框架，在上面可以轻松地完成各类神经网络的训练。

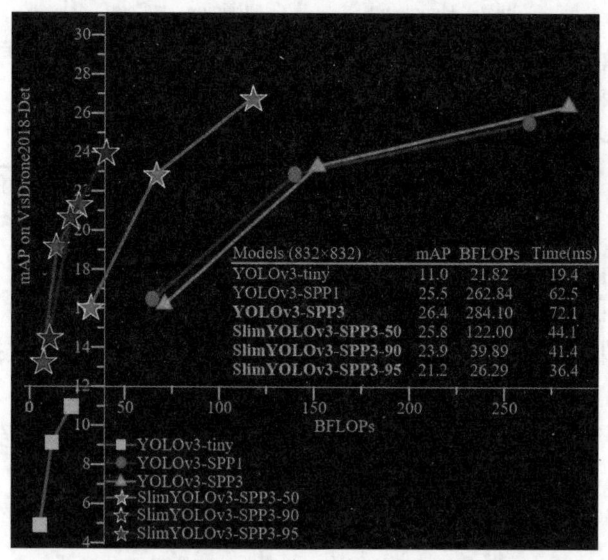

图 4.43　YOLOv3-Tiny 的模型速度对比

整个目标检测的训练过程可分为数据读取、模型训练及模型保存和预测三个环节。数据读取是我们进行深度学习模型训练的第一步，将.xml 和图片文件处理后(统一大小、数据增强等)读入模型，读取可用普通的单进程方式，也可以通过 python 编程实现多进程操作从而加快读取速度。为了加快模型训练速度和权衡准确性，也要选取合适的 batch_size。训练的过程中以一定策略保存模型，在部署目标检测模型时，使用了一些策略，如按照顺序识别标志物，以避免误判，并结合实际效果对策略进行调整。

为了训练更好的标志物检测模型，需要尽可能采集各种情况下赛道上所有可能出现的标志物元素，制作更为全面的数据集来训练目标检测模型。但贴近真实赛道环境难以通过人工拍照还原，因此我们采用两步法获取真实赛道下标志物的数据集。

第一步，使用采集标志物源码，以每秒 3 帧的速率拍摄各个角度下的标志物的照片，制作的数据集用来训练模型，小车可以粗略检测标志物的存在；第二步，使小车自主巡线于赛道上，设定当检测到赛道上的标志物置信度高于某一阈值时，将采集到的照片按照标志物分类储存到指定目录下，后期只需对采集到的照片稍加筛选，剔除误识别的数据，便可用于制作训练数据集。

4.3.2　深度学习智能车方案具体实现

深度学习智能车的设计实现主要包括三个部分，分别是：车道线检测，交通标志物识别和智能车自主移动。车道线检测包括数据采集、数据处理和模型训练；交通标志物识别包括数据采集、数据标记和整理以及模型训练；智能车自主移动是将训练好的车道线模型和

交通标志物模型部署在 Edgeboard 处理器上，控制车体正确移动。方案实现流程如图 4.44 所示。

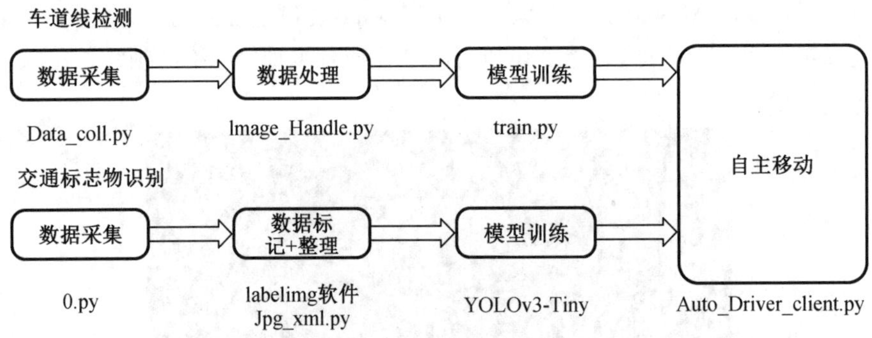

图 4.44　方案实现流程

1. 车道线数据采集

车道线数据采集流程分为三部分：开启控制程序；手柄控制；下载数据集。

(1) 开启控制程序

车道线采集时，确保 Edgeboard 上电，底盘开关为关的状态下，连接到智能车，在终端输入如下命令：

```
cd ~/workspace/deepcar/deeplearning_python/src
nohup python3 Data_Coll.py --vels=1535 &
```

车道线采集流程如图 4.45 所示。

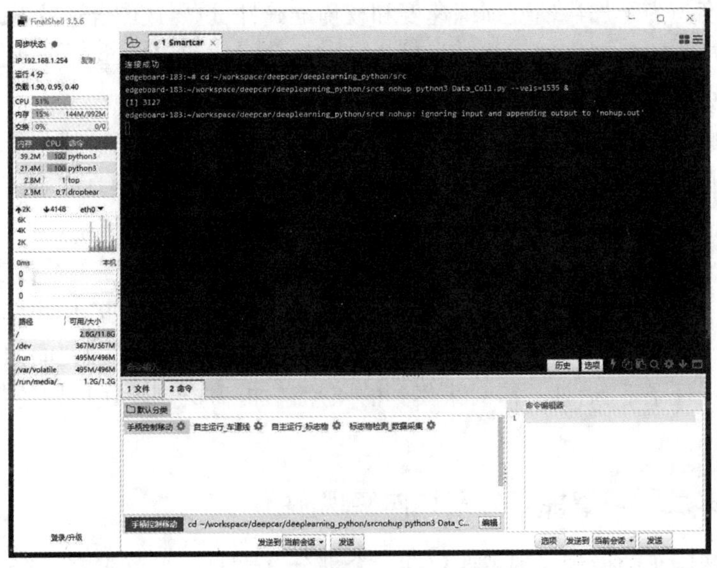

图 4.45　车道线采集程序

(2)手柄控制

车道线数据集采集时,拔掉网线,将智能车放在搭建好的赛道上,开启底盘开关,插上手柄接收头。通过手柄控制智能车移动,首先将总开关调到 ON 档位,按上电按钮 START,再进行模式切换,指示灯红绿两个灯都亮表示模式切换正确。按动启动键,智能车将开始移动采集数据,通过转向遥感控制智能车左右转弯。采集结束后,通过按 4 次结束键结束采集数据。手柄按键如图 4.46 所示。

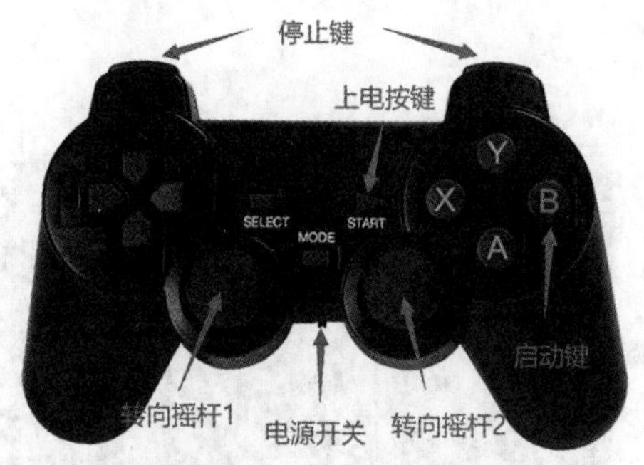

图 4.46　手柄按键

(3)下载数据集

下载数据集时,插上网线,连接到智能车,在/home/root/workspace/deepcar/deeplearning_python 目录下生成了一个 data 文件夹,右击此文件夹,单击“下载”,通过右上角可以查看下载进度,以及下载的文件所在位置,如图 4.47 所示。

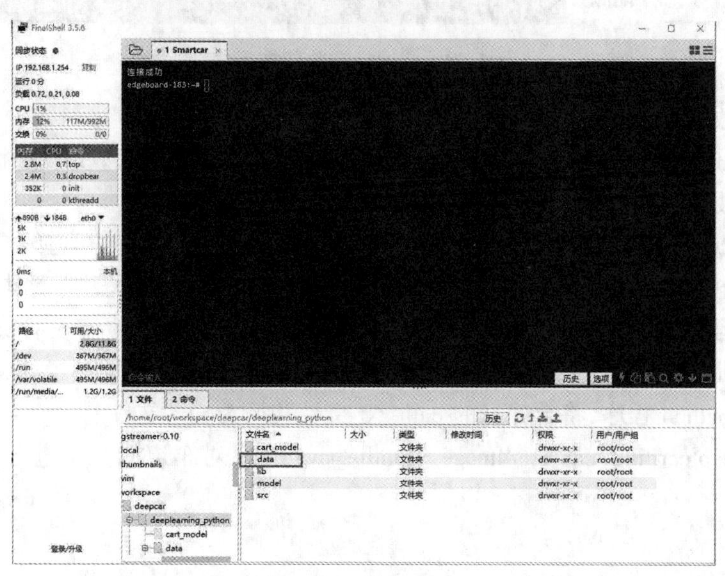

图 4.47　下载数据集

2. 交通标志物数据采集

交通标志物数据采集包括两步:开启控制程序;下载数据集。

(1)开启控制程序

交通标志物采集时,确保 Edgeboard 上电,底盘开关为关的状态下,连接到智能车,在终端输入：

```
cd ~/workspace/deepcar/pd
python3 0.py
```

出现图 4.48 所示信息时，表示开始采集数据。此刻智能车为静止状态，通过多角度摆放智能车，采集多方向的交通标志物数据集。

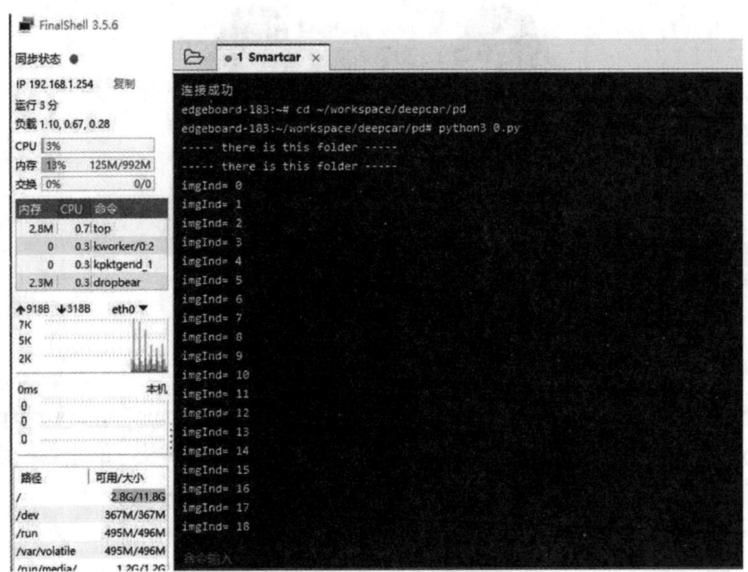

图 4.48　交通标志物数据采集

(2)下载数据集

下载 Edgeboard 的~/workspace/deepcar/pd 目录下的 data 文件夹，获取交通标志物数据集。

3. 车道线数据处理

车道线数据处理包括数据合并和图像处理。数据合并是将多批车道线数据集合并，以扩大数据集规模，使训练出来的车道线模型的准确性、适应性得到提升。具体操作如下：

(1)通过运行 jpg_xml. py 文件，将多批数据集图像统一合并到一个文件夹下。

(2)将多批数据集的 data. txt 文件内的角度信息全选并复制到同一个 data. txt 文件中。

(3)通过 python 程序，将合并好的 data. txt 文件转换为 npy 文件。

运行~/deeplearning_car/src/Image_Handle. py 文件，对车道线数据进行处理。处理程序如下：

```
#数据处理
! rm -r ~/deeplearning_car/data/hsv_img                    #删除原有数据处理后的图像
! python ~/deeplearning_car/src/Img_Handle.py              #对原始图像进行图像处理
```

4. 交通标志物数据处理

(1)交通标志物数据处理需要先开启 labelimg 软件，将目录整理为图 4.49 所示的形式。

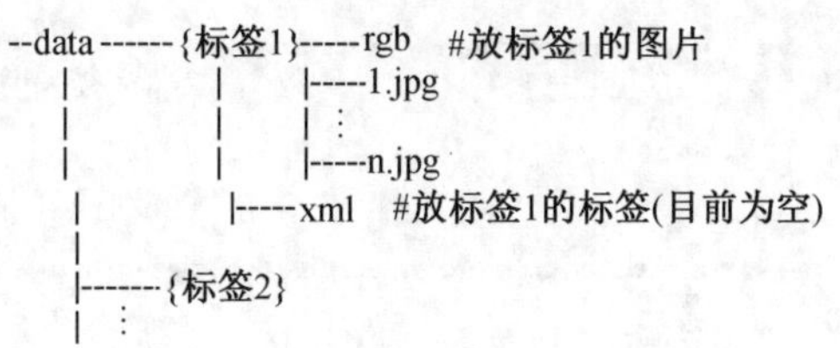

图 4.49　整理完成后的标签目录

(2)对交通标志物进行标注,如图 4.50 所示。

图 4.50　图片标注

(3)单击"打开文件"图标,选择图像目录/data/{标签名}/jpg,此时会显示目录下的图像。

(4)单击"打开目录"图标,选择图像标签保存目录/data/{标签名}/xml。

(5)在右侧"使用预设标签"前打勾并在后面输入标签名。

(6)单击"创建区块"按钮给当前显示图像打标签。

(7)单击"保存"保存当前标签文件,此时弹出对话框,"名称"处不用改动,单击"save"保存。

(8)单击"下一个图片"切换到下一张图片,循环执行(5)(6)(7)三步直至此文件夹标记完,然后切换到下一个文件夹下进行标注。

5. 车道线模型训练

车道线模型训练主要由项目构建、数据集上传、模型训练和模型下载这几部分组成。

(1)项目构建

进入 AI Studio,将车道线模型训练的开源项目 fork 到自己的项目里,如图 4.51 所示。

(2)数据集上传

在 AI Studio 官网上,首先单击右上角的登录按钮,登录个人账户;单击标题栏的"数据集";单击 "创建数据集",弹出对话框,添加数据集名称,数据集简介;单击"上传文件",在上传文件完成后,单击 "下一步";在弹出对话框下面选择"创建",最终完成该数据集的创建工作,如图 4.52 所示。

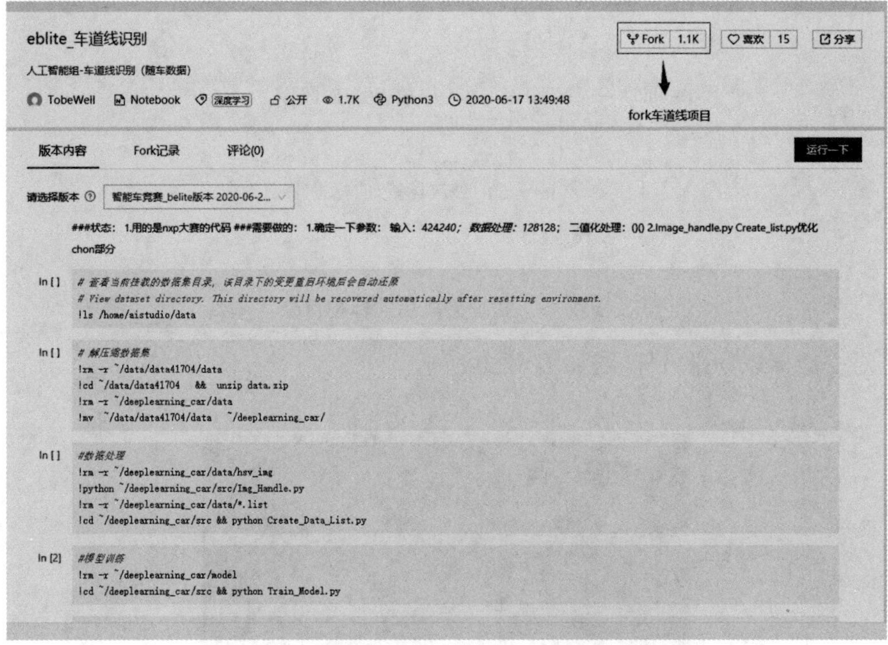

图 4.51　基于 AI Studio 平台构建车道线项目

创建数据集　×

* 数据集名称　车道线数据集

* 数据集简介　车道线数据集

* 上传数据集文件　data.zip　5%　最多输入50个字

上传文件

最多上传10个文件，单个文件不超过10GB，文件名长度<= 50

下一步　取消

图 4.52　车道线数据集上传

(3)模型训练

训练车道线模型时，首先将数据集上传至 AI Studio 上，用 GPU 资源打开工程，解压~/data/目录下的数据集，并进行数据处理和模型训练。模型训练程序如下如：

```
#模型训练
! rm -r ~/deeplearning_car/model                              #删除原有车道线模型
! cd ~/deeplearning_car/src && python Train_Model.py          #运行 py 文件，训练模型
```

(4)模型下载

车道线模型训练完成后,在目录栏中~/deeplearning_car 的目录下,可以找到 model 文件夹,单击“下载按钮”将文件夹下载到电脑上;选中“保存文件”并单击确定,此时保存到本地;通过单击“文件夹”图标可显示当前下载的 model. zip 文件,如图 4. 53 所示。

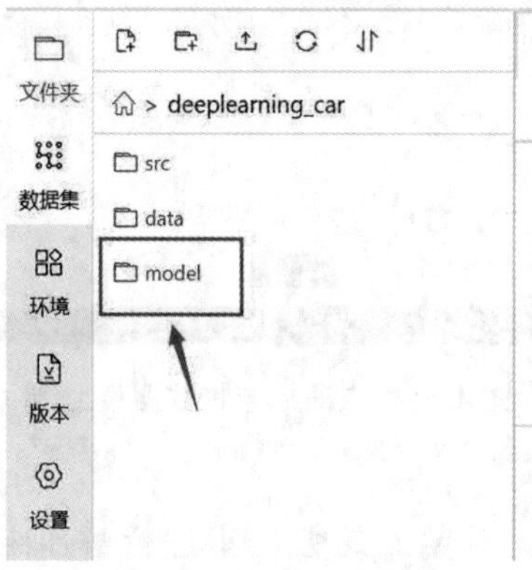

图 4. 53　车道线模型下载保存

6. 交通标志物模型训练

交通标志物模型训练主要由项目构建、数据集上传、模型训练和模型下载这几部分组成。

(1)项目构建

进入 AI Studio,将交通标志物模型训练的开源项目 fork 到自己的项目里,如图 4. 54 所示。

图 4. 54　构建交通标志物项目

(2)数据集上传

在 AI Studio 官网上,首先单击右上角的登录按钮,登录个人账户;单击标题栏的“数据集”;单击 “创建数据集”,弹出对话框,添加数据集名称,数据集简介;单击“上传文件”,在上传文件完成后,单击 “下一步”;在弹出对话框下面选择“创建”,最终完成该数据集的创建工作,如图 4. 55 所示。

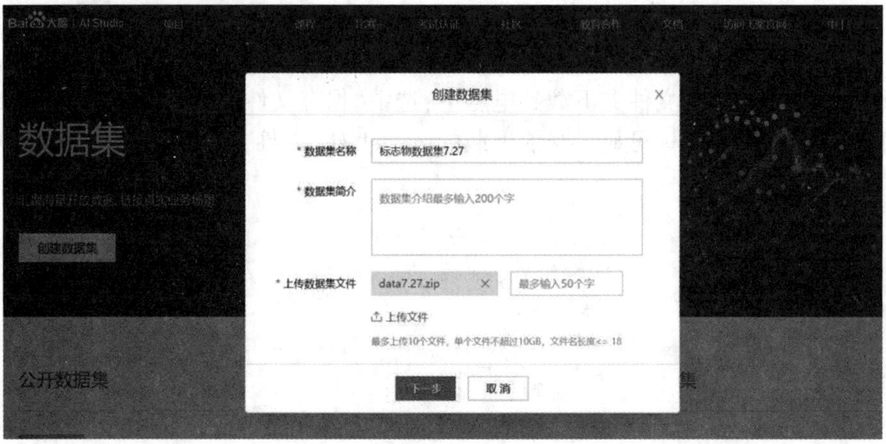

图 4.55　交通标志物数据集上传

(3)模型训练

交通标志物模型训练需要对导入的数据集进行解压缩,并生成 train. txt、label_list、eval. txt 和 label_list. txt 文件。train. txt 文件存储训练集信息,label_list 文件描述交通标志物类别,eval. txt 文件描述验证集信息,label_list. txt 文件存储交通标志物信息。

交通标志物模型训练需要修改 YOLOv3 模型的相关配置。修改 YOLOv3 模型的配置项启用 Tiny 版本,Tiny 版本体积小,适合部署在移动设备上;更改 num_epochs,设定模型训练次数;更改 train_batch_size,设定每批次训练图片数量;启动并使用 GPU 训练;更改 learning_rate,调整学习率。完成后进行模型训练。

开始训练后,可以在编辑区上方"终端"里输入 tailf logs/train. log 命令,查看滚动的日志,如图 4.56 所示。

图 4.56　日志查看

(4)模型下载

交通标志物模型训练完成后,在当前目录栏中可以找到 train. txt、eval. txt、label_list、label_list. txt 和 freeze_model. zip,单击"下载"按钮将文件夹下载到电脑上;选中"保存文件"并单击确定,此时保存到本地;通过单击"文件夹"图标可显示当前下载的文件,如图 4.57 所示。

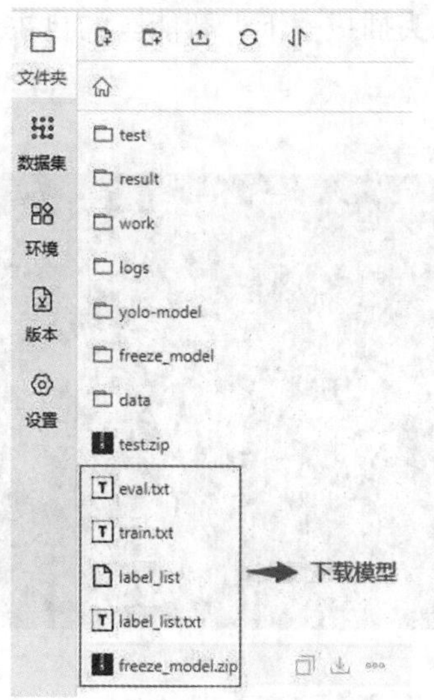

图 4.57　交通标志物模型下载保存

7. 车道线检测与自主运行

模型部署过程如图 4.58 所示。首先将 AI Studio 训练完成后生成的 model. zip 文件在电脑上解压，并将解压后的 model 文件夹替换 Edgeboard 的在/home/work/workspace/deepcar/deeplearning_python 目录下的 model 文件夹。

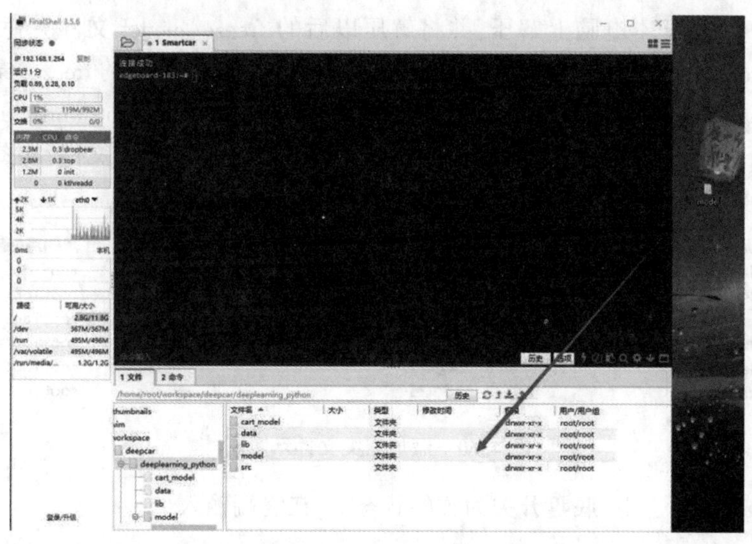

图 4.58　模型在 Edgeboard 端的部署

确保 Edgeboard 上电，底盘开关为关的状态下，连接到智能车，在终端输入：

```
cd ~/workspace/deepcar/deeplearning_python/src
nohup python3 Auto_Driver.py --vels=1535 &
```

拔掉网线，将智能车放在赛道上，开启底盘开关，智能车开始自主移动；停止时，关闭底盘开关,将 Edgeboard 上的摄像头插拔一下。智能车的自主运行如图 4.59 所示。

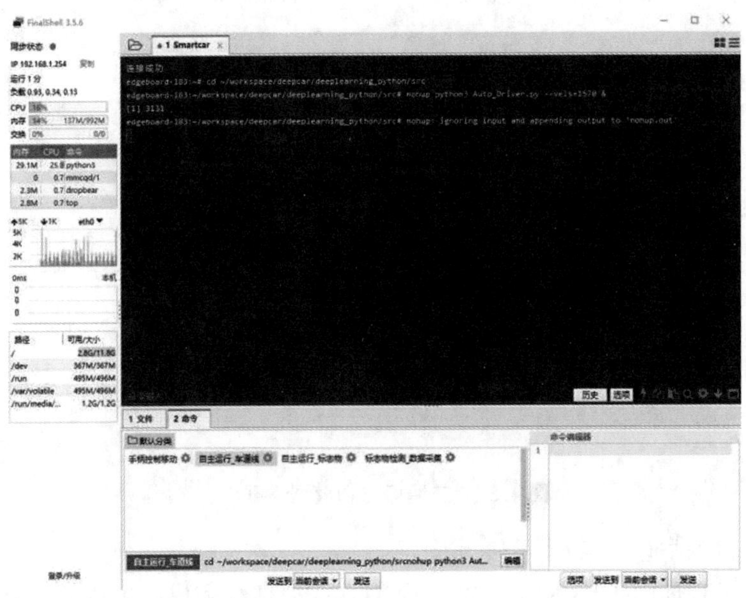

图 4.59　智能车的自主运行

8. 交通标志物识别与自主移动

交通标志物识别与自主移动的实现过程如下:首先将从 AI Studio 训练生成的 freeze_model.zip 文件在笔记本电脑上解压,并将解压以后的 freeze_model 文件夹替换 Edgeboard 的在/home/work/workspace/deepcar/deeplearning_python/src 目录下的 freeze_model 文件夹;将 AI Studio 生成的 labellist、labellist.txt 文件替换为/home/root/workspace/ deepcar/deeplearning_python/src/data/data6045 目录下的 labellist、labellist.txt 文件,如图 4.60 所示。

文件名 ▲	大小	类型	修改时间	权限	用户/用户组
lslm		文件夹		drwxr-xr-x	root/root
lslm-test		文件夹		drwxr-xr-x	root/root
eval.txt	125 KB	文本文档		-rw-r--r--	root/root
label_list	76 B	文件		-rw-r--r--	root/root
label_list.txt	94 B	文本文档		-rw-r--r--	root/root
train.txt	1.1 MB	文本文档		-rw-r--r--	root/root

图 4.60　添加相关文件示意图

确保 Edgeboard 上电,底盘开关为关的状态下,在终端输入:

```
cd ~/workspace/deepcar/deeplearning_python/src
nohup python3 Auto_Driver_client.py --vels=1535 &
```

拔掉网线,将智能车放在赛道上,开启底盘开关,智能车开始自主移动;停止时,关闭底盘开关,将 Edgeboard 上的摄像头插拔一下。在 Edgeboard 的 ~/workspace/deepcar/deeplearning_python/src 目录下包含交通标志物识别的相关操作,可以根据需要对其内容进行修改,如图 4.61 所示。

```
edgeboard-183:~/workspace/deepcar/deeplearning_python/src# cd ~/workspace/deepcar/deeplearning_python/src
edgeboard-183:~/workspace/deepcar/deeplearning_python/src# nohup python3  Auto_Driver_client.py --vels=1535 &
[1] 4763
edgeboard-183:~/workspace/deepcar/deeplearning_python/src# nohup: ignoring input and appending output to 'nohup.out'
```

图 4.61　智能车自主移动操作指令图

习　　题

1. 简述激光 SLAM 的工作原理？
2. 了解更多类型的激光 SLAM，并列举其优缺点。
3. 深度学习的原理是什么？应该怎样改进？
4. 简述深度学习智能车的工作流程。

第5章　水下无人航行器控制与决策

5.1　引　　言

21世纪以来伴随着科技的高速发展,很多发达国家早已经重新制定和改进了新的海洋战略和部署,即以开发和勘探深海资源为目标,加大了对深海装备体系的研究和开发投入,以期望在未来的国际海洋竞争中抢占先机。我国是海洋大国,但还不是海洋强国,在面对如此规模庞大的海洋宝藏,怎么利用和开发成为如今需要解决的问题。同时为了完成建设海洋经济强国的目标,使得我国在激烈的国际海洋资源竞争中能够掌握主动权,就必须加快建设深海装备体系。

水下无人航行器不仅涉及了船舶、海洋工程、机器人学等方面的知识,还是包括了力学、控制、信号处理、机电一体化等多方面技术的高智能体,鉴于其具有安全系数高、成本低、规模和质量小、灵活性高等独特优势,已经成为我国研究的重点。图5.1是我国“潜龙”系列水下无人航行器。

图5.1　“潜龙”系列水下无人航行器

想要研究水下无人航行器的控制问题,首先就要解决模型问题;然后,在执行任务时,不可避免地需要改变方向,即方向控制问题也需要得到重视;接着,针对不同的任务可能会有不同的下潜深度要求,这意味着深度控制也应该进一步研究。总的来说,对于水下无人航行器的控制问题,本章按照上述顺序逐步深入,引导读者自己编程实现以加深对控制问题的理解。

随着计算机科学技术的高速发展,水下无人航行器朝着更智能、更自主的方向发展。自主决策控制系统是自主控制系统中的重要组成部分,是无人潜航器控制体系智能化程度的体现。同时,自主决策系统发挥着重要作用,在面对较为复杂的海洋情况时,决策系统依然能够给出合理的控制方法来维持系统的稳定。本章对于决策系统的研究安排如下:首先,给出整个决策过程的运行原理和步骤。其次,针对环境变化,采用强化学习来使得水下无人航行器能够识别出环境中的不利因素(如静态、动态障碍等)。再次,研究路径规划的原理并通过例子进行验证。最后,提出一种任务控制方案,旨在加深读者对水下无人航行器执行任务过程的理解。

5.2　水下无人航行器模型建立和验证

要分析 UUV 的运动和受力情况就需要首先选择适合 UUV 运动规律的坐标系,采用的坐标系主要有两种,分别为固定坐标系(也称为大地坐标系)和运动坐标系,如图 5.2 所示,两个坐标系均属于直角坐标系,且遵循右手系。

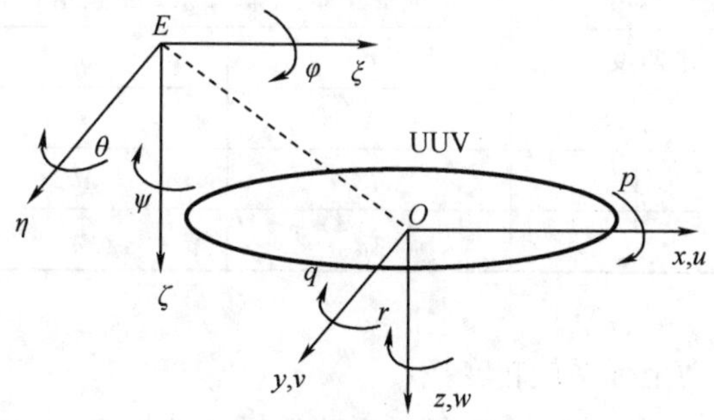

图 5.2　固定坐标系和运动坐标系

5.2.1　水下无人航行器运动学模型

1. 固定坐标系

研究水下无人航行器的动力学问题一般都以固定坐标系为基础,本书采用图 5.2 所示的固定坐标系。E 点是固定坐标系的原点,一般选择海平面上的一点作为其原点。$E\zeta$ 轴指向地心方向,$E\eta$ 轴指向正东方向,$E\xi$ 轴指向正北方向,$E\xi$ 和 $E\eta$ 互相垂直且均位于同一水平面内。$E\zeta$ 轴垂直于 $E\xi\eta$ 坐标平面且指向地心方向。固定坐标系的运动参数和符号如表 5.1 所示。

表 5.1　UUV 固定坐标系运动参数和符号

点和向量	ξ 轴	η 轴	ζ 轴
重心 G	ξ_G	η_G	ζ_G
原点 O	ξ_O	η_O	ζ_O
速度 $\boldsymbol{V}$	$\dot{\xi}$	$\dot{\eta}$	$\dot{\zeta}$

2. 运动坐标系

研究 UUV 的运动控制时,考虑到在有些状况下固定坐标系使用起来不方便,如 UUV 的转动量如果用固定坐标系参数表示会非常复杂。因此必须寻找另一种适合的坐标系,通常采用的是建立在 UUV 上的运动坐标系(随体坐标系)。因为运动坐标系是建立在艇体上的,会跟随 UUV 的运动,所以运动坐标系不属于惯性坐标系。

运动坐标系如图 5.1 所示,选择 UUV 的重心 G 为运动坐标系的原点。一般将运动坐标系的坐标轴与固定坐标的坐标轴相对应。把 Ox 轴选取在航行器的纵中剖面内,且指向 UUV 艏部,Oy 轴与 Ox 轴在同一平面内且相互垂直,指向 UUV 右舷。Oz 轴与 Ox、Oy 轴垂直且指向 UUV 底部。UUV 在运动坐标系各个运动变量和符号表示如表 5.2 所示。

表 5.2　运动坐标系下的运动变量和符号

点和向量		Ox 轴	Oy 轴	Oz 轴
直线运动	位移	纵荡 x	横荡 y	升沉 z
	速度	u	v	w
旋转运动	姿态角	横摇角 φ	纵倾角 θ	艏摇角 ψ
	角速度	p	q	r
作用力(矩)	力	X	Y	Z
	力矩	K	M	N
UUV 重心		x_G	y_G	z_G

3. 固定坐标系与运动坐标系旋转变换

UUV 在水下任意一点的位置与姿态由运动坐标系的原点 O 在固定坐标系中的坐标 (ξ_o,η_o,ζ_o) 和运动坐标系相对于固定坐标系的姿态角来确定,姿态角分别为横摇角 φ、纵倾角 θ 和艏摇角 ψ。

根据上面建立的运动坐标系和固定坐标系,UUV 在两个坐标系内的线性变换关系为

$$\begin{bmatrix}\xi\\\eta\\\zeta\end{bmatrix}=\boldsymbol{S}\begin{bmatrix}x\\y\\z\end{bmatrix}\tag{5-1}$$

式中

$$\boldsymbol{S}=\begin{bmatrix}\cos\psi\cos\theta & \cos\psi\sin\theta\sin\varphi-\sin\psi\cos\varphi & \cos\psi\sin\theta\cos\varphi+\sin\psi\sin\varphi\\ \sin\psi\cos\theta & \sin\psi\sin\theta\sin\varphi+\cos\psi\cos\varphi & \sin\psi\sin\theta\cos\varphi-\cos\psi\sin\varphi\\ -\sin\theta & \cos\theta\sin\varphi & \cos\theta\cos\varphi\end{bmatrix}\tag{5-2}$$

其反变换为

$$\begin{bmatrix}x\\y\\z\end{bmatrix}=\boldsymbol{S}^{-1}\begin{bmatrix}\xi\\\eta\\\zeta\end{bmatrix}\tag{5-3}$$

式中

$$S^{-1}=S^{\mathrm{T}}=\begin{bmatrix}\cos\psi\cos\theta & \sin\psi\cos\theta & -\sin\theta\\ \cos\psi\sin\theta\sin\varphi-\sin\psi\cos\varphi & \cos\psi\sin\theta\sin\varphi+\cos\psi\cos\varphi & \cos\theta\sin\varphi\\ \cos\psi\sin\theta\cos\varphi+\sin\psi\sin\varphi & \sin\psi\sin\theta\cos\varphi-\cos\psi\sin\varphi & \cos\theta\cos\varphi\end{bmatrix} \tag{5-4}$$

除此之外，根据这种旋转变换的关系，很容易就得到 UUV 在固定坐标系下的位移的导数$(\dot{\xi},\dot{\eta},\dot{\zeta})$与 UUV 的线速度$(u,v,w)^{\mathrm{T}}$之间的关系是：

$$\begin{bmatrix}\dot{\xi}\\ \dot{\eta}\\ \dot{\zeta}\end{bmatrix}=S\begin{bmatrix}u\\ v\\ w\end{bmatrix} \tag{5-5}$$

在这里要注意，对于空间运动的 UUV，姿态角也就是艏摇角 ψ、纵倾角 θ 和横摇角 φ 三者的统称，在此需要说明的是，为了保证在变换中的单值性，需要把各个姿态角限定在一定的范围内：

$$\begin{gathered}-\pi<\psi\leqslant\pi\\ -\frac{\pi}{2}<\theta<\frac{\pi}{2}\\ -\pi<\varphi\leqslant\pi\end{gathered} \tag{5-6}$$

UUV 运动控制中，需要在固定坐标系和运动坐标系之中进行角速度之间的转换。固定坐标系到运动坐标系下的角速度转换公式为

$$\begin{bmatrix}\dot{\varphi}\\ \dot{\theta}\\ \dot{\psi}\end{bmatrix}=A\begin{bmatrix}p\\ q\\ r\end{bmatrix} \tag{5-7}$$

式中

$$A=\begin{bmatrix}1 & \sin\varphi\tan\theta & \cos\varphi\tan\theta\\ 0 & \cos\varphi & -\sin\varphi\\ 0 & \sin\varphi/\cos\theta & \cos\varphi/\cos\theta\end{bmatrix} \tag{5-8}$$

其反变换为

$$\begin{bmatrix}p\\ q\\ r\end{bmatrix}=A^{-1}\begin{bmatrix}\dot{\varphi}\\ \dot{\theta}\\ \dot{\psi}\end{bmatrix} \tag{5-9}$$

式中

$$A^{-1}=\begin{bmatrix}1 & 0 & -\sin\theta\\ 0 & \cos\varphi & \cos\theta\sin\varphi\\ 0 & -\sin\varphi & \cos\theta\cos\varphi\end{bmatrix} \tag{5-10}$$

4. UUV 空间运动模型

结合以上坐标系的转换和运动的分析，UUV 的空间运动模型如下：

$$\dot{\xi}=u\cos\psi\cos\theta+v(-\sin\psi\cos\varphi+\sin\varphi\sin\theta\cos\psi)+w(\sin\psi\sin\varphi+\sin\theta\cos\psi\cos\varphi)$$
$$\dot{\eta}=u\sin\psi\cos\varphi+v(\cos\psi\cos\varphi+\sin\varphi\sin\theta\sin\psi)+w(-\cos\psi\sin\varphi+\sin\theta\sin\psi\cos\varphi)$$
$$\dot{\zeta}=-u\sin\theta+v\sin\varphi\cos\theta+w\cos\varphi\cos\theta$$
$$\dot{\varphi}=p+q\sin\varphi\tan\theta+r\cos\varphi\tan\theta$$
$$\dot{\theta}=q\cos\varphi-r\sin\varphi$$
$$\dot{\psi}=q\sin\varphi/\cos\theta+r\cos\varphi/\cos\theta \tag{5-11}$$

将上式表示成向量形式,则为

$$\dot{\boldsymbol{\eta}}=\boldsymbol{J}(\boldsymbol{\eta})\boldsymbol{v} \tag{5-12}$$

其中,$\boldsymbol{\eta}=[\xi\quad\eta\quad\zeta\quad\varphi\quad\theta\quad\psi]^{\mathrm{T}}$,$\boldsymbol{v}=[u\quad v\quad w\quad p\quad q\quad r]^{\mathrm{T}}$,$\boldsymbol{J}=\begin{bmatrix}\boldsymbol{S} & \boldsymbol{0}\\ \boldsymbol{0} & \boldsymbol{A}\end{bmatrix}$。

5.2.2 水下无人航行器动力学模型

将 UUV 假设为刚体进行受力分析,忽略它周围的水域流速对其产生的影响。假设 UUV 重心不在艇体坐标系 O 的原点处,则该 UUV 重心在 O 下的位置向量为 $\boldsymbol{R}_{\mathrm{g}}=(x_{\mathrm{g}},y_{\mathrm{g}},z_{\mathrm{g}})^{\mathrm{T}}$,坐标系 O 的原点 O 在体坐标系下的速度向量 $\boldsymbol{U}=(u,v,w)^{\mathrm{T}}$,UUV 绕坐标系 O 各轴的角速度向量 $\boldsymbol{\Omega}=(p,q,r)^{\mathrm{T}}$。由动量定理及动量矩定理可得:

$$\frac{\mathrm{d}\boldsymbol{H}}{\mathrm{d}t}=m\left[\frac{\delta\boldsymbol{U}}{\delta t}+\boldsymbol{\Omega}\times\boldsymbol{U}+\frac{\delta\boldsymbol{\Omega}}{\delta t}\boldsymbol{R}_{\mathrm{g}}+\boldsymbol{\Omega}\times(\boldsymbol{\Omega}\times\boldsymbol{R}_{\mathrm{g}})\right]=\boldsymbol{F}_{\Sigma} \tag{5-13}$$

$$\frac{\mathrm{d}\boldsymbol{L}}{\mathrm{d}t}=\boldsymbol{I}\frac{\delta\boldsymbol{\Omega}}{\delta t}+\boldsymbol{\Omega}\times(\boldsymbol{I}\boldsymbol{\Omega})+m\boldsymbol{R}_{\mathrm{g}}\times\left(\frac{\delta\boldsymbol{U}}{\delta t}+\boldsymbol{\Omega}\times\boldsymbol{U}\right)=\boldsymbol{T}_{\Sigma} \tag{5-14}$$

在式(5-13)与式(5-14)中,m 表示 UUV 的质量,$\boldsymbol{F}_{\Sigma}$ 是 UUV 所受合力,$\boldsymbol{T}_{\Sigma}$ 是 UUV 所受合力矩,$\boldsymbol{I}$ 是 3×3 矩阵:

$$\boldsymbol{I}=\begin{bmatrix} I_x & I_{xy} & I_{zx}\\ I_{xy} & I_y & I_{zy}\\ I_{zx} & I_{yz} & I_z\end{bmatrix}$$

式中,I_x、I_y、I_z 表示的是 UUV 绕艇体坐标系 Ox、Oy、Oz 轴的转动惯量,其余的表示惯量积。将式(5-13)和式(5-14)展开,就可以得到 UUV 的动力学模型:

$$\begin{bmatrix} X_{\Sigma}\\ Y_{\Sigma}\\ Z_{\Sigma}\end{bmatrix}=m\left\{\begin{bmatrix}\dot{u}+wq-vr\\ \dot{v}+ur-wq\\ \dot{w}+vp-uq\end{bmatrix}+\begin{bmatrix}-x_{\mathrm{g}}(q^2+r^2)+y_{\mathrm{g}}(pq-\dot{r})+z_{\mathrm{g}}(\dot{q}+pr)\\ x_{\mathrm{g}}(pq+\dot{r})-y_{\mathrm{g}}(q^2+r^2)+z_{\mathrm{g}}(qr-\dot{p})\\ x_{\mathrm{g}}(pr-\dot{q})+y_{\mathrm{g}}(qr+\dot{p})-z_{\mathrm{g}}(p^2+q^2)\end{bmatrix}\right\} \tag{5-15}$$

$$\begin{bmatrix} K_{\Sigma}\\ M_{\Sigma}\\ N_{\Sigma}\end{bmatrix}=\begin{bmatrix} I_x & I_{xy} & I_{zx}\\ I_{xy} & I_y & I_{zy}\\ I_{zx} & I_{yz} & I_z\end{bmatrix}\begin{bmatrix}\dot{p}\\ \dot{q}\\ \dot{r}\end{bmatrix}+\begin{bmatrix}(I_{xz}p+I_{yz}q+I_zr)q-(I_{xy}p+I_yq+I_{yz}r)r\\ (I_xp+I_{xy}q+I_{xz}r)r-(I_{xz}p+I_{yz}q+I_zr)p\\ (I_{xy}p+I_yq+I_{yz}r)p-(I_xp+I_{xy}q+I_{xz}r)q\end{bmatrix}+$$
$$m\begin{bmatrix} y_{\mathrm{g}}\dot{w}-z_{\mathrm{g}}\dot{v}\\ z_{\mathrm{g}}\dot{u}-x_{\mathrm{g}}\dot{w}\\ x_{\mathrm{g}}\dot{v}-y_{\mathrm{g}}\dot{u}\end{bmatrix}+m\begin{bmatrix} y_{\mathrm{g}}(vp-uq)+z_{\mathrm{g}}(wp-ur)\\ z_{\mathrm{g}}(wq-vr)+x_{\mathrm{g}}(uq-vp)\\ x_{\mathrm{g}}(ur-wp)+y_{\mathrm{g}}(vr-wq)\end{bmatrix} \tag{5-16}$$

从式(5-15)和式(5-16)可以看出,状态变量之间存在严重耦合和非线性特性。UUV在水下运动过程中,会受到各种力和力矩的作用,主要包括:UUV 自身所受重力和浮力的作用;UUV 自身推进器的推力以及舵机产生的力矩作用;外界流体惯性力以及流体黏性力的作用;外界未知环境干扰力的作用。

为了便于分析 UUV 水平面和空间运动的动力学情况,将 UUV 动力学方程写作向量形式:

$$\boldsymbol{M}\dot{\boldsymbol{\nu}}+(\boldsymbol{C}_{RB}(\boldsymbol{\nu})+\boldsymbol{C}_{A}(\boldsymbol{\nu}))\boldsymbol{\nu}+\boldsymbol{D}(\boldsymbol{\nu})\boldsymbol{\nu}+\boldsymbol{g}(\boldsymbol{\eta})=\boldsymbol{\tau} \tag{5-17}$$

式中

$$\boldsymbol{M}=\boldsymbol{M}_{A}-\boldsymbol{\Lambda}=\begin{bmatrix} m & 0 & 0 & 0 & 0 & 0 \\ 0 & m & 0 & 0 & 0 & 0 \\ 0 & 0 & m & 0 & 0 & 0 \\ 0 & 0 & 0 & I_{x} & I_{xy} & I_{zx} \\ 0 & 0 & 0 & I_{xy} & I_{y} & I_{zy} \\ 0 & 0 & 0 & I_{zx} & I_{yz} & I_{z} \end{bmatrix}-\begin{bmatrix} X_{\dot{u}} & X_{\dot{v}} & X_{\dot{w}} & X_{\dot{p}} & X_{\dot{q}} & X_{\dot{r}} \\ Y_{\dot{u}} & Y_{\dot{v}} & Y_{\dot{w}} & Y_{\dot{p}} & Y_{\dot{q}} & Y_{\dot{r}} \\ Z_{\dot{u}} & Z_{\dot{v}} & Z_{\dot{w}} & Z_{\dot{p}} & Z_{\dot{q}} & Z_{\dot{r}} \\ K_{\dot{u}} & K_{\dot{v}} & K_{\dot{w}} & K_{\dot{p}} & K_{\dot{q}} & K_{\dot{r}} \\ M_{\dot{u}} & M_{\dot{v}} & M_{\dot{w}} & M_{\dot{p}} & M_{\dot{q}} & M_{\dot{r}} \\ N_{\dot{u}} & N_{\dot{v}} & N_{\dot{w}} & N_{\dot{p}} & N_{\dot{q}} & N_{\dot{r}} \end{bmatrix}$$

$$\boldsymbol{C}_{RB}(\boldsymbol{\nu})=\begin{bmatrix} 0 & 0 & 0 & m(y_{g}q+z_{g}r) & -m(x_{g}q-w) & -m(x_{g}r+v) \\ 0 & 0 & 0 & -m(y_{g}p+w) & m(z_{g}r+x_{g}p) & -m(y_{g}r-u) \\ 0 & 0 & 0 & -m(z_{g}p-v) & -m(z_{g}q+u) & m(x_{g}p+y_{g}q) \\ -m(y_{g}q+z_{g}r) & m(y_{g}p+w) & m(z_{g}p-v) & 0 & -I_{yz}q-I_{xz}p+I_{z}r & I_{yz}r+I_{xy}p-I_{y}q \\ m(x_{g}q-w) & -m(z_{g}r+x_{g}p) & m(z_{g}q+u) & I_{yz}q+I_{xz}p-I_{z}r & 0 & -I_{xz}r-I_{xy}q+I_{x}p \\ m(x_{g}r+v) & m(y_{g}r-u) & -m(x_{g}p+y_{g}q) & -I_{yz}r-I_{xy}p+I_{y}q & I_{xz}r+I_{xy}q-I_{x}p & 0 \end{bmatrix}$$

$$\boldsymbol{C}_{A}(\boldsymbol{\nu})=\begin{bmatrix} 0 & 0 & 0 & 0 & -a_{3} & a_{2} \\ 0 & 0 & 0 & a_{3} & 0 & a_{1} \\ 0 & 0 & 0 & -a_{2} & a_{1} & 0 \\ 0 & -a_{3} & a_{2} & 0 & -b_{3} & b_{2} \\ a_{3} & 0 & -a_{1} & b_{3} & 0 & -b_{1} \\ -a_{2} & a_{1} & 0 & -b_{2} & b_{1} & 0 \end{bmatrix}$$

其中

$$\begin{aligned} a_{1}&=X_{\dot{u}}u+X_{\dot{v}}v+X_{\dot{w}}w+X_{\dot{p}}p+X_{\dot{q}}q+X_{\dot{r}}r \\ a_{2}&=X_{\dot{v}}u+Y_{\dot{v}}v+Y_{\dot{w}}w+Y_{\dot{p}}p+Y_{\dot{q}}q+Y_{\dot{r}}r \\ a_{3}&=X_{\dot{w}}u+Y_{\dot{w}}v+Z_{\dot{w}}w+Z_{\dot{p}}p+Z_{\dot{q}}q+Z_{\dot{r}}r \\ b_{1}&=X_{\dot{p}}u+Y_{\dot{p}}v+Z_{\dot{p}}w+K_{\dot{p}}p+K_{\dot{q}}q+K_{\dot{r}}r \\ b_{2}&=X_{\dot{q}}u+Y_{\dot{q}}v+Z_{\dot{q}}w+K_{\dot{q}}p+M_{\dot{q}}q+M_{\dot{r}}r \\ b_{3}&=X_{\dot{r}}u+Y_{\dot{r}}v+Z_{\dot{r}}w+K_{\dot{r}}p+M_{\dot{r}}q+N_{\dot{r}}r \end{aligned}$$

$$\begin{aligned} \boldsymbol{D}(\boldsymbol{\nu})=&\operatorname{diag}\{X_{u},Y_{v},Z_{w},K_{p},M_{q},N_{r}\}+ \\ &\operatorname{diag}\{X_{u|u|}|u|,Y_{v|v|}|v|,Z_{w|w|}|w|,K_{p|p|}|p|,M_{q|q|}|q|,N_{r|r|}|r|\} \end{aligned}$$

在式(5-17)中:$\boldsymbol{M}$ 是正定惯性矩阵,由质量、转动惯量矩阵和附加质量矩阵构成;$\boldsymbol{X}$ 是 UUV 向心力矩阵,$\boldsymbol{C}_{RB}(\boldsymbol{\nu})$ 是由附加质量产生的科里奥利向心力矩阵,$\boldsymbol{C}(\boldsymbol{\nu})=\boldsymbol{C}_{RB}(\boldsymbol{\nu})+\boldsymbol{C}_{A}(\boldsymbol{\nu})$ 是中心对称的科里奥利向心力矩阵;$\boldsymbol{D}(\boldsymbol{\nu})$ 是忽略了次要黏性力的流体黏性力矩阵;

$\boldsymbol{\nu}=[u \quad v \quad w \quad p \quad q \quad r]^{\mathrm{T}}\in\mathbb{R}^{6\times1}$ 是 UUV 在艇体坐标系下的线速度和角速度矢量;

$\boldsymbol{\tau}=[\tau_u \quad \tau_v \quad \tau_w \quad \tau_p \quad \tau_q \quad \tau_r]^{\mathrm{T}}=[X_{\mathrm{prop}} \quad Y_{\mathrm{prop}} \quad Z_{\mathrm{prop}} \quad K_{\mathrm{prop}} \quad M_{\mathrm{prop}} \quad N_{\mathrm{prop}}]^{\mathrm{T}}\in\mathbb{R}^{6\times1}$ 是全驱动 UUV 控制输入力和力矩;$\boldsymbol{g}(\boldsymbol{\eta})$ 是静力以及静力矩向量,且有

$$\boldsymbol{g}(\boldsymbol{\eta})=\begin{bmatrix}(W-B)\sin\theta\\-(W-B)\sin\varphi\cos\theta\\-(W-B)\cos\varphi\cos\theta\\-(y_{\mathrm{g}}W-y_{\mathrm{b}}B)\cos\theta\cos\varphi+(z_{\mathrm{g}}W-z_{\mathrm{b}}B)\cos\theta\sin\varphi\\(z_{\mathrm{g}}W-z_{\mathrm{b}}B)\sin\theta+(x_{\mathrm{g}}W-x_{\mathrm{b}}B)\cos\theta\cos\varphi\\-(x_{\mathrm{g}}W-x_{\mathrm{b}}B)\cos\theta\sin\varphi-(y_{\mathrm{g}}W-y_{\mathrm{b}}B)\sin\theta\end{bmatrix}$$

UUV 在水中所受到的浮力是 $B=\rho g\square$,这里的 ρ 是水密度,g 是重力加速度,$\square$是 UUV 在水中排开水的体积;UUV 所受的重力是 $W=mg$。两个力分别作用在浮心 $r_{\mathrm{b}}^{\mathrm{b}}=[x_{\mathrm{b}},y_{\mathrm{b}},z_{\mathrm{b}}]^{\mathrm{T}}$ 和重心 $r_{\mathrm{g}}^{\mathrm{b}}=[x_{\mathrm{b}},y_{\mathrm{b}},z_{\mathrm{b}}]^{\mathrm{T}}$ 上,本书中假设当 UUV 完全浸没在水中时,浮力等于重力,也就是 $W=B$。并且在艇体坐标系下浮心和重心之间的距离向量定义为

$$\overline{BG}=[\overline{BG}_x,\overline{BG}_y,\overline{BG}_z]^{\mathrm{T}}=[x_{\mathrm{g}}-x_{\mathrm{b}},y_{\mathrm{g}}-y_{\mathrm{b}},z_{\mathrm{g}}-z_{\mathrm{b}}]^{\mathrm{T}} \tag{5-18}$$

当 $x_{\mathrm{g}}=x_{\mathrm{b}}$ 并且 $y_{\mathrm{g}}=y_{\mathrm{b}}$ 时,$g(\boldsymbol{\eta})$ 的表达式可以简化为

$$\boldsymbol{g}(\boldsymbol{\eta})=\begin{bmatrix}0\\0\\0\\\overline{BG}_zW\cos\theta\sin\varphi\\\overline{BG}_zW\sin\theta\\0\end{bmatrix}$$

其动力学微分方程如下:

纵向方程

$$\begin{aligned}&m[\dot{u}-vr+wq-x_{\mathrm{g}}(q^2+r^2)+y_{\mathrm{g}}(pq-\dot{r})+z_{\mathrm{g}}(pr+\dot{q})]\\&=\frac{1}{2}\rho L^4[X'_{qq}q^2+X'_{rr}r^2+X'_{pr}pr]+\frac{1}{2}\rho L^3[X'_{\dot{u}}\dot{u}+X'_{vr}vr+X'_{wq}wq]+\\&\frac{1}{2}\rho L^2[X'_{uu}u^2+X'_{vv}v^2+X'_{ww}w^2+X'_{uw}uw]-(W-B)\sin\theta+\frac{1}{2}\rho L^2u^2[X'_{\delta_r\delta_r}\delta_r^2+X'_{\delta_x}\delta_x+X'_{\delta_s\delta_s}\delta_s^2]+X_{\mathrm{prop}}\end{aligned} \tag{5-19}$$

横向方程

$$\begin{aligned}&m[\dot{v}-wp+ur-y_{\mathrm{g}}(r^2+p^2)+z_{\mathrm{g}}(qr-\dot{p})+x_{\mathrm{g}}(pq+\dot{r})]\\&=\frac{1}{2}\rho L^4[Y'_{\dot{r}}\dot{r}+Y'_{\dot{p}}\dot{p}+Y'_{p|p|}p|p|+Y'_{pq}pq+Y'_{qr}qr+Y'_{r|r|}r|r|]+\end{aligned}$$

$$\frac{1}{2}\rho L^3[Y'_{\dot v}\dot v+Y'_{ur}ur+Y'_{vq}vq+Y'_{wp}wp+Y'_{wr}wr+Y'_{v|r|}\frac{v}{|v|}\sqrt{v^2+w^2}\,|r|]+$$

$$\frac{1}{2}\rho L^2[Y'_{uu}u^2+Y'_{uv}uv+Y'_{vw}vw+Y'_{v|v|}v\sqrt{v^2+w^2}]+$$

$$(W-B)\cos\theta\sin\varphi+\frac{1}{2}\rho L^3Y'_{|r|\delta r}u|r|\delta_r+\frac{1}{2}\rho L^2Y'_{\delta r}u^2\delta_r+Y_{\text{prop}} \tag{5-20}$$

垂向方程

$$m[\dot w-uq+vp+z_g(p^2+q^2)+x_g(pr-\dot q)+y_g(rq+\dot p)]$$

$$=\frac{1}{2}\rho L^4[Z'_{\dot q}\dot q+Z'_{pp}p^2+Z'_{rr}r^2+Z'_{rp}rp+Z'_{q|q|}q|q|]+$$

$$\frac{1}{2}\rho L^3[Z'_{\dot w}\dot w+Z'_{uq}uq+Z'_{vr}vr+Z'_{vp}vp+Z'_{w|q|}\frac{w}{|w|}\sqrt{v^2+w^2}\,|q|]+$$

$$\frac{1}{2}\rho L^2[Z'_{uu}u^2+Z'_{vv}v^2+Z'_{uv}uv+Z'_{uw}uw+Z'_{u|w|}u|w|+Z'_{w|w|}w\sqrt{v^2+w^2}+Z'_{ww}|w|\sqrt{v^2+w^2}]+$$

$$(W-B)\cos\theta\cos\varphi+\frac{1}{2}\rho L^3Z'_{|q|\delta_s}u|q|\delta_s+\frac{1}{2}\rho L^2Z'_{\delta_s}u^2\delta_s+Z_{\text{prop}} \tag{5-21}$$

横倾方程

$$I_x\dot p+I_{xy}\dot q+I_{xz}\dot r+(I_{zx}p+I_{zy}q+I_zr)q-(I_{yx}p+I_yq+I_{yz}r)r+m[y_g(\dot w+vp-uq)-z_g(\dot v+ur-wp)]$$

$$=\frac{1}{2}\rho L^5[K'_{\dot p}\dot p+K'_{\dot r}\dot r+K'_{p|p|}p|p|+K'_{qr}qr+K'_{pq}pq+K'_{|r|r}|r|r]+$$

$$\frac{1}{2}\rho L^4[K'_{\dot v}\dot v+K'_{up}up+K'_{ur}ur+K'_{vq}vq+K'_{wp}wp+K'_{wr}wr]+$$

$$\frac{1}{2}\rho L^3[K'_{uu}u^2+K'_{uv}uv+K'_{v|v|}v\sqrt{v^2+w^2}+K'_{vw}vw]+(y_gW-y_bB)\cos\theta\cos\varphi-$$

$$(z_gW-z_bB)\cos\theta\sin\varphi+\frac{1}{2}\rho L^3K'_{\delta_r}u^2\delta_r+K_{\text{prop}} \tag{5-22}$$

纵倾方程

$$I_{yx}\dot p+I_y\dot q+I_{yz}\dot r+(I_xp+I_{xy}q+I_{xz}r)r-(I_{zx}p+I_{zy}q+I_zr)p+m[z_g(\dot u+wq-vr)-x_g(\dot w+vp-uq)]$$

$$=\frac{1}{2}\rho L^5[M'_{\dot q}\dot q+M'_{pp}p^2+M'_{q|q|}q|q|+M'_{rr}r^2+M'_{pr}pr]+$$

$$\frac{1}{2}\rho L^4[M'_{\dot w}\dot w+M'_{uq}uq+M'_{vr}vr+M'_{vp}vp+M'_{|w|q}\sqrt{v^2+w^2}\,q]+$$

$$\frac{1}{2}\rho L^3[M'_{uu}u^2+M'_{vv}v^2+M'_{uv}uv+M'_{uw}uw+M'_{u|w|}u|w|+M'_{ww}|w|\sqrt{v^2+w^2}+M'_{w|w|}w\sqrt{v^2+w^2}]-$$

$$(x_gW-x_bB)\cos\theta\cos\varphi-(z_gW-z_bB)\sin\theta+\frac{1}{2}\rho L^4M'_{|q|\delta_s}u|q|\delta_s+\frac{1}{2}\rho L^3M'_{\delta_s}u^2\delta_s+M_{\text{prop}} \tag{5-23}$$

偏航方程

$$I_{zx}\dot p+I_{zy}\dot q+I_z\dot r+(I_{yx}p+I_yq+I_{yz}r)p-(I_xp+I_{xy}q+I_{xz}r)q+m[x_g(\dot v+ur-wp)-y_g(\dot u+wp-vr)]$$

$$=\frac{1}{2}\rho L^5[N'_{\dot r}\dot r+N'_{\dot p}\dot p+N'_{|p|p}|p|p+N'_{r|r|}r|r|+N'_{pq}pq+N'_{qr}qr]+$$

$$\frac{1}{2}\rho L^4[N'_{\dot v}\dot v+N'_{up}up+N'_{ur}ur+N'_{wr}wr+N'_{wp}wp+N'_{vq}vq+N'_{|v|r}\sqrt{v^2+w^2}r]+$$

$$\frac{1}{2}\rho L^3[N'_{uu}u^2+N'_{uv}uv+N'_{vw}vw+N'_{v|v|}v\sqrt{v^2+w^2}]+(x_gW-x_bB)\cos\theta\sin\varphi+(y_gW-y_bB)\sin\theta+$$

$$\frac{1}{2}\rho L^4N'_{|r|\delta_r}u|r|\delta_r+\frac{1}{2}\rho L^3N'_{\delta_r}u^2\delta_r+N_{prop} \tag{5-24}$$

在上面的等式中：

ρ——水的密度；

X_{prop}——推进器产生的推力，N；

N_{prop}——推进器产生的推力矩，N · m；

$X'(\cdot)$、$Y'(\cdot)$、$Z'(\cdot)$——无因次水动力导数；

$K'(\cdot)$、$M'(\cdot)$、$N'(\cdot)$——无因次水动力矩导数；

u、v、w——纵向、横向和垂向速度，m/s；

p、q、r——横摇角、纵摇角、艏摇角速度，rad/s；

δ_r、δ_s——垂直舵、水平舵的舵角，rad；

m——UUV 的质量，kg；

$I_xI_yI_z$——绕 x、y、z 轴的转动惯量，N · m^2；

x_g,y_g,z_g——UUV 的重心位置，m；

x_b,y_b,z_b——UUV 的浮心位置，m；

W、B——重力和浮力，N。

5.2.3 水下无人航行器六自由度数学模型

水下无人航行器一般是左右对称，上下对称，重心与浮心设计在 z 轴上，并且一般认为 UUV 是零浮力状态，并且忽略横倾对 UUV 的影响，那么将上述的动力学与运动学模型进行简化后得到 UUV 空间六自由度模型如下：

$$\begin{gathered}\dot{\boldsymbol{\eta}}=\boldsymbol{J}(\boldsymbol{\eta})\boldsymbol{\nu}\\ \boldsymbol{M}\boldsymbol{\nu}+\boldsymbol{C}(\boldsymbol{\nu})\boldsymbol{\nu}+\boldsymbol{D}(\boldsymbol{\nu})\boldsymbol{\nu}+\boldsymbol{g}(\boldsymbol{\eta})=\boldsymbol{\tau}\end{gathered} \tag{5-25}$$

式中 $\boldsymbol{\eta}=[\xi\quad\eta\quad\zeta\quad\varphi\quad\theta\quad\psi]^{\mathrm T}$，$\boldsymbol{\nu}=[u\quad v\quad w\quad p\quad q\quad r]^{\mathrm T}$；

$$\boldsymbol{J}=\begin{bmatrix}\cos\psi\cos\theta & -\sin\psi & \sin\theta\cos\psi & 0 & 0 & 0\\ \sin\psi\cos\theta & \cos\psi & \sin\theta\sin\psi & 0 & 0 & 0\\ -\sin\theta & 0 & \cos\theta & 0 & 0 & 0\\ 0 & 0 & 0 & 1 & 0 & \tan\theta\\ 0 & 0 & 0 & 0 & 1 & 0\\ 0 & 0 & 0 & 0 & 0 & 1/\cos\theta\end{bmatrix}$$

$$
\boldsymbol{M}=\begin{bmatrix} m-X_{\dot{u}} & 0 & 0 & 0 & 0 & 0 \\ 0 & m-Y_{\dot{v}} & 0 & 0 & 0 & 0 \\ 0 & 0 & m-Z_{\dot{w}} & 0 & 0 & 0 \\ 0 & 0 & 0 & 0 & 0 & 0 \\ 0 & 0 & 0 & 0 & I_y-M_{\dot{q}} & 0 \\ 0 & 0 & 0 & 0 & 0 & I_z-N_{\dot{r}} \end{bmatrix}
$$

$$
\boldsymbol{C}=\boldsymbol{C}_{RB}+\boldsymbol{C}_{A}=\begin{bmatrix} 0 & 0 & 0 & 0 & mw-Z_{\dot{w}}w & -mv+Y_{\dot{v}}v \\ 0 & 0 & 0 & -mw+Z_{\dot{w}}w & 0 & mu-X_{\dot{u}}u \\ 0 & 0 & 0 & mv-Y_{\dot{v}}v & -mu+X_{\dot{u}}u & 0 \\ 0 & mw-Z_{\dot{w}}w & -mv+Y_{\dot{v}}v & 0 & I_zr-N_{\dot{r}}r & -I_yq+M_{\dot{q}}q \\ -mw+Z_{\dot{w}}w & 0 & mu-X_{\dot{u}}u & -I_zr+N_{\dot{r}}r & 0 & 0 \\ mv-Y_{\dot{v}}v & -mu+X_{\dot{u}}u & 0 & I_yq-M_{\dot{q}}q & 0 & 0 \end{bmatrix}
$$

$$
\boldsymbol{D}=-\mathrm{diag}\{X_u,Y_v,Z_w,0,M_q,N_r\}-\mathrm{diag}\{X_{|u|u}|u|,Y_{|v|v}|v|,Z_{|w|w}|w|,0,M_{|q|q}|q|,N_{|r|r}|r|\}
$$

由于重心和浮心一定设计在 z 轴上，并且做仿真时一般认为 UUV 零浮力，那么 $W=mg$，$B=\rho gV,W=B,x_g=x_b,y_g=y_b$。

$$
\boldsymbol{g}=\begin{bmatrix} 0 \\ 0 \\ 0 \\ 0 \\ \rho gV\overline{GM}_L\sin\theta \\ 0 \end{bmatrix}
$$，其中 $\overline{GM}_L$ 为纵稳心高；

那么，UUV 的模型展开后运动学方程：

$$
\begin{aligned}
\dot{\xi}&=u\cos\psi\cos\theta-v\sin\psi+w\sin\theta\cos\psi \\
\dot{\eta}&=u\sin\psi\cos\theta+v\cos\psi+w\sin\theta\sin\psi \\
\dot{\zeta}&=-u\sin\theta+w\cos\theta \\
\dot{\theta}&=q \\
\dot{\psi}&=\frac{r}{\cos\theta}
\end{aligned}
\tag{5-26}
$$

动力学方程：

$$
\begin{aligned}
&(m-X_{\dot{u}})\dot{u}+(mw-Z_{\dot{w}}w)q+(-mv+Y_{\dot{v}}v)r-(X_u+X_{|u|u}|u|)u=\tau_u \\
&(m-Y_{\dot{v}})\dot{v}+(mu-X_{\dot{u}}u)r-(Y_v+Y_{|v|v}|v|)v=\tau_v \\
&(m-Z_{\dot{w}})\dot{w}+(-mu+X_{\dot{u}}u)q-(Z_w+Z_{|w|w}|w|)w=\tau_w \\
&(I_y-M_{\dot{q}})\dot{q}+(-mw+Z_{\dot{w}}w)u+(mu-X_{\dot{u}}u)w-(M_q+M_{|q|q}|q|)q+\rho gV\overline{GM}_L\sin\theta=\tau_q \\
&(I_z-N_{\dot{r}})\dot{r}+(mv-Y_{\dot{v}}v)u+(-mu+X_{\dot{u}}u)v-(N_r+N_{|r|r}|r|)r=\tau_r
\end{aligned}
\tag{5-27}
$$

当 UUV 仅做水平面运动时，即不进行深度和纵倾运动时，对 UUV 进行模型简化，得到其水平面空间三自由度模型。

进行水平面模型简化，对 UUV 进行建模时可以忽略深度和纵倾两个自由度，即在运动学与动力学方程中忽略与深度和纵倾有关的变量，即忽略 ζ、θ、w 和 q。那么，简化后的水平面三自由度运动学方程为

$$\begin{aligned}\dot{\xi}&=u\cos\psi-v\sin\psi\\ \dot{\eta}&=u\sin\psi+v\cos\psi\\ \dot{\psi}&=r\end{aligned}\tag{5-28}$$

简化后的水平面三自由度动力学方程为

$$\begin{aligned}&(m-X_{\dot{u}})\dot{u}+(-mv+Y_{\dot{v}}v)r-(X_u+X_{|u|u}|u|)u=\tau_u\\ &(m-Y_{\dot{v}})\dot{v}+(mu-X_{\dot{u}}u)r-(Y_v+Y_{|v|v}|v|)v=\tau_v\\ &(I_z-N_{\dot{r}})\dot{r}+(mv-Y_{\dot{v}}v)u+(-mu+X_{\dot{u}}u)v-(N_r+N_{|r|r}|r|)r=\tau_r\end{aligned}\tag{5-29}$$

5.2.4 模型验证和仿真实验

当水下无人航行器的运动学和动力学模型建立后，为了确保模型建立的正确性，需要对模型进行验证，模型验证主要是进行恒定推力仿真验证和定常回转仿真验证。

针对上述 UUV 空间六自由度模型，采用如下参数进行仿真验证：

$m=185$，$X_{\dot{u}}=-30$，$Y_{\dot{v}}=-80$，$Z_{\dot{w}}=-80$，$I_y=40$，$M_{\dot{q}}=-40$，$I_z=40$，$N_{\dot{r}}=-40$，$X_u=-70$，$X_{|u|u}=-100$，$Y_v=-100$，$Y_{|v|v}=-200$，$Z_w=-100$，$Z_{|w|w}=-200$，$M_q=-50$，$M_{|q|q}=-100$，$N_r=-50$，$N_{|r|r}=-100$，$W=1\ 813$，$\overline{GM_L}=0.02$

$$\begin{aligned}\dot{u}&=\frac{m_{22}}{m_{11}}vr-\frac{m_{33}}{m_{11}}wq-\frac{d_{11}}{m_{11}}u+\frac{1}{m_{11}}\tau_u\\ \dot{v}&=-\frac{m_{11}}{m_{22}}ur-\frac{d_{22}}{m_{22}}v+\frac{1}{m_{22}}\tau_v\\ \dot{w}&=\frac{m_{11}}{m_{33}}uq-\frac{d_{33}}{m_{33}}w+\frac{1}{m_{33}}\tau_w\\ \dot{q}&=\frac{m_{33}-m_{11}}{m_{55}}uw-\frac{d_{55}}{m_{55}}q+\frac{1}{m_{55}}\tau_q\\ \dot{r}&=\frac{m_{11}-m_{22}}{m_{66}}uv-\frac{d_{66}}{m_{66}}r+\frac{1}{m_{66}}\tau_r\end{aligned}$$

其中 $m_{11}=m-X_{\dot{u}}$，$m_{22}=m-Y_{\dot{v}}$，$m_{33}=m-Z_{\dot{w}}$，$m_{55}=I_y-M_{\dot{q}}$，$m_{66}=I_z-N_{\dot{r}}$，$d_{11}=-X_u-X_{u|u|}|u|$，$d_{22}=-Y_v-Y_{v|v|}|v|$，$d_{33}=-Z_w-Z_{w|w|}|w|$，$d_{55}=-M_q-M_{q|q|}|q|$，$d_{66}=-N_r-N_{r|r|}|r|$。

1. 恒定推力仿真

在理想条件下，单独给定纵向一个恒定推力，UUV 的纵向速度将会稳定在一个恒定的值。假设 UUV 的初始位姿信息均为零，分别在纵向推力为 30 N、50 N、100 N 条件下进行恒定推力仿真验证，仿真结果如图 5.3~图 5.5 所示。

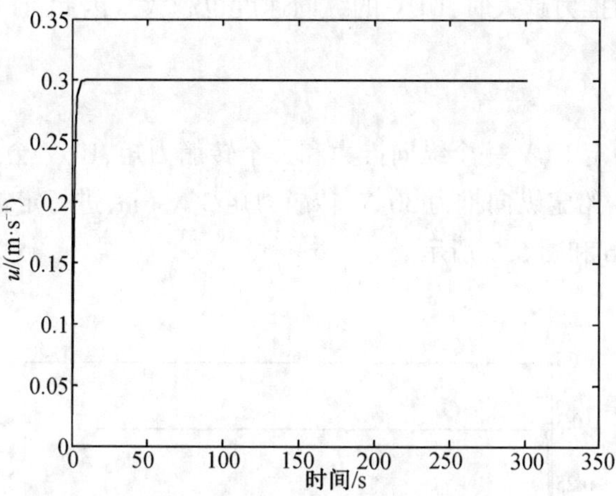

图 5.3　纵向推力为 30 N 时纵向速度 u 变化曲线

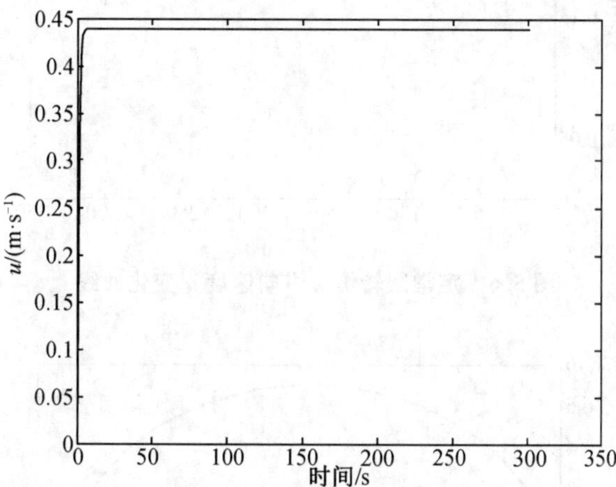

图 5.4　纵向推力为 50 N 时纵向速度 u 变化曲线

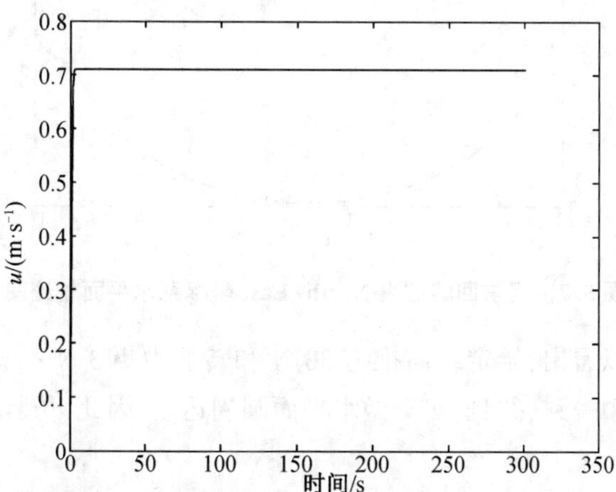

图 5.5　纵向推力为 100 N 时纵向速度 u 变化曲线

从仿真结果可以看出，当给定一个稳定的纵向推力时，UUV 的纵向速度能够达到一个稳定值;当给定的纵向推力越大时,UUV 的纵向速度也越大。因此,证明了该模型符合恒定推力的验证要求。

2. 定常回转仿真

在理想条件下,给定 UUV 一个纵向推力和一个转艏力矩,UUV 会进行圆周运动。假设 UUV 初始状态均为零,给定纵向推力 30 N,转艏力矩 3 N · m,进行定常回转仿真。

仿真结果如图 5.6 和图 5.7 所示。

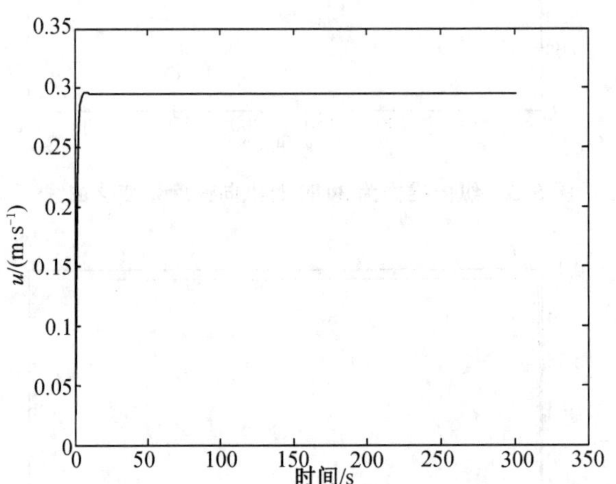

图 5.6　定常回转仿真纵向速度 u 变化曲线

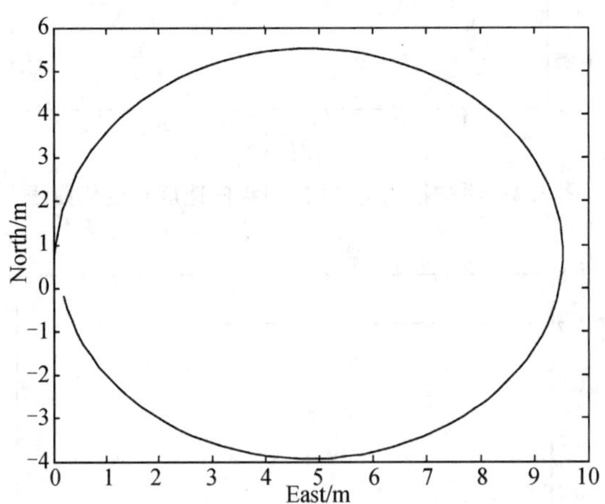

图 5.7　定常回转仿真 North-East 坐标系水平面轨迹图

通过仿真结果可以看出,给定纵向推力 30 N 和转艏力矩 3 N · m 时,纵向速度稳定值与恒定推力仿真验证中一致,并且 UUV 做水平面圆周运动,因此,仿真结果符合定常回转模型验证要求。

5.3　水下无人航行器运动控制

一方面,水下无人航行器在航行过程中经常需要对其航行方向进行改变,因此,方向控制在 UUV 的运动控制中十分重要。UUV 根据执行机构的不同,可以将其方向控制分为辅推模式下的方向控制和方向舵模式下的方向控制。本节采用 PID 控制方法设计 UUV 方向控制器并进行相关仿真。另一方面,水下无人航行器作为一种水下航行的设备,通常针对不同的任务需求需要在不同的深度进行航行,因此其深度控制在运动控制中占据十分重要的位置。UUV 的深度控制可以分为辅推模式下的深度控制和升降舵模式下的深度控制。针对两种模式,分别设计 PID 控制器并进行仿真验证。

5.3.1　方向控制器设计和验证

1. 辅推模式下的方向控制器设计

辅推模式下的 UUV 方向控制是指 UUV 在航行过程中,通过控制艏水平和艉水平辅助推进器的推力大小,由两者的差动来实现 UUV 的方向控制。

在辅推模式下,不考虑方向舵对航行器的影响,因此方向舵控制力矩为 0,即在模型中 $\tau_r=0$,在设计中给定 x 方向推力,对 y 方向推力进行 PID 方向控制器设计。设计 y 方向 PID 控制器,$\tau_v=k_p\times e_p+k_i\times e_i+k_d\times e_d$,其中误差 e 为艏向角的误差。通过参数调节进行仿真。

假设 UUV 初始状态为 0,模型参数如 5.2.4 节所示,在航行时进行辅推模式下航向 0°~90°变化控制,并进行仿真。

设定艏向角的初始值为 0°,期望值为 90°,给定 x 方向推力为定值,$\tau_u=50$,仿真时间 100 s,经参数调节,$k_p=15$,$k_i=0$,$k_d=6$。u,ψ 和水平面轨迹仿真图如图 5.8~图 5.10 所示。

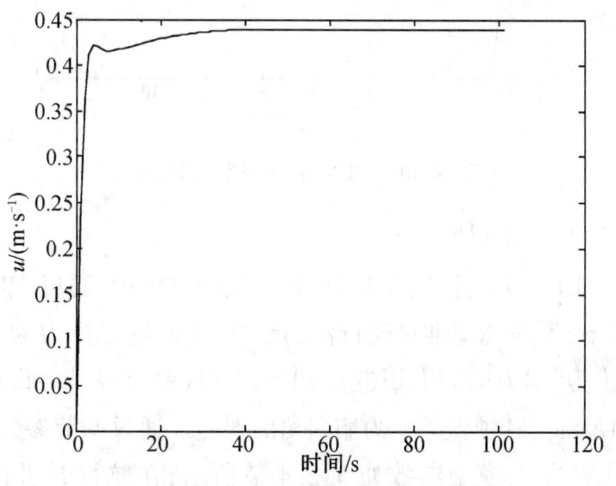

图 5.8　UUV 纵向速度 u 变化曲线

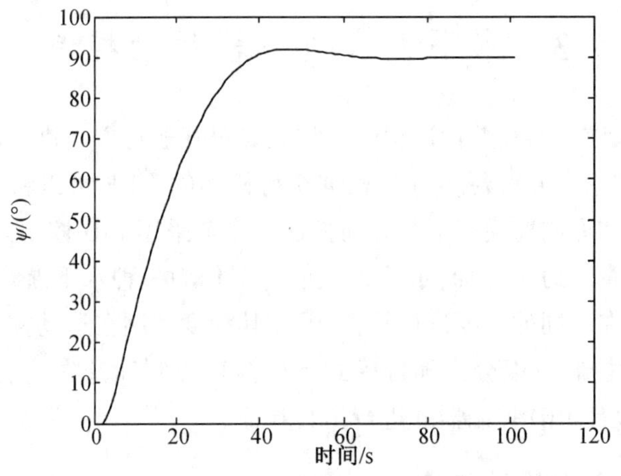

图 5.9　UUV 方向 ψ 变化曲线

通过仿真结果可知，在 60 s 左右，UUV 方向达到 90°，横向与垂向速度也达到稳定值。从水平面轨迹来看，UUV 向正东航行，航行角度也在 90°，因此设计的辅推航向控制器符合要求。

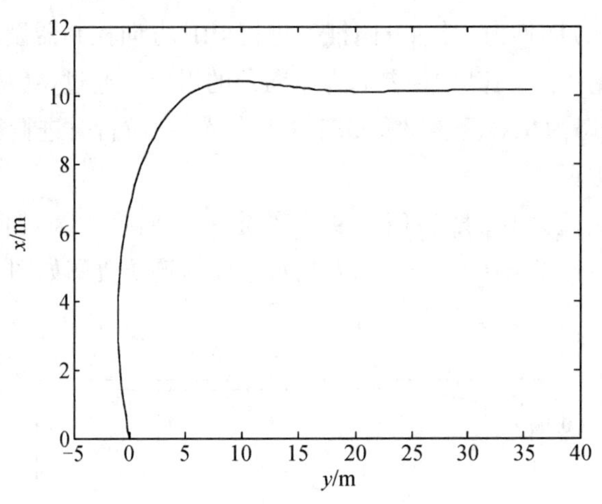

图 5.10　UUV 水平面运动轨迹

2. 方向舵模式下的方向控制器设计

在方向舵模式下的 UUV 方向控制是指 UUV 在航行过程中，通过方向舵打舵来控制 UUV 的航行方向，在此模式下，不考虑辅推对航行器的影响，因此辅推推力为 0，即在模型中 $\tau_v=0$，在设计中给定 x 方向推力，对方向舵力矩进行 PID 方向控制器设计。设计方向舵力矩 PID 控制器，$\tau_r=k_p\times e_p+k_i\times e_i+k_d\times e_d$，其中误差 e 为艏向角的误差。通过调节参数进行仿真。

假设 UUV 初始状态为 0，模型参数如 5.2.4 节所示，在航行时进行方向舵模式下航向 0°～90°变化控制，并进行仿真。

设定艏向角的初始值为 0°，期望值为 90°，给定 x 方向推力为定值，$\tau_u=50$，仿真时间 100 s，经参数调节，$k_p=-2$，$k_i=0$，$k_d=-8$。

u、ψ 和水平面轨迹仿真结果如图 5.11～图 5.13 所示。

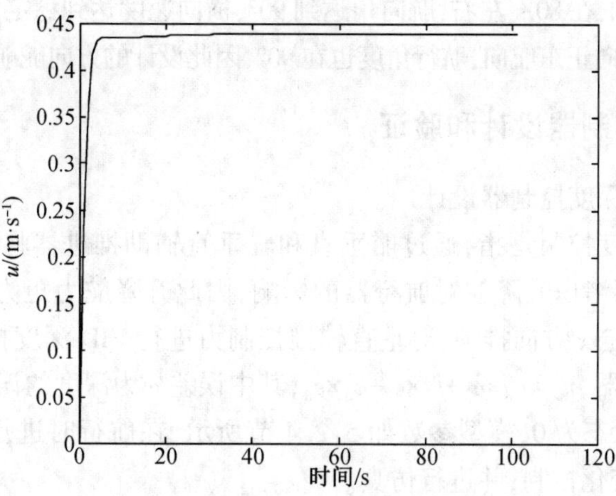

图 5.11 UUV 纵向速度 u 变化曲线

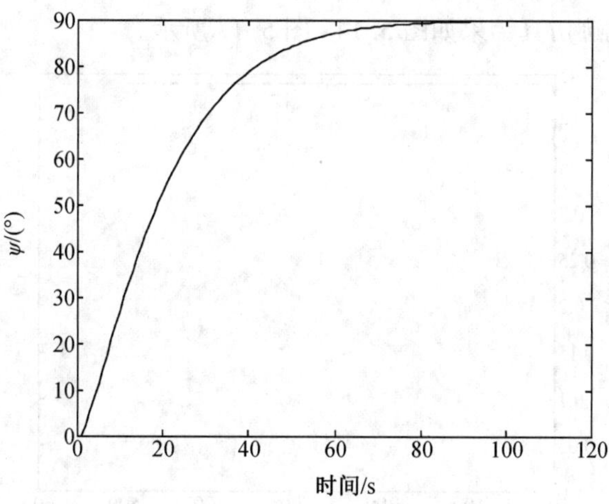

图 5.12 UUV 方向 ψ 变化曲线

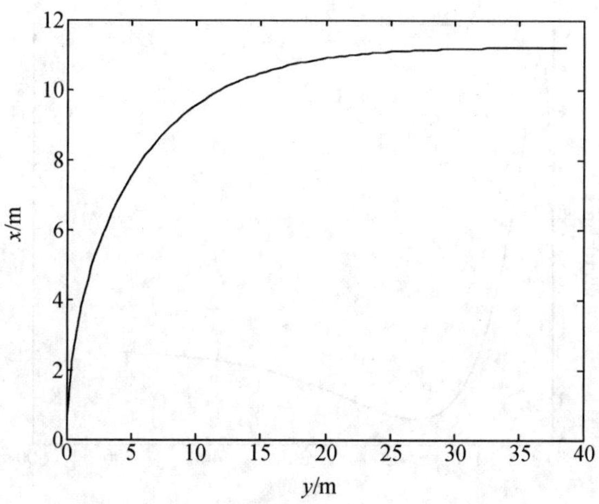

图 5.13 UUV 水平面运动轨迹

通过仿真结果可知,在 80 s 左右,航向角达到 90°,横向速度达到稳定值,转矩变化为 0。从水平面轨迹来看,UUV 向正东航向,航行角度也在 90°,因此设计的方向舵航向控制器符合要求。

5.3.2 深度控制器设计和验证

1. 辅推模式下的深度控制器设计

辅推模式下的深度控制是指,通过艏垂直和艉垂直辅助推进器将 UUV 下压至指定深度。在辅推模式下,不考虑升降舵对航行器的影响,因此升降舵力矩为 0,即在垂直面模型中 $\tau_q=0$,在设计中给定 x 方向推力,对垂直辅推控制力进行 PID 深度控制器设计。设计辅助推进器下 PID 控制器,$\tau_w=k_p\times e_p+k_i\times e_i+k_d\times e_d$,其中误差 e 为深度的误差。

假设 UUV 初始状态为 0,模型参数如 5.2.4 节所示,在航行时进行辅推模式下深度从水面至水下 10 m 的变化控制,并进行仿真。

设定深度的初始值为 0,期望值为 -10 m,给定 x 方向推力为定值,$\tau_u=50$,仿真时间 500 s,经参数调节,$k_p=0.04$,$k_i=0$,$k_d=6$。

u,w,z 和垂直面轨迹仿真结果如图 5.14~图 5.17 所示。

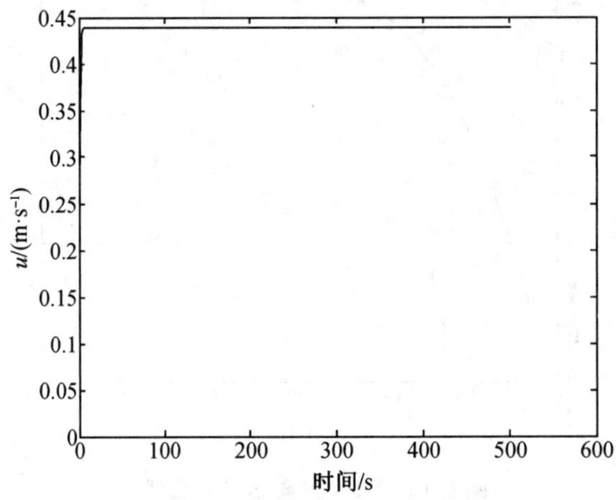

图 5.14 UUV 纵向速度 u 变化曲线

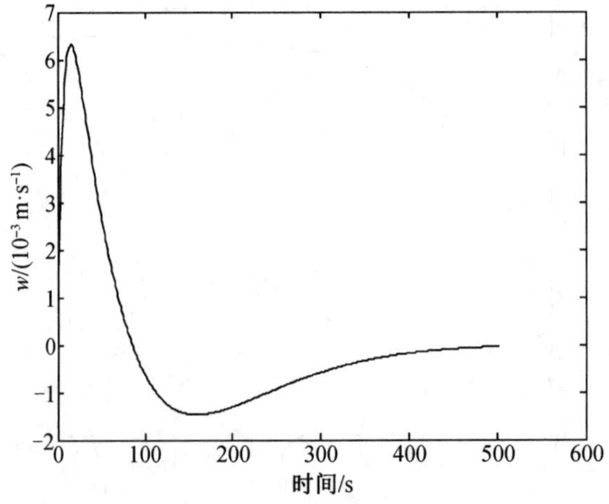

图 5.15 UUV 垂向速度 w 变化曲线

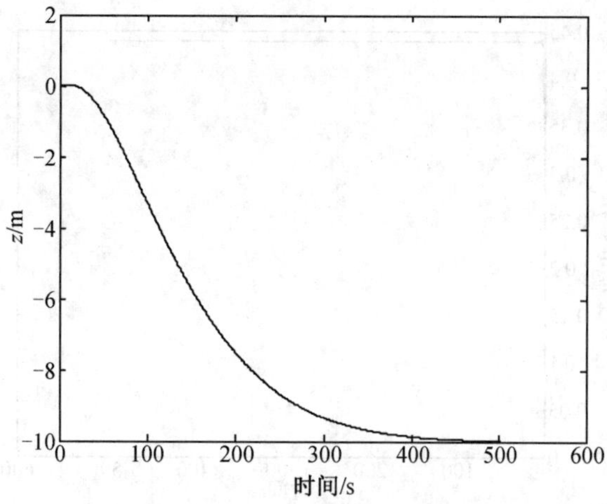

图 5.16　UUV 深度 z 变化曲线

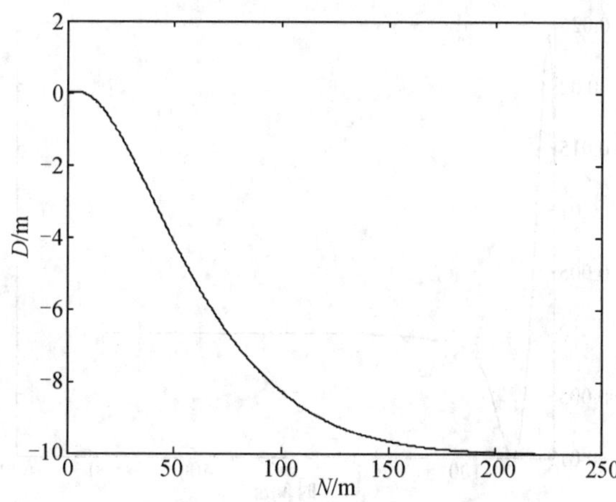

图 5.17　UUV 垂直面运动轨迹

通过仿真结果可知,在 450 s 左右,深度到达期望值-10 m,横向速度和垂向速度符合变化要求。因此设计的辅推深度控制器符合要求。

2. 升降舵模式下的深度控制器设计

升降舵模式下的深度控制是指,UUV 在航行过程中通过升降舵打舵来使得 UUV 下潜至指定深度。在升降舵模式下,不考虑辅推对航行器的影响,因此垂向推力为 0,即在垂直面模型中 $\tau_w=0$,在设计中给定 x 方向推力,对升降舵控制力矩进行 PID 深度控制器设计。设计升降舵力矩 PID 控制器,$\tau_q=k_p\times e_p+k_i\times e_i+k_d\times e_d$,其中误差 e 为深度的误差。

假设 UUV 初始状态为 0,模型参数如 5.2.4 节所示,试在航行时进行升降舵模式下深度从水面至水下 10 m 的变化控制,并进行仿真。

设定深度的初始值为 0,期望值为-10 m,给定 x 方向推力为定值,$\tau_u=50$,仿真时间 500 s,经参数调节,$k_p=0.1$,$k_i=0$,$k_d=5$。

u,q,z 和垂直面轨迹仿真结果如图 5.18~图 5.21 所示。

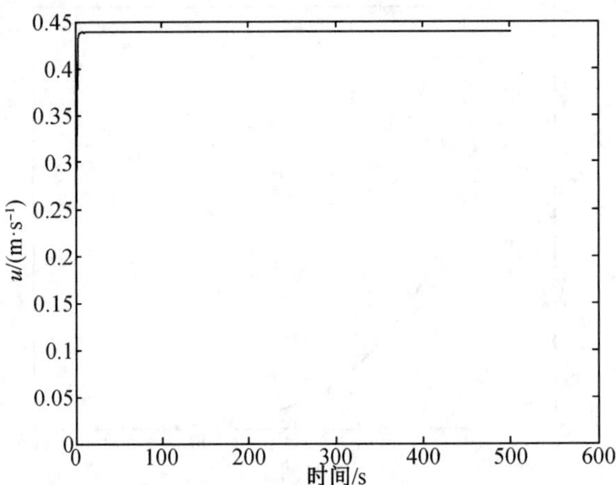

图 5.18　UUV 纵向速度 u 变化曲线

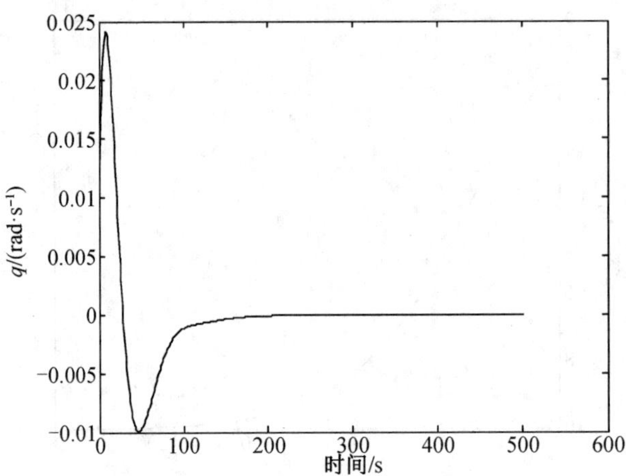

图 5.19　UUV 纵倾角速度 q 变化曲线

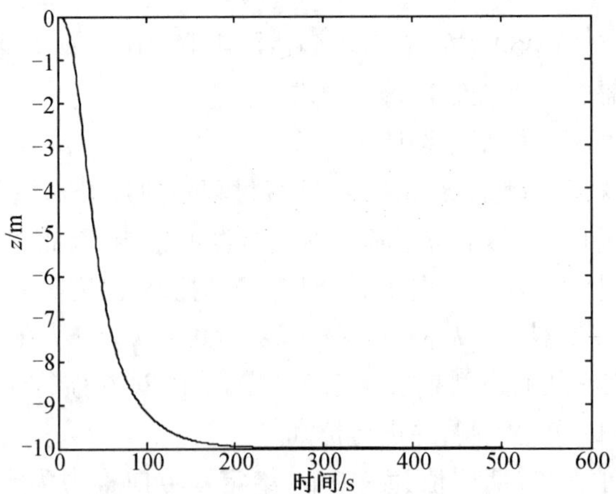

图 5.20　UUV 深度 z 变化曲线

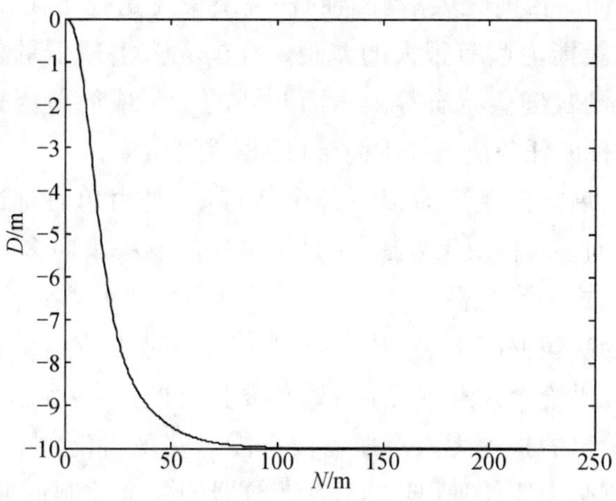

图 5.21　UUV 垂直面运动轨迹

通过仿真结果可知,在 200 s 左右,深度到达期望值−10 m,横向速度和垂向角速度符合变化要求。因此设计的升降舵深度控制器符合要求。

5.4　水下无人航行器自主控制原理

自主决策控制系统是自主控制系统中的重要组成部分,是无人潜航器控制体系智能化程度的体现。在无人潜航器的设计中要减少人为的控制,增强自主控制的能力,最重要的就是在不确定的情况下做出自己的决策。决策能力的实现依赖人的经验、智能控制技术和软硬件的支持。决策控制系统就是在无人潜航器执行任务的时候,能够实时地对任务进行评估并判断当前任务所处的阶段和完成的程度,自主决策下一步的行动方案。当有危险时,人工智能技术会对这种危险情况的严重程度进行评估,执行相应的处理措施,将周围环境中存在的危险对无人潜航器的影响降低到最小。决策控制系统原理具体如下。

5.4.1　自主决策原理和方法

无人潜航器任务决策技术是将大量信息和知识存储在数据库和知识库中,通过问题处理系统、利用一定的问题处理规则和方法对问题进行分析、判断、推理、决定等,引导无人潜航器产生合适问题解的技术,包括结构化决策技术、半结构化决策技术和非结构化决策技术。决策控制技术使无人潜航器能够根据任务要素、资源和环境的动态变化,充分利用各种信息和知识,来实时地获取复杂问题的最优解决方法,可极大地提高无人潜航器应对故障、功能退化、突发事件和危胁事件等的快速响应能力和动态处理能力。

无人潜航器任务决策技术的概念在 20 世纪 80 年代开始提出,并以无人潜航器行为的反应式决策为主,其中碍航物规避、跟踪制导、故障应对是主要的研究方面,主要采用传统的规则法、数学分析法。90 年代末期,出现了研究多无人潜航器的决策问题,如编队、协作、围捕等。进入 21 世纪,随着人工智能的发展和智能决策支持系统理论的成熟,无人潜航器的任务决策开始从反应式决策向慎思式决策发展,其特点是建立知识库和采用人工智能甚至是仿人的决策方法,决策结果也不仅仅局限于无人潜航器的行为方面,而是开始涉及任务、逻辑控制结构等方面。目前无人潜航器的任务决策还是处于比较低的阶段,距离智能的、类似人类思维的决策能力尚有很大的差距。我国无人潜航器的任务决策技术研究方面,大多是面向航路、威胁、健康状态等因素而开展的单一或简单因素组合的决策方法研究,针对多属性或多目标的任务决策技术尚未得到实际突破。

决策控制技术的发展方向主要有以下几个特点:一是由单目标决策向多目标决策发展;二是由单属性决策向多属性决策发展;三是由单一问题决策向多问题融合决策发展;四是由反应式决策向慎思式决策发展。

无人潜航器的行为决策必须具备以下两个特点:一是决策结果合乎无人潜航器的能力。因为决策结果是提供给无人潜航器下一时刻要执行的指令,所以必须满足无人潜航器的行动能力。如果决策出的指令无人潜航器没有能力实现,将会影响决策的效果;二是决策的实时性。决策过程必须要快速,要在无人潜航器的一个控制周期内完成,否则决策会失效并给无人潜航器带来风险。

决策是指通过选择、判断、决定等过程,从多个候选方案中有目的地选择一个的行为。20 世纪计算机科学的诞生以及计算设施与方法的广泛普及,特别是 50 年代人工智能的兴起使得越来越多的复杂计算和推理任务都依赖计算机来完成。在信息处理、机器人、控制领域提出了智能决策的问题,即机器如何才能根据其所面临的任务,自主地做出行为决策以实现其目的。专家系统等专用智能决策技术应运而生。人工智能和决策之间存在着深刻的联系,大致可以断言,一切的智能行为都是通过决策实现的。因此,智能决策问题是人工智能研究的核心。

研究智能决策的动机,不仅在于代替人做出自主决策,更在于在一些复杂的决策场景下借助智能决策技术完成即使人类专家也很难有效完成的决策。近年来,无人潜航器应用领域提出了一系列复杂的智能决策问题,它们具有海量数据、包含随机因素,要求具有环境适应性、自动决策、实时决策、高可靠性等特点。这些特点对传统智能决策技术的建模方法和求解手段等提出了新的要求。智能决策技术面临了前所未有的机遇和挑战。

在这里区别两类决策问题。一类是主观型决策问题,其决策的目标是使决策人的满意程度最大。此处“主观”是指决策必须考虑人的偏好。由于不存在客观的评价标准,对主观偏好较难做出客观量化。另一类是客观型决策问题,即决策目标事先已经确定。此处的“客观”是指在求解决策问题时无须考虑人的主观因素,因此是一个单纯的客观性问题。做这个区别的意义在于,客观型决策将决策人及其利益剥离开,使相当一部分智能决策问题变得单纯,也更利于明确界定智能决策的适用范围和所需考虑的问题。

科学与工程实践中面对的大部分决策问题是客观型,这些问题的决策目标通常是已量化的或相对容易量化的。其问题模型一般包含以下几个要素:

(1)决策环境,即受决策影响且其状态与决策目标相关的对象集合。决策环境在决策建模时必须考虑。

(2)候选方案集 D,当候选方案带有结构化信息时,更准确的定义包括决策变量及其各自对应的可行决策。

(3)决策后果集 S,决策环境的状态,当决策环境不明晰的时候可以看作所选择的方案本身。

(4)决策目标,通常可以量化表示为所有决策后果的一个效用函数 $u:S \to R$,决策目标为效用函数最优(最大或最小)。

(5)决策信息(或状态变量)IS,指决策所依据的可以观察到的决策环境信息。

在无人潜航器工程实践中,许多常见的问题都可以认为属于或归结为决策问题。例如,优化、机器学习、路径规划、预测、推理、调度、搜索等,其中优化、学习和搜索主要强调其解决问题的方法特点,其他则强调决策问题的特殊性。作为决策问题,它们之间在决策要素上的异同见表 5.3。

表 5.3 决策问题及其构成要素

决策问题	决策环境	决策信息	决策变量	决策后果	决策目标
优化	待优化的函数	函数的定义	输入变量	找到的解	函数最小(大)化
学习	程序及其运行环境	程序结构与性能	程序结构	学习后的程序结构	程序性能最优
路径规划	无人潜航器及环境	无人潜航器当前位置与场景	路径方案	动作结果	到达目的地
预测	对象与关于对象的知识	对象知识	对象趋势	预测结果	充分获得参数与性能间的因果信息
调度	无人潜航器及环境	无人潜航器自身及环境状态	任务或行为序列	一次使命或任务执行过程	效率、安全性或其他指标最优
搜索	解空间	当前解及性能	下一次搜索位置	一个尝试解	找到符合条件的解
推理	知识库	现有知识	命题真假	一个断言	做出正确断言

求解客观型决策的一般步骤如下:

(1)构成决策问题,确定可行决策、状态变量和目标描述。

(2)确定各种决策的可能后果和发生概率。

(3)确定决策目标,目标量化(构成效用函数)。

(4)评价与比较决策,选择期望效用最优的决策作为最佳决策。

智能决策是设计计算机程序,使智能体(agent)能够自主地做出决策,来实现由人制定的目标的方法。智能决策应具有环境适应性(至少能对两个不同的输入条件做出决策)、反复决策和自动决策的特点。由于反复决策,智能体每次可能会面对不同的输入条件,如候选方案集不同等。智能决策的前提是存在可计算的决策规则,在输入决策目标决策信息、候选方案后,执行该规则即可以得到所希望的决策。

智能决策通常旨在求解客观型决策问题,尽管其问题模型被描述为一个优化问题,并且优化方法也确实是其中一个重要的技术,但智能决策并不等同于优化。主要区别在于,智能决策涉及建模和求解两个环节,包括决策建模、决策规则表示、不确定性处理等其他关键技术,因而是一种集多种技术的综合性模型和方法。而优化问题是一个比较单纯的良性的数学问题,其求解方法仅限于严格的数学方法,因而优化只是智能决策的关键技术之一。

传统的智能决策技术包括专家系统、自动定理证明、计算机博弈程序等,它们都属于专用智能决策技术。知识库系统可用于通用型决策,但其应用领域仍受限于其知识表示和推理方法。

UUV 在进行多区域地形勘察时,如果面对复杂的地形环境和任务的多样性,那么 UUV 可以按照下面的步骤进行自主决策。

对于 UUV 而言,在多区域地形勘察使命中,将面临复杂的决策场景。这是因为,首先整个使命要求无人潜航器执行多个区域的勘察,对多个区域执行勘察的先后顺序将需要其进行决策确定。然后,无人潜航器执行使命的环境是大范围的海洋环境,其中还有禁区等环境的约束,如何能不穿越禁区,获得一条最优路径,这也是需要决策的。最后,基于时间窗口的约束,无人潜航器必须结合能量消耗最小的目标给出在每个子路径段的航行时间或者航行速度。

由图 5.22 可以看出:子路径段就是出发点到使命点、使命点到使命点或者使命点到回收点之间的路径段。子路径段可能经过绕行点,也可能不经过。在本使命中,一共有四段子路径,它们合起来就是执行整个使命的完整路径。无人潜航器决策计算可能发生在使命执行前和使命执行的过程中。

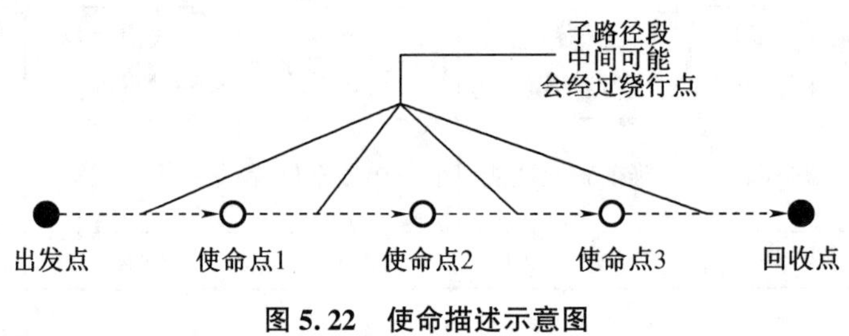

图 5.22　使命描述示意图

在使命执行之前,无人潜航器的决策层要制定使命的执行计划,决策层首先根据使命要求(约束)和环境约束来确定无人潜航器将要行走的路径,即无人潜航器要选择走哪些点(使命点、出发点、回收点、绕行点)以及这些点行走的先后顺序。决策的目标是获得一条最优的行走路线。沿此路线执行使命,无人潜航器将获得最大的收益并且消耗最少。在此基础上考虑时间窗口约束和能量约束,规划出在每段子路径中无人潜航器的航行时间(速度)。

在使命执行过程中,也有可能面对这样的决策问题。无人潜航器可能会遇到意外的事件,有些事件可以通过局部规划解决,比如遇见障碍物,此时任务层可以通过对离散事件的响应来进行适时的任务调度。但是有的突发事件仅靠任务层是处理不了的,比如电池电量突然大量减少,无人潜航器不能按原路径完成预先设定的所有使命。此时约束条件将改变,原来离线所得到的最优决策也不是最优的。决策层要进行在线决策,要根据全局状态抛弃某个或某几个优先级较低的使命任务,然后重新决策出一条最优路径以及这条路径中各子路径段的航行时间分配。在线决策要求无人潜航器自主控制系统能够和决策算法有机地结合,并能在动态和不确定的状态下对算法进行正确调用和执行。

无论是在线的决策还是离线的决策,都要进行选择、判断、决定等过程,都是从多个候选方案中有目的地选择一个的行为。

在分析了决策问题之后,再考察构成此决策问题的各要素:决策变量、决策环境、决策信息、决策目标。其中,决策变量有两个:一个是将要经过的路径点(必经点或绕行点)所构成的序列;另一个是路径中每个子路径段的航行速度(或时间)。决策环境是指无人潜航器及其所处环境。决策信息即全局模型当前的全局状态信息。决策目标是指在满足约束条件的情况下,尽可能最大限度地完成使命要求。

智能决策算法决定了无人潜航器完成的使命以及应对全局事件的能力,因此它应该具有某些特点,通常有以下几个期望达到的标准。

(1)异步事件处理能力:必须能处理那些不在预期时间发生的事件。

(2)反应性:需要保证对外部事件的响应及时,必须迅速发现重要的事件,并迅速做出适当动作,即要满足实时性的要求。

(3)自主性和可适应性:应能根据使命和环境的改变而重新制定或修改其任务行为。

(4)可扩展性:要能容易地加入新的功能模块。

需要最小化的指标函数是无人潜航器走某条路径时耗费和收益的差值。耗费和路径长短、危险度有关。总的收益可以看成是在使命点上所获得的信息回报。耗费和收益都考虑了不确定性。

决策问题表现出局部约束和全局约束。其中,局部约束应用于每个子路径段和使命点,包括载体的自身特性(最大和最小速度限制)以及使命点的时间窗口;全局约束是指载体初始携带的能源数量、禁区约束等。

决策算法将根据使命结合约束条件给出一个最优的规划。规划包括一条完整的使命执行路径,以及路径中各段子路径的无人潜航器航行时间。因为决策变量有两个,因此决策算法被划分为两个步骤:首先,根据图论及运筹学的知识计算出一条最优路径;然后,运用遗传算法,考虑各种约束条件的限制,对路径中的各子路径的速度进行优化。在执行使命之前,决策算法将根据经验知识首先计算出一个执行规划;在执行使命的过程中,当载体或者环境状态发生变化时,在线决策将被调用,重新给出一个新的规划。

最优路径的决策计算要考虑环境约束,不能穿越禁区,分为以下三步。

(1)基于任意两个使命点或绕行点建立 cost 矩阵。本书规定,如果两点的连线不穿越禁区,那么这两点之间的 cost 值是路线的长度。如果两点的连线穿过禁区,则 cost 值为无穷大。

(2)运用图论中 Dijkstra 算法,根据 cost 矩阵算出任意路径点之间 cost 值最小的路径。

(3)运用运筹学的 Little's 算法解出从起点出发,经过各使命点,最后回到结束点的 cost 值最小的 Hamilton 路径。

速度决策中将考虑各使命点的时间窗口约束和载体速度限制的约束。建立速度优化模型,可以用遗传算法等进化计算方法对模型优化,得到最优的子路径段的航行速度分配。

完成上述路径决策和速度决策之后,要根据能量约束进行评估,看看无人潜航器所携带的能源能否完成使命,如果不能,那就要根据各使命点的优先级,丢弃优先级最低的,重新进行路径决策和速度决策。以上算法同样支持在线的情况,且思路与离线是基本相同,只是在线情况要考虑任务之间的调度。

5.4.2 航行器自主学习原理

自主学习是智能控制的重要属性,是衡量智能控制系统智能化水平的重要标志。对某一智能控制系统来说,在其要完成某一任务时,常常遇到的问题是受控对象和系统的性能目标具有一定的复杂性和不确定性。例如,受控对象通常存在非线性和时变性,尤其是受控对象的动力学特性往往建模不够优化,也可能是设计者主观上未能完整表达所致,或者是客观上无法得到对象的合适模型,其他还有多输入、多输出、高阶结构、复杂的性能目标函数、运行条件有约束、测量不完全、部件发生故障等因素。而自学习控制的作用就是为了解决由于对象的非线性和系统建模不良所造成的不确定性问题,即利用自学习具有自动获取知识,积累经验,不断更新和扩充知识的能力,努力降低这种由于缺乏必要的先验知识给系统控制带来的干扰。

在设计一个工程控制系统时,如果被控对象或过程的先验知识全部是已知的、确定的,而且能被描述,那么从合适的常规控制到最优控制的各种方法都可利用,得到满意的控制性能;如果受控对象或过程的先验知识是全部地或局部地已知,但只能得到统计的描述(例如概率分布、密度函数等),那么就要利用随机设计或统计设计技术来解决控制问题,然而如果受控对象或过程的先验知识是全部未知的或者局部未知的,这时就谈不上完整的建模,传统的优化控制设计方法就无法进行,甚至常规控制方法也不能简单地使用。

对于先验知识未知的情况,可以采取两种不同的解决方法。一种方法是,忽略未知部分的先验知识,或者对这些知识预先猜测而把它们视同已知,这样就可以基于知识“已知”来设计控制,采取保守的控制原则,安全低效和次优的结果;另一种方法是,在运行过程中对未知信息进行估什,基于估计信息采用优化控制方法,如果这种估计能逐渐逼近未知信息的真实情况,那么就可与已知全部先验知识一样,得到满意的优化控制性能。

在无外界指导的情况下,对未知信息的估计逐步改善而导致控制性能的逐步改善,这就是自主学习控制。自主学习控制是传统控制技术发展的高级形态,但随着智能控制的兴起和发展,自主学习控制已经被视为是脱离传统范畴的新技术,新方法,成为智能控制的重要研究分支。

相比之下,自主学习控制要求把过去的经验与过去的控制局势相联系,能针对一定的控制局势来调用适当的经验。自主学习控制强调记忆,而且记忆的是控制作用表示为运行状态函数的经验信息。因此,自主学习控制对于那些单纯依赖运行状态的对象特性变化具有较快的反应,这种情况典型的表现即为非线性特性。所以在航行器系统这种典型的非线性控制系统中自主学习控制能够发挥其自身的独特优势,改善系统的性能。

自主学习技术的发展方向有以下四个特点:一是由离线学习向在线学习发展;二是由简单任务学习向复杂多任务学习发展;三是由集中学习向并行分布式学习发展;四是由单一学习方法向多种学习方法的复合发展。

请思考,如果应用回收母船在对 UUV 进行回收时,UUV 往往会遇到不同的障碍物(如岸基、船只、游鱼、水底珊瑚等)对其运动进行干扰,在回收过程中采用什么自主学习技术?

对于已知的静态障碍物,如岸基进行路径规划避障,由于已知环境信息,可以离线进行

路径规划,属于离线学习技术;

对于未知的静态障碍物,如水底珊瑚进行实时路径规划避障,由于未知静态障碍物信息,需要在遇到障碍物时进行实时规划,属于在线学习技术;

对于动态障碍物,如船只和游鱼的路径规划避障,由于对动态障碍物的位置无法估计,因此需要在线实时进行避障规划,属于在线学习技术。

对于回收运动母船的轨迹跟踪,由于 UUV 实时接收母船位姿信息,母船对 UUV 起着领导作用,属于有导师学习技术和在线学习技术。

强化学习(reinforcement learning)属于非监督学习,是一种以反馈为输入的自适应学习方法,智能体通过与环境交互,不断地改进行为策略,最终获得最优行为。强化学习由于其比较符合人类和动物的学习过程,与 Brooks 提出的行为主义思想一致,可以不需要环境模型实现无导师的在线学习等特点,已经成为最受关注的一种智能体行为学习的方法。

强化学习应用在人工智能的许多领域中。强化学习的思想来源于行为心理学,其主要理念是模仿动物(或人类)不断学习、反复试错的行为。行为学中,动物个体或社群通常会根据环境的刺激产生诸多反应,而这些反应将会有利于动物个体或社群适应环境。强化学习中,智能体通过传感器在线探测环境信息并尝试不同的动作选择,获取环境反馈的评价值,在学习过程中不断优化动作选择策略,最终得到一条具有最高回报的行为策略。

在应用方面,实现强化学习在复杂、不确定系统优化和控制问题中的应用对于推动工业、航天、军事等各个领域的发展都具有显著的意义和工程价值,特别是对于移动机器人系统来说,强化学习是实现具有自适应、自学习能力的智能移动机器人系统的重要途径,为解决智能系统的知识获取瓶颈问题提供了一条可行之路。

强化学习把学习过程看作试探评价过程,与环境不断进行交互、改进和适应。首先,智能体从环境中感知、并识别出有效信息反馈给处理器;智能体从动作库中选择一个动作用于环境,环境接受该动作后发生状态的迁移,同时产生信息反馈给智能体以抉择下一个动作;然后通过这些信息不断学习强化控制策略,并通过大量训练逐步寻到最优。

强化学习主体框架分为两部分:环境和智能体。一个强化学习系统除了包含智能体和环境两部分外,还包括以下四个基本要素:

(1)策略 π

强化学习过程中,智能体的任务就是根据策略进行动作选择,生成控制动作并作用于工作环境。策略 $\pi: S \to A$ 表示从一个状态集合 S 到动作集合 A 的映射,是强化学习系统的核心,充分决定了智能体行为效果的好坏以及学习系统的整体性能。通常,策略 π 也具有随机性。

(2)值函数 $V(S)$

值函数 $V(S)$ 是由策略 π 和瞬时奖赏值 r 共同作用的函数,又称为评估函数。与奖惩函数 R 不同,值函数 $V(S)$ 需要充分考虑在动作策略选择过程中环境模型的不确定性和目标的长远性。值函数 $V(S)$ 是指智能体在策略 π 下,从状态 s 转移至目标状态过程中累积加权奖赏的数学期望,其表达式如下:

$$V_\pi(s) = E_\pi\left[\sum_{k=0}^{\infty} \gamma^k r_{t+k} \mid s_t = s\right] \tag{5-30}$$

式中 $\gamma(\gamma\in[0,1])$——折扣因子；

r_t,s_t——t 时刻的立即奖赏和环境状态。

对于策略 π,t 时刻系统在状态 s_t 的值函数表示为

$$V_\pi(s_t)=r_t+\gamma\sum_{s_{t+1}\in S}P(s_{t+1}|s_t,a_t)V_\pi(s_{t+1}) \tag{5-31}$$

式中 r_t——立即奖赏；

P——状态转移概率,$P=(s_{t+l}|s_t,a_t)$。

智能体与环境进行交互学习的目标是搜索最优策略,使得智能体最终获取的奖赏值之和最大,即

$$V_{\pi^*}(s_t)=\max_{a\in A}\{r_t+\gamma\sum_{s_{t+1}\in S}P(s_{t+1}|s_t,a_t)V_{\pi^*}(s_{t+1})\} \tag{5-32}$$

(3)奖惩函数 R

奖惩函数 R 亦可称为强化信号,是智能体与环境进行交互学习时获得的反馈加强信号。奖惩函数 R 常常用标量表示,用来评价智能体选择的每一个行为策略所产生的效果的优劣,并为今后的策略选择提供依据。强化学习的目标就是使智能体最终获取的奖赏值达到最大。

(4)环境模型

环境模型主要用于描述系统对外界环境状态的模拟,借助环境模型来预测智能体在当前状态 s_t 下执行某一动作 a_t 后得到的下一时刻环境状态 s_{t+1} 和奖赏值 r。根据环境模型,智能体能够对后续过程做出一定预测。

强化学习是一种不断分析学习过程的策略型决策方法。与其他研究方法不同的是,强化学习不仅仅分析结果数据,更注重分析过程数据。因此,强化学习将寻找能使智能体的性能最大化的控制策略作为其选择方向。与监督学习不同的是,强化学习系统中无须设计繁复的“教师信号”。与强化学习相似的监督学习,同样会利用过程数据不断修正智能体的参数。但是,监督学习中所需要的“教师信号”行为复杂、参数众多,这无疑加大了智能体的控制过程。相比较而言,强化学习的强化信号来源简单、效果明显,更能适应无人操作环境中的智能体应用。

同时,强化学习是建立在大量训练数据的基础上的。大量的模拟训练数据给予智能体各种尝试的可能。通过训练的方式,预先提高智能体在应用中的适应能力。与其他研究方法相比,强化学习算法有明显的进化优势。这种进化优势不仅能够增强智能体在复杂情况下的自主能力,而且能够提高智能体在危险环境中的安全系数。对问题的大量预演,也能为智能体提供良好的学习方向。

强化学习优势明显,针对未来发展可以预见其前景。作为具有较高智能化思想的研究方法,强化学习与各个领域都有许多结合。因此,根据结合的领域不同,强化学习衍生出诸多种强化学习算法。

大部分强化学习问题的研究都是基于马尔可夫决策过程(Markov decision processes, MDP)理论框架之上的,即将智能体与环境间的交互看作一个马尔可夫决策过程。对于整个学习的过程可以用图 5.23 来说明。

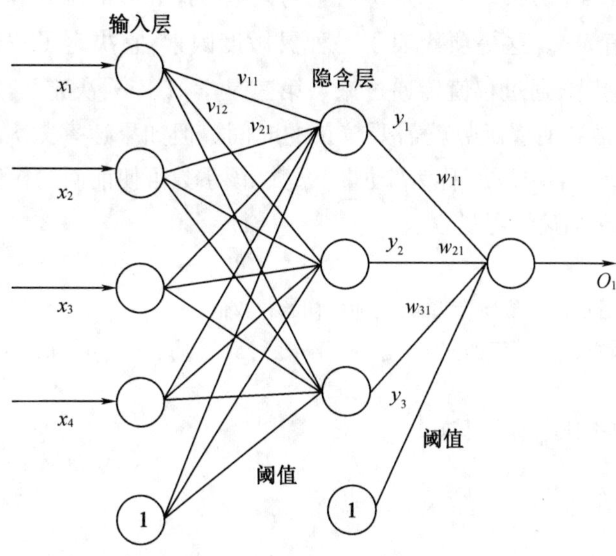

图 5.23　多层神经网络原理

用图 5.23 所示的神经网络进行强化学习的泛化,就可以使得环境状态以及动作取连续值。关于神经网络的训练有很多的方法。本书使用误差反馈算法来训练神经网络从而进行 Q 函数的逼近。训练算法有两个重要的阶段:在前向阶段,输入矢量进入输入层,其效果通过网络逐层传递,在输出层上计算出网络的误差;在反向阶段,用误差更新网络的权值,权值更新从输出层开始,一直到第一个隐层。

为了得到期望的神经网络响应,使用了强化学习中的 Q 值更新公式。给定状态和动作的 Q 值如下:

$$Q(s_t(k),a_t(k))=r_{l+1}(k)+\gamma\max_{a_{\max}}Q(s_{l+1},a_{l+1}) \tag{5-33}$$

以此作为神经网络输出的参考信号。它与实际输出之间的误差将被用来更新神经网络权值。

从上式可以发现,计算参考信号需要知道 $Q(s_{l+1},a_{l+1})$。该值可以通过完全相同的神经网络进行计算得到。为了找出状态 s_{l+1} 下最大化 Q 值的动作 $a_{\max}$,将动作空间进行离散化成动作的集合,其离散化的程度根据控制精度要求进行调整。对于每个动作都计算相应的 Q 值,最后比较出最大的 Q 值,从而找出对应的 $a_{\max}$。由于通常动作是一维变量,因此从运算量的角度考虑,不会造成实时性差的问题。

需特别指出的是,神经网络的学习和 Q 学习是同步进行的,并且具有交互性。一方面,Q-learning 算法更新 Q 值,使得神经网络能够逼近到最优的 Q 函数。另一方面,神经网络算法更新网络权值以逼近 Q 函数。只要 Q 函数没达到最优,两个学习过程就会不断更新网络权值达到学习的目的。Q 学习提供神经网络所需要的参考值,神经网络的学习过程不断逼近 Q 函数,使 Q 函数提供的参考值趋近准确值。

从上式中还可以看出神经网络泛化 Q 函数所需要的变量有初始状态 s,采取的动作 a_t 获得的奖赏 r_{l+1} 以及新的状态 s_{l+1}。这四个变量组成了学习周期的一组采样 k。

详细的神经网络泛化 Q 学习的训练算法如下。算法使用学习采样 k 作为输入。权值

$w_{ji}^{(l)}$ 更新规则基于四个方面。第一是 $\delta_j^{(l)}$,它与误差传播和激活函数有关。通过前向计算得出神经元的输入值 $v_j^{(l)}$。这一项代表了一种灵敏度因素,它决定了权值空间搜索的方向。第二是输出信号 $y_i^{(l-1)}$,通过权值传递过来。第三是学习率 α,决定了学习速度。如果学习率小,神经网络收敛到期望函数就需要较长的时间。但如果速率太大,网络就会变得不稳定并且可能不收敛。第四是 μ,称为"动量"系数,该系数可使前面的权值变化有效地影响新的权值变化,有利于加速学习过程。

神经网络泛化 RL 的反向传播算法 NQL,随机初始化权值 $w_{ji}^{(l)}$。

对于每个学习采样 k,是以下四元组 $\{s_t(k), a_t(k), s_{t+1}(k), r_{t+1}(k)\}$ 重复:

(1)前向计算

对于某层 l 的某个神经元 j,计算:

①神经元的输入值 $v_j^{(l)}(k) = \sum_{i=0}^{n_{n}(l-1)} w_{ji}^{(l)} y_i^{(l-1)}(k)$

②输出信号 $y_j^{(l)}(k)$

$$y_j^{(l)}(k) = \varphi^{(l)}(v_j^{(l)}(k))$$

式中,$\varphi^{(l)}(x)$ 是 l 层的激活函数,并且对应于:

隐层中使用双曲正切函数 $\varphi(x)=1.715\,9\tanh(0.666\,7x)$;输出层使用线性函数 $\varphi(x)=x$。

(2)误差计算

①神经网络的最终输出在最后层 L:$NQL(s_t(k), a_t(k)) = y_1^{(L)}(k)$

②期望的神经网络的响应 $d(k)$:

$$d(k) = r_{t+1}(k) + \gamma \cdot \max_{a_{\max}} NQL(s_{t+1}(k), a_{\max})$$

③误差计算:$e(k) = d(k) - NQL(s_t(k), a_t(k))$

(3)反向计算

①计算输出神经元的 δ 值:

$$\delta_1^{(L)}(k) = e(k)\varphi_L'(v_1^{(L)}(k))$$

式中,φ_L' 是 φ 的导数,且等于 1(即 $\varphi(x)=x$)。

②对于剩余的神经元,从最后一个隐层起,计算 δ 值:

$$\delta_j^{(l)}(k) = \varphi'_{l<L}(v_j^{(L)}(k)) \sum_i \delta_i^{(l+1)}(k) w_{ij}^{(l+1)}$$

式中,$\varphi'_{l<L} = \varphi(x)' = 1.143\,9(1-\tanh^2(0.666\,7x))$

③对于神经网络中所有的权值,根据下式更新权值:

$$\Delta w_{ij}^{(l+1)}(t+1) = \mu\Delta w_{ij}^{(l)}(t) + \alpha\delta_j^{(l)}(k) y_i^{(l-1)}(k)$$

激活函数决定了学习非线性函数的能力并且保证学习过程的稳定性。隐层的激活函数是特殊的 Sigmoid 函数,如图 5.24。该函数关于原点对称并且加速了学习过程。在神经网络中广泛应用 Sigmoid 函数的原因是其导函数特性。Sigmoid 函数在自变量为 0 时达到最大值,由于权值随着导数变化,因此它将在 Sigmoid 函数的中间区域达到最大变化。该特点保证了神经网络的稳定性。输出神经元的激活函数是线性函数,这使 Q 函数可以达到任意实数值,而不像 Sigmoid 函数那样在最大值和最小值处达到饱和。

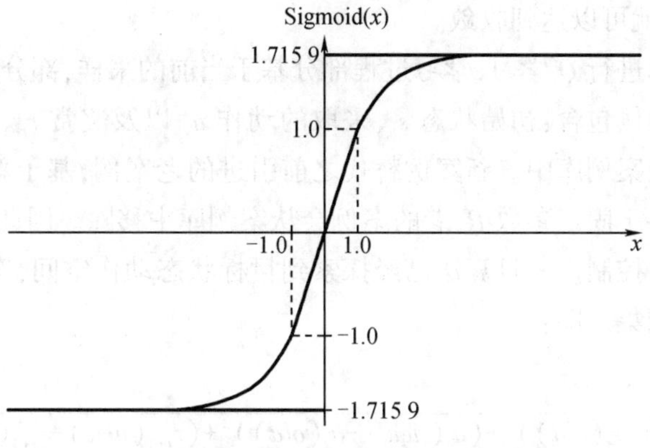

图 5.24　Sigmoid 函数示意图

最后一点需要考虑的是权值初始化。这个操作是随机的,但是随机值的范围是要确定的。对于快速的收敛,更倾向于激活函数工作在非饱和区域。为了在这个区域操作,需要知道每个输入神经元对应输入量的最大值和最小值。因此,根据这些参数可以估算出权值初始化的最大值和最小值。神经网络的输入信号是状态和动作,均依赖于强化学习待解决的具体问题,需要事先将这些输入信号归一化为-1~1。

虽然可用神经网络对强化学习进行泛化,但神经网络的收敛性却不能保证。下面对其原因进行分析。首先,多层神经网络的收敛性不能得到保证,这是由于其采用的是“梯度下降法”,整个学习过程是一个非线性优化过程,有可能陷入局部极小值。此外,虽然理论上网络可以逼近非线性函数,但网络的建立缺乏理论指导,不能保证对任意样本空间的学习都收敛。此外,多层神经网络存在“干涉问题”。该问题的产生是由于在样本空间中一个区域的学习会造成在另一个区域学习到的经验丢失,即产生了干涉。当神经网络学习算法更新权值改变 Q 值时,这个改变会影响整个空间。

以上提出的在线学习中,干涉问题会更加明显。学习过程是通过遍历状态和动作来完成的。Q 学习和神经网络学习两个学习过程同时作用,又互相依赖。Q 学习使用神经网络更新 Q 值,神经网络利用 Q 算法来计算误差信号。这样双重的学习使得 NQL 算法非常不稳定。另外一个重要问题是每次神经网络更新权值时都会造成整个被逼近 Q 函数改变。如果 NQL 算法用学习采样更新网络,而这些采样位于某个状态/动作局部域,那么没被更新的状态/动作域也会受到影响,导致学习过的状态/动作域没有被记忆住。如果 NQL 算法更新不同的状态/动作域,Q 学习和神经网络学习的交互会导致整个学习系统的不稳定。

解决干涉问题的办法是让神经网络在样本空间一个区域的学习不会影响到另外一个区域。因此,不可以单纯使用神经网络对强化学习进行泛化。为了避免神经网络的不稳定现象,本书提出了 NQL 与基于案例学习(case based learning)相结合的方法:NCQL 算法。

基于案例的学习是一种增量式的机器学习方法,该方法依靠过去的经验进行学习和问题求解,尤其适用于学习较难发现规律性的知识,且因果关系难以用精确模型表示的领域。

使用案例的主要的目的是对访问到的学习案例进行记忆,案例库重复地用来更新神经网络权值。使用案例库的好处是学习过程稳定并且可以收敛。

还有一个重要的好处是加速学习过程,神经网络的更新是由案例库中的案例作为样本的，只要较少的循环就可以达到收敛。

结合使用案例库进行 Q 学习，学习过程部分基于当前的采样，部分基于过去的案例。

每个学习到的案例包含：初始状态 s_t、采取的动作 a_t 以及奖赏 r_{t+1}。在学习过程中，新学到的案例被添加到案例库中。新案例替代之前引进的老案例，基于新老案例计算几何距离。如果这个距离小于固定参数 P，老的案例会从案例库中移除。因此，整个案例库的容量就会由这个参数进行控制。一旦算法已经探索到目标状态动作空间，案例库中就会形成一致性很好的学习案例集。即：

如果

$$\sqrt{(s_t(new)-s_t(old))^2+(a_t(new)-a_t(old))^2+(r_{t+1}(new)-r_{t+1}(old))^2}<\rho \tag{5-34}$$

那么，移出老案例$(s_t(old),a_t(old),r_{t+1}(old))$，并用新案例$(s_t(new),a_t(new),r_{t+1}(new))$替换老案例。案例库更新的原理如图 5.25 所示。

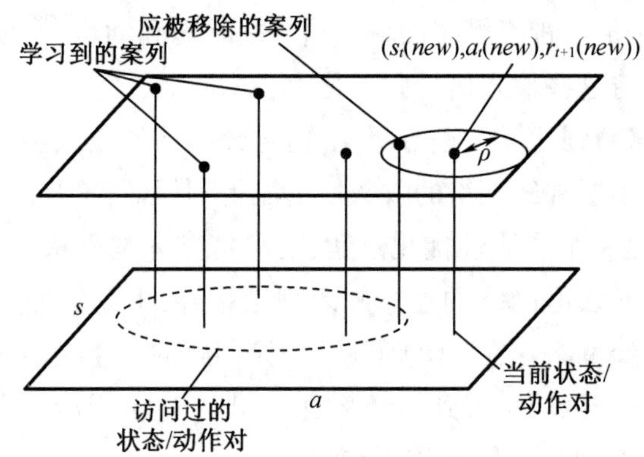

图 5.25　案例库的更新规则

使用 s_t、a_t 以及 r_{t+1}，作为案例组成有如下的考虑：只使用 s_t 和 a_t 而没有使用 s_{t+1}，是考虑到环境的动态转移有高度的确定性。因为强化学习用于 AUV 运动规划，所以可以认为环境的随机迁移不是很显著。因此，如果两个案例有相同的 s_t 和 a_t 但不同的 s_{t+1}，则智能体所在的环境就变化了。另外，使用 r_{t+1} 是为了在空间区域中获得更多不同奖赏的案例。如果新案例和老案例中的 s_t 和 a_t 很接近，但是奖赏不同，很有必要将两个案例都保留下来。这会使得算法对这些案例形成关注，从而摸索出学习造成奖赏不同的原因。

在加入了案例库后，就要开始设计自学习行为智能体了。智能体中有两个重复过程，一个是整个学习系统与环境之间的反复交互过程，另一个是神经网络的反复学习过程。学习系统的每次反复都对应着神经网络的多次更新，神经网络的更新次数等于案例库中的案例数。这样就加速了学习的过程，因为智能体与环境进行交互一次，神经网络就更新多次。

5.4.3　路径规划原理和实现

路径规划就是航行器的一个重要组成部分，它的任务就是在有障碍物的环境内，按照一定的评价标准寻找一条从初始状态（包括位置和姿态）到目标状态（位置和姿态）的无碰路径。障碍物在环境中的不同分布情况当然直接影响到路径的规划,而目标位置的确定则是由更高一级的任务分解模块提供的。与任务规划不同,在这里的“规划”的含义实际上是直观地求解带有约束的几何问题,而不是操作序列或行为步骤的组合。另一方面,如果把运动物体看作要研究的问题的某种状态,把障碍物看成问题的约束条件,那么空间路径规划就是一种多约束的问题求解过程。

路径规划本身可以分为若干层次,包括全局路径规划、局部路径规划和最底层的避碰。其中,全局路径规划是根据环境地图进行的大粒度的路径规划,产生一系列关键点作为子目标点下达给局部路径规划系统。局部路径规划首先根据传感器信息确定航行器在地图中的当前位置及周围局部范围内的障碍物分布情况,然后规划处一条从起点或某一子目标点到下一子目标点的优选路径。因此,局部路径规划可以说是全局路径规划在航行器行走过程中的一个补充。如果从静态或动态地获取障碍物信息的角度看,全局路径规划属于静态规划,局部路径规划则是动态规划。避碰是发生紧急情况时的紧急处理过程,如果航行器遇到突发障碍物有碰撞危险时,应采取躲避等措施。

路径规划通常包含避障路径的构建,以及从起始状态到目标状态的最小代价的构建。路径规划技术分为全局路径规划技术和局部路径规划技术。全局路径规划首先构建一个代表可行空间具有连通性的路线图;然后在此路线图上执行搜索以找到连接起始状态和目标状态的最佳路径。尽管全局规划和局部规划都可完成路径搜索,但是全局规划中的路线图仅包含可遍历节点,而局部规划路线图中的一些节点可以不是可遍历的。下面将从这两方面分别对路径规划方法进行概括总结。

1. 全局路径规划算法

(1)图搜索算法

图搜索方法中最广泛的使用是概率图法(probabilistic roadmap,PRM)。该算法是一种用于解决静态工作空间中运动规划问题的两阶段方法:预处理阶段构建由自由配置空间(C空间)内随机采样的节点构成的路径图。搜索阶段在初始点到目标点之间找到一系列的无碰撞点构建路线图。Pettersson 等改进了 PRM 技术,利用定向边框树(OBBT)算法构建有向边框树的多边形结构,然后递归地将多边形分成越来越小的边界框。PRM 技术产生的路径通常不够光滑,使用三次样条曲线平滑所得路径,同时采用对约束的延迟处理,详细流程如图 5.26 所示。

另一种图搜索方法是快速探索密集树(rapidly exploring dense tree,RDT)。假设在 C 空间中存在密集的样本点序列,迭代地选择与当前构形源点距离最短的新构形点,将它们连接形成树状结构。使用随机方法选择新构形点时的 RDT 算法称为快速搜索随机树法(rapidly exploring random trees,RRT)。Frazzoli 等提出了一种二维随机增量路线图构建算法,假定存在一个无碰的导向回路,将航行器从任何状态(包括构形点和速度)导引到静止的任何期望的构形点,如图 5.27 所示。

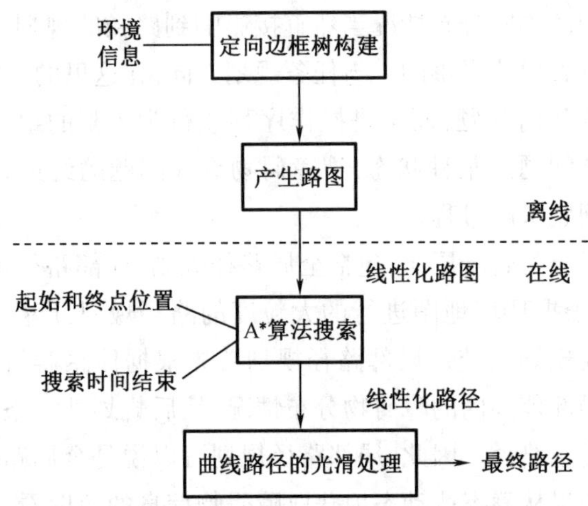

图 5.26　采用定向边框树算法生成航行路径

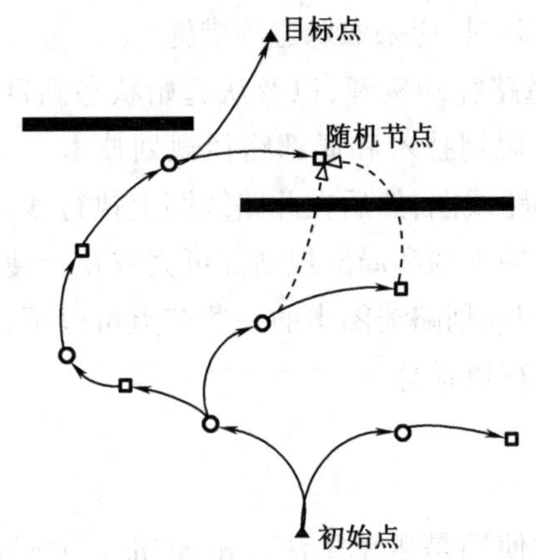

图 5.27　Frazzoli 等提出的二维随机树算法的生长过程

(2)进化算法

进化算法(evolutionary algorithm,EA)是基于生物启发的路径规划器。该算法首先指定一个初始种群作为潜在的路径,然后进行一系列的进化过程,包括突变和繁殖操作。然后利用代价函数对种群中全部个体的适合度进行评分,基于评分,下一代种群替代初始化种群,进化算法的过程如图 5.28 所示。

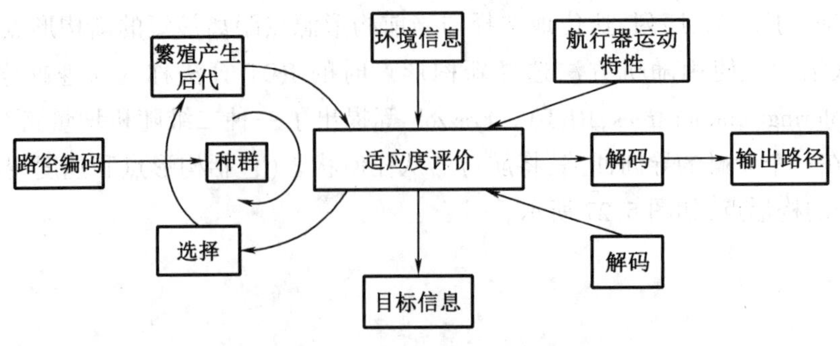

图 5.28　进化搜索算法过程

EA 算法的优点在于,较其他定向搜索方法有高鲁棒性和易于实现性。同时,EA 算法能改进算法内部状态,允许将一个规划周期结束时的状态作为下一个周期的初始化条件。然而,使用基于 EA 算法的规划也有其局限性。由于遗传算法的概率性质,只有选择了足够的初始路径段数目,才能找到可行的解决方案,而增加的路径段数量的代价是需要较长的处理时间。

2. 局部路径规划算法

(1)基于启发式的路径规划

将航行器的环境(构形空间或世界空间)表示为图 $G=(S;E)$,其中 S 是航行器可能的位置集合,E 是连接这些位置的边集合。假设该图已经采用上文给出的全局规划器构建,每个边的代价则是在两个位置间的转换代价,导引路径的规划可以转换为此图中的搜索问题。一些基于启发式的搜索算法,包括 Dijkstra 的算法 A^* 和 D^*,用于完成此类型的路径规划任务。然而,这些算法常常预先假定空间可以分为由任意数量的节点线性连接的区域或单元,这种对 C 空间的划分会导致规划问题产生不必要的复杂化。

(2)轨迹生成技术

轨迹生成技术被认为是完成局部路径规划过程的一部分,主要是实现两个或多个路径点之间的遍历路径的构建。轨迹生成技术的早期实现方法是采用势场理论。Barraquand 等于 1992 年发表的文章采用势场法,将工作空间分成若干个单元,并且使用波前扩展来计算从某个单元到每个障碍物的最小长度距离 d。每个障碍物周围的势场的交叉点形成航行器沿其行进的路径。势场法的最大缺点是会陷入局部最小。Latombe 提出的逃离局部最小的方法是进行最佳优先搜索,当遇到局部最小值时填充这个最小值。

模型预测控制(model predictive control,MPC)是一种非线性控制技术。Singh 等提出一种基于二维 MPC 的航行器飞行导航和控制的方法。该算法假定路径点由离线路径规划层提供,一些诸如地图的不准确的误差,必须在轨迹生成阶段得到解决。Shim 等将基于 MPC 的障碍避碰与在线建立障碍物地图结合产生适合于探索部分已知或未知的城市环境的 3D 导航系统。通过计算无人机与其最近的障碍物的代价函数,产生一个最优的安全路径。调整的轨迹被传递回负责航行器姿态控制的机载飞行管理系统。

由 Frazzoli 等开发的轨迹生成技术称为行为自动机,使用有限的动作行为构建通过预定义的路径点的连续轨迹。Frazzoli 从数学角度证明了两个运动单元可以通过一个有限长度的调整单元串联在一起。还有一类轨迹生成技术,称为 Dubins 曲线。利用 Dubins 曲线形式构造最优平面路径以将控制对象从初始位置移动到目标位置,且在初始位置和目标位置处的航向为固定值。路径是由满足控制对象最大曲率约束的曲线(C)和与其相切的直线(S)的组合,如图 5.29 所示。

M. Hwangbo 等将二维 Dubins 曲线应用到三维运动规划问题。首先,环境被划分为若干 3D 网格单元且在开始和目标位置之间执行粗略 A^* 搜索。当航行器沿着次路径航行时,环境的任何变化如障碍物进入飞行路径将激活更精细的运动规划。Ambrosino 等提出了利用 Dubins 曲线生成飞机的三维航行路径。首先利用 Dubins 算法规划出在 xy 平面上的两个路径点之间满足航行器最小转弯半径约束的最优路径。然后通过将产生路径的一个弧与其位于不同高度的另一个弧用与这两个弧相切的线连接,将轨迹延伸到 3D 空间。另一种将二维 Dubins 曲线扩展到三维 Dubins 曲线的方法是由 Chitsaz 等提出的,他们将路径表征为由三维欧几里得空间中的飞行器坐标以及 z 轴和 $x-y$ 平面中的纵轴之间夹角组成的四维系统。然后通过最大原理求解包含路径的初始和目标约束的代价函数来获得时间最优解。Wilburn 等提出一种通过分析路径的几何形状和求解一组向量方程来构建最优 CSC 类型的三维 Dubins 路径的方法。由于其简单性和较小的计算量要求,可以在固定翼飞行器上实现实时的路径规划。然而,所讨论的方法产生的最优几何路径由于对实际航行器的飞行路径角度和失速速度的约束而不易被实现。

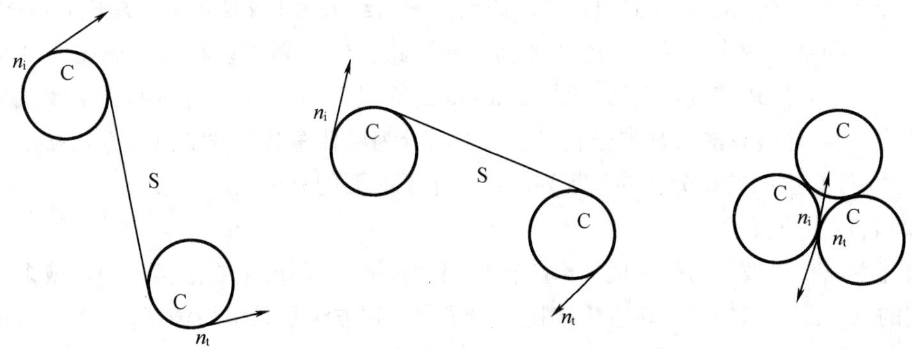

图 5.29 CSC 和 CCC 形式二维 Dubins 路径

为了解决采用 Dubins 曲线时曲率不连续性和方向反转的问题,一些研究人员已经使用 Clothoid 曲线或者 Cornu 螺线平滑 Dubins 路径中弧线和直线之间的过渡部分。Clothoid 曲线具有其曲率随着沿着螺旋的距离线性增加的特性,并且其曲线速率与其总长度成比例,如图 5.30(a)。实际上,由于 Clothoid 曲线不具有闭合形式的解,因此用三角曲率和参数近似值描述对称 Clothoid 曲线。如图 5.30(b)所示,由三角形 ABC 和角平分线 BG 限定的 Clothoid 曲线。

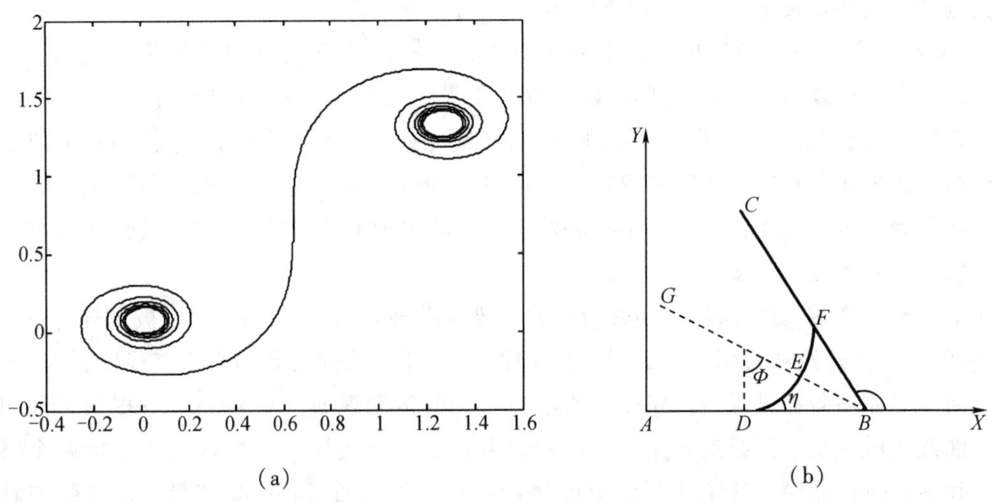

图 5.30 Clothoid 曲线示例和对称 Clothoid 曲线形成 Dubins 路径弧线与线之间的平滑过渡轨迹

Scheuer 等提出一种由直线段,最大曲率的圆弧和 Clothoid 曲线组合的次优规划解决方案。路径称为简单连续弯曲(simple continuous curvature,SCC),最多包含 8 个部分,其中 Clothoid 曲线由采用 Fresnel Integrals 积分的参数方程来近似。Scheuer 等在路径上叠加运动多边形,多边形的表面被机器人沿预定路径行驶时扫过。采用对称 Clothoid 曲线的路径规划由 C. Liu 和 Hong 提出,其中 Clothoids 用于轮式机器人在通过两条线的连接处的平稳导引。在多无人机合作的路径规划工作中,Shanmugavel 等将具有斜面曲率轮廓的 Clothoid 曲线叠加在二维 Dubins 路径上。飞行路径的设计采用的是线性代数和微分几何原理,并与 Scheuer 类似提供的弧线和直线段之间的平滑的曲率过渡,如图 5.31 所示。使用 Clothoid 曲线方法的缺点是转向总是应用最大允许速率时才达到最小转弯半径。Wilde 提出了一种用实现给定距离上的给定航向变化的曲率最小值产生平滑、易驱动的路径的方法。Fresnel 方程中使用期望的偏转(航向的变化),最大曲率和航行距离的近似值来计算 Clothoid 弧的最小转向。实际上产生形状是半月形的,然后通过调整月形的大小并将其配对,可以形成诸如用于航向切换操纵的复杂路径,如图 5.32 所示。

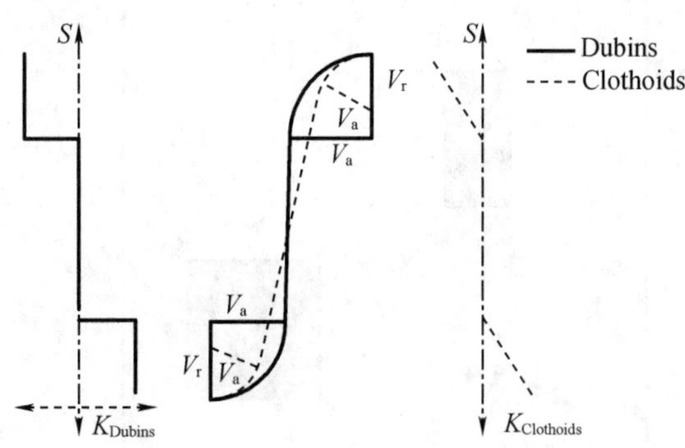

图 5.31　飞行路径及其曲率分布

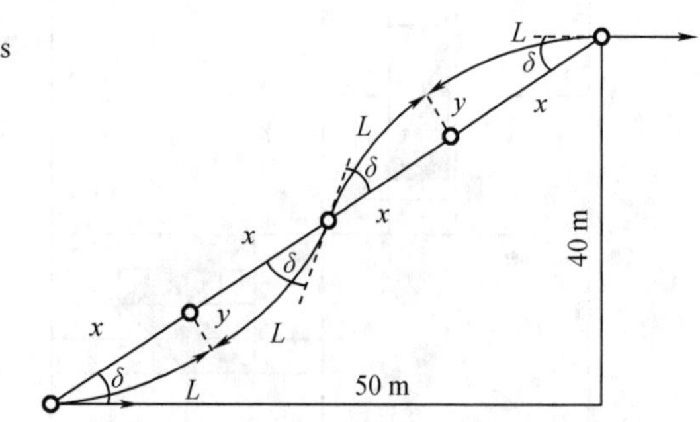

图 5.32　最小曲率实现的航行切换路径

近年来,常常采用(Pythagorean-hodograph,PH)空间曲线进行路径规划,由 Farouki 等首次提出。PH 空间曲线具有许多优点:曲率绝对值小;曲线的长度、曲率和总弯曲能量是已知的;起点、终点位置和方向可用作边界条件;曲线长度可以针对不同应用场合的曲率进行折中。Shah 等提出在动态环境中使用二维 PH 空间曲线进行协同路径规划和感知的方法,采用具有在最大曲率上的界限五次样条实现在起始和目标位置之间期望的姿态转换。Neto 等扩展了五次样条的使用,在三维环境中生成 PH 空间曲线。所提的方法中四元数矢量和弹性弯曲能量函数被用于解决生成 PH 空间曲线问题。然而这个方案依赖于选择使代价函数最小化的一组增益系数,会不可避免地增加路径的长度。

对航行器活动空间的有效描述称为环境模型。航行器在规划前首先要做的就是将环境的描述由外部的原始形式通过一系列处理转化为适合规划的内部的世界模型,这个过程称为环境建模。其中主要是障碍表示方法。合理的环境表示才能有利于规划中搜索量的减少,利于时空开销的减少。不同的规划方法正是基于这种不同的环境来进行环境建模的。

3. 环境建模方法

图 5.33 给出了几种常用的环境建模方法，其中图 5.33(a)是原始的工作空间。

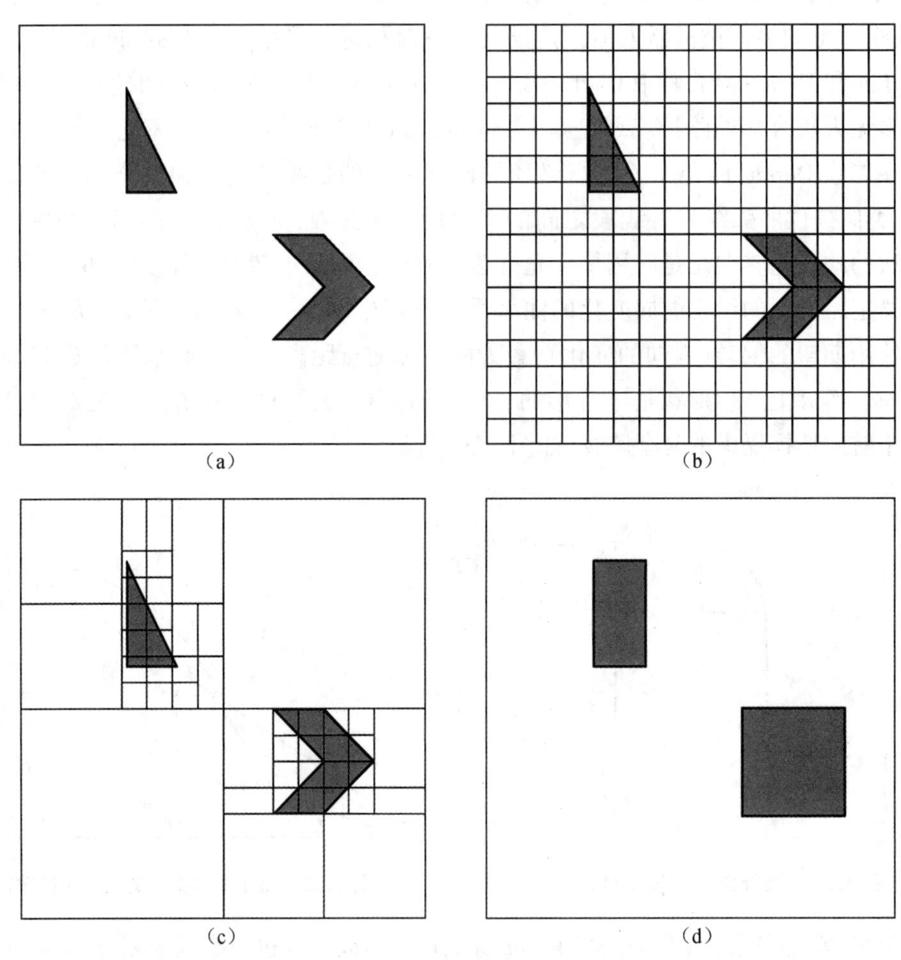

图 5.33 几种环境建模方法

图 5.33(b)用栅格法来表示环境。使用大小相同的栅格划分航行器的工作空间，并用栅格数组来表示环境。每个栅格点标以两种状态之一：或者在自由空间中，或者在障碍空间中。如图中所示，黑格代表障碍物，在栅格数组中标为 1；白格代表自由空间，标为 0。最短路径是通过搜索这张图得到的，为了提高搜索的效率，栅格通常按粒度分成若干层次。这种方法的优点是简单，易于实现，具有表示不规则障碍物的能力，适合于大规模并行处理实现；缺点是表示效率不高，存在时空开销与求解精度之间的矛盾。

单元树法正是为了克服栅格法的缺点而设计的。这种方法把航行器的工作空间划分成几个较大的单元(一般来说，二维空间分成四部分，称为四叉树；三维空间划分成八部分，称为八叉树)，见图 5.33(c)。划分得到的每个单元所占用的工作空间可能是下面三种情况之一：都为自由空间、都为障碍物空间、混合型空间，即既包含了障碍物区域，又包含了自由区域。对于最后一种类型的单元，按照前面的方法继续进行划分，直到达到一个预先设定好的精度为止。该方法的主要缺点是计算单元之间的邻接关系时损失较大。

图 5.33(d)所表示的是多边形法,这也是常用的方法之一。该方法用多边形来逼近障碍物,并使用很多成熟的诸如求交叉点和测距等方面的解析几何算法。

4. 障碍物建模方法

UUV 在未知海洋环境中航行时会遇到各种各样的障碍物,根据障碍物的运动特性可以分为静态障碍物和动态障碍物,其中动态障碍物的运动比较复杂,又可分为匀速运动和随机运动来考虑。

(1)静态障碍物建模

考虑到 UUV 在航行过程中的安全性要求,静态障碍物可以以它的外接圆来代替实际大小。外接圆的直径为障碍物顶点间距离最大值,即 $r=\max\{\|N_iN_j\|/2\},i,j\in N,i\neq j$。同时,对障碍进行膨化处理,膨化处理是采用在外接圆外增加一个安全阈值 d。安全阈值 d 的选取主要跟 UUV 的大小有关, UUV 自身的大小以安全阈值的形式叠加到障碍物上,d 的大小取 UUV 艇宽的倍数。如果几个障碍物相邻距离小于 UUV 艇宽的 1.5 倍时,就把几个障碍物当作是一个整体来处理,如图 5.34 所示。

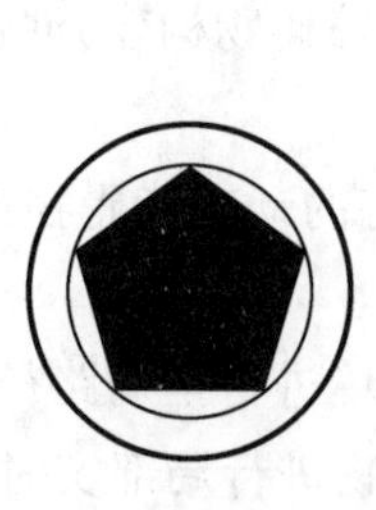

图 5.34　静态障碍物建模示意图

(2)匀速运动障碍物建模

匀速运动障碍物的速度为一常值,加速度恒为零,所以其模型为

$$\begin{cases}V(t)=c\\ \dfrac{\partial V}{\partial t}=0\end{cases}\tag{5-35}$$

所以障碍物的空间位置是线性变化的,空间位置为

$$\xi_{\text{obs}}(t)=\xi_{\text{obs}}(t_0)+V_\xi(t-t_0)\tag{5-36}$$

匀速运动的障碍物模型是研究障碍物复杂运动的基础,因为当 $t\to t_0$ 时任何运动都可以看作是匀速运动的。

(3)随机运动障碍物建模

针对随机运动的障碍物,需要引入随机变量对障碍物的运动状态进行描述,如下所示:

$$a(t)=\alpha X(t)\tag{5-37}$$

式中　$a(t)$——障碍物在 t 时刻的加速度;

$X(t)$——关于时间 t 的随机变量;

α——随机向量 $X(t)$ 的权值。

假设 $X(t)$ 服从高斯分布，所以 $X(t)$ 的概率分布函数为

$$f(X(t))=f(\mu(X(t)),\sigma^2(X(t))) \tag{5-38}$$

考虑到对原有加速度保障的问题，可将加速度表示为

$$a(t_i)=\beta a(t_{i-1})+\alpha X(t_i) \tag{5-39}$$

其中，β 为原有加速度保障的权值。所以随机运动障碍物的速度可以表示为

$$V(t_i)=X(t_{i-1})+\int_{t_{i-1}}^{t_i}(\beta a(t_{i-1})+\alpha X(t))\mathrm{d}t \tag{5-40}$$

在这里以滑道式 UUV 回收的路径规划为例，UUV 由出水点到母船尾部的航路应充分考虑到航行时间的优化性，而在海洋环境中 UUV 的运动主要受海流的影响，所以本书在充分考虑了海流对 UUV 运动影响的前提下，开展了回收前海流影响下的全局航路规划方法研究。

假设 UUV 距离回收母船 2 km，回收母船停靠于海岸附近，在 UUV 与回收母船之间有大型鱼类游动（未知）、有航行船只（已知）、有海底珊瑚和岸基（已知），在以航行路径最短为目标的前提下，如何对 UUV 进行回收路径规划？

首先，对已知静态障碍物（海底珊瑚、岸基等）进行静态障碍物构建，创建基本的静态障碍物环境地图；

然后，针对已知运动状态的动态障碍物和未知运动状态的动态障碍物进行动态障碍物建模，加入环境地图构建中；

环境地图构建好之后，进行最短路径规划：针对静态环境进行全局路径规划，构建一条最短的合理路径，然后针对在航行过程中遇到的动态障碍物进行局部实时路径规划调整，以避开动态障碍物，两者相互结合，使得 UUV 顺利完成回收路径规划。

考虑到所规划的航路为 UUV 的回收航路，对规划的实时性要求较高，而启发式 A^* 算法的特点为在搜索航路过程中加入了与问题相关的启发性信息，求解过程比较快，所以本书选用启发式 A^* 算法对回收前海流影响下的全局航路进行规划。此部分仅做了解。

A^* 算法最早出现在 1968 年，该算法与广度优先搜索有些相似，它是一种启发式搜索算法，即努力使得求取的路径代价最低。一般，在二维或三维空间中设计一个代价函数，从给定的开始节点出发，由这个代价函数计算开始节点与其他节点的每次节点代价值，选择代价最低的节点作为“最佳的节点”来逐步扩展路径；如果遇到两个或是几个最低代价相同的节点时，则以距离最短作为次判断标准，选择距离最短的那个节点，最终产生一条从开始节点到目标节点的最优路径。A^* 算法的核心就是要设计一个能合理表示待扩展节点 x 是否最佳的代价函数 $f(x)$：

$$f(x)=g(x)+h(x) \tag{5-41}$$

式中 $f(x)$——从开始节点 N_0 开始通过节点 x 的最优路径的代价，简写为 f；

$g(x)$——从开始节点 N_0 到节点 x 的最优路径代价，简写为 g。由于 A^* 算法是从开始节点 N_0 开始逐步向外扩展，则 $g(x)$ 就等于到目前为止已经产生的最优路径的代价 $g(p)$ 加上从当前节点 p 到节点 x 的代价 $g(p,x)$，具体可表示为 $g(x)=g(p)+g(p,x)$；

$h(x)$——从节点 x 到目标点 N_n 最优路径的实际估计代价，在逐个节点的扩展中 $h(x)$ 对应的值呈现递增趋势，简写为 h，又称为启发函数。启发函数 $h(x)$ 与具体问题的启发信息相关，因此寻找最优路径的关键是由 $h(x)$ 的选择所决定的。当 $h(x)$ 选择的值不大于节点 x 到目标点的实际距离值时能得到最优解；当 $h(x)$ 大于该距离值时不能保证得到最优解。

如图 5.35 所示，这是一个描述环境的静态栅格图，左下角栅格代表起始点 N_0，右上角栅格代表目标点 N_n，黑色栅格代表在栅格地图中该位置为障碍物，表示占有状态，用“1”来表示，空白栅格代表在栅格地图中该位置没有障碍物，表示空状态，用“0”来表示，A* 算法就是在这种栅格地图环境下求解从起点 N_0 到终点 N_n 的最短路径。

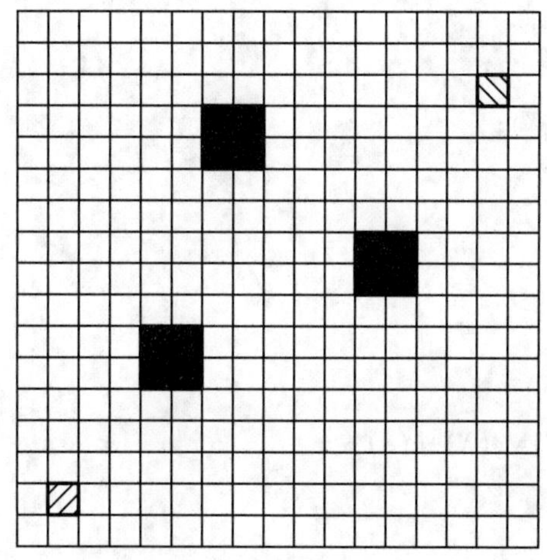

图 5.35　A* 算法求解过程示例图

表 5.4 是具体规划算法的实现过程，采用前向搜索方式，当搜索结束以后，从目标节点 N_n 开始，依次找到其父节点，直到起始点 N_0 为止。首先创建两个表：*open* 表和 *closed* 表。*open* 表用来储存（存储）当前节点及其相邻的扩展节点，*closed* 表用来储存（存储）已选取的路径的节点。

主要的规划步骤如下：

步骤 1：对算法进行初始赋值语句等的相关操作，将 *open* 表和 *closed* 表分别清零，然后将起始节点 N_0 添加进 *open* 表中；

步骤 2：采用 8 邻域搜索方法将起始节点 N_0 的 8 个相邻的扩展节点依次添加到 *open* 表。

步骤 3：把起始节点 N_0 从 *open* 表转存到 *closed* 表中，将相邻的扩展节点设定为其父节点；

步骤 4：依次求解 *open* 表中父节点的最优路径代价值 g、启发函数值 h 和代价函数值 f，其中最优路径代价值 g 是从起始点 N_0 到该父节点的实际距离值；

步骤 5：比较父节点的代价函数值 f，将最小 f 所对应的父节点设定为当前节点 X，并将 X 从 *open* 表转存到 *closed* 表中；

步骤 6：再将当前节点 X 的 8 个相邻的扩展节点依次记为 S。如果 S 点不在 *closed* 表中和 *open* 表中，将其存放进 *open* 表中，求解其最优路径代价值 g、启发函数值 h 和代价函数值 f，并置当前节点 X 为其父节点；如果 S 点已经存在于 *open* 表中，则比较 $g(X)+g(X,S)$（其中，$g(X,S)$ 为从 X 点到 S 点的代价）和 $g(S)$ 的大小，当 $g(X)+g(X,S)<g(S)$ 时，令 $g(S)=g(X)+g(X,S)$，并相应更新点 S 的 f 值，且置点 X 为其父节点，当 $g(X)+g(X,S)>g(S)$ 时，则不做任何处理；如果 S 已经存在于 *closed* 表中，也不做任何处理；

步骤 7：重复上述步骤 5 和步骤 6，直到当前节点 X 为目标点 N_n 为止。

表 5.4　A* 搜索算法伪代码

```
g(X_start)=0;f(X_start)=h(X_start);
INSERT(X_start);
while(open 表不为空)
X=GET_FMIN();DELETE(X);
if    X==X_goal
      break;
      else
for X 的每一个相邻节点 S
if    T(S)==NEW
g(S)=g(X)+g(X,S),f(S)=g(X)+h(S);
INSERT(S);b(X)=S;
else   if   T(S)==OPEN
          if   g(S)>   g(X)+g(X,S)
g(S)=g(X)+g(X,S),f(S)=g(X)+h(S);b(X)=S;
end if
end if
end if
end if
```

其中 *INSERT*(X) 表示把节点 X 加入 *open* 表中；*GET_FMIN*() 语句函数是用来计算 *open* 表中所有节点的函数代价值 f，比较 f 的大小，并返回 *open* 表中最小 f 所对应的节点；*DELETE*(X) 将节点 X 从 *open* 表移到 *closed* 表中；$T(S)$ 表示当前节点 X 对应的所有扩展节点 S 的状态，*NEW* 表示未被访问过，*OPEN* 表示已存放在 *open* 表中；$b(X)=S$ 表示设置节点 X 为节点 S 的父节。

①启发函数设计

通过对 A* 算法原理的分析可知，启发函数 $h(x)$ 与具体问题的启发信息相关，$h(n)$ 设计的好坏决定着算法搜索效率。假设任意节点 X 的坐标为 (x, y)，目标节点 N_n 的坐标为 (x_n, y_n)。

目前最为常见的启发函数有以下三种。

a. 对角线距离法:这种方法是针对在搜索时以对角线上的节点进行最优节点的扩展,即采用对角4邻域搜索。对应的启发函数表达式为

$$h(n)=|x|-x|y|-y \tag{5-42}$$

b. 曼哈顿距离法:这种方法是采用当前节点与目标节点分别在x轴向和y轴向上距离之和。对应的启发函数表达式为

$$h(n)=|x_0-x|+|y_0-y| \tag{5-43}$$

c. 欧几里得距离法:这种方法是最简单的但也是在工程实践应用中最不有效的,它直接采用当前节点到目标节点两点之间的直线距离。对应的启发函数表达式为

$$h(n)=\sqrt{(x_0-x)^2+(y_0-y)^2} \tag{5-44}$$

上述三种方法中,欧几里得距离法是最基本的,但也是最不适合解决实际问题的,其他两种方法在效率上均比欧几里得距离法高很多。

②基于A^*算法的回收前全局航路规划算法设计

UUV在海流环境中的全局航路规划问题,可以理解为规划出一条从起点到目标点并且能安全通过时变海流区域的航路,所规划的航路可以表示为由n条线段连接着$n+1$个节点的直线段序列。在规划过程中,时间和空间的关联性是非常复杂的,单纯的空间位置坐标已不能满足研究问题的需要,所以本书引入时间变量进行描述,建立一个二维平面联合时间轴的三维时空坐标系统,如图5.36所示。因此,对节点的描述就变成了包含二维空间位置和时间的三维向量,任意一条航路段都包含起始节点和终止节点位置($\boldsymbol{N}_i$,$\boldsymbol{N}_{i+1}$)和在该航路段的航行时间参数T,规定T为整条航路的航行时间,所以整条航路可以被描述为式(5-45)所示,整条航路由$n-1$段航路组成,第i段航路可表示为$Path_i$。

$$\boldsymbol{Path}=(\boldsymbol{N}_1,\cdots,\boldsymbol{N}_i,\cdots\boldsymbol{N}_n)^{\mathrm{T}}=(\eta_1,\xi_1,T_1,\cdots,\eta_i,\xi_i,T_i,\cdots\eta_n,\xi_n,T_n) \tag{5-45}$$

a. 相邻节点扩展规则

本书在利用启发式A^*算法进行航路规划时,假定UUV静水中的操控速度是恒定不变的,UUV期望的航速则是通过控制UUV静水中的操控速度的航向θ_r实现的。

算法在搜索节点时,假定空间中的节点对8个方向的节点是相邻的和可达的,每2个相邻节点间相差45°,即可扩展的节点分布在横向、纵向和对角线8个方向上,当UUV由当前节点$\boldsymbol{N}_i$,扩展到下一时刻的节点$\boldsymbol{N}_{i+1}$位置时,规定UUV的绝对速度方向应满足$\varphi_o=\varphi_{n_i\to n_{i+1}}$,如图5.37所示,进行节点扩展时,可通过海流环境下UUV的航速操控性判断节点是否可达。

当$|a|<1$时,UUV的航速V_r存在两种情况,考虑到能量的节省,本书选择速度较大者进行节点扩展,如图5.38(a)所示;

当$|a|=1$时,UUV的航速只有一种情况,节点扩展情况如图5.38(b)所示;

当$|a|>1$时,此种情况UUV的航速不存在,则可认为到此节点的航路是不存在的,如图5.38(c)所示。

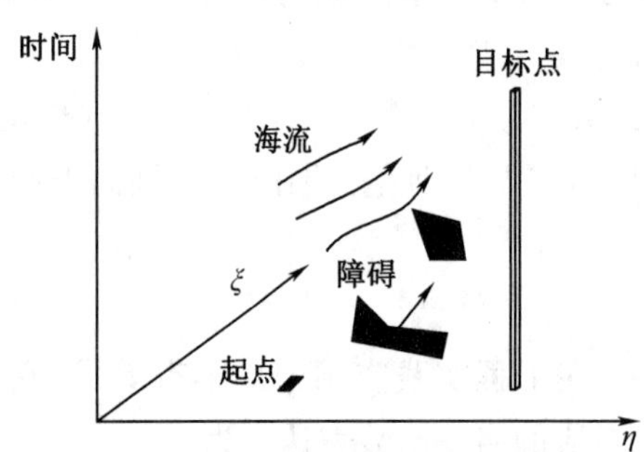

图 5.36　三维时空下航路规划示意图

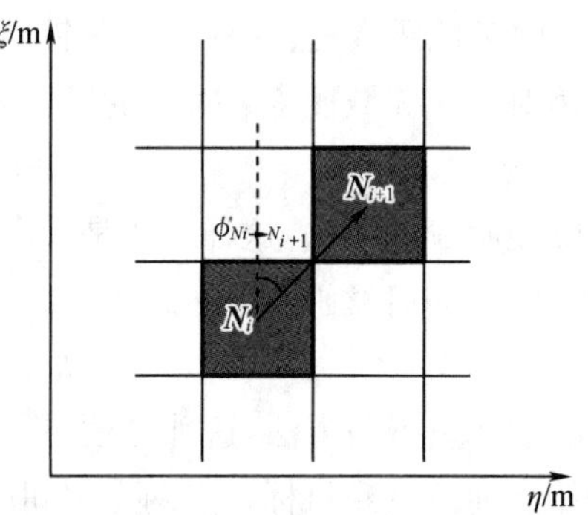

图 5.37　节点扩展时航向示意图

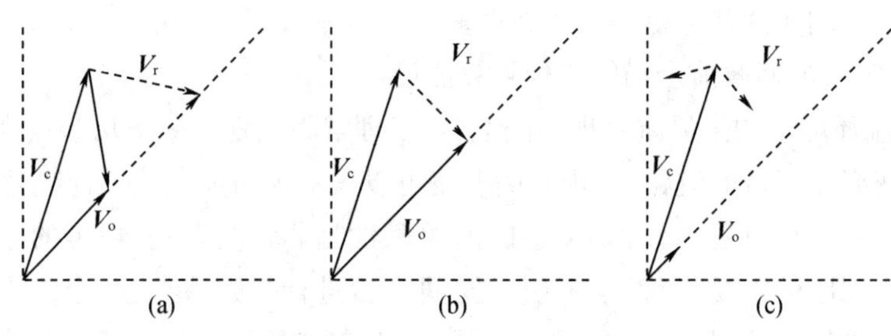

图 5.38　相邻节点扩展情况

由上述航路节点可达性分析可得,海流环境中,由当前节点对周围 8 个方向上相邻节点的扩展,充分利用了海流环境信息,根据可达性条件来判断待扩展的节点是否是可达的,舍弃不满足要求的节点,减少搜索空间,确保了规划出的航路是可以航行的。

b. 航路代价函数设计

影响 UUV 航路代价的因素有很多,在静水环境中,航路代价与航速大小和航路的长度成正比,但是在有海流作用的区域,就不能单纯只考虑这两个因素,应该使 UUV 尽量顺着海流航行,以减小 UUV 的能量消耗;有时为了满足整条航路的航行时间最小,也会出现逆流和横穿海流航行的情况。本书设计的航路代价函数主要考虑能量消耗、航行时间和障碍物代价因素,可表示为

$$Cost_{\text{total}}=\omega_{\text{e}}Cost_{\text{energy}}+\omega_{\text{t}}Cost_{\text{time}}+Cost_{\text{obs}} \tag{5-46}$$

其中 ω_{e} 和 ω_{t} 为加权系数,$0\leqslant\omega_{\text{e}},\omega_{\text{t}}\leqslant1$。选取航行时间为主要考虑代价。

能量消耗代价

当 UUV 从节点 N_i 运动到节点 N_{i+1},航路的能量消耗如下:

$$\Delta Cost_{\text{energy}}(N_i,N_{i+1})=\int_0^{T_i}((V_{\text{r}}\cos\varphi_{\text{r}}-V_{\text{c}\xi})^2+(V_{\text{r}}\sin\varphi_{\text{r}}-V_{\text{c}\eta})^2)\,\mathrm{d}t \tag{5-47}$$

根据海流在一定区域内流速恒定的特点,假设在栅格内海流的流速大小和方向是恒定不变的,可得在两相邻节点间的能量消耗可表示为

$$\Delta Cost_{\text{energy}}(N_i,N_{i+1})=((V_{\text{r}}\cos\varphi_{\text{r}}-V_{\text{c}\xi})^2+(V_{\text{r}}\sin\varphi_{\text{r}}-V_{\text{c}\eta})^2)T_i \tag{5-48}$$

整条航路的能量消耗代价是所有的子航路段的能量消耗代价的和,则总的能量消耗代价可表示为

$$Cost_{\text{energy}} = \sum_{i=1}^{i=n-1} \Delta Cost_{\text{energy}}(N_i, N_{I+1}) \tag{5-49}$$

航行时间代价

总航行时间代价为每段子航路段的航行时间之和：

$$Cost_{\text{Time}} = \sum_{i=1}^{n-1} T_i \tag{5-50}$$

障碍代价

UUV 在海洋环境中航行时，常会出现浮标等障碍物，考虑到 UUV 全局航路的安全性，必须考虑障碍物对航路的影响，针对障碍物代价的问题，本书采用人工势场法的思想建立障碍物代价函数，将障碍物看作是斥力势场，越靠近障碍物势能越高，代价越高，势能函数如下：

$$U(q)=\begin{cases}0, & \rho_0<\rho(q,q_{\text{obs}}) \\ k\dfrac{1}{r_0^2}\left(\dfrac{1}{r_0}-\dfrac{1}{\rho_0}\right)\left(1-\dfrac{\rho(q,q_{\text{obs}})-r_0}{\rho_0-r_0}\right), & r_0<\rho(q,q_{\text{obs}})\leqslant\rho_0 \\ k\left(\dfrac{1}{\rho(q,q_{\text{obs}})}-\dfrac{1}{\rho_0}\right)\dfrac{1}{\rho^2(q,q_{\text{obs}})}, & \rho(q,q_{\text{obs}})\leqslant r_0\end{cases} \tag{5-51}$$

式中　q——UUV 的位置矢量；

$\rho(q,q_{\text{obs}})$——UUV 到障碍物中心的距离，m；

ρ_0——距离障碍物中心的最小安全距离，m；

k——势能系数；

r_0——障碍物外包圆半径，m。

将第 i 段航路 $path_i$ 上的最大斥力势能作为本段航路的障碍代价，即

$$Cost_{\text{obs},i} = \max(U(q)),\ \forall q \in path_i \tag{5-52}$$

则总代价为

$$Cost_{\text{obs}} = \sum_{0}^{n-1} Cost_{\text{obs},i} \tag{5-53}$$

c. 启发函数设计

本书选取 UUV 从节点 N_i 到达目标点 N_n 的航行时间作为启发信息，为了使启发函数的值小于 UUV 的实际航行时间，选取海流流速估计的最大值 V_{cmax} 和 UUV 操控速度 V_{r} 方向相同时的和速度作为 UUV 的航速，来计算 UUV 达到目标点的时间，航行距离为从节点 N_i 到目标点 N_n 的直线距离 d，即 $d=\|N_i-N_n\|$，启发函数为

$$h(N_i)=\frac{d}{V_{\text{r}}+V_{\text{cmax}}} \tag{5-54}$$

d. 算法流程设计

全局的海流环境信息存储在流场图 $Cur(u(\eta,\xi,t),v(\eta,\xi,t))$ 中，任意节点在任意时刻都可以查询到当前节点位置的海流信息，实时更新了全局航路规划的流场环境信息，全局的障碍物信息存储在 $obs(\eta,\xi)$ 中，在进行全局航路规划时，考虑的障碍物都是静止的。在进行基于 A^* 算法的回收全局航路规划算法流程设计前，首先应设定航路规划过程中的约

束条件

$$\begin{cases}N_0=(\eta_0,\xi_0)\\N_n=(\eta_n,\xi_n)\\t_{start}=t_0\\Cost_{energy}<Energy_{max}\\Cost_{time}\leqslant T_{max}\\0\leqslant V_r\leqslant V_{rmax}\end{cases} \tag{5-55}$$

式中 N_0——起始点位置；

N_n——目标点位置；

t_0——起始时间，s；

$Energy_{max}$——UUV 可消耗能量的最大值，KJ；

$Cost_{time}$——任务执行所消耗的时间，s；

T_{max}——执行任务最大可消耗时间，s；

V_r——UUV 静水中操纵速度，m/s；

V_{rmax}——UUV 可操纵的最大速度，m/s。

在算法运行过程中需要建立如下数据节点；Open 链表存储已生成但未扩展的节点，Closed 链表存储已生成并且进行过扩展的点，Success 链表存储扩展后继节点；n[ ]链表存储相邻节点，parent[ ]链表存储父节点。

回收前海流影响下的全局航路规划算法的具体流程如下：

步骤 1：初始化航路规划的起点位置、目标点的位置和开始时间等全局约束条件；

步骤 2：把起点 N_0 存入 Open 链表中，令 $g(N_0)=0$，则 $F=H$，令 Closed 链表为空表；

步骤 3：判断 Open 链表是否为空，如果为空，则航路不存在，返回空值，否则继续；

步骤 4：判断 Open 链表中代价最小的节点 *BestNode* 是否为目标点 N_n，如果 $BestNode=N_n$，则规划成功，返回父节点链表 parent[ ]；

步骤 5：计算 Open 链表中所有节点的 F 值，并按 F 值从小到大排序，将代价最小的节点 *BestNode* 存入 Closed 链表中；

步骤 6：判断规划是否满足能量和时间消耗的约束条件，即 $Cost_{energy}\leqslant Energy_{max}$ 和 $Cost_{time}\leqslant T_{max}$，如果不满足，则返回到步骤 3，否则继续；

步骤 7：将 Success 链表置为空表；

步骤 8：遍历相邻节点链表 n[ ]，根据流场图 $Cur(u(\eta,\xi,t),v(\eta,\xi,t))$ 获得节点处海流的流速和 UUV 静水中可操控航速度判断节点 N 是否可达，将所有可达节点存入 Success 链表；

步骤 9：判断链表 Success 是否为空，如果为空，则返回步骤 3，否则继续；

步骤 10：取链表 Success 中的节点 N'，计算节点 *BestNode* 到节点 N' 的代价，$g(N')=g(BestNode,N')+g(BestNode)$；

步骤 11：如果扩展后节点 N 的实际代价 $g(N')$ 小于原来的实际代价 g，则更新航路的实际代价和节点时间，把节点 N' 存入父节点链表 parent[ ]和 OpenStep9，则更新航链表，返回步骤 9。

回收前海流影响下的全局航路规划算法流程图如图 5.39 所示。

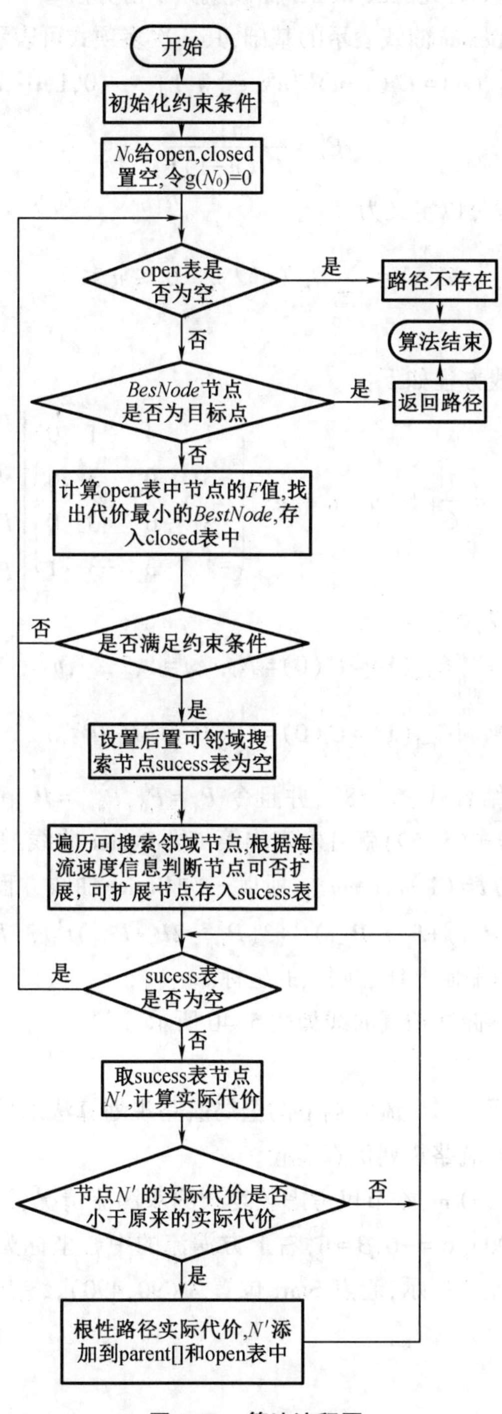

图 5.39　算法流程图

e. Bezier 曲线航路平滑方法设计

由于 A* 算法所规划出的航路是一些折线,航路的平滑性不足,不符合 UUV 运动的运动学特点，Bezier 曲线具有计算简单、操作方便的特点，所以本书从算法实时性的角度引入 Bezier 曲线对航路进行平滑处理。由于三次 Bezier 曲线具有二阶光滑度，更能满足 UUV 的运动学特性，所以本书主要研究三次 Bezier 曲线航路平滑方法。

Bernstein 基函数是 Bezier 曲线表示的基础，其 n 次多项式可表示为

$$B_{i,n}(u)=C_n^i(1-u)^{n-i}u^i u\in[0,1] \quad i=0,1,\cdots,n$$
$$C_n^i=\frac{n!}{i!\ (n-1)!} \tag{5-56}$$

n 次 Bezier 曲线方程可以定义为

$$C(u)=\sum_{i=0}^{n}B_{i,n}(u)P_i,\quad 0\leqslant u\leqslant 1 \tag{5-57}$$

其中$\{P_i\}$称为控制点。

设计三次 Bezier 曲线方程如下：

$$C_i(u)=\frac{1}{6}[1\quad u\quad u^2\quad u^3]\begin{pmatrix}1&4&1&0\\-3&0&3&0\\3&-6&3&0\\-1&3&-3&1\end{pmatrix}\begin{bmatrix}P_{i-1}\\P_i\\P_{i+1}\\P_{i+2}\end{bmatrix} \tag{5-58}$$

根据三次 Bezier 曲线，令：

$$\begin{cases}C_{i-1}(1)=C_i(0)=N_i,\quad i=1,2,\cdots,n\\C_{i-1}(1)=C_i(0)=\dfrac{1}{6}(P_{i-1}+4P_i+P_{i+1})\end{cases} \tag{5-59}$$

由给定的航路节点结合式(5-58)，并且令 $P_1=P_0,P_{n+1}=P_n$，可以确定一组控制节点 $P_{i-1},P_i,P_{i+1},P_{i+2}$，再根据式(5-59)就可确定出第 i 段 Bezier 曲线的方程。由于第 i 段三次 Bezier 曲线的参数定义为 $t=(1-u)t_i+ut_{i+1}$，所以三次 Bezier 曲线方程式为：

$$C(t)=(3(P_i-P_{i+1})+P_{i+2}-P_{i-1})t^3+3(P_{i-1}-2P_i+P_{i+1})t^2+3(P_i-P_{i-1})t+P_{i-1} \tag{5-60}$$

式中，$P_{i-1},P_i,P_{i+1},P_{i+2}$ 为平面上任意四点的坐标。

二维平面三次 Bezier 曲线仿真曲线如图 5.40 所示。

f. 算法验证

为验证本章设计的回收前海流影响下的全局航路规划算法的可行性，在涡流环境中设计了海流影响下全局回收航路规划仿真实验。

仿真区域为 600 m×600 m，本节仅考虑较复杂的双涡流情况，涡流的参数为：左下方涡流的中心坐标为(200,100)，$\alpha=-6,\beta=6$，右上方涡流的中心坐标为(400,400)，$\alpha=-6,\beta=6$，障碍物环境信息如表 5.5 所示，起点 Start 位置为(90,490)，终点 End 为(495,50)，UUV 航速为 4 kn。

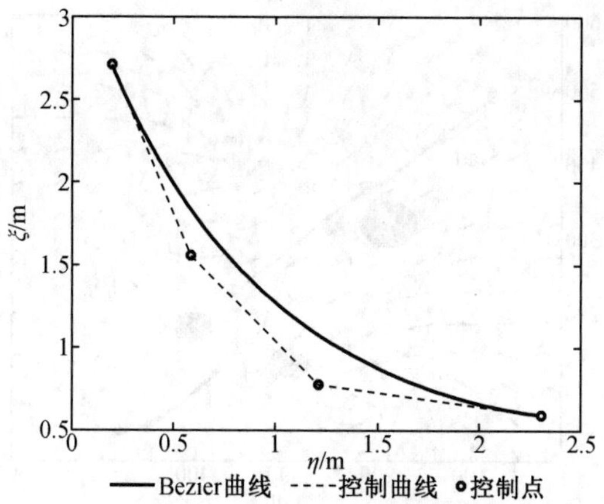

图 5.40 三次 Bezier 曲线仿真曲线

表 5.5 障碍物信息

障碍物编号	中心坐标/(m,m)	膨胀化处理后的半径/m
A	(190,320)	30
B	(300,130)	20
C	(400,180)	20

首先利用涡流流场模型对海流环境建模,利用栅格法对海流数据进行离散化处理,将仿真区域划分为40×40个栅格,所生成的仿真区域流场流速的最大值为2 kn,然后利用本书设计的基于A*算法的回收前全局航路规划算法进行航路规划,规划出一条时间最优的航路,仿真实验结果如图5.41所示,最后利用三次Bezier曲线进行航路平滑,航路平滑效果如图5.42所示。

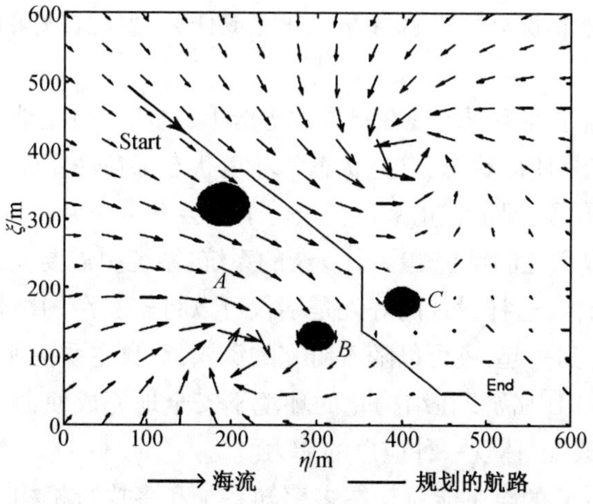

图 5.41 涡流环境下的全局回收航路规划仿真结果

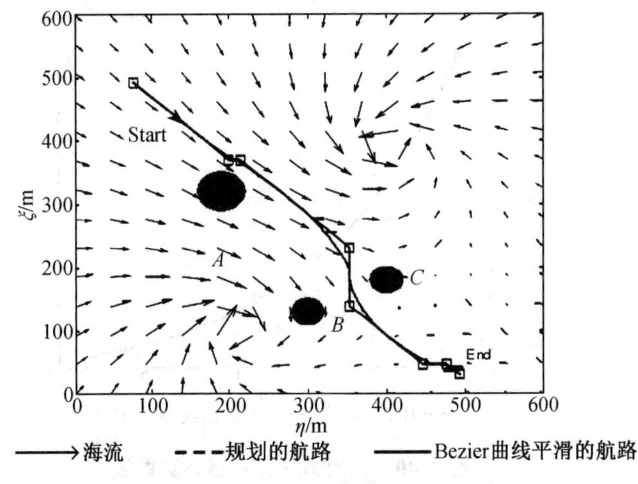

图 5.42 三次 Bezier 曲线航路平滑效果图

5.5 水下无人航行器任务控制实现

5.5.1 任务控制问题分析

水下无人航行器的自主控制(即使命规划)是航行器在自主执行使命的过程中,对使命、环境模型、航行器自身状态进行分析,接着进行任务分解,分解的结果是下一层控制所需要的特定任务序列。在航行器自主控制体系结构中,使命规划属于最高层的控制。为了实现航行器在复杂的非线性和非结构海洋环境中自主规划远程航海的能力,并且具有高可靠性与强鲁棒性,使命规划是一项关键技术。使命规划研究的核心内容是对初始下载的使命进行任务分解,和对随机接收的使命、消息或者根据评估决策结果进行重规划(任务再分解)。

完整的 UUV 自主控制系统不仅能够保证 UUV 在常规环境下顺利地完成任务,而且还能够在出现突发事件的情况下保证自身安全并完成任务,因此良好的自主控制系统需要具备以下特点:

自主性:UUV 的自主性主要表现在自主的等级上,也叫作自主能力,但是自主能力并不能无限扩张,通常情况是使命状态、自身状态和环境状态都在一定范围内进行规划,必须能够协调好系统的所有资源,保证在正常运行条件下不会发生冲突。

模块化:UUV 的自主控制系统是一个复杂的系统,系统中需要完成很多方面的任务,因此需要采用模块化设计。这样设计的好处是不仅可以将较复杂的结构分解,每个部分分别设计与调试,最后整合到一起,还可以随着研究的深入,对自主系统加以扩展,并逐步完善。

反应性和鲁棒性:UUV 需要在结构化的环境下安全地完成使命,还要在出现突发事件的条件下有能力做出改变,体现一种应急的能力。

故障诊断能力:UUV 的自主能力是在多感知系统和多执行机构的协同下实现的,传感器和执行机构保持良好的工作状态是非常重要的。因此,UUV 要能够实时检测 UUV 本体、传感器和执行机构的工作状态,并具有一定的容错能力保证任务顺利完成。

除此之外,UUV 的设计通常是以使命为主导的,按照不同的使命特征设计不同结构的 UUV 自主控制系统,要求 UUV 具备高度自主完成多种任务的能力,因此 UUV 的自主控制系统不能设计的过于粗糙和简单;但是,UUV 的自主控制系统需要具备一定的可靠性和鲁棒性,这又限制了 UUV 的自主控制系统不能过于复杂和烦琐。UUV 上层自主控制系统是一种分层模块化的混合式自主控制系统,如图 5.43 所示,可以分为使命层、任务层和行为层。这种结构的主要优点是,基于行为的设计保证了反应的快速性,同时任务层的优化控制实现了系统的自主性。

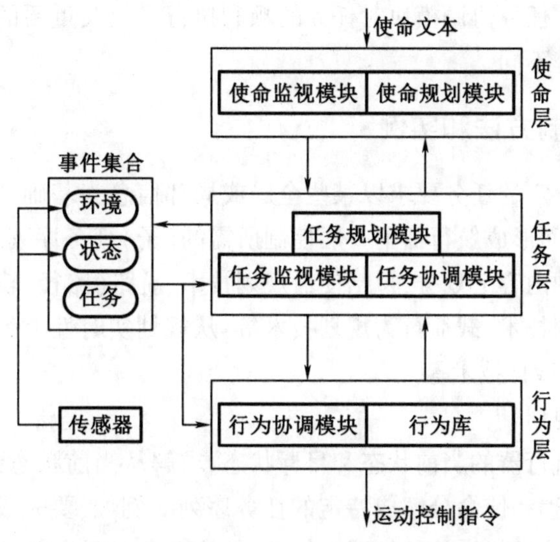

图 5.43　UUV 上层控制系统逻辑模型

使命层:使命层的任务是负责处理使命文件,给任务层下达命令,并监控任务层的反馈信息,完成全局的规划与决策。在 UUV 自主控制系统中使命层具有最高的执行性,主要包括两个模块:使命规划模块和使命监视模块。

任务层:任务层根据使命层下达的使命,主要负责任务规划、监视事件和任务的状态、任务的调度工作,可以分为三部分:任务规划模块、任务监视模块和任务协调模块。任务层是实现 UUV 自主控制重要的一部分,是一种典型的离散事件动态系统(discrete event dynamic system, DEDS)。任务规划模块按照使命下达的要求和约束规划出任务序列,任务序列中的典型的子任务包括航渡子任务、勘察子任务、归航子任务等;任务监视模块要对任务执行过程中的自身状态、环境情况和任务的完成程度进行监控,若检测到突发事件,则需要触发任务协调模块进行任务协调,形成新的任务序列,若发现正常子任务执行完毕则按照顺序执行下一个子任务;任务协调模块主要负责任务之间的调度,通常是由事件驱动的离散事件集,可以采用有限状态自动机(finite state machine, FSM)或者 Petri 网等方法描述。

行为层:行为层在 UUV 自主控制系统中的最底层,与底层运动控制联系最紧密,对实时性能要求最高。行为层的输入包括子任务和各种传感器的反馈信息,输出的是 UUV 的行为指令。行为层主要包括单元行为库和行为协调模块,单元行为库中预定义各种单元行为模型,采用基于行为动力学的建模方法;行为协调模块可采用粒子群等优化算法完成行为的协调。

在 UUV 的上层自主控制系统中,任务层的作用是承上启下,承上是指接收使命文件的同时还要感知环境、本体状态和规划任务的信息,完成任务层的规划。启下需要输出任务序列到行为层,采用之前行为动力学相关的理论完成行为建模和行为协调,进而完成 UUV 底层运动控制。本书以 UUV 的近岸作业任务为例,设计了一系列子任务和事件的优先级表,通过对 UUV 任务协调模型建立形式化模型,完成任务层的优化控制。

任务层的任务规划模块通过对任务的理解和分析,按时间、空间、任务类型等规划出多个子任务。子任务按照时间和空间的顺序排列成任务序列,并保存到全局数据库中,为行为选择提供任务信息。任务协调模块对任务的顺利执行是至关重要的,不同用途的航行器对任务的协调方式会有不同。

5.5.2 任务控制方法和实例

任务控制是根据特定的任务要求以某些全局或局部信息为基础,以给定条件为约束的一系列最优化问题,从而形成航行器下一层控制所需的(子)任务序列或一系列行为动作操作序列的技术。从规划内容上划分,包括使命规划技术、航路(路径、轨迹、航迹)规划技术、时空行为动作序列规划技术、载荷行为规划技术等;从规划实时性上划分,包括静态规划技术、动态规划(在线重规划)技术等。

1. 任务分解及重规划

任务分解是根据航行器的当前状态和目标状态,求解从当前状态到目标状态的航行路径,然后将整个航行过程和使命分解成特定的任务序列。例如,要完成海洋地貌勘测,使命可由 7 种任务组成:①从母船布放航行器的任务;②从出发点到预定区域的 M 段航迹任务;③从任务完成点返回到回收点的 N 段航迹任务;④进行勘测的 Q 段航迹任务;⑤航海中 P 次 CPS 校正任务;⑥达到回收区域并行回收任务;⑦避碰行为响应触发的避碰任务。

任务重规划(即在线决策规划)是航行器任务规划的一个难点。其主要困扰在于全局模型要随时更新,目标函数和约束条件也要变化,实时性问题也很困难,另外何时启用重规划也难以确定。目前所见的重规划的研究文献比较少。David M. Lane 等在航行器任务重规划上进行了比较多的研究。一方面他们研究不确定条件下的规划自修复功能,来提高航行器执行使命的效率,同时减少使命失败的风险。他们将基于知识的方法自主编序规划修复和鲁棒使命执行结合使用,并在航行器中采用一种叫作 OODA Loop(观测—适应—决策—行动循环)的模式来不断地感知自身、环境变化的修复任务规划。具体地,他们提出了故障容错规划、势态感知规划和自适应修复规划等多个重规划方法。

2. 任务规划与任务控制概述

航行器的任务规划包含航路规划,但是与航路规划不同,它结合了环境信息、航行器状态信息和使命信息。虽然它最后输出的让航行器执行的也是航路点,但是这些航路点可能包含了时间窗、优先级、任务类型,甚至是战术指标;同时,还可能对航行器到达该航路点时的状态(以什么样的速度、加速度、航向)有要求;也有可能需要对航行器所配置的载荷进行规划和控制。航行器的任务规划的作用是对接收的使命进行理解、规划、形成任务序列的过程。航行器的任务控制包含了分解任务;分配任务并监督、管理和控制任务的执行,中途根据离散事件和信息可能要执行重规划使命。而任务控制又与任务控制的体系结构密切相关。

目前,国内外研究航行器的任务规划主要为任务定义与理解、任务规划方法与任务重规划等。例如在 VSOR 航行器中,采用元程序语言对航行器进行任务定义。该任务定义方法可以将航行器复杂的任务表示为用户容易理解的形式,而且不用了解航行器底层的程序细节。还有的研究专注于多航行器中的任务定义和描述方法,以便于任务的分解和理解。其采用一种叫作 Nobeltec 的图形工具,包含点导航任务定义和勘测任务定义两种形式。另外,基于一种元任务导向的任务描述方法,任务的描述是这些元任务的组合。其提出的航行器元任务包括测量采样任务、路径跟踪任务、区域勘测任务、测量跟踪任务和通信任务。

任务规划方法是没有统一的思路的,各大文献大都是针对所研究的具体的案例来设计规划方法的。例如,利用侧扫声呐进行港口海床勘测时的规划,可达到航路能覆盖所有不规则区域的目的;利用基于约束的缓存规划来实现航行器探测中的规划、执行和评估的综合,其规划结果以一种任务智能体来表示,该任务智能体具有状态变量、生命周期和执行范围;利用慎思自主来实现航行器的鲁棒规划,它利用基于经验的目标驱动适应规划来解决预先规划不能解决动态海洋勘测的问题;多目标规划的问题,研究了模拟人脑规划的航行器任务规划决策支持系统,它考虑静态环境因素、动态环境因素、安全因素、成本因素、优先级因素对使命的综合影响,利用一个权重决策系统来确定各个因素在规划中所占的权重,然后利用时间最优算法进行多目标的规划,得到航行器的航路或路径点深度范围、能量使用等航行器执行目标:分层任务网络(HTN)规划,它将航行器的任务分为目标任务、原子任务和复合任务三种模式,然后 HTN 规划根据经验知识推理进行任务分解或组合,最终形成以原子任务为细胞的航行器任务序列。

航行器的任务控制是实现航行器自主能力的核心过程。这里首先介绍世界上一些著名的航行器是如何实现任务控制的。HUGIN 航行器提出了实现自主的三个因素:能量自主、导航自主和决策自主,它使用各个作为单独进程的插件程序和模块化设计来实现任务控制。对于 MARIUS 航行器,它利用一些功能子系统来构建整个系统,这与多智能体系统很像对于任务控制,它将任务分成一些确定的子任务,再利用 PN 在这些子任务中进行管理和调度。REMUS 航行器提出了一种自适应任务规划和可重配置的任务控制系统来使航行器根据实时的传感器数据来进行反应和改变路线。它的任务控制被分为三个层次:抽象层、功能层和协调层。不过,为了细致地描述一个相对复杂的任务控制功能,Jiangli Ca 利用了一个 7 层的结构来实现其对航行器的任务管理和控制。Gary Giger 和 DB. MARCO 从另一个角度,利用混杂控制的思想来综合考虑航行器的任务控制和运动控制。

这里以 UUV 的近岸作业的任务控制为例,详细讲解任务控制方法。假设 UUV 从某一位置出发在靠近岸边进行近岸作业时,通常会遇到各种突发事件,例如:发现静态障碍物(如岸基、珊瑚等)、发现动态障碍物(如航行船只、游鱼等)、UUV 设备故障等。此外,UUV 在水下航行一段时间后需要上浮至水面对航行器位置进行校正。基于以上事件,下面我们对 UUV 近岸作业进行任务控制。

首先,对 UUV 近岸作业任务进行任务分解,将近岸作业任务分解为多个子任务。近岸作业任务的子任务主要包括:航渡子任务(向目标点航行)、勘察子任务(对目标点勘察探测)、定时子任务(上浮 GPS 位置校正)、归航子任务(完成勘察回到初始点)。

然后,根据 UUV 近岸作业过程中的突发事件,进行任务重规划。当发现静态障碍物时进行静态避障规划,当发现动态障碍物时进行在线实时避障规划,当 UUV 设备发生故障时进行紧急上浮规划。具体的近岸作业任务剖面图如图 5.44 所示。

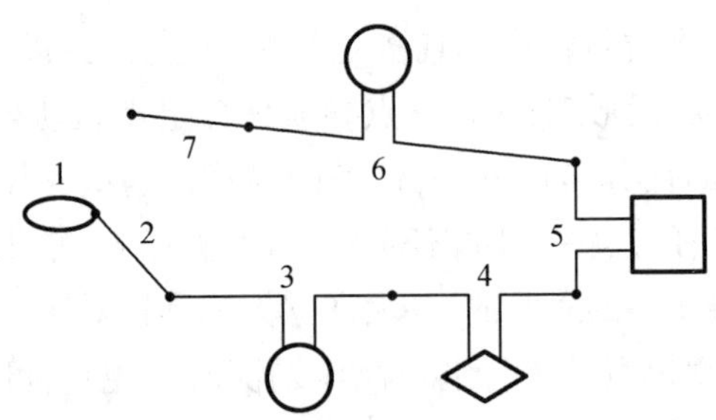

1—UUV 准备出发;2—航渡子任务;3—声呐发现障碍物;4—定时事件触发;
5—勘察子任务;6—声呐发现动态障碍;7—归航子任务。

图 5.44　UUV 近海岸作业剖面图

具体过程:UUV 准备就绪后,根据使命规划好的全局路径,首先航渡到指定地点,在这个过程中声呐可能会检测到前方的障碍物,触发避障事件。完成避障之后,UUV 需要航渡到指定地点进行执行区域勘察任务。在这个过程中可能触发定时事件,GPS 校正,那么 UUV 就需要停止勘察,上浮到水面调整导航信息。完成 GPS 校正后,UUV 下潜到刚才的位置,继续完成勘查任务。如果还需要到下一区域进行勘察,则可以重复上述航渡和勘察子任务。当任务监视模块发现所有航渡与勘察子任务都完成之后,UUV 准备返航,需要执行归航子任务。在归航过程中,如果声呐发现障碍或者动态障碍,那么避障或者避碰事件触发,最终需要达到指定的归航点,等待回收,完成整个任务控制。

如果 UUV 在运行过程中,突然遇到推进器或者传感器等故障事件,将停止所有任务,上浮发送求救信息,等待救援。

任务优先级的区分。根据上述任务的描述,可以设计 UUV 的事件集合中的优先级别如表 5.6 所示。

表 5.6　事件优先级列表

事件或子任务	优先级
设备故障事件	1
避障事件	2
避碰事件	2
GPS 定时校正事件	3
归航子任务	4
勘察子任务	5
航渡子任务	6

事件和子任务的优先级需要预先规定好,主要根据安全性、重要性、合理性来分配事件与子任务的优先级别,数字越小表示其优先级越高,代表事件越紧急。从表中可以看出:正常执行的子任务优先级都要比突发事件的优先级低,这表示当正常执行任务中遇到突发事件,需要暂停当前任务,解决突发事件后再回来,从断点处继续执行原任务。

设备故障事件是优先级最高的级别,一般情况下它们属于不可恢复的错误事件,当触发了这类突发事件后,UUV 需要立刻终止所有任务,清空任务序列,紧急上浮,向水面工作站发送求助信号,报告当前的位置信息,等待救援的船只。

避障事件和避碰事件属于突发的、需要注意的一类事件,这类事件需要高精度的传感器实时返回工作环境信息。当发现障碍后立即在任务序列中插入避障或者避碰事件。

GPS 定时校正事件属于定时事件,这种事件是从任务开始执行时经过一段固定时间后触发的。GPS 定时校正事件触发后,如果当前执行的子任务优先较低,则 GPS 定时校正事件插入到任务执行序列中,阻塞当前正在执行的任务,并记录任务的断点。UUV 上浮到水面完成导航系统的修正后,下潜到中断点的指定位置和指定深度,继续执行阻塞的子任务。

航渡子任务、勘察子任务和归航子任务属于子任务,是 UUV 根据使命要求,经过任务规划后就完成的定要执行的任务。

UUV 是一种综合多技术领域知识并且结构复杂的大型系统,UUV 的上层控制系统是一类较为复杂的离散事件动态系统。DEDS 研究中最基本的就是系统的建模问题,其中任务建模是指选用合适的形式化系统,为正确执行任务的过程建立的模型,模型中以形式化系统的规范形式表述问题的求解知识。常用的模型有专家规则系统、有限状态机、Petri 网、并发过程网、过程代数、情景演算、文法等,当采用形式化系统为任务建立模型之后,就能够利用模型的分析和推演能力检验任务描述是否正确、完备。目前普遍采用 Petri 网作为模型研究离散事件系统的动态特性。本书也将利用 Petri 网对 UUV 的任务层进行建模,从而实现 UUV 的任务控制。此部分仅做了解。

Petri 网的定义是网静态结构的基础,从抽象和一般的角度,一个 Petri 网可定义如下:

$$PN=(P,T,F,W,M,M_0) \tag{5-61}$$

式中 $P=\{p_1,p_2,\cdots,p_n\}(n>0)$——一个有限集合,称作库所集;

$T=\{t_1,t_2,\cdots,t_m\}(m>0)$——一个有限集合,称作变迁集;

$P\cap T=\Phi$(Φ 为空集);

$F\subseteq(P\times T)\cup(T\times P)$——库所与变迁的连接弧(关系集 F 只存在于集合 P 和集合 T 之间),代表系统的流关系集,也叫作有向弧集;

$W:F\rightarrow\{1,2,\cdots\}$(关系集 F 到自然数的映射)——有向弧的权函数;

$M:P\rightarrow\{1,2,\cdots\}$——库所的标识;

$M_0:P\rightarrow\{1,2,\cdots\}$——系统库所的初始标识。

Petri 网图是 Petri 网数学集合定义的图形表示,他可以更形象化的表达 Petri 网的理论概念。在 Petri 网图中,P 表示“库所”(*Place*)节点集,一般表示系统中的状态;T 表示“变迁”(Transition)节点集,一般表示系统中可能发生的事件;F 表示节点间的有向弧集,W 表示以有向弧的权为元构成的向量,从结构上看,标识 *Petri* 网图就是由(P,T,F,M_0)所决定的一类有向二元图。

在建模之前先介绍以下几种重要的算子，如图 5.45 所示，(a)顺序算子($T_1;T_2$)表示按照 T_1 到 T_2 的顺序执行；(b)循环算子(T^*)表示执行完 T 后再次回到状态 P；(c)与算子($T_1\&\&T_2$)表示当同时触发了变迁 T_1 和 T_2 时，才能触发变迁 T_3，这同逻辑运算中的与概念一样；(d)或算子($T_1||T_2$)表示变迁 T_1 的触发有两种结果，但是不能同时执行，只能触发 T_2 或者 T_3，也叫作冲突算子；(e)并行算子($T_2[\,]T_3$)表示变迁 T_1 触发后，同步触发 T_2 和 T_3 并行执行；(f)同步并发算子($T_2=T_3$)表示变迁 T_2 和 T_3 需要 T_1 触发后，按照各自通路并发执行，同程序设计中线程的概念类似。或算子和并发算子主要区别在于分开的部分首先是变迁还是状态。

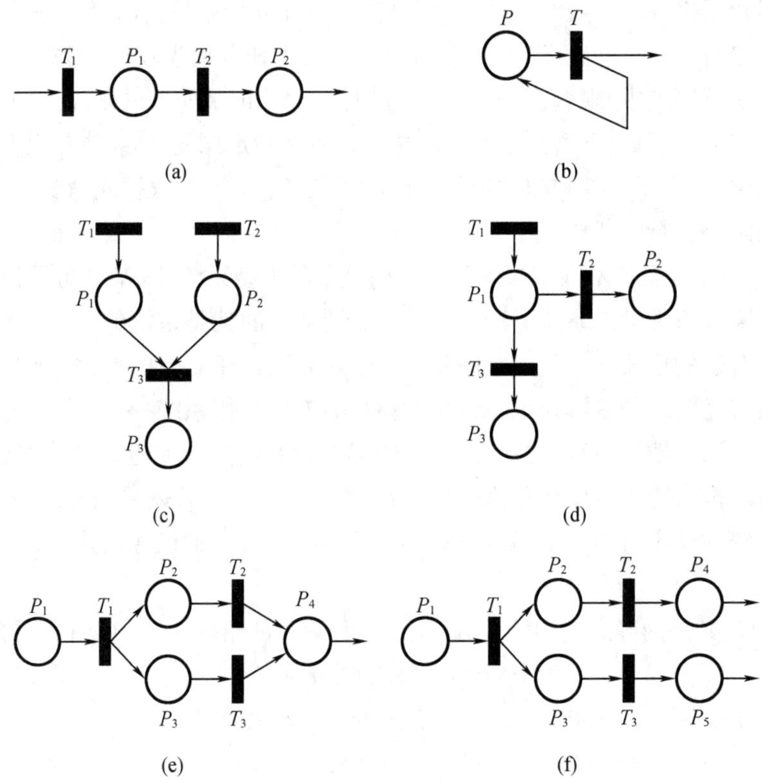

图 5.45　Petri 网建模中常用的算子

以 UUV 近岸作业相关任务为例，使命规划出三个子任务部分：航渡子任务、勘察子任务、归航子任务。任务协调的 Petri 网模型如图 5.46 所示，UUV 任务协调的 Petri 网模型库所变迁含义如表 5.7。任务规划模块规划出任务序列之后，UUV 首先需要执行航渡子任务，到达指定的勘查区域，然后执行勘察子任务，如果还有下一块勘察的区域，UUV 将继续航渡到下一指定点执行勘察子任务，当任务监视模块发现所有任务都已经完成，则执行最后的归航子任务，航渡到指定的待回收点。上述过程中如果发现 UUV 突发的故障事件，或者无法到达待回收点，那么 UUV 将中止所有任务，紧急上浮，发送求助信号，等待水面船救助。

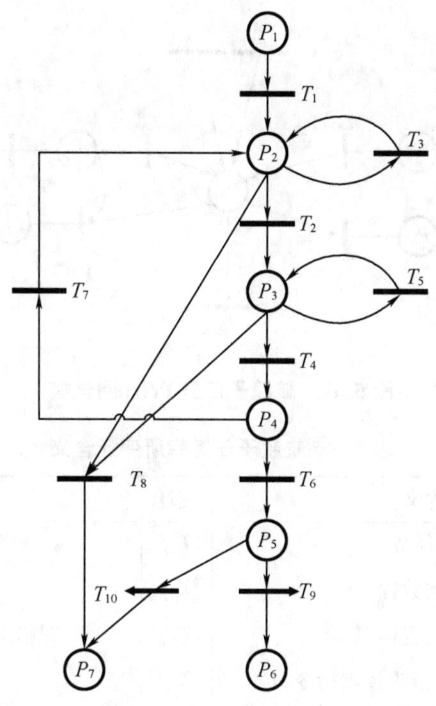

图 5.46　UUV 任务协调的 Petri 网建模

表 5.7　UUV 任务协调的 Petri 网模型库所变迁含义表

库所	库所含义	变迁	变迁含义
P_1	UUV 任务规划完毕,准备就绪	T_1	UUV 开始工作
P_2	航渡子任务	T_2	航渡到达指定点
P_3	勘察子任务	T_3	航渡未到达指定点
P_4	任务监视模块检查任务完成情况	T_4	勘察子任务完成
P_5	归航子任务	T_5	勘察子任务未完成
P_6	监视任务完成状态	T_6	总任务完成
P_7	UUV 紧急上浮,发送求救信号,等待救援	T_7	总任务未完成
无	无	T_8	出现突发故障事件
无	无	T_9	到达指定回收点
无	无	T_{10}	无法到达回收点

为了说明 UUV 近岸作业下任务协调的详细过程,现以 UUV 任务协调的 Petri 网模型中的任务库所 P_2(航渡子任务)为例,对任务库所进行 Petri 网扩展。由图 5.47 可知,航渡子任务库所 P_2 的输入变迁为 T_1 或者 T_7,输出变迁为 T_2。对航渡子任务进行建模时,考虑到航渡过程中可能会发生 GPS 定时事件和避障(避碰)事件,航渡子任务库所变迁含义如表 5.8 所示。

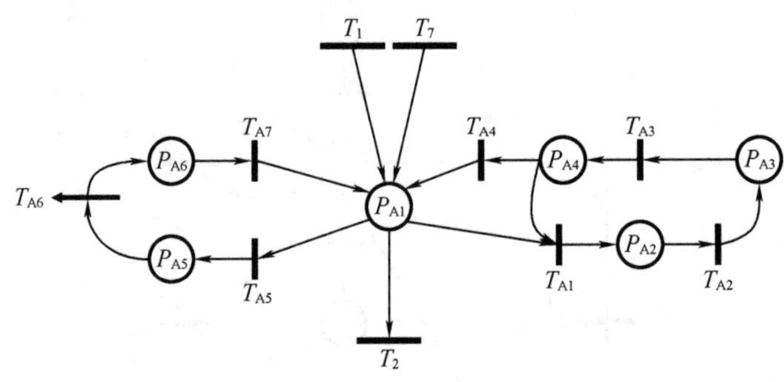

图 5.47　航渡子任务 Petri 网建模

表 5.8　航渡子任务库所变迁含义

库所	库所含义	变迁	变迁含义
P_{A1}	航渡子任务	T_{A1}	声呐发现障碍
P_{A2}	接收声呐数据	T_{A2}	处理声呐数据
P_{A3}	接收当前位置信息	T_{A3}	调用避障(避碰)行为模型
P_{A4}	输出避障(避碰)行为控制指令	T_{A4}	声呐发现障碍
P_{A5}	UUV 上浮	T_{A5}	GPS 定时校正事件
P_{A6}	GPS 校正完成	T_{A6}	接收 GPS 信号
无	无	T_{A7}	恢复子任务

由 Petri 网建模可知，在执行航渡子任务的时候，可能出现突发的事件，根据预定义的事件集优先列表，可以按优先级来执行相应的操作，当高优先级的任务执行完毕后，系统重新完成刚刚未完成的航渡子任务，直到到达指定位置点，航渡子任务执行完毕。

对于勘查子任务和归航子任务的 Petri 网模型，理论上与航渡子任务是相似的，不同的是系统的输入输出变迁不同，例如勘察子任务的输入变迁为 T_2，输出变迁为 T_4，而归航子任务的输入变迁为 T_6，输出变迁为 T_9 或者 T_{10}。另一个不同点是归航子任务的优先级别高于勘察子任务，它们都高于航渡子任务，但是各种突发的事件优先级都高于这些子任务，因此并不影响子任务的 Petri 网模型。

习　题

1. 简述水下无人航行器空间六自由度模型

$$\begin{cases}\dot{\boldsymbol{\eta}}=\boldsymbol{J}(\boldsymbol{\eta})\boldsymbol{\nu}\\ \boldsymbol{M}\boldsymbol{\nu}+\boldsymbol{C}(\boldsymbol{\nu})\boldsymbol{\nu}+\boldsymbol{D}(\boldsymbol{\nu})\boldsymbol{\nu}+\boldsymbol{g}(\boldsymbol{\eta})=\boldsymbol{\tau}\end{cases}$$

中各个变量所代表的意义，重点对 $\boldsymbol{\eta}$ 和 $\boldsymbol{\nu}$ 进行说明。

2. 将简化后水下无人航行器的运动学模型和动力学模型化简成水平面三自由度模型(即仅有水平面纵荡、横荡、艏摇以及相关速度和角速度)或垂直面三自由度模型(即仅有纵荡、升沉、纵倾以及相关速度和角速度)。

3. 介绍水下无人航行器的基本路径规划方法,并对其中一种进行详细说明。

4. 简述水下无人航行器的自主学习方法。

5. 什么是客观决策问题？对如何求解客观决策问题进行说明。

第 6 章　沉浸式模块化机械臂交互实验系统

6.1　引　　言

近几年来，随着 5G、人工智能等新兴技术的迅速发展，机器人又迎来一次新的发展前景；世界各国为了迎接由人工智能与机器人相结合带来的全球范围的科技变革浪潮，相继出台了国家重大发展战略，如德国的“工业 4.0”、美国的“工业互联网”、中国的“中国制造 2025”等，这些政策措施将推动机器人未来的应用研究迎来新一轮的发展。

机械臂的发展与应用也不断地结合新兴技术，加上其本身的机械结构，导致其整体系统的复杂度与融合度极大升高。对于初学者来说，需要的预备知识多，初次实践上手难度大。机械臂作为一个结合多学科的复杂系统，需要使用者具备足够丰富的相关学科知识，因此对于初学者而言，快速上手实践机械臂系统的难度较大；VR 作为一种新型人机交互平台，具有立体直观、便于理解的特点。因此，本章旨在引导读者开发一套易于实践上手的机械臂交互实验系统，通过简洁直白的用户交互软件，令使用者能够避免复杂困难的编程步骤，较为轻松实现对机械臂在笛卡儿坐标系下的运动规划与控制；同时，利用 VR 技术实现为使用者提供三维立体的沉浸式体验，有助于使用者快速对机械臂系统进行上手实践，从而实现帮助读者生动直观地了解机械臂运动情况，并快速上手机械臂系统的实践，这对于巩固使用者机械臂理论知识，以及实际机械臂开发实践有极大的帮助与显著的意义。

另一方面，3D 仿真平台是不可或缺的，例如 Unity、UE 和 Gazebo。其中，前两者在三维模型外形材质的渲染上有着显著的优势，而 Gazebo 更注重三维模型物理性质的高度模拟。目前通常采用的 Unity/UE 结合 VR 设备的方案可以为用户提供外观逼真的虚拟环境，但是其中三维模型的物理性质并未很好地展现出来。本书在虚拟环境的构建方案上，考虑实验系统更侧重仿真模型的物理性质，采用 Gazebo 结合 VR 设备的独特方案，利用 Gazebo 优秀的物理模拟特性，大幅提高实验系统的物理仿真能力，并在一定程度上丰富了当前 VR 环境的开发场景，对后续 Gazebo 在 VR 中的应用有一定的引导作用。

6.2　沉浸式模块化机械臂交互实验系统设计

沉浸式模块化机械臂交互实验系统主要集合了机械臂控制、虚拟现实仿真与人机交互三个部分，符合当前多种新兴技术有机融合的发展趋势。该实验系统以六自由度模块化机械臂为主要实验对象，通过用户交互软件提供简洁直观的实验系统功能操作，实现对机械臂的运动控制；同时，通过 VR 套件提供沉浸式虚拟仿真环境，达到虚拟仿真环境中的虚拟机械臂实时跟随实体机械臂的联动效果。为了顺利进行上述流程，本节首先对该实验系统的总体设计方案进行阐述，以说明系统内各模块工作原理以及各模块之间的逻辑关系。此外,对于该实验系统中涉及的主要软件开发平台和硬件实验设备,本节也进行了一定的介绍,为后续系统各个部分的研究工作奠定基础。

6.2.1　总体设计方案

沉浸式模块化机械臂交互实验系统主要包含机械臂运动控制功能、VR三维仿真功能、图形化用户交互软件和拓展功能四大功能模块。通过上述四大功能模块实现简化机械臂控制操作,提供沉浸式实验效果等预期目标,进而为使用者提供一套操作直观、使用简便的机械臂实验平台,具有教学培训与拓展开发等实际应用意义。本节从上述该实验系统的设计目的出发,对该系统的功能需求进行分析,并基于功能需求提出该实验系统的总体设计方案。

本节研究的沉浸式模块化机械臂交互实验系统基于实体六自由度模块化串联机械臂,旨在提供一套操作直观、使用简便且支持拓展的沉浸式机械臂实验平台。为了实现上述设计目标,本书在实现机械臂的基本运动控制的基础上,提出了实现避免复杂烦琐的机械臂编程控制、营造沉浸式三维仿真实验环境以及具备额外功能拓展等功能需求。下面将对以上功能需求做进一步阐述:

1. 机械臂的运动控制

沉浸式模块化机械臂交互实验系统的核心即为一台真实的六自由度模块化串联机械臂,因此完成对该机械臂的基本运动控制是整个实验系统中所有功能的基础。针对六自由度串联机械臂的基本特性,机械臂的运动控制功能应当包含下面两个方面:一是能够对机械臂所具有的6个关节进行分别驱动;二是能够实现对机械臂末端一些轨迹的规划,例如直线轨迹和圆弧轨迹。

2. 图形化用户交互软件

作为一个机械臂实验平台,图形化的交互控制软件能够更好地使初学者快速熟悉并上手机械臂的基础操作,同时也能够帮助后续开发者迅速了解该实验平台的基本功能,以更快地着手平台功能的改进与拓展。针对这个需求,该机械臂实验系统应当提供一个图形化的交互窗口,通过鼠标点击等符合直觉的方式避免编程操作,实现一种直观便捷的交互方式。

3. 沉浸式三维仿真环境

为了增强机械臂运动仿真的沉浸感,构造一个三维立体的虚拟仿真环境是十分必要的。首先,为保证虚拟仿真能够实现真实准确的仿真效果,作为该虚拟仿真环境主体的虚拟机械臂模型应当与真实机械臂具有相同的基础参数;其次,为了使用户获得沉浸式的仿真体验,该虚拟仿真环境中必须与VR设备套件的相互连接,进而提供沉浸式体验的途径;最后,通过实现真实机械臂与虚拟机械臂之间的主从连接,完成真实机械臂与虚拟机械臂的实时联动,从而实现“虚实联动”的沉浸式仿真效果。

4. 功能拓展

通过实现上述功能需求,沉浸式模块化机械臂交互实验系统可以搭建出一个基础的机械臂实验平台。为了系统后续能够进行功能的升级与拓展,该实验系统需要提供一个方案来实现对以后的维护升级和功能升级进行兼容,借此该实验系统对之后的教学培训与研究开发将有积极实用的实际意义。

根据沉浸式模块化机械臂交互实验系统的具体功能需求,按照上述四大功能需求将整个实验系统分为对应的四大功能模块,制定了沉浸式模块化机械臂交互实验系统的总体设计方案。图 6.1 所示为沉浸式模块化机械臂交互实验系统的总体设计方案示意图。

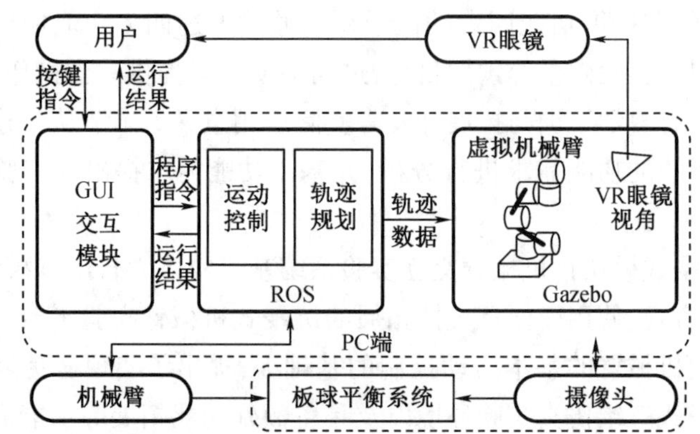

图 6.1　沉浸式模块化机械臂交互实验系统的总体设计方案示意图

图 6.1 展示了整个实验系统的总体设计架构。该总体架构采用模块化设计,根据主要的硬件设备分为三大部分:模块化六自由度机械臂 GLUON-6L3、个人电脑 PC 和 VR 头戴式显示器套件,通过以上硬件实验设备之间的有机结合,实现了整个沉浸式模块化机械臂交互实验系统的相关功能。前文提出的实验系统的四大功能需求,下面按照相应的功能需求分别对各个功能模块的设计方案进行阐述。

1. 机械臂运动控制模块

机械臂运动控制模块用于实现对机械臂的基本运动控制。本文研究的沉浸式模块化机械臂交互实验系统所使用的机械臂是 INNFOS GLUON-6L3 六自由度机械臂。该机械臂具有可编程控制的特性,因此,当前功能模块的设计方案选择利用 PC 端在线编程开发。又考虑可操作性高、开发灵活性强的机械臂编程开发平台,本书选取开源机器人操作系统 ROS 作为实验系统机械臂 GLUON-6L3 的编程开发平台,以实现对机械臂的基本运动控制功能的编程开发以及后续控制操作。另外,由于 ROS 平台对 Linux 系统更加友好,所以本书选取了以 Linux 为内核的 Ubuntu 系统。考虑系统平台的一致性,本书的实验系统在 PC 端的 Ubuntu 系统环境下进行研究与开发。图 6.2 展示了机械臂运动控制模块的设计方案。

2. 图形化人机交互模块

图形化人机交互模块负责提供图形化用户交互软件,用以实现使用者与实验系统之间的交互操作。由于在上述机械臂运动控制模块的设计方案中,本书选取了在 PC 端上基于 Ubuntu 系统的开发路线,所以同样选择支持 Ubuntu 系统的应用程序开发框架 Qt,来进行沉浸式模块化机械臂交互实验平台的图形化用户交互软件的开发。

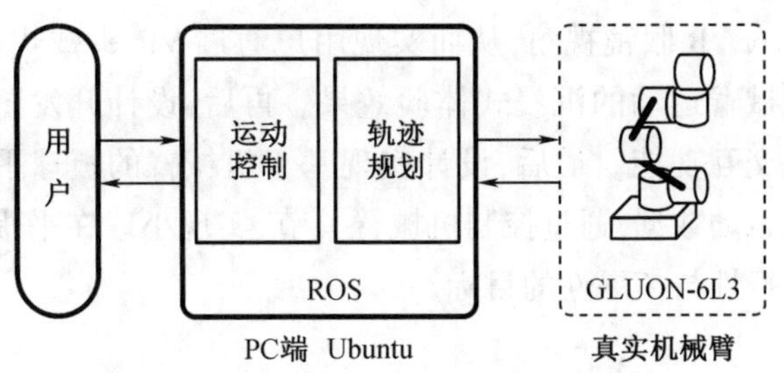

图 6.2　机械臂运动控制模块设计方案示意图

3. VR 仿真联动模块

VR 仿真联动模块用于构造沉浸式三维仿真联动实验环境。根据前面模块中选择的 Ubuntu 系统与 ROS 平台,本模块选用具有物理仿真引擎的仿真模拟软件 Gazebo。此外,采用具有高定位精度的 VR 头戴式显示设备 HTC VIVE Pro 作为连接使用者与虚拟仿真环境的硬件桥梁。通过搭建虚拟机械臂模型和 VR 头戴式显示设备套件模型,在 Gazebo 中建立虚拟仿真实验环境。之后建立 ROS 平台、虚拟仿真环境与 VR 头戴式显示设备之间的数据联系,实现沉浸式机械臂虚实联动的虚拟仿真环境。图 6.3 展示了 VR 仿真联动模块的设计方案。

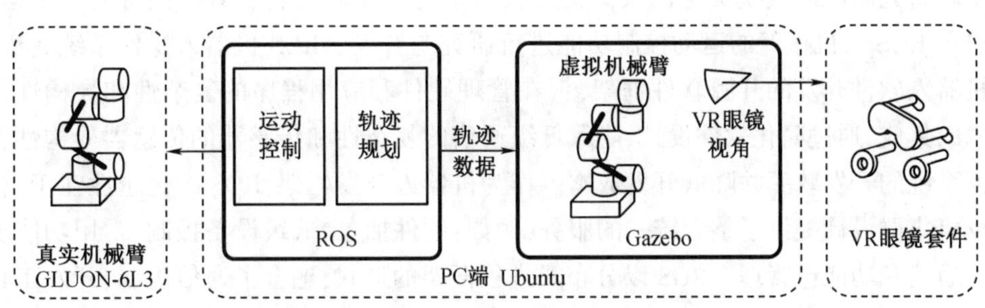

图 6.3　VR 仿真联动模块设计方案示意图

4. 板球平衡拓展功能模块

板球平衡拓展功能模块通过实现基于机械臂的板球平衡装置,测试并验证沉浸式模块化机械臂交互实验系统的可行性与拓展性。利用实验系统中的六自由度机械臂,控制固联于机械臂末端的平板姿态,进而实现平板上小球的姿态稳定。选用英特尔的深度摄像头 RealSense D435 作为板球平衡装置的传感器,利用计算机视觉技术测量小球相对于平板的位置与速度信息,从而用作板球平衡装置的输入与反馈数据信息。图 6.4 展示了板球平衡拓展功能模块的设计方案。

在说明了上述四个功能模块的设计方案的基础上,接下来阐述沉浸式模块化机械臂交互实验系统的总体设计方案。首先,PC 端在 Linux 系统下进行开发,通过 ROS 开发平台对六自由度机械臂进行编程开发,经由对实体六自由度机械臂的正逆运动学建模与解算,从而实现对实体机械臂的运动控制、轨迹规划等基础控制功能。其次,利用 Gazebo 仿真环境平台,基于真实机械臂参数建立六自由度机械臂虚拟模型,建立 VR 仿真实验环境,通过传输真实机械臂的各个关节轨迹数据到虚拟机械臂,以实现虚实机械臂之间的联动;同时,在虚拟机械臂环境中引入 VR 眼镜视角,从而实现用户通过 VR 头戴式显示设备获得虚拟机械臂实时跟随实体机械臂运动的沉浸式体验效果。再后,设计开发图形化用户交互软件,提供实验系统的人机交互功能。最后,设计实现基于机械臂的板球平衡控制装置,根据计算机视觉获取的小球运动数据,通过控制机械臂关节,实现小球在平板上的姿态平衡,从而达到验证实验系统可行性与拓展性的目标。

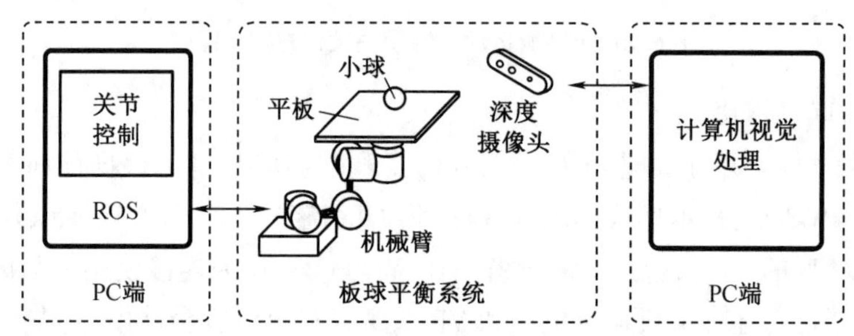

图 6.4　板球平衡拓展功能模块设计方案示意图

6.2.2　系统软件开发说明

本章研究的沉浸式模块化机械臂交互实验系统首先需要实现对机械臂的基本运动控制。选用 ROS 对机械臂的运动控制功能进行研究与开发。ROS 机器人操作系统属于一种用于机器人软件开发的开源软件框架,旨在管理硬件和应用程序的复杂性和异构性,促进新技术的集成,通过简化软件设计、隐藏低级通信的复杂性和传感器的传感器异构性,提高机器人系统的开发效率并降低开发成本。作为机器人开发框架,ROS 的优越性在于它为异构计算机集群设计提供了整合统一的服务,例如:硬件抽象、低级设备控制、常用功能实现、进程间通信和功能包管理。ROS 以分布式进程框架的形式,融合了通信机制、开发工具、应用功能和生态系统等特性,其主要目标是为了提升机器人研究与开发中的代码复用率,避免了由机器人系统中底层硬件设备或软件代码类型不同等问题导致的系统各模块间集成难度大、效率低。

ROS 具有三个层次,分别是文件系统(filesystem)层级、计算图(computation graph)层级和社区资源(community)层级。这三个层级由下往上逐级呈现了 ROS 节点间通信、功能模块间连接以及生态系统等特性。图 6.5 大致展示了三个层级之间的逻辑关系。

在图 6.5 中,ROS 以功能包为一个基本单元,每一个功能包被设计为实现某一种功能。其中,功能包内借助节点管理器对以一个或若干个进程,即节点(node)进行统一管理,通过话题(topic)、服务(service)等通信机制发送和订阅消息(message)数据,实现节点之间的“图”逻辑联系,进而实现整个功能包的功能。图 6.6 展示了 ROS 节点间的话题通信机制。

话题通信机制主要基于 TCP,属于异步通信。在节点管理器下注册的各个节点可以发布或订阅各类消息数据,从而实现节点之间的数据传输。本书研究所涉及的通信大都基于这种通信机制;在此基础上,通过节点与功能包的增加与更新,研究的实验系统即可基于统一的通信方式实现功能拓展,后续实验系统的拓展模块也是以此方式进行设计开发的。

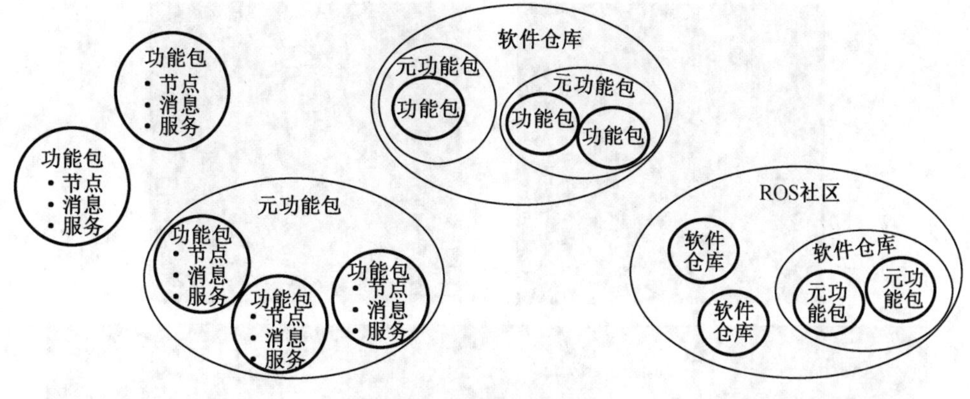

图 6.5　ROS 层级之间逻辑关系

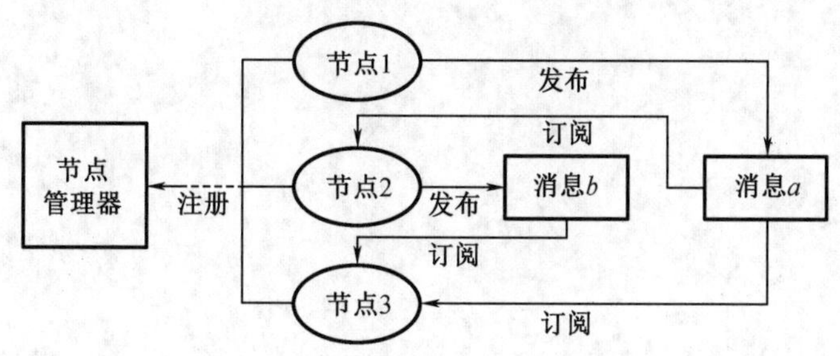

图 6.6　ROS 节点间的话题通信机制

开发沉浸式模块化机械臂交互实验系统的 VR 仿真联动模块的核心需要搭建一个立体逼真的三维仿真环境。考虑实验系统的机械臂运动控制模块选择在 Ubuntu 环境下的 ROS 系统中进行研究开发，本书选择对 Ubuntu 环境和 ROS 系统均友好的 Gazebo 仿真模拟平台。Gazebo 是一款开源的 3D 机器人模拟器，集成了 ODE 物理引擎、OpenGL 渲染以及针对传感器仿真和执行器控制的支持代码。相比于一些著名的 3D 仿真引擎，例如 Unity 和虚幻引擎（unreal engine，UE），Gazebo 提供了更高保真度的物理模拟、一套传感器以及用户和程序的界面。基于这些特性，Gazebo 在机器人系统仿真模拟方面有着独特的优势。

Gazebo 提供方便的编程和图形界面，并支持添加自定义的三维仿真模型。其中，Gazebo 直观的图形界面可以方便地建立和导入所需要的仿真模型。图 6.7 展示了 Gazebo 在启动后显示的主界面。在启动 Gazebo 程序后，Gazebo 会呈现一个如图 6.7 所示的主界面。主界面主要分为场景界面、左面板和工具栏三个部分。其中，场景界面是主界面占比最大的部分，用于展示仿真模拟场景，之后模拟对象的动画和用户与仿真环境的交互都在这里进行，是 Gazebo 仿真模拟的核心；本书第 6.4 节研究的虚拟仿真场景将在该界面进行展示。左面板位于场景界面左侧，主要包含 3 个选项卡：世界（WORLD）、插入（INSERT）和图层（LAYERS）。这 3 个选项卡分别用于查看和修改当前场景中的模型参数，导入新对象（模型）和调整可用的不同可视化组。后续实验系统的 VR 仿真环境中的相关模型将通过“插入”选项卡进行导入。工具栏分为顶部和底部工具栏，分别位于场景界面的上面和下面；其主要功能是提供与模拟器交互的常用选项以及显示与模拟相关的数据。

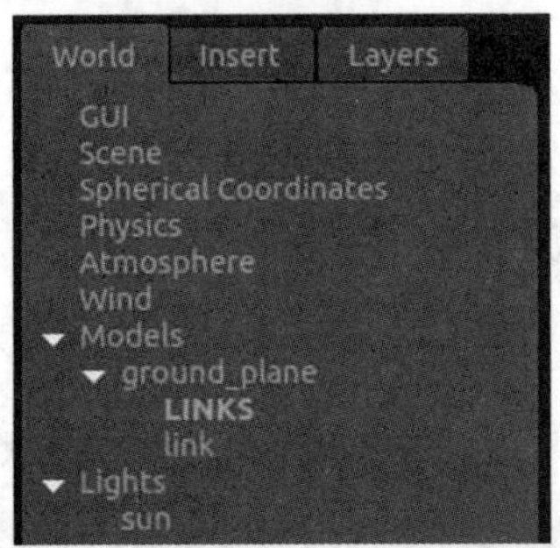

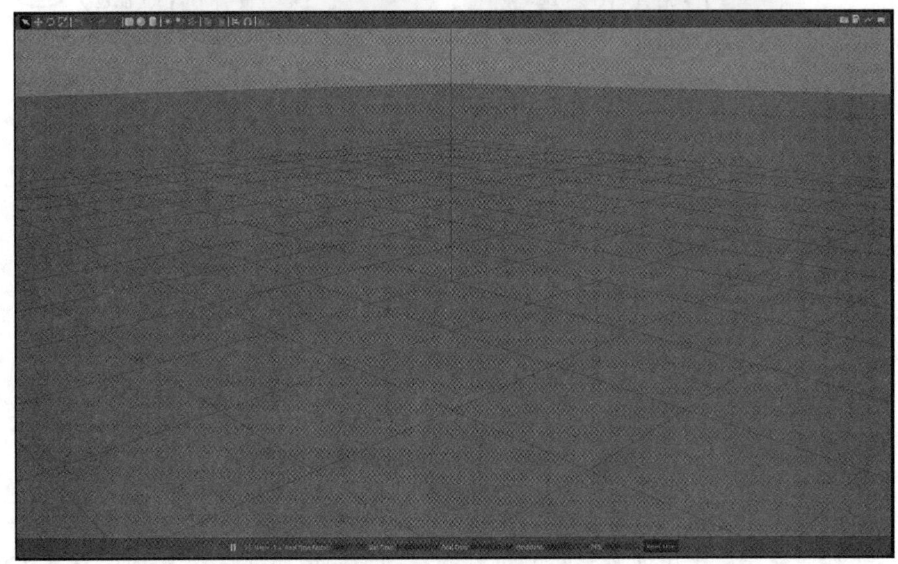

图 6.7　Gazebo 主界面各部分

Gazebo 的场景界面支持利用鼠标进行快速便捷的导航与视角操作，这里不再赘述。Gazebo 图形用户界面还支持模型编辑，但复杂的模型需要通过 SDF 文件进行设置，这也是第 6.4 节中机械臂虚拟模型的建立方式，这部分内容将在第 6.4 节中进一步说明。

为了进一步实现沉浸式模块化机械臂交互实验系统的图形化人机交互功能，本书选取 Qt 应用程序开发框架进行图形用户界面的开发。Qt 是由 Qt 公司和开源协作项目 Qt Project 开发，用于创建图形用户界面的跨平台软件，以及运行在各种软件和硬件平台上的跨平台应用程序或嵌入式系统。Qt 的一个显著特性是跨平台，Qt 目前可以面向桌面、嵌入式和移动平台进行图形用户界面和应用程序的开发，支持 Linux、OS X、Windows、VxWorks、QNX、Android 和 iOS 等众多平台。Qt 的另一个关键特性是使用元对象系统（meta-object system）对 C++进行了拓展，提供了信号与槽（signals and slots）以及内省（introspection）两项关键技术；Qt 提供一个独立的元对象编译器（Meta-Object Compiler, MOC），用于解析 Q_OBJECT 类的定义并且通过 C++函数来提供可供使用的信息。本书研究的沉浸式模块化机械臂交互实验系统的图形化交互功能也将利用 Qt 这一基础特性进行开发与实现。

6.2.3　系统硬件实验设备

六自由度机械臂是沉浸式模块化机械臂交互实验系统的核心对象，整个实验系统的功能模块全部围绕机械臂展开。本书选取的机械臂为闵阂智能科技有限公司(MINTASCA)生产的高性能桌面级多轴机械臂 GLUON-6L3,如图 6.8 所示。

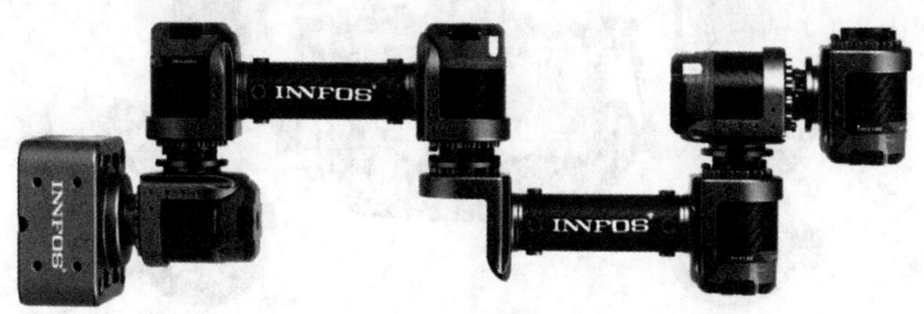

图 6.8 GLUON-6L3 机械臂外观图

表 6.1 展示了 GLUON-6L3 机械臂的基本参数。

表 6.1 GLUON-6L3 机械臂的基本参数

参数	数值
自由度	6
自重	4.5 kg
末端负载	0.5 kg
最大活动范围	425 mm
关节角度范围	-90°~90°(关节 2) -180°~180°(关节 6) -140°~140°(其余关节)
关节最大速度	302°/s
通信端口	CAN/以太网

该机械臂是一款六自由度串联关节式机械臂,其中六个关节都为转动关节,并全部采用 QDD Lite 系列执行器。该执行器是由闵阂智能科技公司推出的一款智能柔性执行器(Smart Compliant Actuator, SCA),主要应用于机器人关节。其高度集成了伺服电机、伺服驱动器、行星减速器和编码器等核心部件,并采用基于复合材料的减速器,在减小体积的同时大大降低了成本;此外,该执行器采用隔离 CAN 通信,具有更加安全可靠的电气性能,同时也可通过 CAN 总线进行固件升级[55]。GLUON-6L3 机械臂中 6 个关节执行器通过 CAN 总线串联,经由 ECB(ethernet to CAN bridge)将 CAN 通信转换为以太网通信,实现机械臂与主机之间进行连接;同时,GLUON-6L3 支持 ROS 系统,第 6.3 节中的机械臂运动控制功能将在 ROS 系统下进行开发。

在沉浸式模块化机械臂交互实验系统中,为了使用户能够获得沉浸式实验效果,用于连接用户与 VR 仿真实验环境的 VR 头戴式显示设备是必不可少的。本书选用由 HTC 公司研发的 VR 头戴式显示设备套装 HTC VIVE Pro。该套件包括一副 VR 眼镜 VIVE Pro、一对操控手柄与两个 SteamVR 定位器 2.0,实物图如图 6.9 所示。

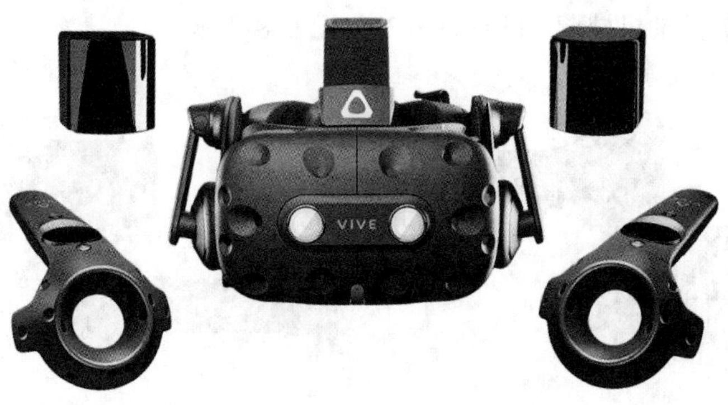

图 6.9 HTC VIVE Pro VR 头戴式设备套装实物图

HTC VIVE Pro 套装的核心部件是 VR 头戴式显示设备 VIVE Pro。相较于它的上一代型号 VIVE，VIVE Pro 具有更高分辨率的两块 3.5 in AMOLED 显示屏，每只眼镜对应的显示屏分辨率可以达到 1 440×1 600，以提供更加清晰的 VR 效果；在音效方面，VIVE Pro 自带具有高性能数字放大器的高阻抗耳机以及支持主动降噪的双麦克风；而在结构设计上，VIVE Pro 均衡调整重心，提供若干可调节部件，以提供符合人体工程学的舒适度。在不使用 VIVE 无限升级套件的情况下，VIVE Pro 与主机之间采用有线连接形式，经由串流盒通过 USB3.0 与 DisplayPort1.2（DP1.2）端口与主机进行数据传输，另外单独使用一根电源线为 VIVE Pro 供电。

套装中的操控手柄提供功能丰富的按键；而 2 个 SteamVR 定位器 2.0 通过发射红外脉冲和 x/y 轴红外激光扫描，可实现对内置红外传感器的 VIVE Pro 眼镜和操控手柄在 5 m×5 m 空间内的定位追踪。VIVE Pro 提供的 steamVR 工具包可以实时获取 VIVE Pro 眼镜和操控手柄的空间位置与姿态，这将在虚拟现实仿真实验环境的实时联动中起到关键作用。

6.3 机械臂运动控制原理和验证

沉浸式模块化机械臂交互实验系统的基础功能模块是实现对机械臂的运动控制。为了实现实验系统的机械臂运动控制模块功能，首先，对 GLUON-6L3 六自由度机械臂的运动学特性进行分析，通过 D-H 参数法和指数积法这两种方法，分别建立机械臂的运动学模型，并基于该模型进行正逆运动学求解。然后，对机械臂的轨迹规划问题进行简化和分析，并通过仿真软件对算法进行仿真验证。最后，利用 ROS 工具 MoveIt！实现真实机械臂的轨迹运动控制，以实机测试验证机械臂运动控制模块的运行效果。

6.3.1 运动学分析与验证

为实现对实验系统中六自由度机械臂 GLUON-6L3 的运动控制功能，根据机器人学理论，需要对该机械臂进行运动学的分析与建模。机械臂可以看成是由一系列的连杆刚体通过关节连接而成的一个运动链，是一个十分复杂的运动系统。机械臂运动学模型是后续实现机械臂的运动控制的基础，通过运动学可以建立机械臂各关节角度与机械臂末端位置和姿态之间的关系。机械臂运动学可分为两部分:运动学正解问题和逆解问题,其关系如图6.10所示。

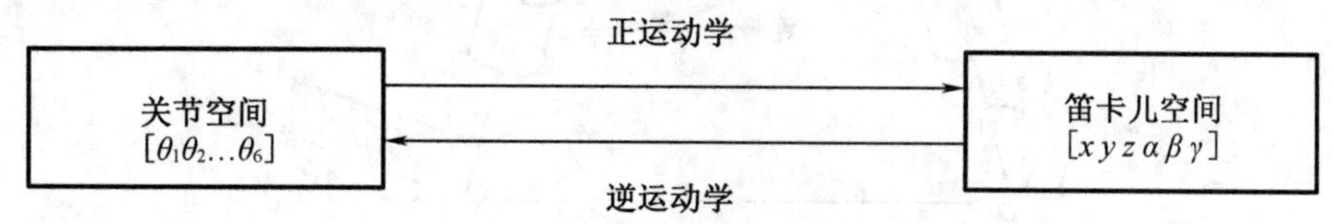

图6.10　机械臂正、逆运动学关系图

正运动学通过已知关节空间下的各个关节坐标,求解机械臂末端在笛卡儿空间系下的位置和姿态;而逆运动学是正运动学的逆问题,即对于给定的所需末端位形,求出关节空间下实现该位形的各个关节坐标。下面从正、逆运动学两个问题对实验系统的机械臂进行分析。

上文介绍了机械臂的正运动学需要解决的问题。为了根据已知关节坐标求解出末端位姿,对于本书选用的GLUON-6L3六自由度串联机械臂,需要从与世界坐标系固联的机械臂底座坐标系开始,依次沿着各个关节坐标系,找出机械臂末端坐标系与底座坐标系之间的坐标变换关系。在机器人学理论中,这样的坐标变换关系用齐次变换矩阵进行表示,通过选取适当的参数并推导出齐次变换矩阵,即可实现对机械臂的运动学建模,同时建立机械臂的正运动学方程。

如GLUON-6L3这样的开链机械臂的运动学模型有多种建立方法,根据选取不同的机械臂相关参数,对应的机械臂模型会有不同的形式或特点。作为实验系统,本书分别通过*D-H*参数法和指数积(product of exponential, PoE)公式法对GLUON-6L3机械臂建立不同形式的运动学模型,通过对两者仿真计算结果进行比较,验证运动学模型的正确性。

1. *D-H*参数法

对于串联机械臂,其各个连杆在笛卡儿坐标系下具有6个自由度,即沿笛卡儿坐标轴$\hat{X}$、$\hat{Y}$和$\hat{Z}$移动的距离以及绕$\hat{X}$、$\hat{Y}$和$\hat{Z}$轴旋转的角度。这表示要确定其位置和姿态则需要6个参数,而Denavit和Hartenberg指出可以忽略基于$\hat{Y}$轴位移和旋转的2个自由度,只需要4个运动学参数就能描述机器臂的每一个连杆。其中,连杆长度a_i和连杆扭角α_i用于描述连杆本身,连杆偏距d_i和关节转角θ_i用于描述连杆之间的连接关系。这种用连杆参数描述机构运动关系的规则称为*D-H*参数,对应建立的坐标系称为*D-H*系。

按照图6.11中的连杆坐标系,连杆参数可以定义如下:

连杆长度a_{i-1}:沿X_{i-1}轴,从Z_{i-1}移动到Z_i的距离;

连杆扭角α_{i-1}:绕X_{i-1}轴,从Z_{i-1}旋转到Z_i的角度;

连杆偏距d_i:沿Z_i轴,从X_{i-1}移动到X_i的距离;

关节转角θ_i:绕Z_i轴,从X_{i-1}旋转到X_i的角度。

其中,因为a_i对应的是距离,因此通常设定$a_i>0$;而α_i、d_i和θ_i的值可以为正,也可以为负。值得注意的是,图6.11中的连杆固联坐标系并不是唯一,坐标系的选取有一定任意性,一般根据具体情况按照易于简化连杆参数的方式选取。

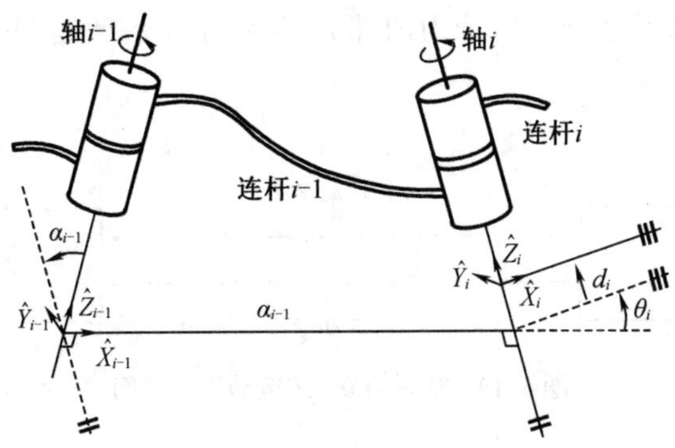

图 6.11　连杆坐标系

根据图 6.11 定义的连杆坐标系与相应的连杆参数，可以利用 *D-H* 法描述和建立连杆坐标系相对于连杆坐标系的变换关系。*D-H* 法利用齐次变换描述各个连杆相对于世界参考坐标系的空间几何关系，将相邻两个连杆之间的空间关系用一个 4×4 的齐次变换矩阵进行描述。每个连杆坐标系对应的齐次变换矩阵${}_{i}^{i-1}\boldsymbol{T}$均具有以下形式：

$$
\begin{aligned}
{}_{i}^{i-1}\boldsymbol{T} &= \begin{bmatrix} \boldsymbol{R}_{3\times3} & \hat{\boldsymbol{p}}_{3\times1} \\ 0 & 1 \end{bmatrix} \\
&= \mathbf{Rot}(\hat{x},\alpha_{i-1})\,\mathbf{Trans}(\hat{x},a_{i-1})\,\mathbf{Trans}(\hat{z},d_i)\,\mathbf{Rot}(\hat{z},\theta_i) \\
&= \begin{bmatrix} \cos\theta_i & -\sin\theta_i & 0 & a_{i-1} \\ \sin\theta_i\cos\alpha_{i-1} & \cos\theta_i\cos\alpha_{i-1} & -\sin\alpha_{i-1} & -d_i\sin\alpha_{i-1} \\ \sin\theta_i\sin\alpha_{i-1} & \cos\theta_i\sin\alpha_{i-1} & \cos\alpha_{i-1} & d_i\cos\alpha_{i-1} \\ 0 & 0 & 0 & 1 \end{bmatrix}
\end{aligned}
\tag{6-1}
$$

式中，$\boldsymbol{R}_{3\times3}$ 表示坐标系$\{i\}$相对于坐标系$\{i-1\}$的旋转矩阵，$\hat{\boldsymbol{p}}_{3\times1}$ 表示坐标系$\{i\}$相对于坐标系$\{i-1\}$的位置向量，$\mathbf{Rot}(\hat{x},\alpha_{i-1})$、$\mathbf{Trans}(\hat{x},a_{i-1})$、$\mathbf{Trans}(\hat{z},\mathrm{d_i})$和 $\mathbf{Rot}(\hat{z},\theta_{\mathrm{i}})$的具体形式如下：

$$
\mathbf{Rot}(\hat{x},\alpha_{i-1}) = \begin{bmatrix} 1 & 0 & 0 & 0 \\ 0 & \cos\alpha_{i-1} & -\sin\alpha_{i-1} & 0 \\ 0 & \sin\alpha_{i-1} & \cos\alpha_{i-1} & 0 \\ 0 & 0 & 0 & 1 \end{bmatrix}
$$

$$
\mathbf{Trans}(\hat{x},a_{i-1}) = \begin{bmatrix} 1 & 0 & 0 & a_{i-1} \\ 0 & 1 & 0 & 0 \\ 0 & 0 & 1 & 0 \\ 0 & 0 & 0 & 1 \end{bmatrix}
$$

$$
\mathbf{Trans}(\hat{z},d_i) = \begin{bmatrix} 1 & 0 & 0 & 0 \\ 0 & 1 & 0 & 0 \\ 0 & 0 & 1 & d_i \\ 0 & 0 & 0 & 1 \end{bmatrix}
$$

$$\mathbf{Rot}(\hat{z},\theta_i)=\begin{bmatrix}\cos\theta_i & -\sin\theta_i & 0 & 0\\ \sin\theta_i & \cos\theta_i & 0 & 0\\ 0 & 0 & 1 & 0\\ 0 & 0 & 0 & 1\end{bmatrix}$$

其中,旋转算子 $\mathbf{Rot}(\hat{\omega},\theta)$ 表示绕 $\hat{\omega}$ 轴转动 θ;移动算子 $\mathbf{Trans}(\hat{\boldsymbol{p}},\|\boldsymbol{p}\|)$ 表示沿单位方向 $\hat{\boldsymbol{p}}$ 移动距离 $\|\boldsymbol{p}\|$。通过旋转算子和移动算子这种表示形式,可以清晰地看出连杆坐标系 $\{i-1\}$ 到连杆坐标系 $\{i\}$ 的齐次变换步骤:

(1)绕坐标系 $\{i-1\}$ 的 $\hat{x}$ 轴转动 α_{i-1};

(2)沿坐标系 $\{i-1\}$ 的 $\hat{x}$ 轴平移 a_{i-1};

(3)沿 $\hat{z}$ 轴平移 d_i;

(4)绕 $\hat{z}$ 轴转动 θ_i。

通过对各个连杆对应的变换矩阵依次相乘,就能推导出机械臂末端执行器相对于基座坐标系的等价齐次坐标变换矩阵,即得到了整个机械臂的运动学方程[63]。设与世界坐标系固联的基座坐标系为 $\{0\}$,末端执行器坐标系为 $\{n\}$,任意相邻连杆坐标系 $\{i-1\}$ 到 $\{i\}$ 的齐次变换矩阵为 ${}^{i-1}_{i}\boldsymbol{T}$,则对于本研究的六自由度机械臂 GLUON-6L3,有 $n=6$,由机械臂末端坐标系到基座坐标系的齐次变换矩阵为

$${}^{0}_{6}\boldsymbol{T}={}^{0}_{1}\boldsymbol{T}\,{}^{1}_{2}\boldsymbol{T}\,{}^{2}_{3}\boldsymbol{T}\,{}^{3}_{4}\boldsymbol{T}\,{}^{4}_{5}\boldsymbol{T}\,{}^{5}_{6}\boldsymbol{T} \tag{6-2}$$

式(6-2)即为机械臂的运动学方程。由式(6-2)可知,齐次变换矩阵是关于 $D-H$ 参数的函数,而对于一台具体的6R 串联机械臂,$D-H$ 参数中的连杆长度 a、连杆扭角 α 和连杆偏距 d 均属于给定值,仅关节转角 θ 属于变量。这意味着对于任意 6R 串联机械臂,只要给定关节变量 $\hat{\theta}$,通过其运动学方程(6-2),就能够求解出机械臂末端坐标系的位置 $\boldsymbol{p}$ 和姿态 $\boldsymbol{R}$。

在推导出机械臂运动学方程后,现根据选取的 GLUON-6L3 机械臂结构参数建立对应的 $D-H$ 参数表。GLUON-6L3 机械臂属于串联机械臂,具有 6 个自由度,同时其 6 个关节均为转动关节,属于前文讨论的 6R 串联机械臂,符合运动学方程(6-2)的讨论对象。GLUON-6L3 机械臂的结构参数如图 6. 12 所示。

根据 $D-H$ 法,首先对 GLUON-6L3 机械臂建立 $D-H$ 系。这里以各个关节轴线为 $\hat{z}$ 轴轴线,方向为电机逆时针方向;根据轴确定各连杆坐标系原点,最后确定 $\hat{x}$ 轴。最终 GLUON-6L3 机械臂 $D-H$ 系如图 6. 13 所示。根据图 6. 12 中的 GLUON-6L3 机械臂的各个连杆参数,并对照图 6. 13 中的 GLUON-6L3 机械臂 $D-H$ 系,依次确定 $D-H$ 参数,建立 $D-H$ 表。表 6. 2 展示了建立好的 GLUON-6L3 机械臂 $D-H$ 表。

此时,对于机械臂 GLUON-6L3,其正运动学问题即为给定机械臂关节角度 θ_1 至 θ_6,通过对应的机械臂运动学方程,求解出机械臂末端坐标系相对于基座坐标系的齐次变换矩阵 ${}^{0}_{6}\boldsymbol{T}$,从而获得机械臂末端执行器相对于基座的位置和姿态。

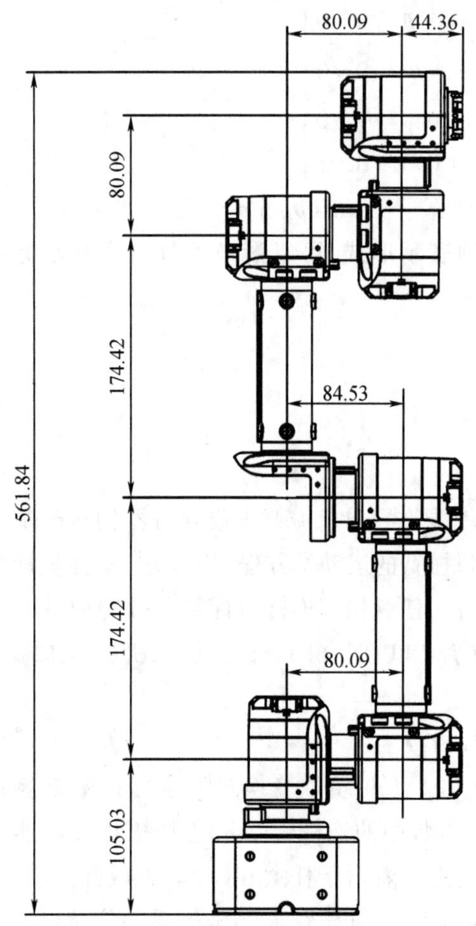

图 6.12　GLUON-6L3 机械臂结构参数图（单位：mm）

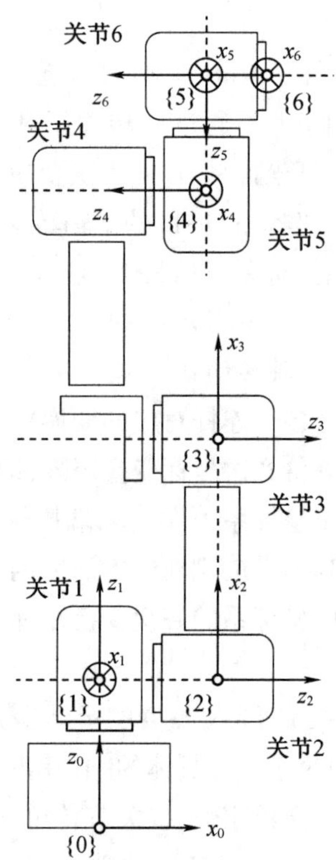

图 6.13　GLUON-6L3 机械臂 *D-H* 系

表 6.2　GLUON-6L3 机械臂 *D-H* 表

关节 i	连杆扭角 α_{i-1}/rad	连杆长度 a_{i-1}/m	连杆偏距 d_i/m	关节转角 θ_i/rad
1	0	0	0.105 03	θ_1
2	π/2	0	0.080 09	θ_2
3	0	0.174 42	0	θ_3
4	π	0.174 42	0.004 44	θ_4
5	-π/2	0	-0.080 09	θ_5
6	π/2	0	-0.044 36	θ_6

根据建立好的 *D-H* 参数表，向机械臂运动学方程(6-2)中代入已知参数 α、a 和 d 以及变量 θ，即可获得机械臂 GLUON-6L3 的运动学方程：

$$
{}_6^0\boldsymbol{T}={}_1^0\boldsymbol{T}(\theta_1){}_2^1\boldsymbol{T}(\theta_2){}_3^2\boldsymbol{T}(\theta_3){}_4^3\boldsymbol{T}(\theta_4){}_5^4\boldsymbol{T}(\theta_5){}_6^5\boldsymbol{T}(\theta_6)=\begin{bmatrix} n_x & o_x & a_x & p_x \\ n_y & o_y & a_y & p_y \\ n_z & o_z & a_z & p_z \\ 0 & 0 & 0 & 1 \end{bmatrix} \tag{6-3}
$$

其中,$\boldsymbol{n}=[n_x \quad n_y \quad n_z]^{\mathrm{T}}$、$\boldsymbol{o}=[o_x \quad o_y \quad o_z]^{\mathrm{T}}$、$\boldsymbol{a}=[a_x \quad a_y \quad a_z]^{\mathrm{T}}$和$\boldsymbol{p}=[p_x \quad p_y \quad p_z]^{\mathrm{T}}$的具体形式不再展开。式(6-3)中,由$\boldsymbol{n}=[n_x \quad n_y \quad n_z]^{\mathrm{T}}$、$\boldsymbol{o}=[o_x \quad o_y \quad o_z]^{\mathrm{T}}$、$\boldsymbol{a}=[a_x \quad a_y \quad a_z]^{\mathrm{T}}$三个矢量组成的矩阵构成了末端执行器的姿态描述,$\boldsymbol{p}=[p_x \quad p_y \quad p_z]^{\mathrm{T}}$构成了末端执行器的位置描述。只要给定关节角度变量$\hat{\boldsymbol{\theta}}=[\theta_1 \ \ \theta_2 \ \ \theta_3 \ \ \theta_4 \ \ \theta_5 \ \ \theta_6]$,即可求出末端对应的位姿描述。

2. PoE 公式法

在上一节中机械臂的正运动学模型是构建在 D-H 参数的基础上,D-H 参数法通过巧妙地省略 $\hat{Y}$ 轴相关自由度,成功地将一个 n 杆机械臂所具有的 $6n$ 个参数降低至 $4n$,其中 $3n$ 个参数用于描述机械臂结构,n 个参数用于表示关节变量。相对地,为使 D-H 参数合理有效,D-H 参数法要求必须按照一定规则设定连杆坐标系,这无疑是 D-H 参数法中最关键而复杂的步骤。PoE 公式法很好地避免了连杆坐标系的建立,下面采用 PoE 公式法对机械臂 GLUON-6L3 进行运动学建模。

D-H 参数法利用笛卡儿坐标系的 $\hat{X}$、$\hat{Y}$ 和 $\hat{Z}$ 轴来描述刚体(连杆)的位姿,而 PoE 公式法引入旋量(screw)的概念来对刚体运动进行描述。在 PoE 公式法中,刚体的运动不再看作是基于笛卡儿坐标系的 $\hat{X}$、$\hat{Y}$ 和 $\hat{Z}$ 轴平移和旋转,而是看作一种螺旋运动,即沿着某一相同的固定轴(螺旋轴)旋转并平移一定的幅度。事实上,所有的刚体位形都可以通过这样的螺旋运动来实现,即 Chasles-Mozzidi 定理[64]。指数坐标(exponential coordinate)即是基于这一结论衍生出来的一种刚体位形描述,为准确描述期望的位形,指数坐标需要包括描述螺旋轴方向以及表明螺旋运动幅值的 6 个参数。

下面对螺旋运动意义做简要的说明。如图 6.14 所示,设某一空间刚体做螺旋运动,即刚体作绕某个轴转动和沿该轴移动的复合运动,则该运动对应的螺旋轴 $\boldsymbol{S}$ 表示为$\{\boldsymbol{q},\hat{\boldsymbol{s}},\boldsymbol{h}\}$,其中 $\boldsymbol{q}\in\mathbb{R}^3$ 为轴上任意一点;$\hat{\boldsymbol{s}}$ 为与螺旋轴方向一致的单位向量;$\boldsymbol{h}$ 为螺旋的节距,其大小定义成 $\|\boldsymbol{h}\|=\|\boldsymbol{v}\|/\|\boldsymbol{\omega}\|$,即沿螺旋轴方向线速度 $\boldsymbol{v}$ 与绕该轴角速度 $\boldsymbol{\omega}$ 的比值。$\dot{\theta}$ 为绕螺旋轴转动的角速度大小。

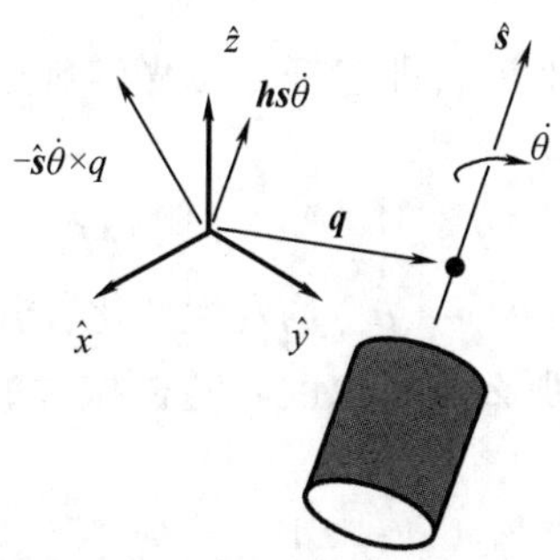

图 6.14　螺旋运动的螺旋轴 S

由此,由角速度 $\boldsymbol{\omega}$ 和线速度 $\boldsymbol{v}$ 组成的运动旋量 $\boldsymbol{V}=(\boldsymbol{\omega},\boldsymbol{v})$ 可以表示为

$$\boldsymbol{V}=\begin{bmatrix}\boldsymbol{\omega}\\ \boldsymbol{v}\end{bmatrix}=\begin{bmatrix}\hat{s}\dot{\theta}\\ -\hat{s}\dot{\theta}\times\boldsymbol{q}+\boldsymbol{h}\hat{s}\dot{\theta}\end{bmatrix}\tag{6-4}$$

可以看出,式中线速度 $\boldsymbol{v}$ 由沿螺旋轴的移动 $\boldsymbol{h}\hat{s}\dot{\theta}$ 和转动带来的原点位置变化 $-\hat{s}\dot{\theta}\times\boldsymbol{q}$ 这两部分组成。由于 $\boldsymbol{h}$ 可能无穷大,$\boldsymbol{q}$ 不具备唯一性,所以将螺旋运动的描述形式由 $\{\boldsymbol{q},\hat{s},\boldsymbol{h}\}$ 改为运动旋量的正交化形式,即给定参考坐标系,对螺旋轴 $\boldsymbol{S}$ 进行如下定义:

$$\boldsymbol{S}=\begin{bmatrix}\boldsymbol{S}_\omega\\ \boldsymbol{S}_v\end{bmatrix}=\mathbb{R}^6\tag{6-5}$$

式中,(1) $\|\boldsymbol{S}_\omega\|=1$;(2) $\boldsymbol{S}_\omega=\boldsymbol{0}$, $\|\boldsymbol{S}_v\|=1$。若(1)满足,则有 $\boldsymbol{S}_v=-\boldsymbol{S}_\omega\times\boldsymbol{q}+\boldsymbol{h}\boldsymbol{S}_\omega$,其中 $\boldsymbol{q}$ 为轴上任意一点,$\boldsymbol{h}$ 为螺旋的节距;若(2)满足,则 $\boldsymbol{h}$ 无穷大,$\boldsymbol{S}_\omega=0$,此时的运动为纯移动。

在定义螺旋轴 $\boldsymbol{S}=(\boldsymbol{S}_\omega,\boldsymbol{S}_v)$ 之后,任一螺旋运动可以由螺旋轴 $\boldsymbol{S}$ 进行描述。为了以螺旋运动的形式来描述刚体的运动,需要得到基于螺旋轴 $\boldsymbol{S}$ 的齐次变换矩阵,即刚体运动的指数坐标表达。首先给出螺旋轴 $\boldsymbol{S}$ 的矩阵表示形式:

$$[\boldsymbol{S}]=\begin{bmatrix}[\boldsymbol{\omega}] & \boldsymbol{v}\\ 0 & 0\end{bmatrix}\in SE(3)$$
$$[\boldsymbol{\omega}]=\begin{bmatrix}0 & -\omega_3 & \omega_2\\ \omega_3 & 0 & -\omega_1\\ -\omega_2 & \omega_1 & 0\end{bmatrix}\tag{6-6}$$

现通过螺旋轴 $\boldsymbol{S}$,将齐次变换矩阵 $\boldsymbol{T}$ 转化为指数形式:

$$\begin{bmatrix}\boldsymbol{R} & \boldsymbol{p}\\ 0 & 1\end{bmatrix}=\boldsymbol{T}=\mathrm{e}^{[S]\theta}=\begin{bmatrix}\mathrm{e}^{[\boldsymbol{\omega}]\theta} & \boldsymbol{G}(\boldsymbol{\theta})\boldsymbol{v}\\ 0 & 1\end{bmatrix}\in SE(3)\tag{6-7}$$

式中,$\boldsymbol{G}(\boldsymbol{\theta})=(\boldsymbol{I\theta}+(1-\cos\boldsymbol{\theta})[\boldsymbol{\omega}]+(\boldsymbol{\theta}-\sin\boldsymbol{\theta})[\boldsymbol{\omega}]^2)$。

如前文提到的那样,PoE 公式法不需要像 $D-H$ 参数法那样对每个连杆定义坐标系,只需要设定基座坐标系 $\{s\}$ 和末端坐标系 $\{b\}$。对于处于初始位置的机械臂,将末端坐标系相对于基座坐标系的初始位形用 $\boldsymbol{M}\in SE(3)$ 来表示。对于一个由 n 个单自由度关节串联而成的开链机械臂,PoE 公式法描述其各关节螺旋运动的核心思想是:将每一个关节的螺旋运动传递至对应关节之后的连杆。因此,以相对基座坐标系的螺旋轴为基准,需要从关节 n 开始分析:若关节 n 对应关节变量为 θ_n,则末端坐标系的位形可描述为

$$\boldsymbol{T}=\mathrm{e}^{[S_n]\theta_n}\boldsymbol{M}\tag{6-8}$$

若之后关节 $n-1$ 也发生变化 θ_{n-1},即连杆 $n-1$ 做螺旋运动,该运动会扩展至后面的连杆 n,则此时末端坐标系位形记成

$$\boldsymbol{T}=\mathrm{e}^{[S_{n-1}]\theta_{n-1}}(\mathrm{e}^{[S_n]\theta_n}\boldsymbol{M})\tag{6-9}$$

以此类推,当所有关节变量 $(\theta_1,\cdots,\theta_n)$ 均发生变化,同时考虑研究的 GLUON-6L3 机械臂具有 6 个转动关节,即 $n=6$,那么六自由度开链机械臂的 PoE 公式的空间坐标表示形式如下:

$$\boldsymbol{T}=\mathrm{e}^{[S_1]\theta_1}\mathrm{e}^{[S_2]\theta_2}\mathrm{e}^{[S_3]\theta_3}\mathrm{e}^{[S_4]\theta_4}\mathrm{e}^{[S_5]\theta_5}\mathrm{e}^{[S_6]\theta_6}\boldsymbol{M}\tag{6-10}$$

在 PoE 公式(3-10)中,初始位形 $\boldsymbol{M}\in SE(3)$ 和螺旋轴 $\boldsymbol{S}_i=(S_{\omega i},S_{vi})$,$(i=1,\cdots,6)$ 均可由机械臂结构参数获得,属于已知量,即 $\boldsymbol{T}$ 是仅关于关节变量 $\hat{\boldsymbol{\theta}}=[\theta_1\ \ \theta_2\ \ \theta_3\ \ \theta_4\ \ \theta_5\ \ \theta_6]$ 的函

数,通过给定关节变量,就可以确定相应的末端坐标系位姿。下面对本书研究的 GLUON-6L3 机械臂建立坐标系{s}、{b}并确定各个关节螺旋轴,如图 6.15 所示。

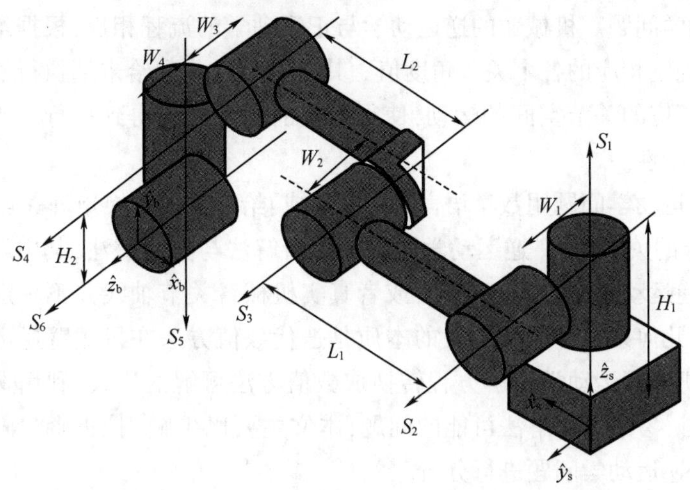

图 6.15　GLUON-6L3 机械臂的初始位形

图 6.15 标明了 GLUON-6L3 机械臂在初始位形下的基座坐标系{s}、末端坐标系{b}以及各个关节螺旋轴,同时,参照图 6.12 中的 GLUON-6L3 的结构参数,可以获得图 6.15 中具体结构尺寸(单位:mm):$H_1=105.03$,$W_1=80.09$,$L_1=174.42$,$W_2=84.53$,$L_2=174.42$,$W_3=80.09$,$W_4=44.36$ 和 $H_2=80.09$。现给出 GLUON-6L3 机械臂在基座坐标系{s}下,末端坐标系的初始位形 $\boldsymbol{M}$:

$$\boldsymbol{M}=\begin{bmatrix}-1 & 0 & 0 & L_1+L_2\\ 0 & 0 & 1 & W_1-W_2+W_3+W_4\\ 0 & 1 & 0 & H_1-H_2\\ 0 & 0 & 0 & 1\end{bmatrix} \tag{6-11}$$

根据螺旋轴定义式(6-5)给出图 6.15 定义的各个关节螺旋轴 $\boldsymbol{S}_i=(S_{\omega i},S_{vi})$ 的具体值,并记录在表 6.3 中。

表 6.3　GLUON-6L3 机械臂的螺旋轴 $\boldsymbol{S}_i=(S_{\omega i},S_{vi})$

关节 i	$S_{\omega i}$	S_{vi}
1	(0,0,1)	(0,0,0)
2	(0,1,0)	$(-H_1,0,0)$
3	(0,1,0)	$(-H_1,0,L_1)$
4	(0,1,0)	$(-H_1,0,L_1+L_2)$
5	(0,0,-1)	$(-W_1+W_2-W_3,L_1+L_2,0)$
6	(0,1,0)	$(H_2-H_1,0,L_1+L_2)$

将上述已知参数 M 和 $S_i=(S_{\omega i},S_{vi})$ 代入式(6-10),就得到 GLUON-6L3 机械臂的 PoE 公式的空间坐标表示形式,即基于 PoE 公式的 GLUON-6L3 的运动学模型。

上文分别利用 D-H 参数法和 PoE 公式法建立了 GLUON-6L3 机械臂的正运动学方程,解决了其正运动学问题。机械臂的逆运动学与正运动学的流程相反,根据给定的末端执行器位置和姿态,确定相应的各个关节角度值。其目的是将分配给末端执行器在笛卡儿空间的运动,变换为相应的关节空间的运动,使得期望的运动能够得到执行。所以逆运动学问题相对更具有复杂性。

机械臂的逆运动学问题用数学语言可以表述成:给定齐次变换矩阵 $\boldsymbol{X}\in SE(3)$,求解满足方程 $\boldsymbol{T}(\hat{\boldsymbol{\theta}})=\boldsymbol{X}$ 的关节角$\hat{\boldsymbol{\theta}}$。逆运动学问题有解析解法与数值解法,其中解析解法可能遇到一些问题,如逆运动学方程无解析解,或者真实机械臂关节轴线并不一定能精确满足解析解法所设定的几何条件。数值解法的本质是迭代数值方法在机械臂逆运动学方程中的应用,即通过将机械臂运动学逆解方程转换成数值方法可解的形式,利用迭代算法对非线性方程进行求解。考虑解析解法可能的问题,本文主要以牛顿-拉夫森(Newton-Raphson)迭代法对机械臂逆运动学问题进行分析。

牛顿-拉夫森迭代法是一种求解非线性方程的基本方法,其解决的问题是:求解微分方程 $g(\theta_i)=0$ 的数值解 θ_i^*。该方法的运算步骤大致如下:

步骤 1:设定 $k=0$,初始值 $\theta_i^k=\theta_i^0$,列出 $g(\theta_i)$ 的一阶泰勒展开式:

$$g(\theta_i)=g(\theta_i^0)+\frac{\partial}{\partial\theta_i}g(\theta_i^0)(\theta_i-\theta_i^0)+h.o.t \tag{6-12}$$

保留第一阶,令 $g(\theta_i)=0$,求解 θ_i,则有:

$$\theta_i^1=\theta_i^0-\left(\frac{\partial}{\partial\theta_i}g(\theta_i^0)\right)^{-1}g(\theta_i^0) \tag{6-13}$$

步骤 2:判断 θ_i^k 满足某个终止条件与否,如 $|g(\theta_i^k)-g(\theta_i^{k+1})|/|g(\theta_i^k)|\leqslant\varepsilon$;

步骤 3:若满足步骤 2 条件,则停止;否则,令 $k=k+1$,代入式(6-13)得:$\theta_i^{k+1}=\theta_i^k-\left(\frac{\partial}{\partial\theta_i}g(\theta_i^k)\right)^{-1}g(\theta_i^k)$,跳转步骤 2。

从上述牛顿-拉夫森迭代法基本步骤可以看出,只需将机械臂逆运动学方程转化为对应 $g(\theta_i)=0$ 形式,即可实现逆运动学求解。对关于关节变量 θ_d 的正运动学方程 $x_d=f(\theta_d)$ 所表示的末端执行器位姿 x_d,根据牛顿-拉夫森法假设:$g(\theta_d)=x_d-f(\theta_d)=0$,其中 x_d 为给定值,目标为求解关节变量 θ_d。此时,用于机械臂逆运动学求解的牛顿-拉夫森法步骤变为:

步骤 1:设定 $k=0$,初始估计值 θ_i^0 接近真实解 θ_d,对 $g(\theta_i)$ 进行一阶泰勒展开:

$$g(\theta_i)=x_d-f(\theta_i^0)-\frac{\partial}{\partial\theta_i}f(\theta_i^0)(\theta_i-\theta_i^0)+h.o.t \tag{6-14}$$

保留第一阶,令 $g(\theta_i)=0$,求解 θ_i,则有:

$$\theta_i^1=\theta_i^0+J^{-1}(\theta_i^0)(x_d-f(\theta_i^0)) \tag{6-15}$$

其中 $J(\theta_i^0)=\frac{\partial}{\partial\theta_i}f(\theta_i^0)$。

步骤 2:判断 θ_i^k 是否满足终止条件:$\|e\|>\varepsilon$,其中 $e=x_d-f(\theta_i^k)$;

步骤3:若不满足步骤2条件,则停止;否则,令 $k=k+1$,代入式(6-15)得:$\theta_i^{k+1}=\theta_i^k+J^{-1}(\theta_i^k)e$,跳转步骤2。

在按上述过程的实际计算中,并不一定顺利,需要对以上算法进行一定的改进。一方面,对雅可比矩阵 J,在式(6-15)中,雅可比矩阵 $J(\theta_i)$ 可能因为非方阵或奇异而不可逆,因此将 J^{-1} 替换成伪逆形式 J^+,即将迭代式改成 $\theta_i^{k+1}=\theta_i^k+J^+(\theta_i^k)e$;另一方面,对齐次变换矩阵 T,末端位姿变化 $e=x_d-f(\theta_i^k)$ 不能直接表示成 $T_{sd}-T_{sb}(\theta_i^j)$,应转化为运动旋量 V,则有 $[V_b]=\log T_{bd}(\theta_i^j)=\log(T_{sb}^{-1}(\theta_i^j)T_{sd})$。故将步骤2判断条件改为:令 $[V_b]=\log(T_{sb}^{-1}(\theta_i^j)T_{sd})$,$\|\omega_b\|>\varepsilon_\omega$ 或 $\|v_b\|>\varepsilon_v$;步骤3中的迭代式改为 $\theta_i^{k+1}=\theta_i^k+J_b^+(\theta_i^k)V_b$。

基于前文对六自由度机械臂的正、逆运动学建模与分析,利用仿真软件对该机械臂的运动学模型进行仿真,并对前两节中阐述的正、逆运动学求解算法进行验证。

1. 正运动学

根据 D-H 参数法和 PoE 公式法,分别在仿真软件中建立针对 GLUON-6L3 机械臂的 D-H 表以及初始位形 M 和螺旋轴 S,分别如图6.16和图6.17所示。

j	theta	d	a	alpha
1	q1	105.03	0	0
2	q2	80.09	0	1.5708
3	q3	0	174.42	0
4	q4	4.44	174.42	3.14159
5	q5	-80.09	0	-1.5708
6	q6	-44.36	0	1.5708

图6.16　机械臂 *D*-*H* 表

M =			
-1.0000	0	0	348.8400
0	0	1.0000	120.0300
0	1.0000	0	24.9400
0	0	0	1.0000

Slist =

S1	S2	S3	S4	S5	S6
0	0	0	0	0	0
0	1.0000	1.0000	1.0000	0	1.0000
1.0000	0	0	0	-1.0000	0
0	-105.0300	-105.0300	-105.0300	-75.6700	-24.9400
0	0	0	0	348.8400	0
0	0	174.4200	348.8400	0	348.8400

图6.17　机械臂初始位形 *M*(上)和螺旋轴 *S*(下)

由于 *D-H* 参数法和 PoE 公式法所选取的坐标系不同,所以以 *D-H* 系为基准在仿真软件中建立 GLUON-6L3 机械臂的两种位姿仿真图,如图 6.18 和图 6.19 所示。图 6.18 和图 6.19 分别对应 *D-H* 系下关节变量$\hat{\boldsymbol{\theta}}_0=[0,0,0,0,0,0]$和$\hat{\boldsymbol{\theta}}_1=[30°,30°,30°,30°,30°,30°]$时机械臂的实际位姿 1 和实际位姿 2。

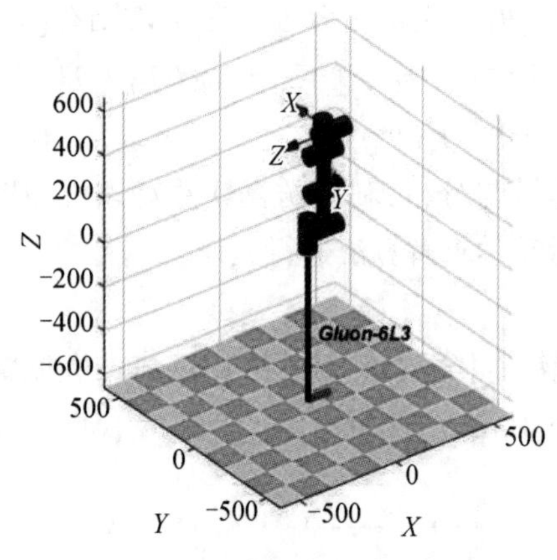

图 6.18　机械臂实际位姿 1

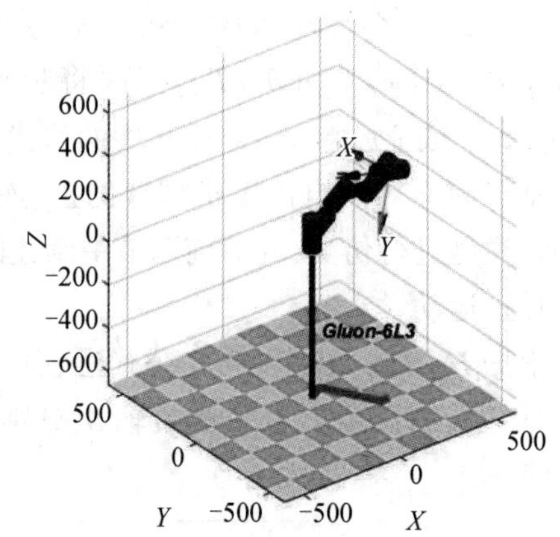

图 6.19　机械臂实际位姿 2

接着将上述两组实际位姿对应的关节变量作为给定值分别代入基于 *D-H* 参数和 PoE 公式的正运动学方程,对照两个方程解出的齐次变换矩阵,从而检验正运动学方程正确与否。由于两种方法机械臂的初始姿态和坐标系不同(参照图 6.13 和图 6.15),同时为了能更加直观对比两者求解的齐次变换矩阵,实际计算时对 PoE 公式法的输入关节变量依照 *D-H* 参数法的初始姿态进行了一定调整,即与$\hat{\boldsymbol{\theta}}_0$ 对应的$\hat{\boldsymbol{\theta}}_{0\mathrm{PoE}}=[90°,-90°,0,-90°,0,0]$,与$\hat{\boldsymbol{\theta}}_1$ 对应的$\hat{\boldsymbol{\theta}}_{1\mathrm{PoE}}=\hat{\boldsymbol{\theta}}_{0\mathrm{PoE}}+[30°,30°,30°,-30°,-30°,-30°]$。图 6.20 和图 6.21 分别展示了不同建模方法求解的齐次变换矩阵。

```
thetam0 =

     0     0     0     0     0     0


Tm0_DH =
         0         0        -1       120
         1         0         0         0
         0        -1         0       534
         0         0         0         1
```

(a)实际位姿 1

```
thetam1 =

    30    30    30    30    30    30


Tm1_DH =
   -0.0748   -0.2455   -0.9665    247.5
    0.9955   -0.0748   -0.0580   -200.6
   -0.0580   -0.9665    0.2500    401.6
         0         0         0         1
```

(b)实际位姿 2

图 6.20　*D-H* 参数法求解结果

通过对比图 6.20(a)与图 6.21(a)、图 6.20(b)与图 6.21(b)可以看出,对于同样的机械臂关节变化,*D-H* 参数法和 PoE 公式法推导出的齐次变换矩阵是基本一样的,其部分值符号不同是由于两种方法选取的坐标系不同。由此说明基于 $D\text{-}H$ 参数法和 PoE 公式法推导并建立的两个运动学模型及正运动学方程均是正确可行的。

```
thetas0 =

    90   -90     0   -90     0     0


Ts0_PoE =

    0.0000   -0.0000   -1.0000 -120.0300
    1.0000   -0.0000    0.0000    0.0000
   -0.0000   -1.0000         0  533.9600
         0         0         0    1.0000
```

(a)实际位姿 1

```
thetas1 =

   120   -60    30  -120   -30   -30


Ts1_PoE =

   -0.0748    0.2455   -0.9665 -247.5599
    0.9955    0.0748   -0.0580  200.6126
    0.0580   -0.9665   -0.2500  401.5621
         0         0         0    1.0000
```

(b)实际位姿 2

图 6.21　PoE 公式法求解结果

2. 逆运动学

根据前文给出的逆运动学迭代求解算法，需要给定一个目标齐次变换矩阵 $\boldsymbol{T}_{sd}$ 以及设定初始估计值 $\boldsymbol{\theta}^0$。为确保给定的输入值使逆运动学方程收敛可解，先利用前文已经验证过的 PoE 正运动学方程求取一组解：设 $\hat{\boldsymbol{\theta}}=[30°,30°,30°,30°,30°,30°]$，通过 PoE 公式法建立的正运动学方程求出对应齐次变换矩阵 $\boldsymbol{T}_{sd}$，仿真软件计算结果如图 6.22 所示。将图 6.22 中的齐次变换矩阵 $\boldsymbol{T}_{sd}$ 作为给定值，同时设定初始估计值 $\boldsymbol{\theta}^0=[(\pi/6+0.1),(\pi/6+0.1),(\pi/6+0.1),(\pi/6+0.1),(\pi/6+0.1),(\pi/6+0.1)]$（单位：rad），且迭代判断条件中 $\varepsilon_\omega=0.01$，$\varepsilon_v=0.001$。最后仿真软件计算结果如图 6.23 所示。

其中，图 6.22 中关节变量 theta1 的单位为角度(°)，图 6.23 中关节角度值 theta 的单位为弧度(rad)，经过换算可以发现给出的逆运动学迭代算法的求解结果与图 6.22 中给出的已知解相同，证明了该逆运动学求解算法的正确性。

```
theta1 =

    30    30    30    30    30    30


T1 =

    0.2165    0.8750   -0.4330   79.9377
    0.6250    0.2165    0.7500  177.8882
    0.7500   -0.4330   -0.5000 -155.4122
         0         0         0    1.0000
```

图 6.22　一组已知逆运动学解

```
Tsd =

    0.2165    0.8750   -0.4330   79.9377
    0.6250    0.2165    0.7500  177.8882
    0.7500   -0.4330   -0.5000 -155.4122
         0         0         0    1.0000


theta =

    0.5236    0.5236    0.5236    0.5236    0.5236    0.5236
```

图 6.23　逆运动学求解结果

6.3.2　轨迹规划理论研究和验证

首先,考虑后续 ROS 工具包集成了强大的轨迹规划功能,本小节将复杂的轨迹规划问题简化为直线路径与圆弧路径的插补问题,同时对其算法进行分析。同时,针对路径插补原理的理论分析,通过仿真软件仿真检验插补算法的运行效果。

对机械臂进行轨迹规划,是实现机械臂运动控制的一个关键步骤。轨迹规划中的"轨迹"指的不仅是机械臂末端执行器的经过的期望路径,而是包括机械臂各个位置、速度和加速度的时间历程。也就是说,机械臂的轨迹规划不仅需要考虑空间中路径所包含的三个维度(坐标),同时还需要将时间这一维度纳入考量。从前面运动学部分可知,机械臂的运动学主要解决其关节空间与笛卡儿空间之间的对应关系问题;而在机械臂的实际运动控制中,虽然末端执行器的状态往往是最终关注的重点,但是真正的控制对象是机械臂中各个关节电机,即通过对各个关节电机的合理控制,末端执行器才能够达到理想的位置与姿态。基于这样的情况,针对机械臂的轨迹规划问题的研究出现了两个方向:一是基于关节空间的轨迹规划;二是基于笛卡儿空间的轨迹规划。其中,方向一直接考虑对机械臂各个关节坐标进行规划,优点是通过该思路获得的关节空间轨迹足够平滑,机械臂各个电机速度和加速度不容易出现突变,避免机械臂运行规划轨迹时出现异常抖动;缺点则是机械臂末端执行器在轨迹中的实际姿态不易控制。方向二将重点放在笛卡儿空间下机械臂末端的轨迹,其优缺点与方向一相反,即为了理想的末端轨迹而在一定程度上牺牲了关节空间的轨迹效果。

综上所述,机械臂的轨迹规划问题是包含机械臂末端轨迹、关节轨迹和时间规划的综合问题,详细完整的分析讨论是十分复杂的。本文为实现对 GLUON-6L3 机械臂的运动控制,采用 ROS 系统提供的工具包 MoveIt! 进行轨迹规划的具体实现。MoveIt! 可拓展使用多种集成运动规划器(Motion Planner)以实现快速强大的轨迹规划。因此,本小节接下来对轨迹规划问题的分析,将简化为对机械臂末端路径点的插补问题。下面主要讨论直线路径插补和圆弧路径插补算法。

1. 直线路径插补算法

直线路径插补问题可概述为:根据起始点与目标点坐标,在两点之间按直线路径插补出中间路径点,从而通过起始点、若干中间点和目标点拟合出一条直线路径。设笛卡儿坐标系下期望的起始点末端坐标点为点 $P_s=(x_s,y_s,z_s)$，目标点末端坐标点为点 $P_e=(x_e,y_e,z_e)$，则目标直线路径为直线段 P_sP_e，如图 6.24 所示。

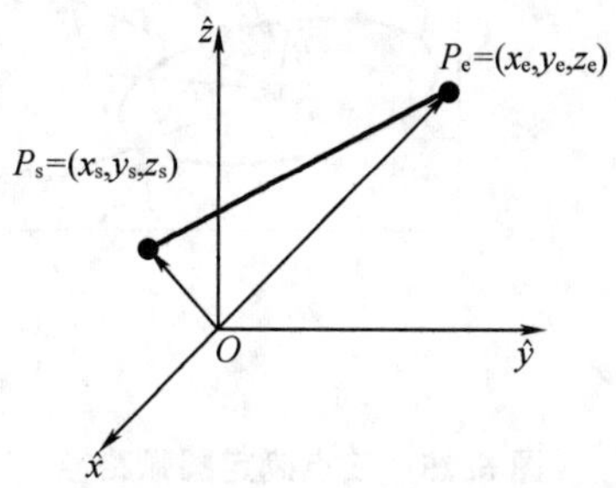

图 6.24　直线路径

根据空间几何知识，笛卡儿空间下两已知点的距离 L 很容易获得：

$$L=\sqrt{(x_e-x_s)^2+(y_e-y_s)^2+(z_e-z_s)^2} \tag{6-16}$$

设定步长 d，则由起始点与目标点之间的距离 L 以及步长 d 可求出两点之间需要插补的中间点个数 N：

$$N=\left[\frac{L}{d+1}\right] \tag{6-17}$$

之后，将相对于起终点直线路径的步长 d 映射至笛卡儿坐标系中，则可以得到相对于笛卡儿坐标系 $\hat{x}$ 轴、$\hat{y}$ 轴和 $\hat{z}$ 轴的坐标增量 Δx、Δy 和 Δz：

$$\begin{cases}\Delta x=\dfrac{x_1-x_0}{N+1}\\[2ex]\Delta y=\dfrac{y_1-y_0}{N+1}\\[2ex]\Delta z=\dfrac{z_1-z_0}{N+1}\end{cases} \tag{6-18}$$

由式(6-18)可进一步推出各个中间点坐标(x_i,y_i,z_i)，如式(6-19)所示：

$$\begin{cases}x_i=x_{i-1}+\Delta x\\ y_i=y_{i-1}+\Delta y, i=1,2,\cdots,N\\ z_i=z_{i-1}+\Delta z\end{cases} \tag{6-19}$$

其中，令 $x_0=x_s$，$y_0=y_s$，$z_0=z_s$。由此，直线路径中插补的中间点的坐标可以全部获得，根据插补的中间点，MoveIt！就可以规划出相应的关节轨迹，从而实现机械臂的直线轨迹规划。

2. 圆弧路径插补算法

为确定笛卡儿空间 $O\text{-}\hat{x}\hat{y}\hat{z}$ 下的某一段圆弧路径，至少需要 3 个不共线的参考点。设起始点 $P_s(x_s,y_s,z_s)$、中间点 $P_m(x_m,y_m,z_m)$ 和目标点 $P_e(x_e,y_e,z_e)$，则笛卡儿空间 $O\text{-}\hat{x}\hat{y}\hat{z}$ 下的期望圆弧路径 $\overset{\frown}{P_sP_mP_e}$ 如图 6.25 所示。

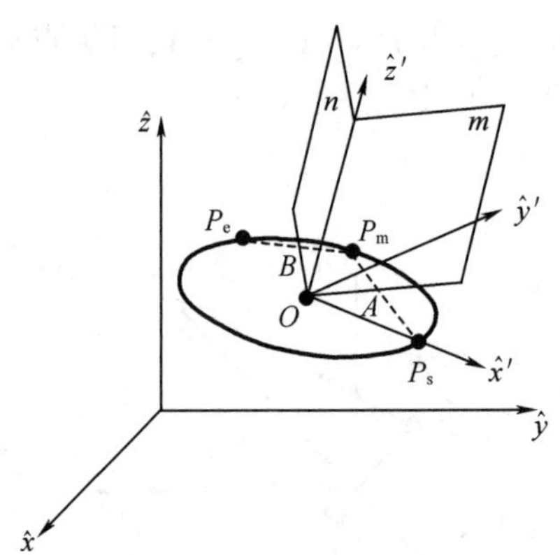

图 6.25　三点确定圆弧路径

根据图 6.25,设圆弧 $P_sP_mP_e$ 对应的圆心坐标 $O(x_O,y_O,z_O)$,在圆弧 $\overset{\frown}{P_sP_mP_e}$ 所处平面建立局部坐标系 $O\text{-}\hat{x}'\hat{y}'\hat{z}'$,其中 $\hat{x}'$轴为射线 OP_s,$\hat{z}'$轴为平面 $P_sP_mP_e$ 法向量。过点 O 作平面 m 垂直平分线段 P_sP_m 于点 A,过点 O 作平面 n 垂直平分线段 P_mP_e 于点 B,则有平面 m、平面 n 和平面 $P_sP_mP_e$ 交于圆心 O。由几何关系易得点 A 和点 B 的坐标,因此,联立上述 3 个平面方程即可求出圆心坐标:

$$\begin{cases}\overrightarrow{P_sP_m}\cdot\overrightarrow{OA}=0\\ \overrightarrow{P_mP_e}\cdot\overrightarrow{OB}=0\\ (\overrightarrow{P_sP_m}\times\overrightarrow{P_mP_e})\cdot\overrightarrow{P_eO}=0\end{cases}\tag{6-20}$$

由联立方程式(6-20)可得圆心坐标 $O(x_O,y_O,z_O)$,进一步获得圆弧对应半径 $r=\|\overrightarrow{OP_s}\|$。考虑篇幅问题,这里及后续推导过程中不列出解的具体表达式,均以符号表达对应参数。设局部坐标系 $O\text{-}\hat{x}'\hat{y}'\hat{z}'$到坐标系 $O\text{-}\hat{x}\hat{y}\hat{z}$ 的齐次变换矩阵 $\boldsymbol{T}$ 为

$$\boldsymbol{T}_{4\times4}=\begin{bmatrix}\vec{u} & \vec{v} & \vec{w} & \vec{p}_O\\ 0 & 0 & 0 & 1\end{bmatrix}\tag{6-21}$$

其中,$\vec{u}=\overrightarrow{OP_s}/r$,$\vec{w}=(\overrightarrow{P_sP_m}\times\overrightarrow{P_mP_e})/\|\overrightarrow{P_sP_m}\times\overrightarrow{P_mP_e}\|$,$\vec{v}=\vec{w}\times\vec{u}$,$\vec{p}_o=[x_O,y_O,z_O]^{\mathrm{T}}$。

由此可得圆弧 $\overset{\frown}{P_sP_mP_e}$ 在局部坐标系下的参数方程:

$$\begin{cases}x'=r\cos(\theta t)\\ y'=r\sin(\theta t),\theta=\angle P_sOP_e,t\in(0,1)\\ z'=0\end{cases}\tag{6-22}$$

基于上述参数方程,可以以直线插补形式按角度进行插补,之后将局部坐标系中的各个插补点坐标(x_i',y_i',z_i')经由齐次变换矩阵 $\boldsymbol{T}$ 转换至笛卡儿坐标系下,如式(6-23)所示:

$$\begin{bmatrix}x_i\\ y_i\\ z_i\end{bmatrix}=\boldsymbol{T}\begin{bmatrix}x_i'\\ y_i'\\ z_i'\end{bmatrix}\tag{6-23}$$

至此,各个插补点在笛卡儿空间下的对应坐标就能够顺利求出,再加入给定的起始点

P_s、中间点 P_m 与目标点 P_e，即可获得期望的目标圆弧路径。

通过上面说明的直线路径与圆弧路径插补算法，利用仿真软件对轨迹插补算法进行仿真，并验证上述算法的正确性。

1. 直线插补仿真

直线插补算法，在仿真软件中编写 get_line_params 函数对给定的起始点坐标 startPos (x_0, y_0, z_0)、目标点坐标 endPos(x_1, y_1, z_1) 及步长 d 求解对应的路径距离 L，插补点个数 N，笛卡儿坐标系的各个轴增量 Δx、Δy 和 Δz 以及状态标志位 status。之后编写主程序 line_main，设定具体起始点和目标点坐标以及步长值，调用 get_line_params 函数以返回插补点个数 N 以及各坐标轴增量 Δx、Δy 和 Δz，并以此求出个待插补点坐标分别存入对应坐标数组 $x[N]$、$y[N]$ 和 $z[N]$ 中。最后利用 plot3( ) 函数获得空间直线插补仿真图，以检验直线插补算法的实际效果。

设定两组起始点和目标点：startPos1 和 endPos1、startPos2 和 endPos2；为仿真结果便于观察，步长设为 0.5，具体参数如表 6.4 所示。

表 6.4 直线插补算法仿真参数设置

组数 i	起始点 startPosi	目标点 endPosi	步长 d_i
1	(8,7,12)	(2,15,8)	0.5
2	(-1,2,-5)	(2,9,-3)	0.5

根据上表设置的两组参数，进行仿真测试，仿真插补结果如图 6.26 所示。

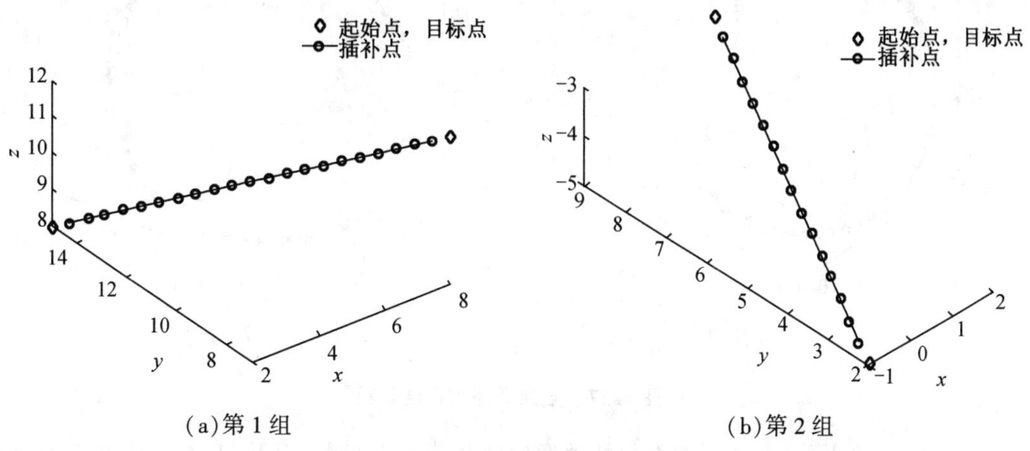

(a)第 1 组　　(b)第 2 组

图 6.26 直线插补仿真结果图

从上图中可以看出，直线插补很好地通过插补若干中间点与起始点、目标点共同构成一条预期的直线路径。这说明在实际机械臂的直线路径插补中，只要起始点与目标点设置合理，根据实际尺寸设置好步长，就能获得理想的直线轨迹。

2. 圆弧插补仿真

针对圆弧插补算法，在仿真软件中编写 get_arc_params 函数。根据圆弧插补算法，为确定空间中圆弧，get_arc_params 函数需要输入 3 个已知点坐标：起始点坐标 startPos(x_0,y_0,z_0)、中间点坐标 midPos(x_1,y_1,z_1)和目标点坐标 endPos(x_2,y_2,z_2)，通过前述算法计算后返回圆心坐标 $O(x_O,y_O,z_O)$、圆弧半径 r、圆心角 $\angle P_sOP_e$、旋转矩阵 $\boldsymbol{R}$ 以及状态标志位 status，其中，圆心角采用弧度制(rad)。之后编写主程序 arc_main，设定具体起始点、中间点和目标点坐标，给定插补点个数，调用 get_line_params 函数，根据返回的旋转矩阵及圆心坐标计算插补点在笛卡儿空间下的直角坐标；最后利用 plot3( )函数获得空间圆弧插补仿真图，以检验直线插补算法的实际效果。

设定两组起始点、中间点和目标点：startPos1、midPos1 和 endPos1 以及 startPos2、midPos2 和 endPos2；为便于观察仿真结果，插补点个数设置为 10 倍圆心角弧度值(向下取整)，具体参数如表 6.5 所示。

表 6.5　圆弧插补算法仿真参数设置

组数 i	起始点 startPosi	中间点 midPosi	目标点 endPosi
1	(12,7,20)	(0,12,10)	(8,0,10)
2	(0.5,-2,-1)	(9,5,8.5)	(3,6,5)

根据上表设置的两组参数，进行仿真测试，仿真插补结果如图 6.27 所示。

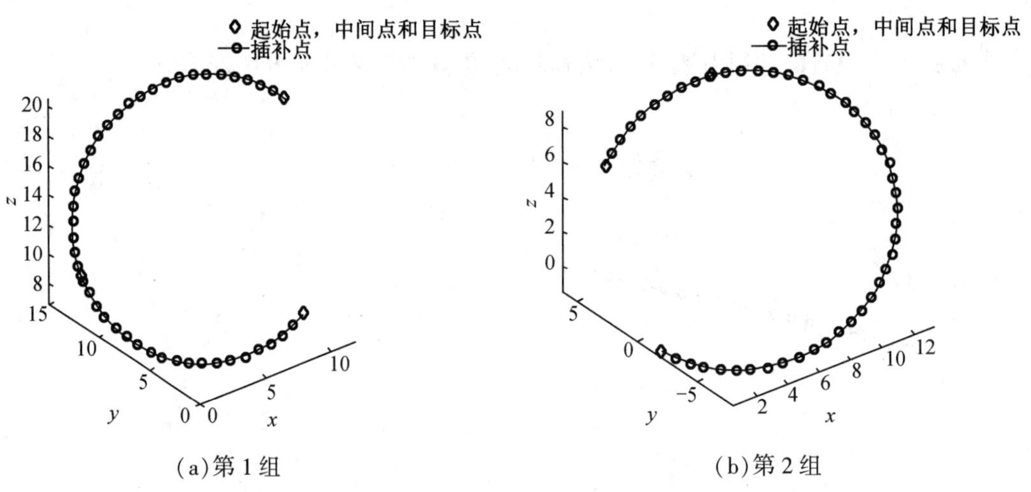

图 6.27　圆弧插补仿真结果图

从上图中可以看出，圆弧插补很好地通过插补若干中间点，以及起始点、中间点和目标点共同构成了一条预期的圆弧路径。这说明在实际机械臂的圆弧路径插补中，只要起始点、中间点与目标点设置合理，根据实际尺寸设置好插入点个数，就能获得理想的圆弧轨迹。

6.3.3　运动控制实物测试

本节已经对沉浸式模块化机械臂交互实验系统中的 GLUON-6L3 机械臂正逆运动学分

析以及轨迹插补问题进行了简要讨论,并对相关理论推导进行了仿真验证,结果表明了理论分析的有效性。本小节将基于前两小节对机械臂的理论分析,结合 ROS 系统工具包 MoveIt!,实现真实机械臂 GLUON-6L3 的直线和圆弧轨迹运动控制。

本章所研究的实验系统的机械臂运动控制功能模块主要依靠软件平台 ROS 系统和硬件设备 GLUON-6L3 机械臂,这两者的基础知识已在 6.2 小节进行了一定介绍。同时,为了实现对真实机械臂 GLUON-6L3 的运动控制,本文采用 ROS 系统提供的工具包 MoveIt!,下面对该工具包进行简要介绍。

MoveIt! 是针对移动机器人或机械臂等系统的集成开发的一种工具集软件,融合了运动规划、机器人操纵、3D 感知、运动学、机器人控制和导航等工具库[66]。MoveIt! 的基本架构是以核心节点向外拓展的网状结构,具有良好的灵活性和拓展性。其中,MoveIt! 的核心节点为 move_group,通过集成各种独立组件,经由核心节点 move_group 统一调度,以实现多种功能;而 move_group 节点本身不具备各种功能,它主要完成的是各功能包、各插件之间的集成,接收机器人及用户发布的各种信息、指令。总的来说,类似于 C++编程中的类 class,作为一个整合器,包含了机器人对象中所有参数信息与功能函数,统一调度各组件函数之间进行通信,这也是 MoveIt! 的 C++编程的基本逻辑结构。图 6.28 展示了 MoveIt! 的系统架构。

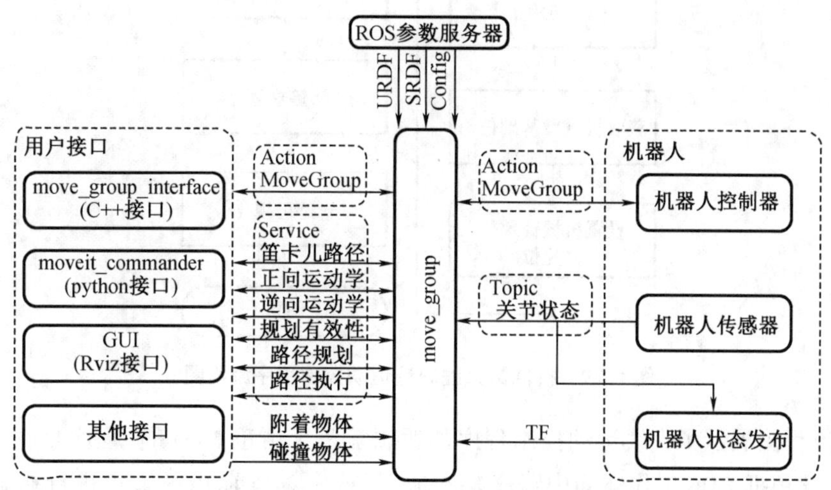

图 6.28　MoveIt! 的系统架构示意图

在后续对机械臂运动控制模块的具体实现中,本节首先利用节点 move_group 从 ROS 参数服务器获取机械臂 GLUON-6L3 的 URDF 文件、SRDF 文件和 config 配置文件,这些文件主要基于真实机械臂的机械结构给定了机械臂相关物理参数,详细配置情况将在下一节中进行具体阐述。其次,通过 MoveIt! 提供的用户 C++编程接口 move_group_interface 或 python 编程接口 moveit_commander 控制节点 move_group 调用对应功能组件,以获取机械臂当前关节和末端位姿信息,同时进行轨迹规划和执行等操作。最后,通过可视化插件 Rviz 实现机械臂轨迹规划的可视化,从而结合真实机械臂的运动共同验证机械臂运动控制的效果。

通过调用 MoveIt！提供的用户 C++编程接口 move_group_interface 实现对真实机械臂 GLUON-6L3 的编程控制，从而完成真实机械臂的直线和圆弧轨迹运动控制功能；同时，为了在下一节的实机测试中获得更加直观的测试效果，在程序中接入 Rviz 可视化插件实现机械臂轨迹规划与执行过程的可视化效果。

1. 直线轨迹规划的编程实现

由 6.3.2 节的直线插补问题分析可知，对给定的起始点和目标点，在笛卡儿空间下规划一条期望直线路径并不复杂。因此，编程控制的重点是在合理调用 move_group 节点以实现目标功能。图 6.29 展示了机械臂直线轨迹运动控制程序 move_group_gluon_line 的流程图。

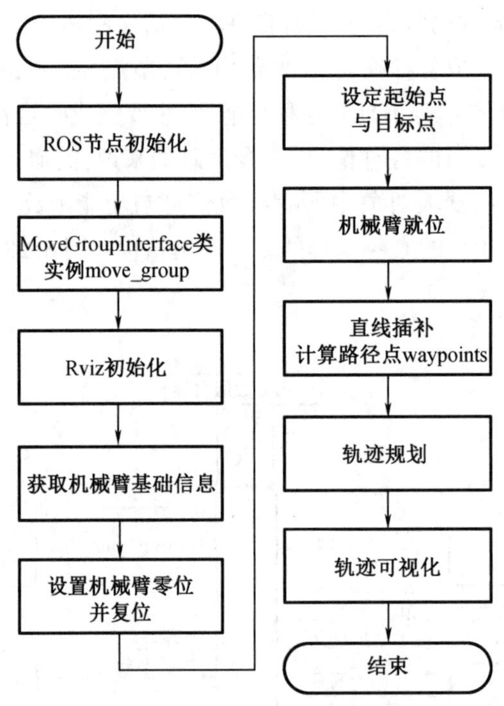

图 6.29 机械臂直线轨迹运动控制程序流程图

上述流程图展示了直线运动控制程序的逻辑流程。由于 MoveIt！程序是在 ROS 环境下运行，因此根据 ROS 工作空间中程序基本流程，首先对当前 ROS 节点进行初始化操作。其次，建立 MoveGroupInterface 类实例 move_group，通过 move_group，将可以调用其内部支持的大量控制机械臂的操作指令，以实现接下来的机械臂规划与执行功能。接着，对可视化插件 Rviz 进行初始化操作。之后，获取机械臂 GLUON-6L3 的基本信息并打印至终端。最后，设定机械臂零位 home_position 并发出复位指令确保机械臂处于零位位姿。此时，对机械臂的直线轨迹运动控制的初始准备工作已经就绪，下面进行直线轨迹运动环节。

设定起始点 start_pose 与目标点 target_pose，其中末端位姿以笛卡儿直角坐标和四元数形式进行设定。其次，将机械臂从零位移动至起始点就位。接着，利用 6.3.2 节中的直线插补算法求解出插补路径点，并从起始点 start_pose 开始依次将插补路径点与目标点 target_pose 存入路径数组 waypoints 中，等待规划轨迹。然后，设定步长等参数，调用

computeCartesianPath()函数对上一步中的路径点进行轨迹规划。当规划完成时开始命令机械臂执行当前规划;同时,利用可视化插件展示规划的直线轨迹。

2. 圆弧轨迹规划的编程实现

由 6.3.2 节,圆弧路径插补要比直线插补复杂,但是当计算出期望路径的插补点后,对机械臂轨迹规划的编程流程与直线轨迹规划程序是基本一样的。图 6.30 为机械臂圆弧轨迹运动控制程序 move_group_gluon_arc 的流程图。

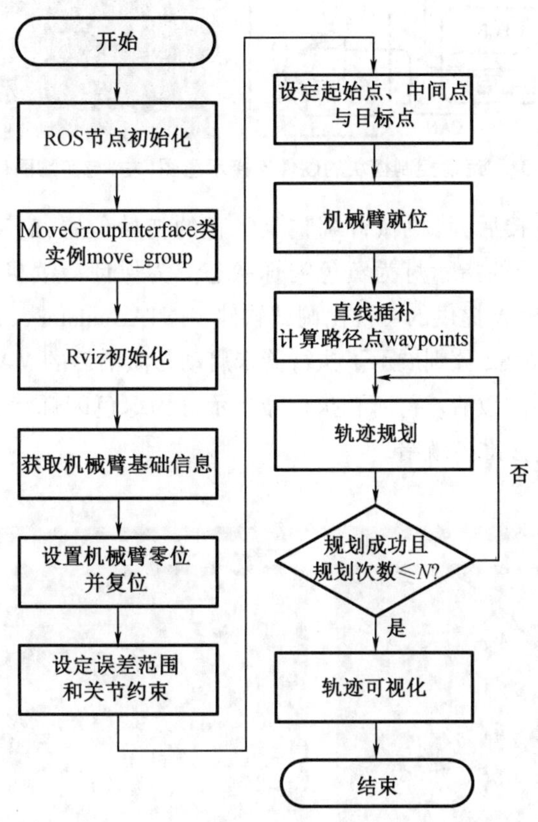

图 6.30　机械臂圆弧轨迹运动控制程序流程图

前期轨迹规划前的初始化流程与直线轨迹规划程序是相同的,这里不再赘述。由于圆弧路径包括圆形路径,即起始点与目标点重合,对精度的要求较高,因此设定目标位姿误差范围,避免规划失败;同时设置最大关节速度和加速度上限以保护电机。之后,设置起始点 start_pose、中间点 middle_pose 和目标点 target_pose,经过圆弧插补算法获得插补路径点,进一步得到路径点数组 waypoints。命令机械臂自零位移动至起始点就位后开始进行规划计算,由于圆弧规划要求精度较高,这里允许规划失败后重新进行规划,待规划成功,命令机械臂执行规划;同时对机械臂的理想规划路径进行可视化。

在完成机械臂轨迹规划的程序后,下面对上述直线轨迹和圆弧轨迹规划程序进行实机测试,从而实现对真实机械臂 GLUON-6L3 的运动控制。在运行待测试的轨迹规划程序之前,首先需要完成真实机械臂和 PC 等硬件设备之间的连接。其中,机械臂 GLUON-6L3 经由 ECB 和急停开关连接电源以实现单独供电;同时,ECB 通过连接 PC 端的网线和机械臂的 CAN 综合线缆,从而实现 PC 与机械臂的连接。机械臂运动控制模块的硬件连接示意图和实物图如图 6.31 所示。

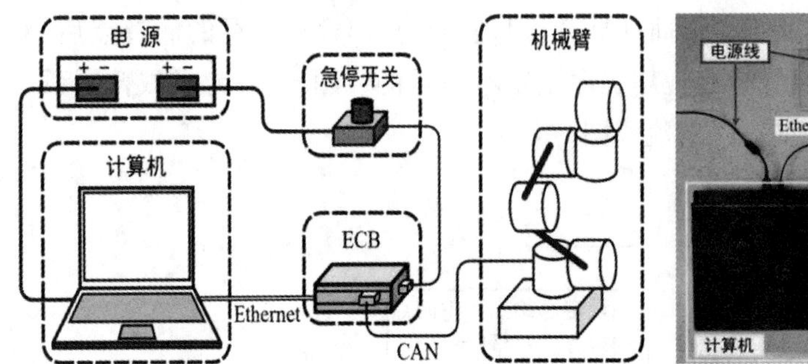

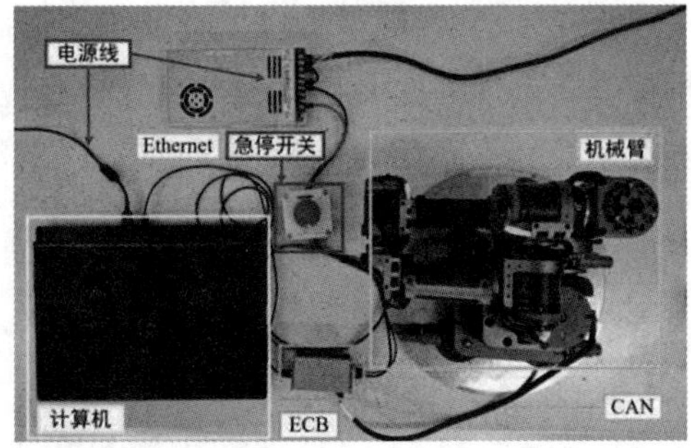

图 6.31　运动控制模块的硬件连接示意图(左)与实物图(右)

按上图完成硬件连接后,将机械臂调整至竖直的初始位置,启动开关为机械臂供电。此时,机械臂各个执行器的指示灯为黄色闪烁状态。为保证后续机械臂正常运行规划轨迹,可以启动由 MINTASCA 提供的可视化调试软件 MINTAActuator Studio(MAS)手动激活机械臂的各个执行器,图 6.32 分别展示了执行器未启动与激活后的 MAS 界面;后续会以程序命令形式完成对执行器的激活。待所有执行器指示灯为绿色闪烁状态时,表明机械臂已与 PC 端建立通信,硬件连接准备就绪。

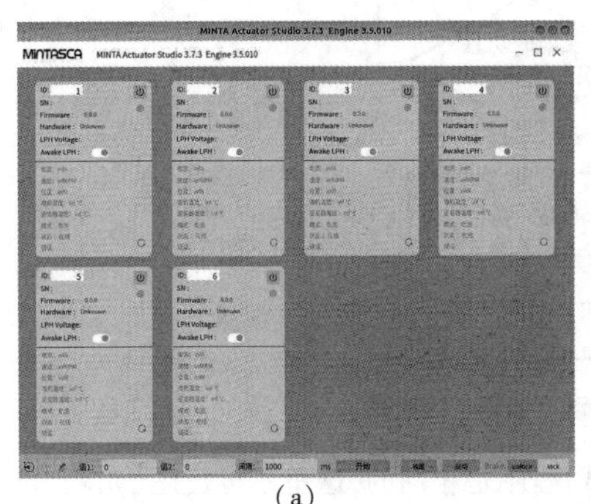

(a)

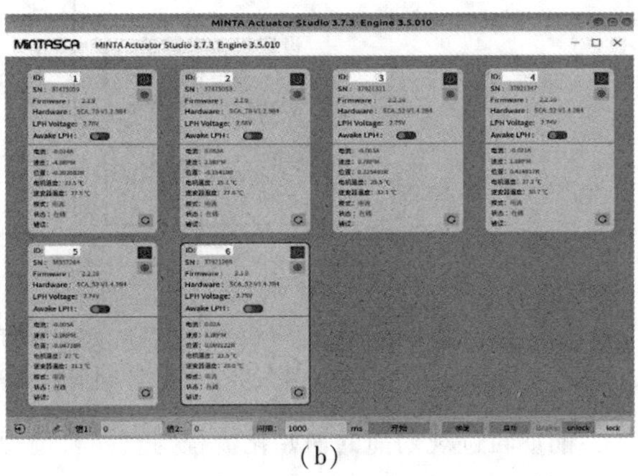

(b)

图 6.32　执行器未启动(a)与激活后(b)的 MAS 界面

启动终端,分别以 roslaunch 命令运行对应 launch 文件,以启动直线轨迹规划程序 move_group_gluon_line 和圆弧轨迹规划程序 move_group_gluon_arc。其中,两种轨迹的设定参数如表 6.6 所示,由于机械臂为装配末端执行机构,末端姿态不易观测,因此姿态参数暂不列出。

表 6.6　直线和圆弧轨迹规划设定参数

轨迹类型	起始点	中间点	目标点	步长
直线	(0.1,-0.1,0.3)	—	(0.1,0.1,0.3)	0.01 m
圆弧	(0.1,0.3,0.3)	(0.1,0.25,0.39)	(0.1,0.1,0.3)	0.01 m

实际运行直线轨迹和圆弧轨迹规划程序后，相应功能节点 move_group_gluon_line 与 move_group_gluon_arc 基于设定点坐标计算出期望路径点 waypoints，再由 waypoints 进行轨迹规划，计算成功后命令机械臂执行规划，同时利用 Rviz 可视化机械臂末端的期望路径。下面对机械臂直线与圆弧轨迹的实际运行效果进行展示与分析。

首先分析机械臂直线轨迹测试效果。图 6.33 和图 6.34 分别展示了机械臂直线轨迹实机测试情况、直线轨迹末端期望路径与实际路径。其中，机械臂末端期望路径以绿色线条绘制，包含机械臂末端自初始位姿移动至起始点的自由轨迹；实际路径由固联在机械臂末端的黑色记号笔在白纸上记录。经上述两幅图对照后可以看出，Rviz 界面中轨迹符合预期，而真实轨迹由于记号笔与机械臂的固定不够牢固以及白纸存在一定的抖动，并不完全呈一条直线，但是偏差情况可以接受。考虑实验误差，可以得出结论，节点 move_group_gluon_line 成功根据给定参数规划出期望直线轨迹，并且命令机械臂末端沿预期路径执行。图 6.35 展示了机械臂在执行直线轨迹规划时各个执行器的关节角度变化曲线。从图中可以看出，规划执行中，机械臂各个执行器的关节角度变化平滑，尽可能避免了因角速度突变等因素导致的关节异常抖动。

图 6.33　机械臂直线轨迹的实际测试

(a)

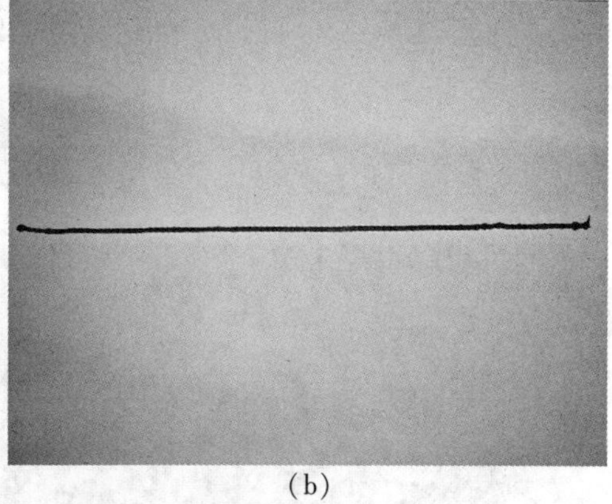

(b)

图 6.34　机械臂直线轨迹的末端期望路径(a)与实际路径(b)

下面对机械臂圆弧轨迹测试效果进行分析。图 6.36 和图 6.37 分别展示了机械臂圆弧轨迹实际测试情况、圆弧轨迹末端期望路径与实际路径。其中，机械臂末端期望路径以绿色线条绘制,包含机械臂末端自初始位姿移动至起始点的自由轨迹;实际路径由固联在机械臂末端的黑色记号笔在白纸上记录。经上述两幅图对照后可以看出,Rviz 界面中轨迹符合预期,而真实轨迹由于记号笔与机械臂的固定不够牢固以及白纸存在一定的抖动,绘制出的圆弧图线存在一定抖动,但是偏差情况可以接受。考虑实验误差,可以得出结论,节点 move_group_gluon_arc 成功根据给定参数规划出期望圆弧轨迹,并且命令机械臂末端沿预期路径执行。图 6.38 展示了机械臂在执行圆弧轨迹规划时各个执行器的关节角度变化曲线。从图中可以看出,规划执行中,机械臂各个执行器的关节角度变化平滑,尽可能避免了因角速度突变等因素导致的关节异常抖动。

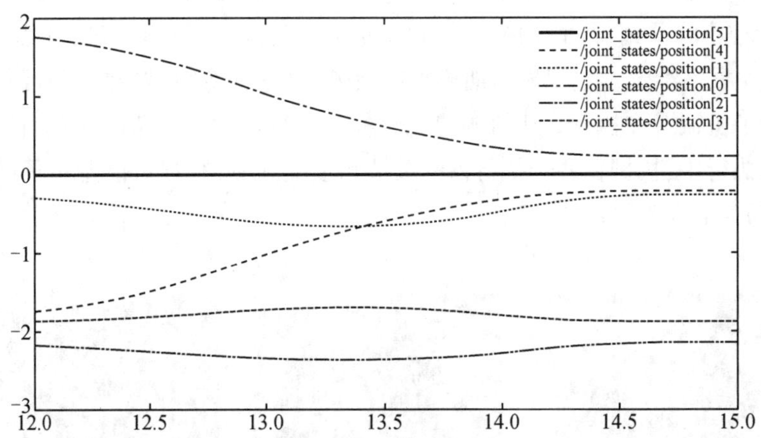

图 6.35 机械臂执行直线轨迹时各个关节(joint 1~joint 6)的角度变化曲线

(a)

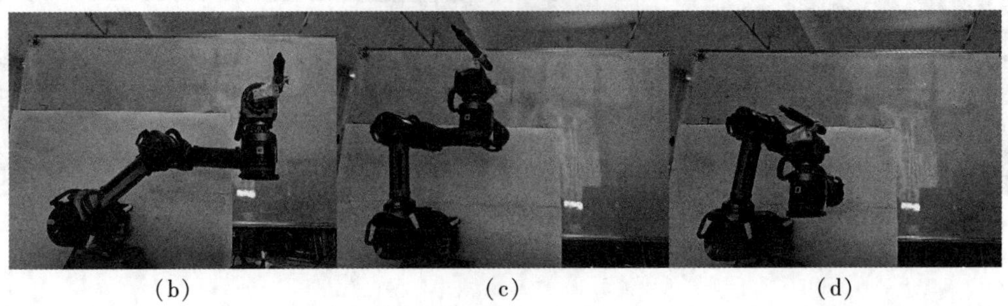

(b) (c) (d)

图 6.36 机械臂圆弧轨迹实际测试

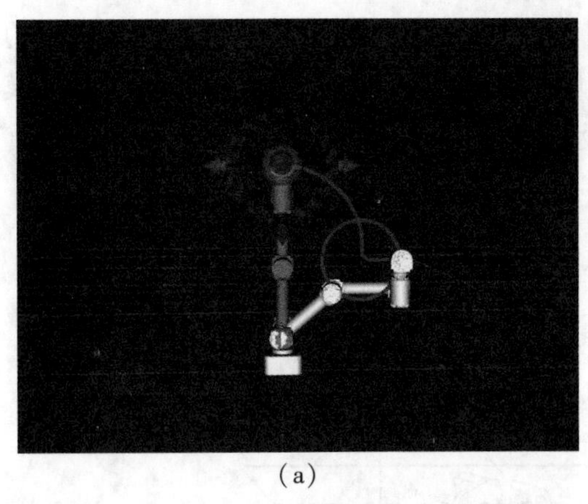

(a)

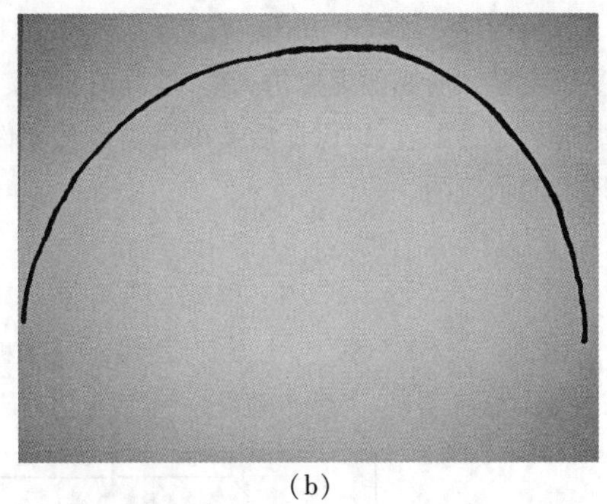

(b)

图 6.37　机械臂圆弧轨迹的末端期望路径与实际路径

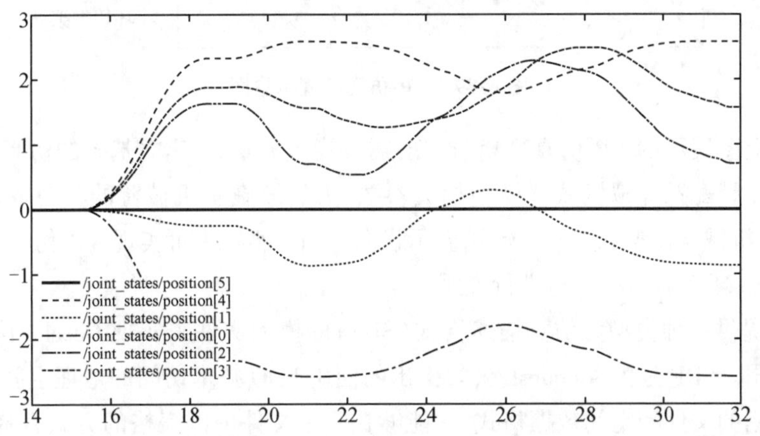

图 6.38　机械臂执行圆弧轨迹时各个关节(joint 1～joint 6)的角度变化曲线

6.4　VR 联动与交互模块的设计和验证

通过前面小节分析机械臂运动学与轨迹规划问题,我们已经编程实现了沉浸式模块化机械臂交互实验系统中的基础功能模块,即机械臂运动控制模块。本节将对实验系统的VR 仿真联动模块和图形化人机交互模块的设计与实现进行具体阐述。首先,将对虚拟环境的配置与搭建进行说明;其次,设计并实现虚拟机械臂与真实机械臂之间的实时联动功能;至此 VR 仿真联动模块的目标功能基本实现。再次,设计并开发图形化人机交互模块,实现机械臂运动控制模块与 VR 仿真联动模块的图形化操作。最后,通过实验测试对上述两个功能模块进行了功能性验证。

6.4.1　VR 仿真环境的配置构建

为实现 VR 仿真联动模块的预期功能,系统的 VR 仿真环境的设计与搭建是该模块的基础。根据 6.2.1 节实验系统的总体设计方案,VR 仿真联动模块选用对 Ubuntu 环境和ROS 系统友好的仿真模拟平台 Gazebo 进行仿真环境的构建。

要构建一个 VR 仿真环境,需要利用仿真引擎建立一个基本的环境框架,并在该框架的基础上导入所需的虚拟仿真模型;同时,为实现后续联动功能,需要对 VR 环境中的关键模型进行相关配置,以保证后续可以与真实硬件设备进行顺利连接。图 6.39 展示了 VR 仿真环境的示意图。

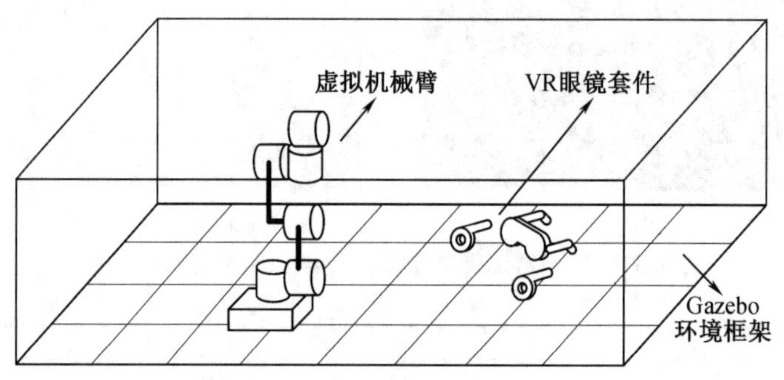

图 6.39　VR 仿真环境示意图

为实现上图展示的 VR 仿真环境,首先,需要通过 Gazebo 建立基础的仿真环境。其次,在该环境中设计配置虚拟机械臂模型相关参数,为后续虚实机械臂的实时联动做铺垫,最后,导入虚拟机械臂模型和 VR 头戴式显示设备套件模型,从而实现 VR 仿真环境的构建。下面对 Gazebo 环境框架的构建进行说明。

Gazebo 提供一种类型为仿真描述格式(SDF)的模型文件来实现 Gazebo 仿真环境框架的建立与编辑。SDF 是由 Autodesk 公司推出的使用 FDO 技术访问的地理空间数据格式,是一种易于使用的文件型空间数据格式,它能够在一个文件中以表格的方式存储多种地理要素,包括多种几何类型(点、线、多边形和圆弧)以及关联的属性信息。SDF 文件采用 XML 标签语言对环境框架中的各种参数进行配置,这种通过标签(tag)增删查改的配置方式灵活,为后续开发调试提供了便利;后续机械臂虚拟模型的描述文件同样采用这种方式,下一节将对其进行具体阐述。对于本书需要建立的 Gazebo 仿真环境,对 Gazebo 环境框架的各类功能需求不多,无须采用 SDF 文件进行详细配置,这里直接以 launch 文件的形式建立一个基础的 Gazebo 仿真环境框架,需要的相关环境框架功能配置在 launch 文件中以 launch 局部变量<arg>进行设置。具体环境框架参数配置如表 6.7 所示。

表 6.7　Gazebo 环境框架配置参数

功能参数名	默认参数配置
paused	false
use_sim_time	true
gui	true
debug	false

在建立好 Gazebo 环境框架之后,本节将对 Gazebo 仿真环境中的虚拟机械臂模型和 VR

头戴式显示设备套件模型进行相应的配置,从而完成实验系统的 VR 仿真环境的构建工作。

在 6.3.3 节,通过 MoveIt! 工具驱动真实机械臂的研究曾提及:根据 MoveIt! 的工作方式,其核心节点 move_group 需要从 ROS 参数服务器中获取统一机器人描述格式 URDF 等包含机器人相关参数的文件,而在这里虚拟机械臂模型的构建同样需要机械臂 GLUON-6L3 的 URDF 文件。与 SDF 文件相似,URDF 文件是 ROS 中用于描述机器人的 XML 类型文件。URDF 可以通过 XML 标签语言形式描述机器人的运动学、惯性特性及构件的几何特征等。表 6.8 展示了 URDF 的一些标签元素。

表 6.8　URDF 中的标签元素

URDF 中的 XML 规范		
<robot>	<sensor/proposals>	<link>
<transmission>	<joint>	<gazebo>
<sensor>	<model_state>	<model>

从上表中可以看到标签元素<gazebo>,为了在 Gazebo 中顺利使用 URDF 文件,Gazebo 提供了一些特定标签元素以保证能正确识别 URDF 并在后台将其转换为 SDF 类型,而<gazebo>标签就是其中一种。考虑到需要对第 6.3 节使用的 URDF 文件配置进行说明,本节先阐述 GLUON-6L3 机械臂的 URDF 文件具体配置,之后通过添加特定元素的形式使 URDF 文件能在 Gazebo 环境下顺利运行。

首先根据第 6.3 节的需求,按 URDF 指定的 XML 格式直接编写所需的统一机器人描述文件。图 6.40 展示了 GLUON-6L3 机械臂的 URDF 文件中各个标签元素的层级关系。由图 6.40 可以看出,URDF 文件呈树状结构,在指定 XML 版本和编码格式后,以机器人标签<robot>为当前机器人组设定名称,并涵盖机械臂 GLUON-6L3 组的全部参数。对于串联机械臂 GLUON-6L3,其主要的结构标签为连杆<link>和关节<joint>。其中,机械臂底座也属于连杆标签,将其命名为 base_link,因此,像 GLUON-6L3 这样的六自由度机械臂,其 URDF 文件会定义 7 个连杆标签和 6 个关节标签。

如图 6.40,连杆标签<link>用于描述机械臂某一个连杆的外观和物理属性,包括尺寸、颜色、形状、惯性矩阵和碰撞参数等属性。其中,惯性元素<inertial>通过子元素定义了连杆的物理性质:<origin>定义了连杆质心坐标系的位姿,分别以 xyz 直角坐标系和 RPY 角表示;<mass>定义了连杆质量;<inertia>定义了连杆的惯性矩阵。视觉元素<visual>为可视化目标指定对象的形状:<origin>用于指定可视化模型相对于连杆的参考位姿;<geometry>用于指定可视化模型的形状,这里引用 MINTASCA 官方提供的 STL 模型文件来实现模型形状的定义;<material>用于指定可视化模型的材质,这里主要使用<color>元素以 rgba 颜色格式设定连杆模型的颜色。碰撞元素<collision>通常与<visual>同时使用,常使用简单模型以减少碰撞检测的计算时间,这里直接采用与<visual>元素一致的<origin>和<geometry>配置即可。

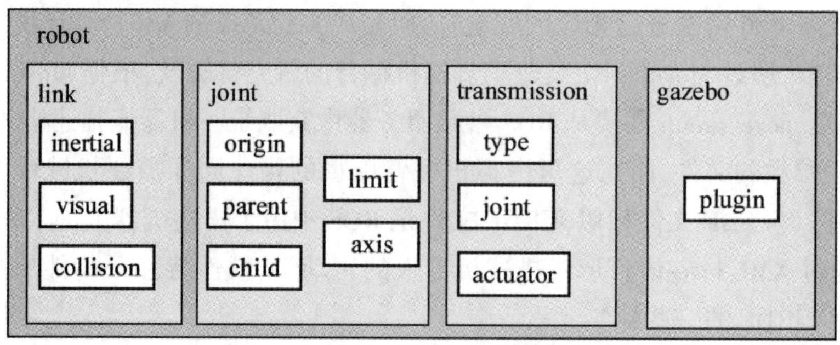

图 6.40　URDF 文件各个标签层次关系

相邻两个连杆标签之间的是关节标签<joint>,其主要功能是连接连杆标签,描述了机器人关节的运动学和动力学属性,其中包括关节运动的位置和速度限制。首先,<joint>元素需要指定名称属性 name 和关节类型属性 type,对本研究的 GLUON-6L3 机械臂,关节类型仅有旋转关节,所以机械臂的 6 个关节类型属性均指定为 revolute。其次,设置<origin>来定义关节原点,并设置<parent>和<child>来分别指定当前关节连接的父连杆和子连杆。再次,设置<axis>以归一化向量指定关节旋转轴的方向。最后,对于 revolute 属性的旋转关节需要设置<limit>用以指定关节运动的极限值,如关节的上下限位置、速度限制、力矩限制参数等。

此时,所需要的 URDF 文件就已经完成了,接下来将生成一系列围绕 URDF 的 config 配置文件。MoveIt! 提供了一套图形化配置工具 MoveIt! Setup Assistant 用于生成操作机器人所需的配置文件,如图 6.41 所示。通过配置工具 MoveIt! Setup Assistant,可以获得相关配置文件,如 SRDF 文件、关节限位 joint_limits. yaml 文件和轨迹规划配置 ompl_planning. yaml 文件等。节点 move_group 从 ROS 参数服务器获取 URDF 文件以及相关 config 文件以得知机械臂 GLUON-6L3 的相关结构参数,从而实现 MoveIt! 对真实机械臂的运动控制功能。而对本节所研究的 Gazebo 虚拟机械臂模型,则需要对该 URDF 文件进一步配置。

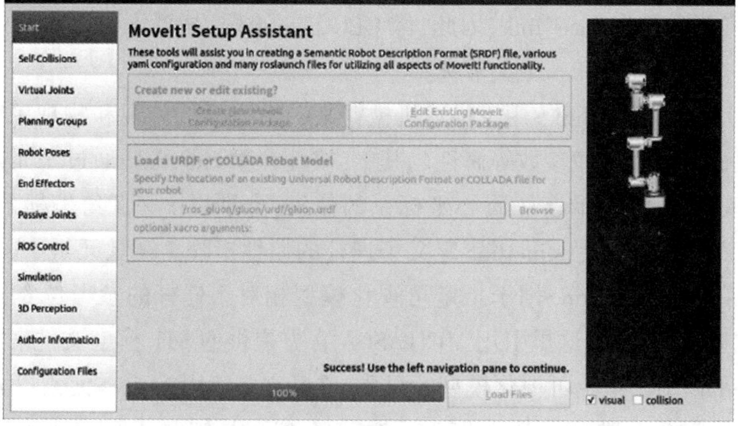

图 6.41　MoveIt Setup Assistant 界面

为了使上述 URDF 文件能在 Gazebo 环境下顺利运行,需要对其进行如下的增改。首先,在原 URDF 文件的所有连杆标签和关节标签中添加惯性元素<inertial>,因为这部分已经在前面写入,故无须再做修改。其次,添加传动标签<transmission>;传动元件是对 URDF 机器人描述模型的扩展,用于描述执行器(actuator)和关节(joint)之间的关系,而标签<transmission>会对作用力(effort)/流量(flow)变量进行转换,使其乘积-功率保持不变。在<transmission>中,属性 name 为每个关节的传动装置命名;元素<type>指定传动装置的类型;元素<joint>利用属性 name 指定传动装置对应关节名,并用元素<hardwareInterface>指定关节空间硬件接口;驱动器元素<actuator>指定传动装置要连接到的驱动器:name 指定驱动器名称,<hardwareInterface>指定关节空间硬件接口,另外<mechanicalReduction>指定机械减速比。再次,为将虚拟机械臂模型固联于 Gazebo 环境下的世界坐标系,需要创建一个新的连杆标签 world 和固定关节标签以避免虚拟机械臂模型在 Gazebo 物理仿真环境下发生倾倒等非正常情况。最后,利用 Gazebo 标签<gazebo>添加插件 gazebo_ros_control,为后续 MoveIt!控制 Gazebo 内的虚拟机械臂做铺垫。在完成上述增改后,修改已经创建的 Gazebo 环境框架的 launch 文件,利用<param>标签从 ROS 参数服务器加载机械臂的 URDF 文件并通过节点 spawner 在 Gazebo 环境下生成对应的虚拟机械臂模型。

上述工作通过对 URDF 文件进行相关配置,实现了 URDF 文件对 Gazebo 的支持,从而完成了在 Gazebo 环境框架中建立虚拟机械臂模型的目标。为了后续虚实联动的具体实现,还需要将 VR 头戴式显示器和配套手柄模型一并加载到当前 Gazebo 仿真环境中。具体操作流程如下:将对应 VR 头戴式显示器和手柄模型文件拷贝到 Gazebo 配置路径中的/models 目录下,再从 Gazebo 界面中选择"Insert"添加上述模型路径,从而将 VR 头戴式显示器和手柄模型导入 Gazebo 仿真环境中。Gazebo 界面左侧的"World"面板展示了之前加载进 Gazebo 仿真环境的六自由度机械臂模型、VR 头戴式显示器和手柄的模型,选中相应模型即可在当前仿真环境下对模型参数在线进行设置。图 6.42 分别展示了 Gazebo 界面"Insert"和"World"界面、"World"中参数设置界面。图 6.43 展示的是模型导入完成的 Gazebo 仿真环境界面。

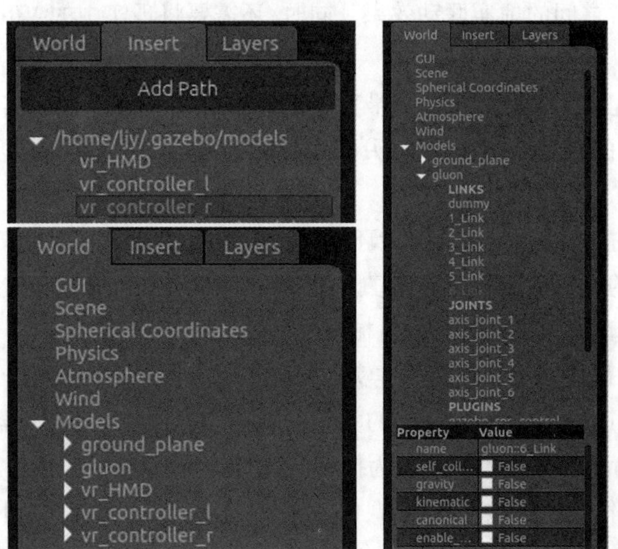

图 6.42 "Insert"界面(左上)、"World"界面(左下)和"World"中参数设置界面(右)

图 6.43　搭建好的 Gazebo 仿真环境界面

在成功导入虚拟机械臂模型和 VR 头戴式显示器套件模型后,沉浸式模块化机械臂交互实验系统的 VR 仿真环境的相关配置就已基本完成,搭建好的 Gazebo 仿真环境如图 6.43 所示。后续将实现虚拟机械臂与真实机械臂之间的虚实联动功能。

6.4.2　虚实联动设计和实现

在上一节完成对 VR 仿真实验环境的搭建后,本节将对 VR 仿真联动模块中虚拟机械臂与真实机械臂之间的虚实联动功能进行研究。为实现沉浸式的机械臂运动控制仿真,首先需要在第 6.3 节对真实机械臂实现运动控制的基础上,连接 ROS 和 Gazebo 两个平台,建立有效的通信机制,实现 ROS 控制的真实机械臂与 Gazebo 中的虚拟机械臂之间实时数据传输,从而实现两者之间的虚实联动效果。同时,还需要将现实中的 VR 头戴式显示器套件与 Gazebo 中的虚拟模型建立数据链接,一方面实现 Gazebo 实时获取并更新虚拟模型的相对位姿,另一方面完成 VR 头戴式显示器实时读取并显示 Gazebo 仿真实验环境中画面的任务。下面对机械臂的虚实同步与 VR 头戴式显示设备套件的虚实同步的实现进行具体阐述。

在 6.4.1 节中搭建的 VR 仿真实验环境提供了虚拟机械臂模型与 VR 头戴式显示器套件模型,但是此时的虚拟模型仅仅具有真实设备的外形,并不能与真实设备进行有机的结合。本小节先实现真实机械臂与虚拟机械臂模型之间的数据连接,以实现机械臂的虚实同步联动功能,VR 头戴式显示器套件的虚实同步将在下一小节进行实现。

ROS 系统和 Gazebo 仿真平台之间的关系可以看作是控制器与规划器,ROS 作为控制器将 Gazebo 仿真环境下的虚拟机械臂作为执行器进行控制操作。当 ROS 系统发布与操作真实机械臂同样的操作数据给虚拟机械臂,Gazebo 环境下的虚拟机械臂则会也同样的方式执行对应的指令。ROS 系统提供了机器人控制中间件 ros_control,包括了控制器接口、控制器管理器、传动装置接口和硬件接口,其数据流通的基本框架如图 6.44 所示。

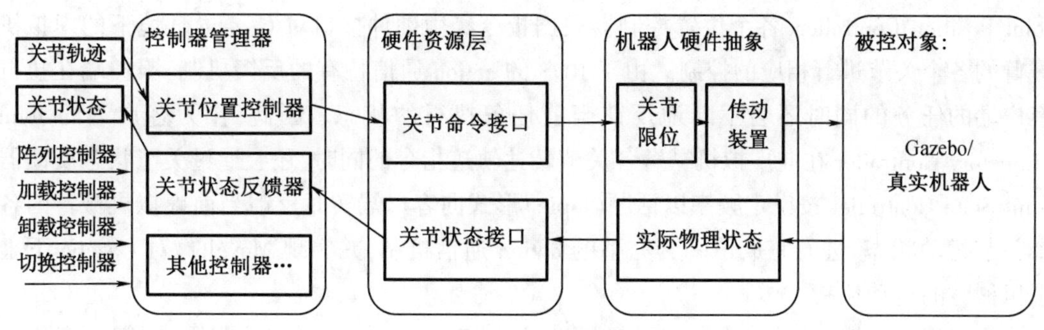

图 6.44　ros_control 基本框架

ROS 可以对真实机器人或虚拟机器人模型进行同样的控制操作,为实现对不同对象进行连接的目的,ROS 中间件 ros_control 对机器人硬件进行了抽象化处理,覆盖了机器人硬件的底层控制,从而提高了 ROS 程序的复用性。上图中,控制器管理器负责统一管理各个控制器,例如陈列、加载、切换和卸载等功能;控制器在使能后从下层获取硬件相关状态,并解算和发布上层的控制指令,以实现对各部分硬件的控制;硬件资源层通过提供对应硬件接口连接上下两层;机器人硬件抽象则是直接对底层硬件进行读取操作,实现与底层的数据连接;最后,被控对象按照相关指令执行相应的功能。

利用上述 ros_control 的基本架构可以实现 ROS 系统与 Gazebo 虚拟机器人模型之间的连接,而为了能同样利用 MoveIt! 对虚拟机械臂实现路径规划等运动控制,需要建立 MoveIt! 与 Gazebo 虚拟机械臂的控制架构。图 6.45 展示了 MoveIt! 与虚拟机械臂的控制结构。

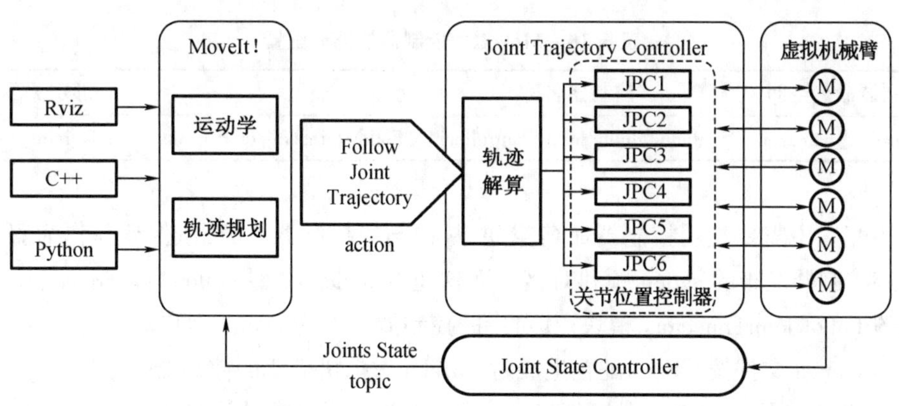

图 6.45　MoveIt! 基本控制架构

从上图中可以看出,架构图左侧展示了 MoveIt! 通过 C++和 Rviz 等用户接口实现运动学和轨迹规划等功能,这部分内容已在第 6.3 节中完成。为了对 Gazebo 环境中的虚拟机械臂按照 MoveIt! 输出的轨迹数据进行操作,首先以 MoveIt! 作为客户端(client),将 MoveIt! 规划的轨迹以 action 消息类型 FollowJointTrajectory 的形式发布出去。其次,另一端作为服务端(server)的关节轨迹控制器 Joint Trajectory Controller 接收该 action 类型数据,并将对其进行解算后的关节运动指令发送至虚拟机械臂的每一个关节所对应的关节位置控制器

Joint Position Controller,各个位置控制器根据指令经由硬件接口对 Gazebo 环境下的虚拟机械臂的各个关节进行相应的控制。由于 ROS 的 action 通信特有的反馈机制,服务端在执行客户端的任务的同时还会不断地反馈当前任务执行的状态。因此,作为客户端的 Joint Trajectory Controller 在向虚拟机械臂各关节转达轨迹指令的同时,还会通过关节状态反馈器 Joint State Controller 按设定频率以话题(topic)形式向客户端实时反馈当前虚拟机械臂的各个关节运动状态,进而完成了一套完整的 action 通信机制,并实现 MoveIt! 对 Gazebo 下虚拟机械臂的运动控制。

为实现上述控制架构,首先需要对机械臂的 URDF 文件进行相关配置,这部分工作已经完成,故不再赘述。其次,通过编辑对应的 YAML 文件实现对关节轨迹控制器 Joint Trajectory Controller 的配置,具体配置如表 6.9 所示。

表 6.9　Joint Trajectory Controller 的配置参数

控制器名称	类型	绑定关节	增益
gluon_joint_controller	位置控制	axis_joint_1~6	{p:1000.0,i:0.0,d:0.1}

按照上述配置,利用 launch 文件将该 YAML 文件加载至 ROS 参数服务器,并利用控制器管理器生成对应控制器 gluon_joint_controller。

接着,为保证 Gazebo 对应的关节轨迹控制器能正确与 MoveIt! 端建立 action 通信机制,需要对 MoveIt! 控制器进行相关配置。在 MoveIt! 配置目录下新建用于控制器配置的 YAML 文件,相关配置如表 6.10 所示。

表 6.10　MoveIt! 控制器的部分配置

控制器命名空间	控制器名称	类型	绑定关节
controller_manager	gluon/gluon_joint_controller	FollowJointTrajectory	axis_joint_1~6

上述配置中需要注明控制器命名空间,从而与原控制器区分,以保证与作为服务端的关节轨迹控制器发布的 action 顺利对接。而这里的 action 类型 FollowJointTrajectory 即是前面提到的 FollowJointTrajectory 模块,其对应的控制器将作为 action 客户端进行工作。之后,同样利用 launch 文件按照新的配置生成对 Gazebo 虚拟机械臂的控制器。

然后,继续利用 YAML 文件配置,launch 文件生成的方式对关节状态反馈器 Joint State Controller 进行设置,该插件主要通过 action 机制提供状态反馈,发布虚拟机械臂的关节状态和 TF 变换。配置参数主要为发布频率。

最后,建立一个顶层 launch 文件以包含用于建立 Gazebo 仿真环境的 launch 文件,关节轨迹控制器和关节状态反馈器的 launch 文件,以及启动 MoveIt! 的 launch 文件,从而一次性加载所有控制器,并启动 Gazebo 仿真环境和 MoveIt!。

在顺利启动 Gazebo 仿真环境界面与 Rviz 界面后,即可利用 MoveIt! 图形化界面快速对 Gazebo 环境下的虚拟机械臂进行同步运动控制。

基于上文的基础,我们已经实现了机械臂的虚实同步联动功能,下面将对 VR 头戴式显示器套件的虚实同步展开研究。VR 头戴式显示器套件的虚实同步主要是指 VR 眼镜和操控手柄在真实空间与 Gazebo 仿真环境中的位姿实时同步,同时 VR 眼镜以虚拟 VR 眼镜模型的视角实时显示在 Gazebo 仿真环境下的镜头画面,从而使用户透过 VR 设备沉浸式体验虚拟机械臂的运动控制等相关功能。

本部分通过 VR 头戴式显示器套件 HTC VIVE Pro 与 Gazebo 仿真实验环境,实现对 VR 仿真环境下的虚拟机械臂模型的运动情况进行实时观测。VR 套件 HTC VIVE Pro 的基本情况已在前文中进行了介绍,其中套件内的 2 个 SteamVR 定位器用于对 VR 眼镜和操控手柄进行实时位姿追踪,本部分不将其设计进 Gazebo 环境中;而套件剩余的一副 VR 眼镜 VIVO Pro 和一对操控手柄将作为虚实同步的主要对象。之前已经导入进 Gazebo 仿真环境的 VR 头戴式显示器和操控手柄虚拟模型就是对应现实中该套件的实体 VR 眼镜和操控手柄。

要实现本小节研究的 VR 眼镜套件的虚实同步功能,主要需要完成两个功能:一是真实 VR 头戴式显示器实时获取虚拟 VR 眼镜模型中的视野图像;二是 Gazebo 环境下的 VR 套件虚拟模型实时同步真实 VR 头戴式显示器套件的实际位姿。为此本小节主要利用 OpenVR 库、OpenCV 库以及 ROS 系统提供的 TF2 转换库(transform libaray)进行目标功能的开发。其中,OpenVR 库用于激活真实 VR 头戴式显示器套件并与其建立连接以获取实际的位姿信息;OpenCV 库用于对 Gazebo 下 VR 眼镜虚拟模型的视角图像进行处理与输出,从而以正确格式在真实 VR 头戴式显示器中进行显示;而 TF2 转换库则用于对真实 VR 套件坐标和 Gazebo 仿真环境下 VR 套件虚拟模型等坐标进行格式转换与统一管理,以保证真实与虚拟 VR 眼镜套件的位姿一致性。图 6.46 展示了本部分的基本设计架构。

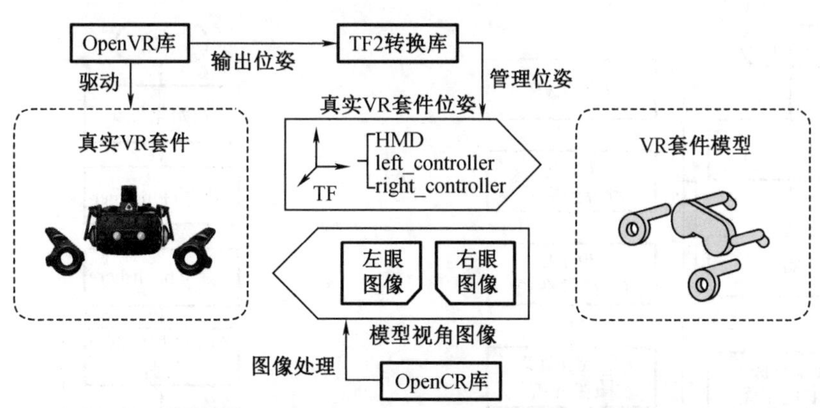

图 6.46　VR 眼镜套件虚实同步部分的基本架构

基于 Gazebo 对 ROS 平台友好,以及 ROS 对 C++语言的支持,本小节采用 C++语言进行编程。利用 ROS 功能包的设计形式,分别开发基于真实 VR 头戴式显示器套件侧的功能包 ros_vr_bringup 以及基于 Gazebo 虚拟 VR 眼镜模型侧的功能包 ros_vr_gazebo。下面对 ROS 功能包 ros_vr_bringup 的核心程序进行说明,程序流程图如图 4.47 所示。

功能包 ros_vr_bringup 主要负责对虚实同步功能的真实 VR 头戴式显示器套件一侧进

行开发。该功能包主要实现驱动真实 VR 头戴式显示器套件,以显示虚拟 VR 眼镜模型视角图像和发布真实 VR 套件的实际位姿到 TF 进行统一管理。首先,初始化当前节点 vr_bringup;其次,进行各模块的初始化操作,包括:初始化 VR,对真实 VR 头戴式显示器套件进行驱动并检测错误状态;初始化 TF 中世界坐标系,即建立世界坐标系 World 并建立子坐标系 vr_world,设定好坐标系间转换关系后广播至 TF;初始化 GL 图像格式,为后续调整虚拟 VR 眼镜模型输出图像做准备。然后,利用 ROS 封装的消息过滤器 message_filters 设置同步订阅虚拟 VR 眼镜模型左右眼的输出图像 sub_img_l 和 sub_img_r。之后,调用回调函数,对订阅获取的左右眼图像进行处理并输出,包括:利用 cv_bridge 对图像格式方向进行处理并根据图像大小设置输出图像的尺寸;更新当前真实 VR 头戴式显示器套件位姿并以 TF 形式发布;设置并输出订阅图像 sub_img_l 和 sub_img_r 至 VR 头戴式显示器的左右屏幕。对于回调函数中更新真实套件位姿部分,则需要经过获取 VR 硬件位姿、转换 OpenVR 的 3×4 位姿坐标矩阵转换为位置坐标和四元数的 TF 形式、指定当前 VR 硬件对应的 TF 子坐标系名称以及设置时间戳并发布至 TF 这四个主要步骤,分别对 VR 头戴式显示器和一对操控手柄 3 部硬件设备进行上述流程以获取对应位姿。到这里就实现了真实 VR 头戴式显示器套件一侧的功能开发。下面对 Gazebo 虚拟 VR 眼镜模型一侧的功能实现进行阐述。

由图 6.48 所示,ros_vr_gazebo 功能包用于实现 Gazebo 仿真环境下虚拟 VR 眼镜套件模型同步更新对应真实 VR 套件的实际位姿。该部分功能主要利用 TF 监听器(listener)和话题发布者(publisher)进行实现。首先,针对 ros_vr_bringup 功能包广播的真实 VR 头戴式显示器套件的实际 TF 位姿信息,建立对应的 TF 监听器进行监听并进行缓冲。之后,当缓冲器中查询到 VR 硬件的最新位姿信息时,则将其位姿信息转换为 gazebo_msg 格式,经由发布者发布至对应的虚拟 VR 硬件模型中。其中,TF 各个坐标系名称与 Gazebo 模型名称对应关系如表 6.11 所示。

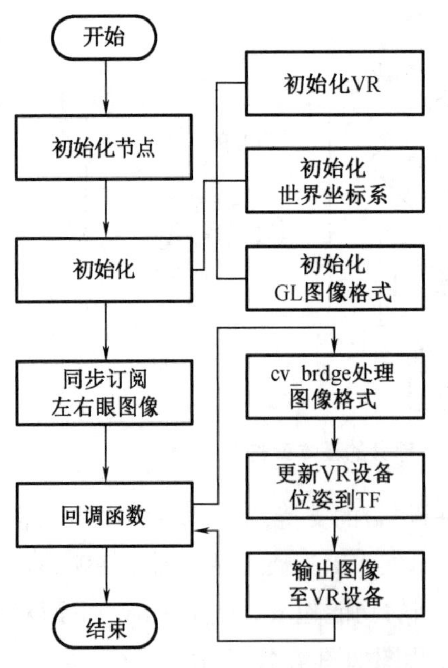

图 6.47　ros_vr_bringup 核心程序流程图

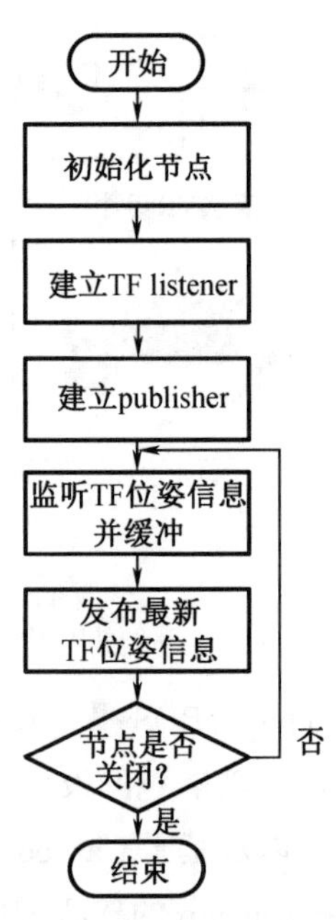

图 6.48　ros_vr_gazebo 核心程序流程图

表 6.11　TF 坐标系与 Gazebo 虚拟模型对关系

真实名称	TF 坐标系	Gazebo 模型名称
世界坐标系	World	World
VR 头戴式显示器	HMD	vr_HMD
操控手柄(左)	left_controller	vr_controller_l
操控手柄(右)	right_controller	vr_controller_r

将 VR 头戴式显示器套件连接至 PC 端并启动设备,依次启动本小节的 2 个功能包即可实现利用 VR 头戴式显示器套件沉浸式体验 Gazebo 仿真环境下的虚拟机械臂的实时运动。至此,沉浸式模块化机械臂交互实验系统的 VR 仿真联动模块已经完成。

6.4.3　交互软件模块的实现

前面的研究工作已经实现了沉浸式模块化机械臂交互实验系统的机械臂运动控制模块和 VR 仿真联动模块,本小节将进行图形化用户交互模块的设计实现。该部分工作建立在前文工作的基础上,针对前文已完成的 2 个功能模块,利用 Qt 应用程序开发框架实现对应图形化用户交互软件的操作。

为实现该部分功能模块的功能,考虑到前两个功能模块的启动方式采用的是运行对应的 launch 文件形式,因此,本小节将利用 Qt 应用程序开发框架编写一个小巧的图形化用户界面(Graphics User Interface,GUI),用以统一启动对应功能模块的 launch 文件以激活实验系统的相应功能;同时,为了实验系统后续的拓展功能模块同样能通过该交互软件进行操作,在开发该 GUI 交互软件时提前预留出拓展功能的启动按键,以保证实验系统的拓展性。

在前面的 Qt 软件介绍中,已经提及过 Qt 应用程序开发框架特有的信号与槽(signals and slots)机制。该机制将用户在 Qt 窗口部件内做出的相关操作看作事件(event),例如点击、释放和拖拽等,并随时监听窗口内事件,一旦事件发出信号(signal),与之连接的槽(slot)便会执行特定功能,从而实现用户期望的图形化交互操作。交互软件模块的原理示意图如图 6.49 所示。

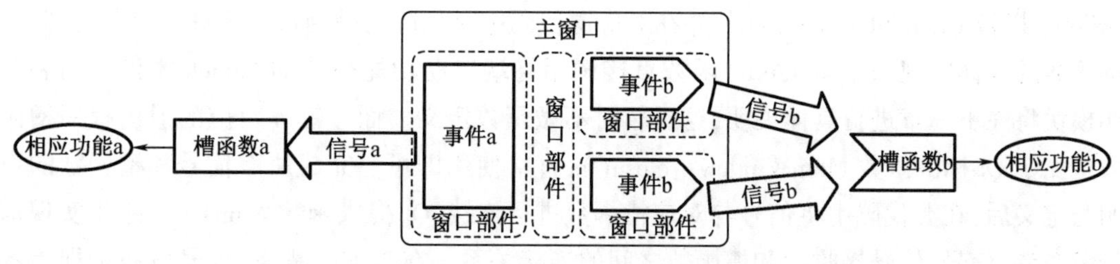

图 6.49　交互软件模块原理示意图

根据上图展示的模块基本实现原理,下面建立一个新的 Qt 工程进行交互软件模块的具体开发与实现。新建立的 MainWindow 模块项目包括如下四个部分:. pro 项目文件、Header 头文件目录、Sources 源文件目录和 Forms 结构文件目录。其中,. pro 项目文件是由 Qt 编译而成,用于描述当前 Qt 工程中的相关模块、头文件、源文件等内容。头文件和源文件目录与 C++工程类似,分别管理当前 Qt 工程下的.hpp 头文件和.cpp 源代码。而 Forms 结构文件目录主要存放.ui 文件,该文件以 xml 格式对当前工程的 GUI 界面外形等相关参数进行设置,例如主窗口位置大小、按键排布等;除了 xml 格式形式,Qt 还提供了可视化编辑界面以帮助开发者直观地对 GUI 界面进行设计与编辑。这里采用可视化界面实现对交互软件模块的外观及布局的快速设计,主要窗口部件的设计参数如表 6.12 所示。

表 6.12　主要窗口部件的部分参数

窗口部件	名称	类型	功能
主窗口	实验系统 GUI	QMainWindow	提供主界面窗口
按键 1	运动控制模块	QAbstractButton	启动模块 launch 文件
按键 2	VR 仿真联动模块	QAbstractButton	启动模块 launch 文件
按键 3	拓展功能模块	QAbstractButton	启动模块 launch 文件
按键 4	退出	QAbstractButton	退出程序

设计好 GUI 界面基础外观后,对上表中各个按键按照信号与槽机制进行编程。图 6.50 展示了交互软件模块的信号与槽机制程序流程图。

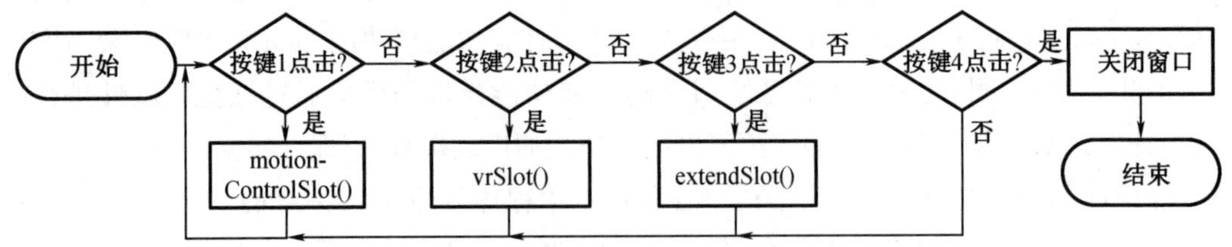

图 6.50　交互软件模块的信号与槽机制程序流程图

按键信号属于 Qt 标准信号类型,所以不需要再对其进行自定义,只需要对槽函数进行声明与定义。针对分别对应启动实验系统 3 个功能模块的 launch 文件按键 1、2 和 3 所发出的按键信号,在工程头文件中 MainWindow 类中添加 slots 成员函数 motionControlSlot( )、vrSlot( )以及 extendSlot( )的声明,并在对应源代码中对相应的槽函数实现进行定义。其中,槽函数的具体实现采用 system( )函数直接调用终端启动功能模块的 launch 文件。拓展功能模块将在下一章进行具体说明,这里暂时不做函数定义。而按键 4 对应的退出程序槽函数也属于 Qt 标准函数 MainWindow::close( ),直接使用即可。完成所有信号和槽函数的声明与定义后,在源代码中将信号与对应槽函数进行连接,Qt 提供函数 connect( )用于实现信号发布者、信号、信号接收者和槽函数之间的连接关系。在当前工程下,信号发布者即为各个按键,与之相对的信号接收者均为主窗口模块实例化对象 MainWindow。通过编译运行当前工程,即实现了交互软件的开发。

我们已经成功利用可视化插件在 Rviz 界面实时展示实体机械臂的真实运动情况,在此基础上通过对比 Rviz 下机械臂与 Gazebo 下虚拟机械臂模型之间的运动情况来测试虚实联动效果。同时,加入前面完成的交互软件模块进行下面2个模块的联合测试。

首先完成硬件设备连接,将真实VR头戴式显示器套件与PC进行连接并启动。其中,VR头戴式显示器通过串流盒分出3条线缆:USB3.0与DP1.2数据线与PC对应接口相连,另一根电源线为VR头戴式显示器供电;套件中操控手柄内置通信与电池模块,无须额外进行有线连接;2个SteamVR定位器2.0分别由电源线供电后待机。图6.51和图6.52分别展示了硬件连接示意图和实物图。

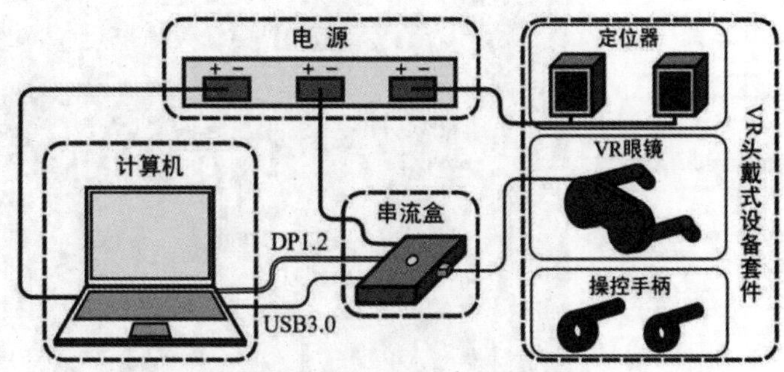

图6.51 硬件连接示意图

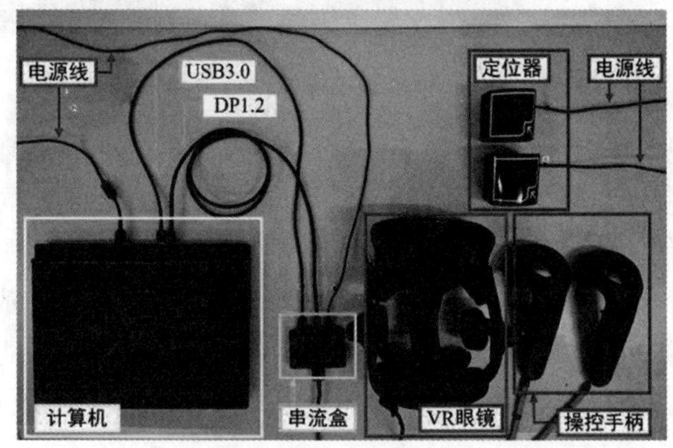

图6.52 硬件连接实物图

待硬件设备准备就绪,在PC端依次启动真实VR设备、交互软件模块主界面,进行实验测试。图6.53展示了实验系统中的交互软件模块的主窗口界面。

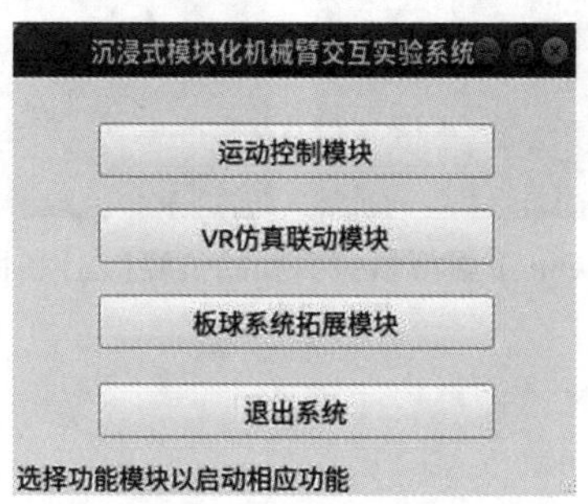

图6.53 主窗口界面

在启动 VR 仿真联动模块后，Rviz 界面与 Gazebo 界面依次启动，可以观察到 Rviz 中的处于初始位姿的机械臂以及 Gazebo 仿真环境下初始位姿的虚拟机械臂模型和 VR 套件模型。通过 MoveIt！在 Rviz 中的可视化界面快速设定目标位姿，如图 6.54 所示，其中灰色为初始位姿，白色为目标位姿。

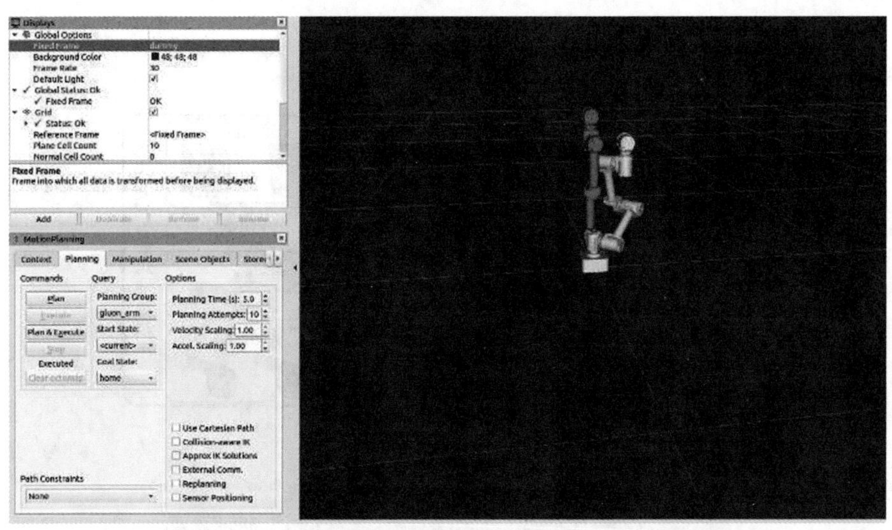

图 6.54　Rviz 中机械臂初始位姿(灰)与目标位姿(白)

当机械臂根据规划并执行至目标位姿时，可以观察到 Gazebo 仿真环境下的虚拟机械臂也在实时跟随运动，直至目标位姿，如图 6.55 所示；随后，在 VR 虚实同步功能包启动的情况下，Gazebo 仿真环境下的 VR 设备模型姿态较图 6.55 发生改变，如图 6.56 所示，这是因为此时系统已经实时订阅并展示 VR 设备的真实姿态。而此时 VR 头戴式显示器中显示的即为 Gazebo 仿真环境下 VR 头戴式显示器模型的视野。上述实验测试说明了沉浸式模块化机械臂交互实验系统的 VR 仿真联动模块与交互软件模块运行成功，可以实现预期目标。

图 6.55　Gazebo 下虚拟机械臂初始位姿(左)和目标位姿(右)

图 6.56　Gazebo 下虚实联动实验图

习　　题

1. 思考本节为什么用 Gazebo 建立基础的仿真环境,而不用其他方法呢?
2. 思考牛顿-拉夫森迭代法有什么局限性,能总保证解的收敛性吗?
3. 概括轨迹规划问题的求解过程,动手编程实现。
4. 总结交互软件模块的运行过程并思考如何改进。

第7章 虚实环境下机械臂远程控制原理与测试

7.1 引 言

随着科技和信息技术的快速发展,社会正在经历一场全新的变革,进入新的发展阶段。这也为虚拟现实技术的发展起到了良好的促进作用。自从20世纪虚拟现实技术的产生与发展,逐步出现了“智能制造”“远程操控”“人机交互”等新概念。虚拟现实在机器人领域的应用也越来越成为各个国家的研究对象,在国家的号召下,越来越多的科研机构和高科技公司都开展了相关领域的科学研究。

同时,虚拟现实技术的发展引起了对许多旧技术和手段的重大变革,并促进了新技术的出现和产品设计开发手段的改进。这项技术的使用可以显著地提高工作效率,降低工作风险和减轻工作难度,同时还可以改善培训和决策方法。虚拟现实技术的发展与多个领域的进展密切相关,这些领域的创新和进步为虚拟现实技术的发展提供了不可或缺的支持和推动力。虚拟现实技术的不断发展也将进一步推动这些领域的进步和创新,形成良性循环的发展态势。

本节主要以设计虚实结合的多关节机械臂远程操作(非局域网)系统为主要研究内容,在已有的局域网的远程操作的基础上,将系统的通信升级为非局域网之间的通信,实现真正意义的远距离操作真实机械臂的目的。上位机以Unity3D引擎为开发平台,在沉浸式的VR场景对虚拟机械臂进行控制,云服务器作为信息传递桥梁,下位机基于ROS环境,完成对真实机械臂的运动控制。本章的具体结构如下,首先介绍了虚实结合的六关节机械臂远程操控系统的框架及技术路线,介绍系统开发中需要的软件环境和使用的硬件设备。然后在虚拟场景搭建3D显示技术以及ROS机器人控制系统。介绍虚拟机械臂模型和VR场景的搭建方法和流程,ROS机器人控制系统搭建;进行机械臂运动学分析。对六自由度串联机械臂Kinova Mico^{2}的运动学进行分析研究。以系统研究的机械臂为对象分析正逆运动学,其中正运动学基于D-H参数法建立连杆坐标系,推导其正运动学方程。同时,逆运动学基于CCD算法设计机械臂逆运动学的求解方法。接着搭建上下位机及云服务器的通信系统。本章使用Socket套接字,云服务器作为服务端,上下位机作为客户端,从而实现信息的传递,达到控制真实机械臂的目的;搭建ROS机械臂控制系统。最后对系统的功能进行测试。测试分析虚实联动的功能,测试手机/主机单/多关节控制功能,完成系统的设计。

7.2　系统框架说明和设备介绍

本系统的搭建一共有五个部分,分别为 Unity3D 引擎、ROS 控制系统、阿里云服务器、HTC VIVE 交互工具以及 kinova 六自由度机械臂,本节将结合整个系统的结构框架图对每个功能部分进行介绍。

7.2.1　功能说明以及框架设计

本章主要研究虚实结合的多关节机械臂远程操控系统的设计,系统采用虚拟现实交互工具是 HTC 公司产品 HTC VIVE Pro。主要实现功能内容如下:当操作者在虚拟环境中使用手柄和头戴眼镜对虚拟机械臂末端执行器进行控制时,VR 的光学定位系统通过操作者自身的位置以及手部运动轨迹实时进行捕获,从而实时捕获头戴显示器和操控手柄的位置和运动轨迹信息,根据末端执行器的位置和姿态通过逆运动学求解的方式得到各个关节的角度信息,从而实现机械臂末端执行器对目标点的跟随,这个过程中需要实时记录虚拟机械臂六个关节的角度信息,这些数据信息通过 TCP/IP Socket 通信协议传输到阿里云服务器中,再由阿里云服务器传送给 ROS 下真实机械臂控制模块,达到跨局域网的信息传递目的,进而实现对真实机械臂的实时控制。

根据整个系统的设计目的,本书提供了一种虚拟现实下多关节机械臂远程操控系统的系统框架结构。如图 7.1 所示。

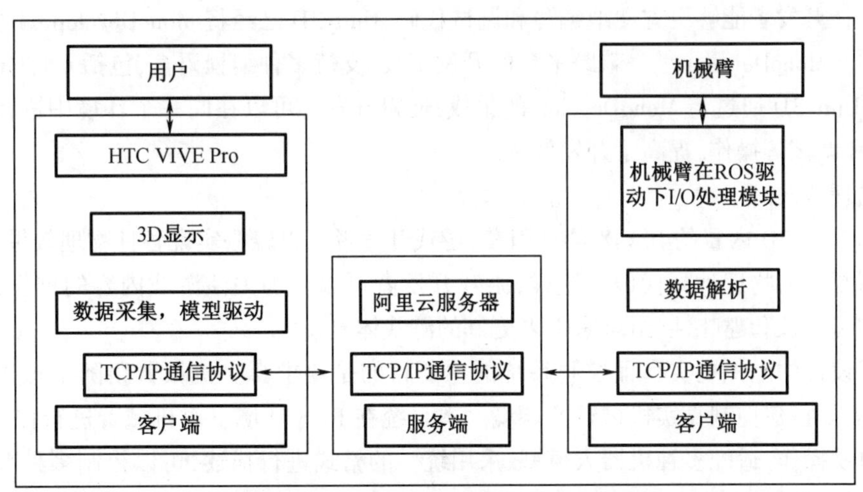

图 7.1　虚拟现实远程控制系统框架

整个系统由五个阶段构成:用户操作、Unity3D 虚拟仿真、阿里云服务器、ROS 环境控制、真实机械臂执行。本书主要加入了阿里云服务器,让数据得以远程传递。

7.2.2　虚实结合的多关节机械臂远程操控系统软件环境

Unity 3D 是 Unity Technologies 公司开发的一个多平台的、综合型游戏开发工具,也被称为 Unity。它不仅能让游戏开发者轻松地创建三维视频游戏,还能用于建筑可视化、实时三维动画和其他类型的互动内容的开发。

Unity3D 作为主流游戏制作软件,得益于其完善的技术和丰富的个性化功能。它易于上手,使得对游戏开发人员的要求降低了。它有很多特色:

1. 跨平台操作

Unity3D 的发布功能也非常强大,开发者可以一键发布到主流平台上,例如 Windows、Linux、MacOS X、iOS、Android、Xbox360、PS3 和 Web 等。这使得游戏开发者可以更快速地将游戏推向市场,减少了开发时间和成本,同时也为玩家提供了更多元化的游戏选择。

2. 综合编辑以及资源导入

Unity3D 是一款强大的游戏开发工具,具备视觉化编辑、详细的属性编辑器和动态游戏预览等特性。这些特性大大提高了游戏开发的效率,使开发者能够更加高效地进行游戏开发。视觉化编辑使得开发者可以直观地看到游戏场景的效果,可以更加方便地对场景进行编辑和调整。属性编辑器则可以对各种游戏对象进行精细的属性设置,包括位置、旋转、缩放、材质、动画等方面。这些属性设置可以帮助开发者更加精细地控制游戏对象的表现和行为。

此外,Unity3D 还支持所有的三维格式,包括 FBX、OBJ、3DS 等,并且可以自动导入这些资源。这样,开发者可以直接将各种三维模型导入到 Unity3D 中进行编辑和使用,而无须手动进行复杂的转换和导入操作。这大大提高了开发效率和便捷性,使得开发者可以更加专注于游戏内容的创作。

3. 脚本语言

为了让开发者能够更方便地编写和调试代码,Unity3D 已经将 MonoDevelop 编译平台集成在其中。MonoDevelop 是一款跨平台的开发工具,支持多种编程语言,包括 C#、JavaScript、Boo 等。Unity3D 通过与 MonoDevelop 的集成,使得开发者可以在同一个环境中进行代码编辑、编译和调试等操作,提高了开发效率。

4. 物理特效

借助 Unity3D 内置的 PhysX 物理引擎,游戏开发者可以轻松实现各种物理效果,而无须手动编写复杂的物理计算代码。这样,游戏开发者可以更加关注游戏内容的创作,从而提高游戏的可玩性和趣味性,给玩家带来更好的游戏体验。

本书设计的虚拟现实远程控制系统的主要目的是要求真实机械臂跟随虚拟机械臂运动,因此需要搭建控制真实机械臂的环境。本系统在 ROS 环境下对机械臂进行控制。ROS 界面简单易操作,适配多种机器人模型,采用统一的格式进行描述,可以控制多种型号机器人,系统设计结构简单,支持多种语言,ROS 使用统一的 URDF 来构建机器人模型,可以直接控制移动或者程序驱动机器人以及添加其他环境信息。ROS 的特点如下:

(1)点对点设计

Unity3D 的分布式框架采用了点对点的设计,这使得机器人的不同进程(节点)可以独立地运行。这种设计方案有利于机器人系统的模块化修改和升级,同时也提高了系统的容错能力。在分布式框架中,每个节点都可以独立地运行,而且节点之间可以通过网络通信进行数据交换。这样,当系统中某个节点出现故障时,其他节点仍然可以继续运行,从而保证了整个系统的稳定性,如图 7.2 所示。

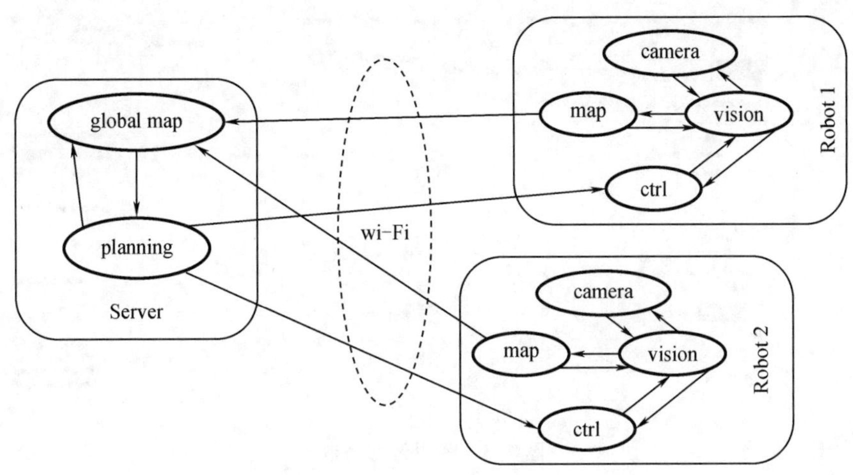

图 7.2 ROS 点对点功能

(2)支持多种语言

C++、python、lisp、C#和 Java 等语言都可以进行编译,它采用了一种语言中立的接口定义语言来实现各个模块之间的消息传送。

(3)开源的社区:

ROS 具有一个庞大的社区 ROS WIKI,通过它可以查阅功能包的参数、搜索问题等。

(4)工具包丰富

ROS 提供了许多可视化的工具包,可以有效地帮助我们控制机械臂等。如 3D 可视化工具—Rviz;物理仿真环境—Gazebo;数据记录工具—rosbag;Qt 工具箱—rqt_* 。

本章所要设计的功能主要是实现非局域网的远程控制,所以为了连接两个客户端的局域网通信,必须搭建一个公共 IP,从而达到信息中转的作用。本书使用的是阿里云服务器,如图 7.3 所示。阿里云服务器 ECS(Elastic Compute Service)是一种简单高效、处理能力可弹性伸缩的计算服务。

7.2.3 虚实结合的多关节机械臂远程操控系统硬件设备

本章设计是需要用户用过交互设备对真是机械臂进行控制,因此需要 VR 设备来实现此功能,使用 HTC VIVE Pro。此套设备包括一个头戴显示器、两个手柄、两个基于 LightHouse 技术的红外激光定位灯塔,如图 7.4 所示。

头戴显示器中显示的是 Unity 中搭建的虚拟环境,用户通过手柄对虚拟机械臂的末端位置进行调整,光学定位系统进行定位后通过逆运动学解得出各个关节的角度信息。

在这里采用的一款串联式六自由度机械臂 Kinova Mico[2],此款机械臂整体轻巧便携,且具有足够的强度和耐用性,因其主体采用的是碳纤维材料,运行时声音很小,而且动作轻柔。其外观如图 7.5 所示。

图 7.3　阿里云服务器

图 7.4　HTC VIVE 设备

图 7.5　Kinova $Mico^2$机械臂

Kinova 机械臂的控制器集成在机器人底座中,从而达到了轻巧的目的。机械臂有 6 个关节,每个关节都有一个执行器,使用直流无刷电机谐波驱动技术,并配备了一套传感器,如编码器、扭矩传感器、电流传感器、温度传感器和加速度计,并且可以获取机械臂各关节的速度、扭矩等控制信息,方便用户进行运动控制的研究。

7.3　虚拟环境搭建和机械臂运动学

为了实现了虚实结合的功能，让读者沉浸式的体验虚拟世界，本节详细说明搭建过程，并介绍手柄的开发过程，头显的显示设置；对ROS机器人控制系统进行详细说明，本系统的搭建，机械臂经历了两个过程，一个是虚拟机械臂的逆运动学求解、一个是真实机械臂的正运动学求解，本节将详细说明针对kinova六自由度机械臂的正逆运动学求解过程。

7.3.1　脚本实例与抓取实现

在Unity3D的开发过程中，需要将用C#语言写好的脚本挂在场景中的对象上才能运行。例如，机械臂的各个关节的转动、位移以及手爪的运动等行为都需要用脚本进行控制。如图7.6所示，此时机械臂由client这个脚本进行控制。这个脚本中包括每帧更新机械臂的角度信息，得到实时的角度信息，并将角度信息进行打包发送和socket通信等功能。编写程序的过程中需要注意，所有的类都需要继承来自Monobehaviour的类，并且编译过程中类名要和脚本名相同，否则会出现报错。

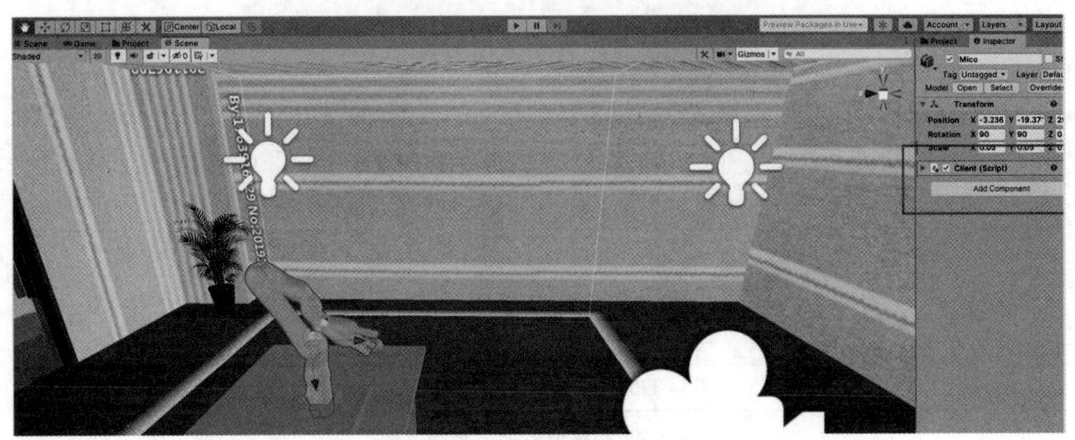

图7.6　挂上client脚本的机械臂

在编写脚本的时候，我们需要使用Unity提供的API来实现各种功能。例如，我们可以使用Input类来获取用户的输入信息，使用Transform类来控制游戏对象的位置、旋转和缩放，使用Collider类和Rigidbody类来实现游戏对象的碰撞检测和物理效果等。此外，Unity还提供了许多其他的类和功能，如摄像机控制、GUI界面设计、音频播放等。

在编写脚本时，我们需要注意一些常见的问题。例如，如果我们在脚本中使用了尚未定义的变量或函数，就会出现编译错误。此外，如果我们在脚本中使用了Unity中不存在的API，也会出现编译错误。因此，在编写脚本之前，我们需要先了解Unity提供的API，并确定要使用的API的名称、参数和返回值等信息。

在Unity中，所有的脚本都需要继承自MonoBehaviour类。这个类包含了许多Unity提供的功能，如Start()和Update()等函数，这些函数分别在游戏对象被创建和每帧更新时被调用。因此,我们可以在这些函数中实现游戏对象的控制逻辑。

由于需要将各个关节的角度进行传输,在用户用手柄控制虚拟机械臂时,光学定位系统会捕捉到手柄位置,并将其转化成机械臂的运动,此过程中需要进行逆运动学求解,这样才能得到各个关节角度。在本书中使用了 Hybrid IK 插件,此插件提供了物理驱动、多种反向动力学、逆运动学解决方案等,结合了 FABRIK 和 CCD 技术的优点,把 Hybrid IK 插件挂到机械臂模型上,如图 7.7 所示,当手柄移动时,就可以通过逆运动学求解出各个关节的角。

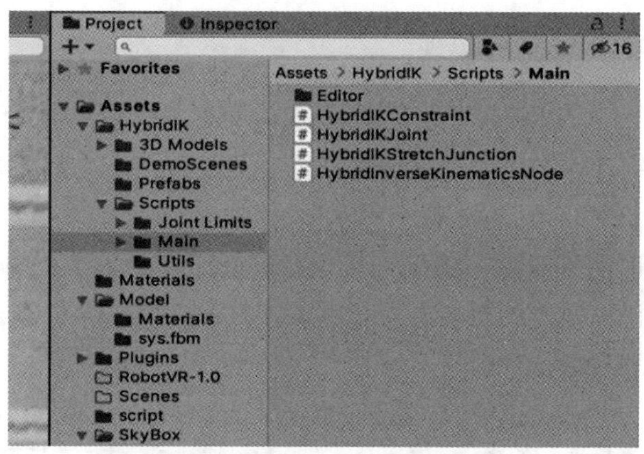

图 7.7　Hybrid IK 插件

当然在机械臂运动时还需注意各关节转动角度的范围,如图 7.8 所示,防止机械臂发生碰撞。

关节	单位/(°)	关节	单位/(°)
1	-360~360	4	-360~360
2	50~310	5	-360~360
3	35~325	6	-360~360

图 7.8　机械臂各关节运动范围

我们想要实现的是手柄抓取虚拟场景中的小球,从而改变机械臂的末端位置,因此需要实现手柄抓取功能。本系统对于手柄的开发,是通过 VRTK(Virtual Reality Toolkit)工具实现的,此工具提供了丰富的手柄开发函数,设计者可以在 Unity 商城免费下载,进而放入自己项目中,进行快速地开发 VR 项目场景的交互功能。

具体过程如下:在 Unity 中创建一个空对象后,需要添加 VRTK_SDK Manager 组件来管理交互系统 SDK。本系统中选择了 SteamVR 作为交互系统 SDK。接下来需要为交互设备的两个手柄添加 VRTK_ControllerEvents 组件,即 Left Controller 和 Right Controller。这两个组件能够帮助我们监听手柄的输入事件,例如扳机键。最后需要进行配置控制事件,即在 VRTK_ControllerEvents 组件中选择触发器、按键等输入事件,并将这些事件绑定到具体的 Unity 功能上。例如,在本系统中,我们选择了扳机键作为输入事件,并将其绑定到控制小球的 Unity 功能上,当按下扳机键时,就能够控制小球进行移动。这种方法简单易懂,能够有效地实现手柄对场景中物体的控制,并且能够满足实际应用的需求。

在 Unity 中对小球进行控制时,需要赋予虚拟场景中小球物理特性,可以设置质量等特性,让小球更具真实感,这样子手柄在虚拟场景中才能抓住小球,也能让体验者有一种真实抓取小球的感觉,如图 7.9 所示。

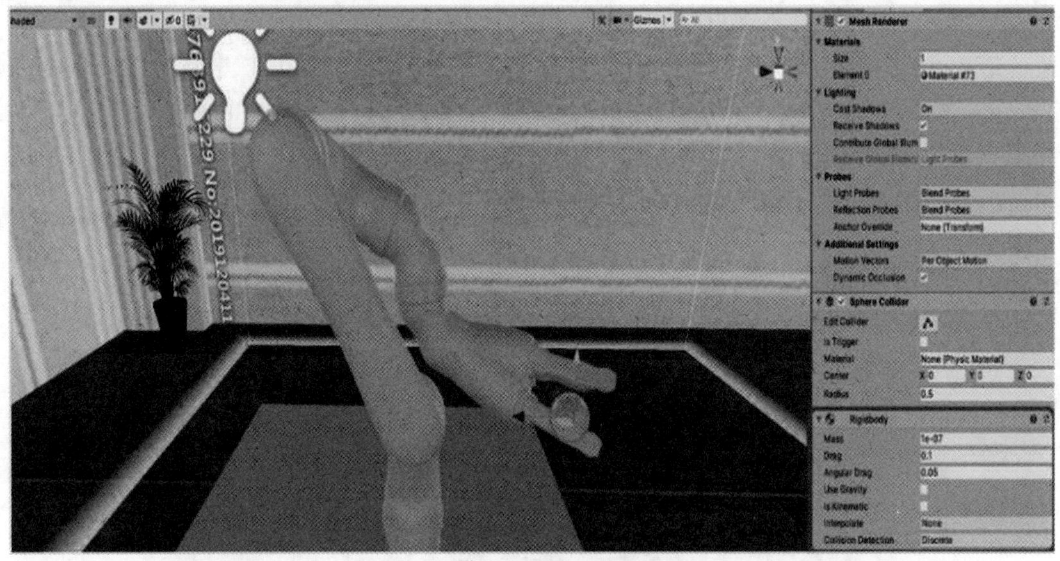

图 7.9　给小球赋予物理特性

接着进行 C#的编译,使用以上介绍的函数包,首先需要进行 Start 和 Update 对手柄进行初始化,和每帧更新获取扳机键类型,这里设置的是扳机键作为抓取键,手柄结构图如图 7.10 所示。在编写过程中为了更好地体现抓取功能,在脚本中编写当手柄抓住小球时不受重力影响。

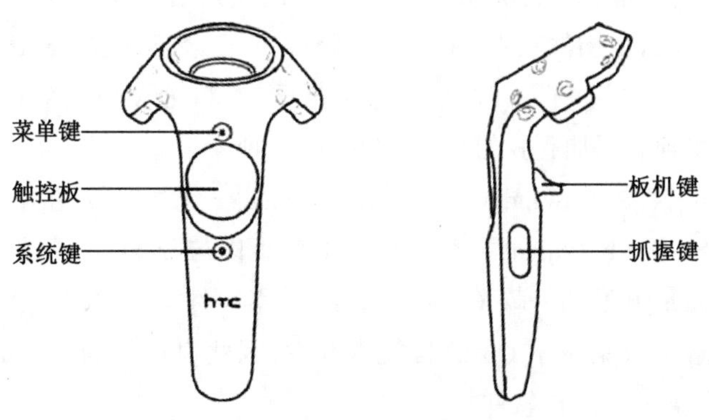

图 7.10　手柄结构图

7.3.2 搭建 HTC VIVE Pro 3D

本节用到的设备为 HTC VIVE Pro 眼镜。连接 VR 眼镜,需要把 Vive Cosmcos 串流盒连接电脑与头显,串流盒有一个头显端口连接头显数据线,一个 DP 端口连接电脑显卡,一个 USB 3.0 端口连接电脑 USB 口,接下来在对角线放置两个定位器,定位器对应区域就是 VR 活动区域。手柄确保有电即可。

在 Unity 中需要为 VR 眼镜的成像进行环境搭建,首先在工具栏中选择 Windows->Package Manager 包管理器,在左上角下拉菜单中选择 Packages:Unity Registry 编辑器,需要下载其中 Open XR Plugin(OpenXR 插件)、XR Interaction Toolkit(XR 交互工具)、XR Plugin Management(XR 插件管理工具),如图 7.11 所示。

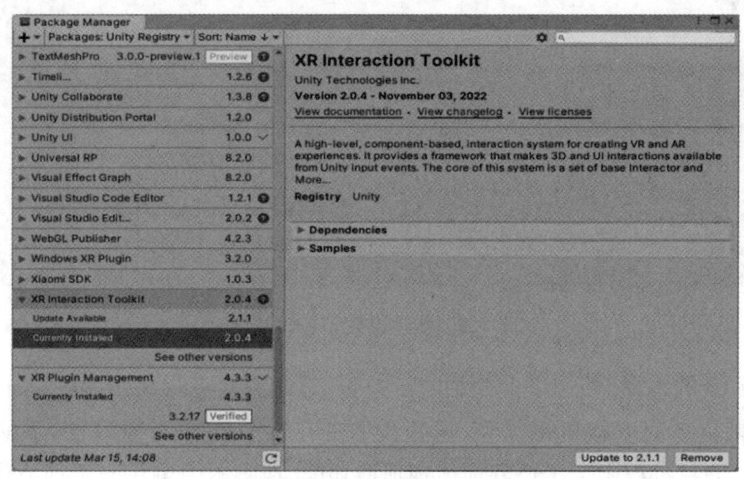

图 7.11 3D 显示插件下载

之后由于我们需要借助 SteamVR 为虚拟现实的实现提供运行环境,所以还需要下载 SteamVR Plugin(SteamVR 插件),在 Unity 的新版本中,已经不能在 Package Manager 中找到此插件,所以需要去商城中进行下载,点击菜单栏中的 Windows,选择 Asset Store 进入官方商城搜索此插件,找到后添加到我的资源,如图 7.12 所示。

之后返回 Unity 软件,在 Windows->Package Manager 包管理器,在左上角下拉菜单中选择 My Asset,点击 SteamVR Plugin 下载安装,此时就可以与 Steam 平台进行连接了。

SteamVR 是 Valve 开发的一款 VR 解决方案,采用软件客户端形式,针对普通用户提供 VR 体验服务。该解决方案基于 OpenVR 技术开发,因此也被称为 SteamVR 客户端。先下载正版 Steam,并下载 SteamVR 软件。

要运行或测试 SteamVR 平台支持的应用程序,需要先启动 SteamVR 客户端,以确保必要的运行环境得到提供。用户在连接 VR 设备时,需要进行设备校准,也就是房型设置,以便 SteamVR 客户端能够识别用户的房间环境和设备配置。这一步骤是非常重要的,能够确保 VR 设备在使用过程中的准确性和稳定性。这个过程需要用户手持 VR 交互手柄,按照自己的需求在真实世界中走出一个虚拟空间。

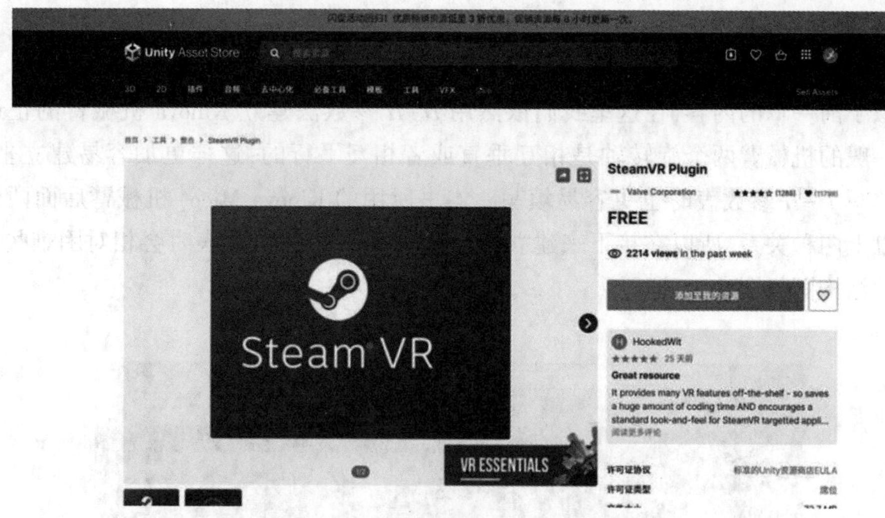

图 7.12　SteamVR Plugin 插件

在这个过程中，用户需要沿着房间的边缘走一圈，并使用手柄进行标记，以确定虚拟空间的大小和位置。SteamVR 客户端会通过高精度传感器技术，将用户所在的真实空间 1∶1 地还原在虚拟场景中，以便用户在虚拟环境中自由移动和交互。

在客户端界面底部，列出了当前已经连接到或未连接到的系统中的设备，包括头显、手柄控制器、基站、其他可跟踪设备如 Vive Trakcer 等，如图 7.13 所示。

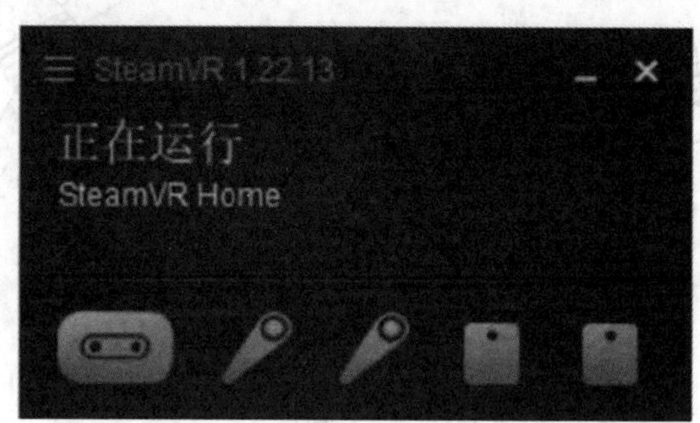

图 7.13　SteamVR 设备连接画面

以上步骤完成后，打开 Unity，点击 Eidt>Project Settings 项目设置，选择 XR-Plug-in Management，在 Plug-in Providers 中勾选 Open VR Loader 和 Open XR。此时头戴显示器才能看见 Game 画面。

接下来继续选择 XR-Plug-in Management 子栏目中的 Open XR，在右边 Windows、mac、Linux setting 标签页的 Interaction Profile 交互配置文件中点击“+”，添加 HTC Vive Controller Profile 配置文件。然后把下面的 Open XR Feature Groups 功能组全部勾上。

接下来为了测试先随便新建一个场景，在 Project 面板中 Assets 目录下找到 SteamVR->Prefabs->CameraRig. prefab 摄像机预制件，如图 7.14 所示，把它拖到场景中，之后再删除场景中自带的 Camera 摄像机，此时 VR 眼镜的画面设置完成。

7.3.3 Kinova 机械臂运动学分析

类似于前一章的内容，在这里我们依然用 *D-H* 参数法建立 Kinova 机械臂的正运动学模型。一般的机械臂两个旋转轴是相互垂直或者相互平行的，这样更加容易建立坐标系，在后期填写 *D-H* 参数表时也更容易填写。本书所用的 Kinova Mico^2 机械臂后面两个关节并没有以上两种关系，所以在接下来建立坐标系和填写 *D-H* 参数表时会相对困难些。机械臂的尺寸结构图如图 7.15 所示。

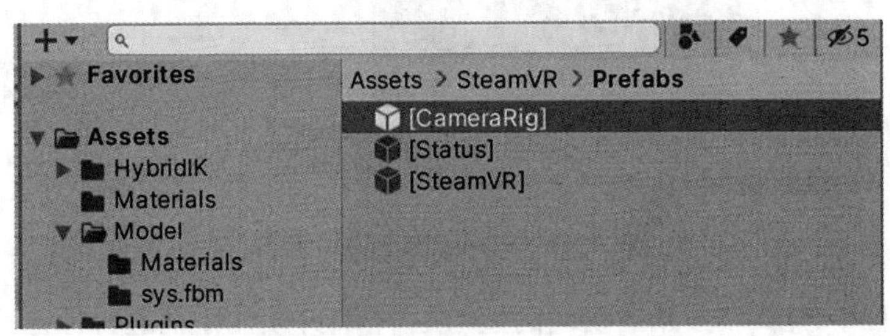

图 7.14　CameraRig. prefabs 预制件

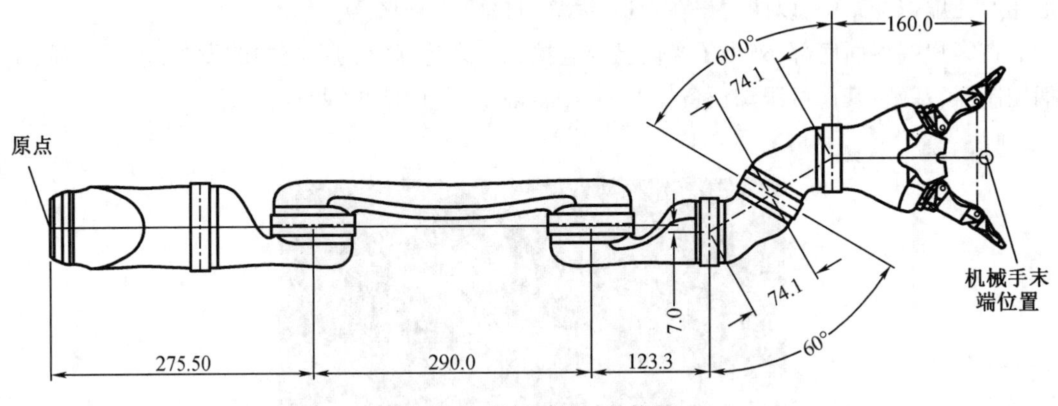

图 7.15　机械臂尺寸结构图

由图 7.15 可见，关节 5 和关节 6 的夹角为 60°。

如图 7.16 所示，建立坐标系。

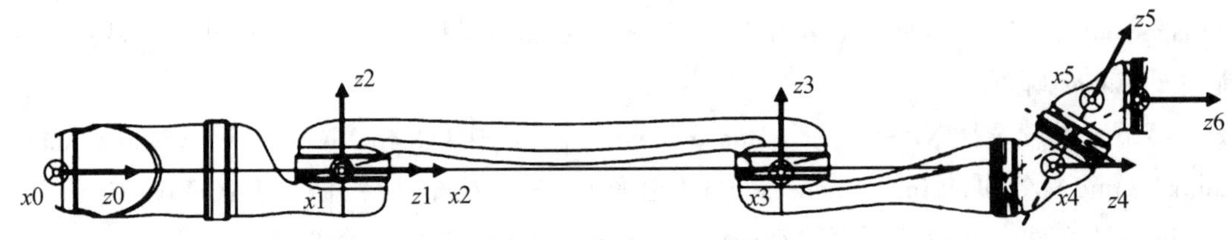

图 7.16　机械臂坐标系图

其中坐标系{1}和坐标系{2}的原点是重合的，因为关节 1 和关节 2 的关节轴线是相互垂直的，所以由 *D-H* 法坐标系建立规则 2 可知坐标系{1}的原点在关节 1 和关节 2 轴线的交点处，坐标系{3}的原点也是如此定位。坐标系{4}和坐标系{5}的搭建，由于两关节轴没有垂直或平行的关系，所以由规则 2 可以定出原点的位置，如图所示，两原点均不在关节上。最后关于 X 轴的确立，由于坐标系{1}、坐标系{3}、坐标系{4}、坐标系{5}、坐标系{6}所涉及的两个关节轴均相交，所以 X 轴需要垂直于它们所确定的平面，即五个坐标系的 X 轴均垂直于纸面向里，至此整个机械臂的坐标系建立完毕。

接下来填写机械臂的 D-H 参数表，如表 7.1 所示。

表 7.1　Kinova Mico² 机械臂 *D*-*H* 参数表

连杆 i	α_{i-1}/(°)	a_{i-1}/mm	d_i/mm	θ_i/(°)
1	0	0	275.5	θ_1
2	-90	0	0	θ_2
3	0	290	-7	θ_3
4	90	0	166.08	θ_4
5	-60	0	85.56	θ_5
6	60	0	42.8	θ_6

列出参数表后，就可以写出相邻两关节的参数矩阵如下：

$$ {}_1^0\boldsymbol{T}=\begin{bmatrix} c\theta_i & -s\theta_i & 0 & 0 \\ s\theta_i & c\theta_i & 0 & 0 \\ 0 & 0 & 1 & 0 \\ 0 & 0 & 0 & 1 \end{bmatrix} \tag{7-1} $$

$$ {}_2^1\boldsymbol{T}=\begin{bmatrix} c\theta_i & -s\theta_i & 0 & 0 \\ 0 & 0 & 1 & 0 \\ s\theta_i & c\theta_i & 0 & 0 \\ 0 & 0 & 0 & 1 \end{bmatrix} \tag{7-2} $$

$$ {}_3^2\boldsymbol{T}=\begin{bmatrix} c\theta_i & -s\theta_i & 0 & 0.29 \\ s\theta_i & c\theta_i & 0 & 0 \\ 0 & 0 & 1 & 0.007 \\ 0 & 0 & 0 & 1 \end{bmatrix} \tag{7-3} $$

$$ {}_4^3\boldsymbol{T}=\begin{bmatrix} c\theta_i & -s\theta_i & 0 & 0 \\ 0 & 0 & -1 & -0.16608 \\ s\theta_i & c\theta_i & 0 & 0 \\ 0 & 0 & 0 & 1 \end{bmatrix} \tag{7-4} $$

$$ {}_5^4\boldsymbol{T}=\begin{bmatrix} c\theta_i & -s\theta_i & 0 & 0 \\ 0.5s\theta_i & 0.5c\theta_i & \sqrt{3} & 0.14819 \\ -\sqrt{3}s\theta_i & -\sqrt{3}c\theta_i & 0.5 & 0.04278 \\ 0 & 0 & 0 & 1 \end{bmatrix} \tag{7-5} $$

$$
{}_6^5\boldsymbol{T}=\begin{bmatrix} c\theta_i & -s\theta_i & 0 & 0 \\ 0.5s\theta_i & 0.5c\theta_i & -\sqrt{3} & -0.074\ 13 \\ \sqrt{3}s\theta_i & \sqrt{3}c\theta_i & 0.5 & 0.021\ 4 \\ 0 & 0 & 0 & 1 \end{bmatrix} \tag{7-6}
$$

将6个变换矩阵依次相乘可得到机械臂末端执行器相对于坐标系{0}的变换矩阵：

$$
{}_6^0\boldsymbol{T}={}_1^0\boldsymbol{T}{}_2^1\boldsymbol{T}{}_3^2\boldsymbol{T}{}_4^3\boldsymbol{T}{}_5^4\boldsymbol{T}{}_6^5\boldsymbol{T}=\begin{bmatrix} n_x & o_x & a_x & p_x \\ n_y & o_y & a_y & p_y \\ n_z & o_z & a_z & p_z \\ 0 & 0 & 0 & 1 \end{bmatrix} \tag{7-7}
$$

式中，$[n_x \quad n_y \quad n_z]^{\mathrm{T}}$、$[o_x \quad o_y \quad o_z]^{\mathrm{T}}$、$[a_x \quad a_y \quad a_z]^{\mathrm{T}}$三个向量组成的3×3矩阵是旋转矩阵，表达的是末端位置的空间信息；$[p_x \quad p_y \quad p_z]^{\mathrm{T}}$表示的是末端位置的位置向量。至此关于机械臂的正运动学分析结束，下面分析机械臂的逆运动学。

机器人逆运动学主要研究，已知机械臂的末端关节的位置和姿态，求出机械臂各个关节的角度，逆运动学是机器人控制的核心问题之一。在许多应用中，如制造业、医疗和军事等领域，机器人必须能够精确地到达目标位置。逆运动学算法可以帮助机器人实现这一目标。

逆运动学求解一般有两种方法：数值法、解析法（封闭法）。

（1）解析法

这种方法的特点是：运算速度快（达到μs级），通用性差，可以分为代数法与几何法。由其可分为两种算法可知，这种算法对于机械臂的设计有一定的要求，我们一般称之为Pieper准则，如下：

①三个相邻关节轴相交于一点；

②三个相邻关节轴相互平行。

如果机器人满足两个充分条件中的一个，就会得到封闭解。现在的大多数商品化的工业机器人在设计构型时，都会尽可能满足Pieper准则，因为解析法能够很快且使用较少的算力进行求解，因此使用较低成本的控制器就能求解，甚至一些关节较少的机械臂可以进行人工计算。例如常见的PUMA560机器人，它的最后3个关节轴相交于一点，我们便可以运用Pieper方法解出它的封闭解。

（2）数值解

这种方法通用性高，但是求解速度较慢，这是因为它的迭代性。这种方法是用来处理那些各个关节轴没有特殊关系的机械臂，例如本书中所研究的Kinova Mico[2]，它的各个相邻关节并没有满足Pieper准则，所以接下来的逆运动学分析是基于数值解的思想，一步一步进行迭代。

本节所采用的方法是一种基于循环坐标下降法（cyclic coordinate descent，CCD）来求解机械臂逆解，它是一种通过迭代搜索解算机器人逆运动学解的启发式算法，从当前机器人姿态开始，逐步调整关节角度，使得机器人的末端执行器逐渐靠近目标位置。CCD法最开始是由王立春等为解决多维函数优化问题时提出的，很多学者基于这一算法的思想加以改进，将其应用在动漫人物的骨骼运动控制、机器人控制等领域。逆运动学CCD算法也被广泛应用于虚拟现实、游戏开发等领域。在这些领域中,需要通过人机交互来控制虚拟角色的动作,逆运动学 CCD 算法可以帮助程序快速计算出虚拟角色的动作,使得虚拟角色能够逼真地模拟真实运动。

逆运动学 CCD 算法的优点是计算速度快,对于大型机器人模型和高自由度的机器人模型也可以很好地处理。此外,逆运动学 CCD 算法的实现比较简单,容易理解和修改。但是这种算法也有一定的局限性——可能会出现奇异姿态(singularity)问题,即机器人关节角度无法唯一确定。此外,逆运动学 CCD 算法只能找到解决方案的一个近似解,而不能保证找到全局最优解。

逆运动学 CCD 算法的基本思想是:在机器人末端执行器和目标位置之间插入一个虚拟的链环,然后从末端执行器开始向基座方向逐个调整每个关节角度,使得虚拟链环逐渐靠近目标位置。这个过程可以重复多次,直到虚拟链环与目标位置的误差小于预定值或达到最大迭代次数为止。

利用二维图对 CCD 算法进行详细说明:

如图 7.17(a)所示,这是一个三关节的机械臂,设 Target 为机械臂末端的目标位置,Effector 为效应器,也就是当前需要旋转的关节,第一步需要获得机械臂末端执行器当前位姿,其求解也非常简单,只需要利用 D–H 参数法,就可以得到。此时已经得到末端执行器的方向向量,即J_0 指向 Effect 的向量$\boldsymbol{\alpha}_0$,也就是图中 Effector 上方所画直线;下一步将J_0 与目标点连接得到另一个向量$\boldsymbol{\beta}_0$,此时可以得到两向量的夹角$\boldsymbol{\alpha}_0$,则这个角度就是我们想要让$\boldsymbol{\alpha}_0$旋转的角度,旋转过后变为$\boldsymbol{\alpha}_1$,如图 7.17(b)所示,如果此时末端执行器已经到达目标点,则目的已完成,否则到上一节点,继续进行迭代。R_1 与目标点的连线所得向量记为$\boldsymbol{\beta}_1$,$\boldsymbol{\alpha}_1$ 与$\boldsymbol{\beta}_1$ 所夹角度a_1 为我们想让$\boldsymbol{\alpha}_1$ 旋转的角度,旋转过后的向量记为$\boldsymbol{\alpha}_2$,如图 7.17(c)所示。如果此时末端执行器还未到达目标点,则到上一级节点继续以上操作,若所有节点都进行一轮迭代后还是未到达目标点,则从最后一个节点开始,继续进行迭代,直到末端执行器无限到达目标点。

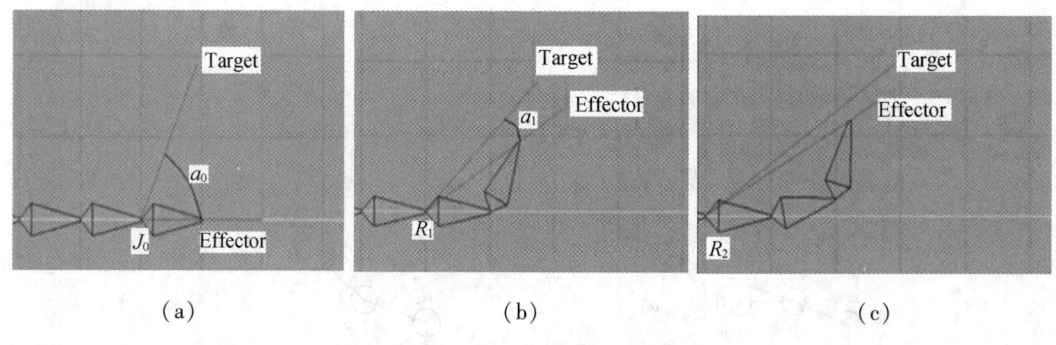

图 7.17　CCD 法求解三关节机械臂

本书中就是用这种方法对虚拟机械臂进行逆运动学求解,这里考虑到机械臂 Kinova Mico^2 的尺寸结构如图 7.15 所示,机械臂的后面两个关节连杆尺寸与前四个关节连杆尺寸差距很大,且后三个关节的旋转轴主要起矫正机械臂末端的细微误差,在到达工作空间中某个目标点时,帮助机械臂末端执行器快速到达目标点附近的起主要作用的是前四个关节,所以本书主要以关节 2 和关节 3 为例。假设关节 4 到关节 6 已经进行过角度调整,如图 7.18(a)所示。目标点为 T,此时末端执行器的当前位姿可以通过正运动学求解得到;连接 R_1 和末端执行器,得到的向量记为$\boldsymbol{\alpha}_0=(x_1,y_1,z_1)$,连接 R_1 和目标点 T 得到的向量记为 $\boldsymbol{\beta}_0=(x_2,y_2,z_2)$,通过点乘的思想可以求出它们的夹角:

$$a_0=\cos(\boldsymbol{\alpha}_0,\boldsymbol{\beta}_0)=\frac{(x_1x_2+y_1y_2+z_1z_2)}{\sqrt{x_1^2+y_1^2+z_1^2}\cdot\sqrt{x_2^2+y_2^2+z_2^2}} \tag{7-8}$$

当所得值大于零时,它们之间的夹角为锐角,否则为钝角。此时就得到了需要旋转的角度,知道角度后,再求旋转方向,用叉乘的思想可以得出:

$$\lambda_0=\frac{\boldsymbol{\alpha}_0}{\|\boldsymbol{\alpha}_0\|}\times\frac{\boldsymbol{\beta}_0}{\|\boldsymbol{\beta}_0\|} \tag{7-9}$$

绕着得出的方向向量进行逆时针转动得到图 7.18(b);接下来判断机械臂末端执行器是否到达目标点,如未达到上一关节,则结束 CCD 算法;上衣关节,如图 7.18(c)连接 R_2 和末端执行器,所得向量记为 $\boldsymbol{\alpha}_1=(x_3,y_3,z_3)$,连接 R_2 和目标点,所得向量为 $\boldsymbol{\beta}_1=(x_4,y_4,z_4)$,两向量的夹角记为 a_1,则:

$$a_1=\cos(\boldsymbol{\alpha}_1,\boldsymbol{\beta}_1)=\frac{(x_3x_4+y_3y_4+z_3z_4)}{\sqrt{x_3^2+y_3^2+z_3^2}\cdot\sqrt{x_4^2+y_4^2+z_4^2}} \tag{7-10}$$

两向量进行叉乘得到旋转方向:

$$\lambda_1=\frac{\boldsymbol{\alpha}_1}{\|\boldsymbol{\alpha}_1\|}\times\frac{\boldsymbol{\beta}_1}{\|\boldsymbol{\beta}_1\|} \tag{7-11}$$

旋转之后得到图 7.18(d)所示状态,此时仍未到达目标点,所以到前一关节,若前一关节仍未达到目标,则继续进行迭代,直到无限到达目标点。

至此关于 Kinova Mico^2 六关节机械臂的正逆运动学已经分析结束,为后续进行机械臂操作奠定了基础。

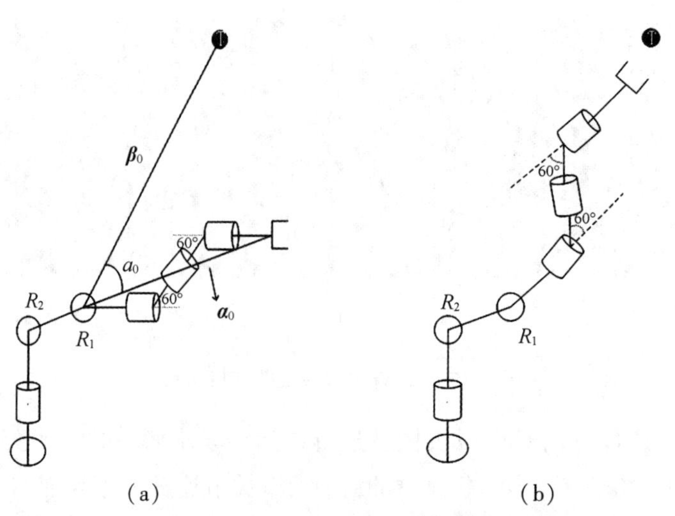

图 7.18　CCD 算法求六关节机械臂

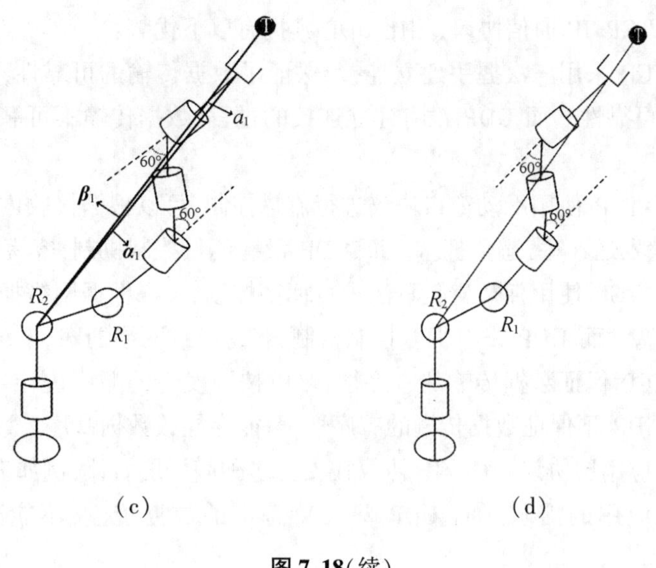

图 7.18(续)

7.4 远程控制原理和实物验证

本节目的是实现虚拟机械臂对于真实机械臂的远程控制,因此不能局限于局域网,在这里选择利用阿里云服务器对关节数据进行传输,将其作为两个跨地域局域网的通信枢纽进行远程通信,在 ROS 端搭建真实机械臂的控制环境,实现真正意义的远程控制。然后,进一步对通信系统的性能进行测试,对其延时情况进行测试。以及进行虚拟现实(虚拟机械臂控制真实机械臂),测试实验效果是否达到预期目标。最后还进行了测试手机/主机单/多关节远程控制测试。

7.4.1 通信系统原理和实现

本节所设计的虚拟现实远程控制系统,最主要的意义在于远程控制的实现,前文已经将虚拟环境搭建完成,并且分析了机械臂正逆运动学,接下来就是通信系统的设计。本系统需要将信息通过与服务器传送给下位机,也就是搭建有 ROS 操作系统的机器,此过程需要使用到通信协议(communications protocol),它是指双方实体完成通信或服务所必须遵循的规则和约定。数据单元是指通信协议中传输的基本数据包,其具体格式由通信协议所定义。通信协议不仅规定了数据单元的格式,还规定了信息单元所包含的信息和含义、连接方式、信息的发送和接收时序等。通过遵循通信协议,保证数据能够按照规定的方式和顺序传输到指定的位置,从而实现通信的可靠性和正确性。通信协议是网络通信中不可或缺的一部分,它能够保证数据在网络中的正确传输和处理。

在现代网络通信中,有许多种通信协议可供选择。其中,常用的通信协议包括 NFC、ZigBee、CDMA/TDMA、TCP/IP、WCDMA、TD-SCDMA、TD-LTE、FDD-LTE、HTTP 等。不同的协议具有不同的特点和适用场景,用户需要根据具体需求进行选择。

一般有两种常用的通信协议,一种是 TCP/IP,另一种是 UDP,针对本系统需要完成的

功能需求,选用了 TCP/IP 通信协议,相比 UDP 其拥有以下优势:

(1)可靠性:TCP 采用三次握手建立连接,保证了数据传输的可靠性,能够保证数据的完整性、有序性和可靠性。而 UDP 没有建立连接的过程,数据传输不可靠,可能会丢失、重复、乱序等。

(2)流量控制:TCP 使用滑动窗口协议进行流量控制,可以根据接收方的处理能力和当前网络情况来调整发送速率,避免拥塞。而 UDP 没有流量控制机制,容易导致网络拥塞。

(3)拥塞控制:TCP 使用拥塞避免算法进行拥塞控制,可以根据网络拥塞情况动态调整发送速率,避免拥塞。而 UDP 没有拥塞控制机制,容易导致网络拥塞。

(4)有序性:TCP 保证数据传输的有序性,可以按照发送的顺序进行接收,避免了数据乱序的问题。而 UDP 不保证数据传输的有序性,可能会导致数据乱序。

(5)支持多种应用层协议:TCP/IP 协议栈支持多种应用层协议,例如 HTTP、FTP、SMTP 等,能够满足不同应用的需求。而 UDP 只支持基本的数据传输,不能满足复杂应用的需求。

UDP 只支持数据传输,并且速度也快,但是其缺点确是可能造成数据丢包、乱序、堵塞等问题,而这些问题恰恰能对本系统所完成的跟随功能造成致命影响,因此使用 TCP/IP 通信协议。

TCP/IP 模型是由美国国防部创建的,它是一种采用国际标准的通信协议,这种通信协议有很多优点,例如:性能好、支持远程传输、传递速度快、兼容性较好、稳定性强等诸多优点。

TCP/IP 作为一种传输层协议,它具有四个层次:链路层、网络层、传输层和应用层。TCP/IP 协议族是一种常见的网络协议族,它包含多个层次,每个层次都有不同的功能和作用。其中,第一层是应用层,它包括许多常见的协议,例如 HTTPS、FTP 等。应用层负责提供各种网络应用程序的接口,例如 Web 浏览器、电子邮件客户端等。

第二层是传输层,广泛使用的通信协议 TCP、UDP 位于此层。传输层负责数据的传输和错误检测,其中 TCP 是一种面向连接的协议,而 UDP 是一种无连接的协议。传输层还负责进行数据的分段和重组,以确保数据能够正确地传输和处理。

第三层是网络层,其中包括 IP、ICMP 等协议。网络层主要负责添加 IP 地址等数据,例如客户端要连接服务器,则需要先输入服务器的 IP 地址才能建立连接。网络层还负责进行路由选择和分组交换,以确保数据能够顺利地传输到目标地址。

第四层是数据链路层(网际接口层),在此层通过为数据加一个以太网协议头,并进行 CRC 编码,为最后的数据传送做准备。数据链路层主要负责数据在物理层的传输,例如以太网、Wi-Fi 等技术。

在 TCP/IP 通信协议中,一般采用服务端(server)和客户端(client)的方法实现两台或多台机器之间的通信,例如本书中所要搭建的通信系统,上下位机都作为客户端,阿里云服务器作为服务端,当要进行传送数据时,两个客户端都要主动连接服务端。

TCP/IP 通信协议有一个重要组成部分——Socket 套接字,它是一个指向传输提供者的句柄,其又分成原始套接字、数据套接字和流式套接字。服务端和客户端握手过程如图 7.19 所示。

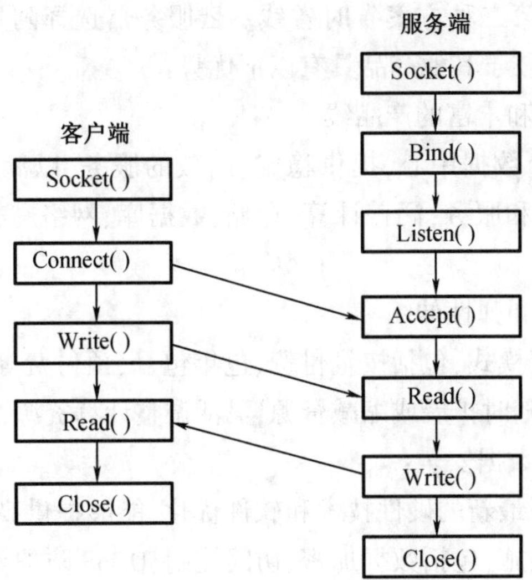

图 7.19　服务端、客户端握手过程

具体流程为:在建立网络服务之前,需要引入 Socket 库,以便使用 Socket 套接字句柄。服务端使用 Socket( )函数建立一个网络服务,该函数返回一个 Socket 套接字句柄,用于后续的网络通信。客户端同样使用 Socket( )函数建立一个网络服务。

接下来,服务端需要使用 Bind( )函数将主机 IP 地址和端口号绑定到该 Socket 套接字句柄上。该函数接收一个指向 sockaddr 结构体的指针参数,该结构体包含了 IP 地址和端口号等信息。客户端则使用 Connect( )函数向服务器发送连接请求,该函数接收一个指向 sockaddr 结构体的指针参数,该结构体包含了服务器的 IP 地址和端口号信息。

在服务端完成 Bind( )函数后,需要使用 Listen( )函数开始监听客户端的连接请求。该函数接收一个整型参数,指定等待连接队列的最大长度。客户端发送连接请求后,服务端会通过 Accept( )函数同意客户端的连接请求,该函数返回一个新的 Socket 套接字句柄,用于后续的通信。Accept( )函数同样接收一个指向 sockaddr 结构体的指针参数,该结构体包含了客户端的 IP 地址和端口号信息。

客户端和服务端进行读写操作时,可以使用 send( )和 recv( )函数进行数据传输。send( )函数用于向对端发送数据,接收一个指向数据缓冲区的指针参数和数据长度等参数;recv( )函数用于接收对端发送的数据,接收一个指向数据缓冲区的指针参数和数据长度等参数。

最后,客户端和服务端可以使用 Close( )函数结束网络服务,该函数接收一个 Socket 套接字句柄参数。在结束网络服务前,需要确保已经完成了所有的读写操作。

本文所设计的通信系统是将原来的上下位机作为客户端,将阿里云服务器作为服务端,Windows 上的 Unity3D 虚拟机械臂作为客户端一,它通过用 C#语言编写脚本达到传送数据的目的,脚本名称为 client( );阿里云服务器是通过 python 语言编写;Ubuntu 系统下的 ROS 环境通信部分也是利用 python 语言编写,代码文件名为 tcp_joints_receive. py。

本节所要搭建的系统需要两个不同局域网客户端之间有一个公共 IP 进行信息传递,在这里有两种选择方案:一种是自建机房,采购设备搭建一个公共 IP;一种是利用云服务器。相较第一种方案,很明显第二种方案省时省钱。云服务器选择阿里云服务器,本书所选用的是阿里云服务器,其相较于其他产品具有以下优势:

(1)强大的基础设施和丰富的产品线

阿里云拥有全球多个数据中心,提供稳定、高效的服务,以满足企业和个人的各种需求,提供丰富了的云产品和服务,涵盖计算、存储、数据库、网络、安全、大数据、人工智能等多个领域。

(2)灵活的计费模式和弹性伸缩

阿里云提供多种计费模式,包括按量付费、包年包月、预付费等,满足不同用户的需求,根据业务需求,用户可以随时扩展或缩减资源,灵活调整计算资源,有效降低成本。

(3)优秀的性能以及数据安全:

阿里云服务器采用了最新的硬件技术和软件优化,能够提供高性能、低延迟的服务,其提供多层次的安全防护措施,包括数据加密、访问控制、DDoS 防护等,保障用户数据安全。

(4)本地化支持以及完善的生态系统

阿里云提供本地化的技术支持和服务,包括中文文档、客服支持等,方便国内用户使用,阿里云拥有丰富的生态系统,包括与众多行业领导者的合作伙伴关系、开发者社区和市场应用等,帮助用户快速实现业务创新。

云服务器最吸引用户的是其的实例功能,它相当于一台虚拟服务器,它基本包含所有的计算机组件,例如:内存、CPU、网络配置、磁盘、操作系统等,在购买的时候,用户可以根据自身需求选择不同的配置,配置决定了服务器性能的好坏,它的具体性能指标包括内存大小、网络性能、CPU 核数等;云服务器也可以提供实例的操作系统,包括 Windows、Linux 等主流操作系统,这些在购买配置时可以根据用户爱好选择;块储存功能,它是用来进行数据备份和数据存储的功能模块,具有低延迟和高性能的特点,它可以提供基于分布式储存架构的云盘,类似百度云盘,阿里云盘等,也提供了实体的基于物理机的本地储存盘;其快照功能也是吸引众多用户的原因之一。快照功能可以将云服务器某一时间点的数据状态和服务器设置进行复制备份,一旦在操作中遇到数据丢失,服务器崩溃等问题,可以利用此功能恢复服务器;安全组功能,它相当于一个虚拟防火墙,一般用于设置实例的端口出入;最后一个功能,网络功能,本书所设计的通信系统主要利用了云服务器的此功能,如图 7.20 所示。云服务器的网络有两种,一种是公网,一种是私网。公网是一个共用的基础网络,由管理员统一规划和管理,而私网可以由自己自行分配 IP 范围等,相当于一种局域网。

本书使用了阿里云服务器,接下来介绍阿里云服务器环境的搭建。首先在浏览器中搜索"阿里云服务器",如图 7.21 所示,点击进入。

进入后,进行注册并登录,之后点击"产品",并找到"云服务器 ECS"如图 7.22 所示,点击进入网页。

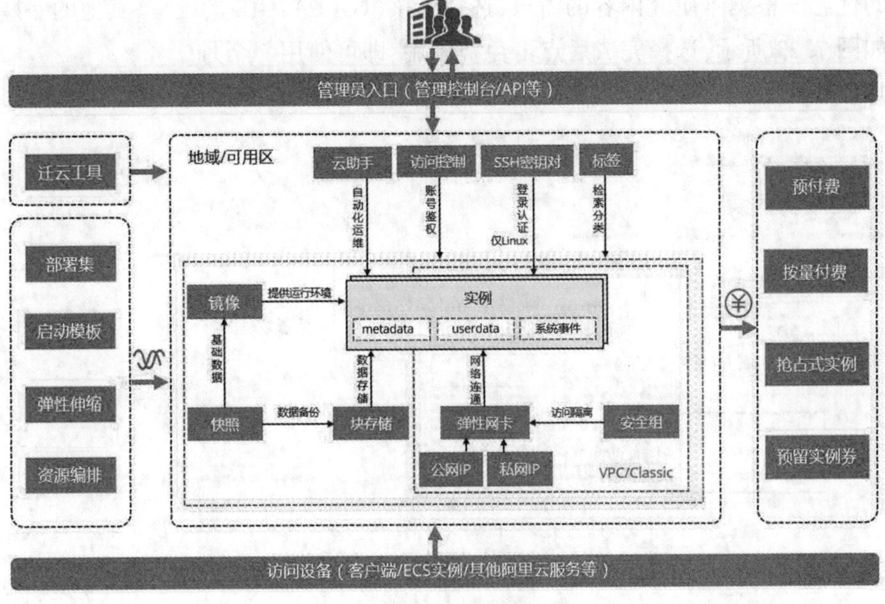

图 7.20　云服务器组件

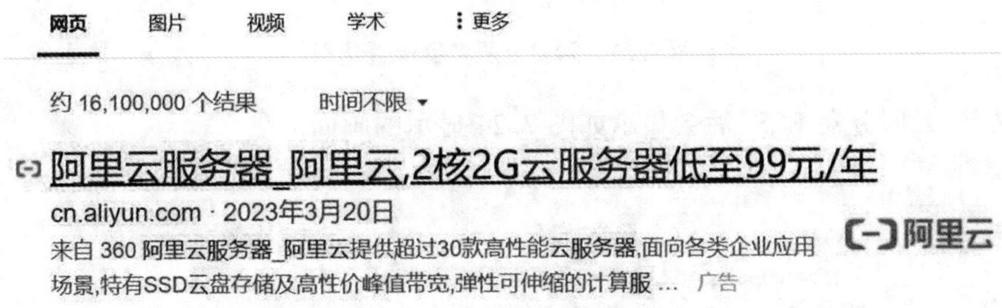

网页　图片　视频　学术　⋮更多

约 16,100,000 个结果　时间不限

阿里云服务器_阿里云,2核2G云服务器低至99元/年

cn.aliyun.com · 2023年3月20日

来自 360 阿里云服务器_阿里云提供超过30款高性能云服务器,面向各类企业应用场景,特有SSD云盘存储及高性价峰值带宽,弹性可伸缩的计算服 …　广告

阿里云

图 7.21　阿里云服务器

图 7.22　云服务器 ECS

进入网页点击立即购买后,进入配置选择页面,阿里云服务器会给新用户一个月的免

费试用的优惠。根据本研究内容的需求,选择1核(vGPU)2GIB的配置,其他的一些环境参数选择如图7.23所示,选择完成后点击免费试用,即可使用一个月。

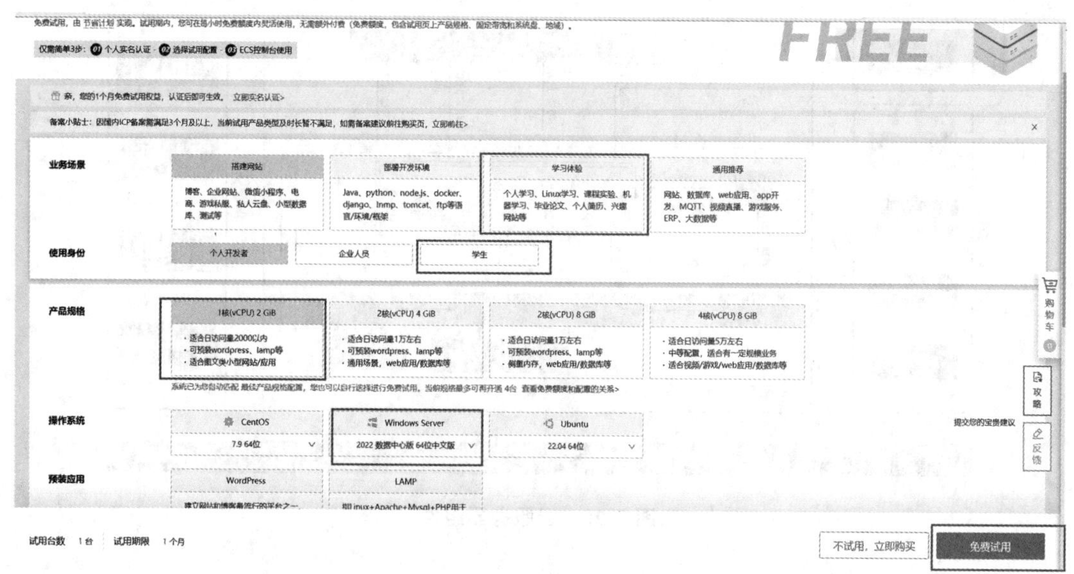

图7.23　阿里云服务器配置选择

再次点"云服务器ECS"后会显示如图7.24显示的画面。

图7.24　云服务器申请成功后画面

接下来,该对所申请的服务器进行设置,最重要的是安全组的设置,本研究中关键的是信息传递,IP地址和端口是信息传递的关键。云服务器和一般家用电脑不同,家用电脑的端口在自己的主机上就能设置,而云服务器则需要在安全组进行设置,所以安全组就是用来设置云服务器的端口开放的,现在进行设置。首先在图7.24中左边选项中点击"安全组”,进入后点击“配置规则”,如图7.25(a)所示,进入网页后,点击“入方向”,端口范围选择“1/65535”,即开放所有端口,授权对象选择“0.0.0.0/0”,即允许所选端口的所有访问,设置完成后点击保存即可。“出方向”也进行同样的设置,如图7.25(b)所示。

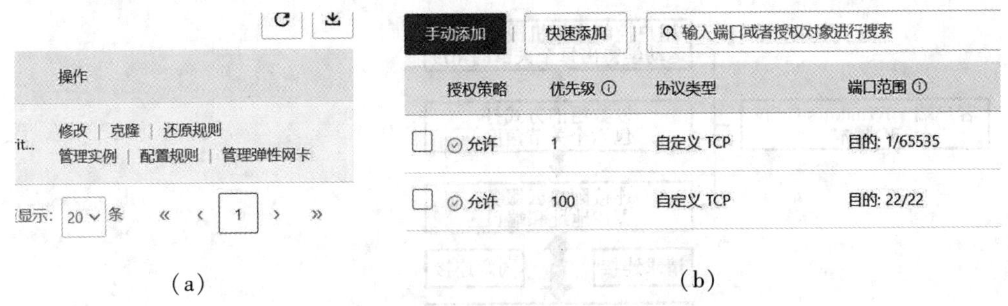

(a)　　　　　　　　　　　　　　(b)

图7.25　阿里云服务器安全组设置

接下来在图7.24中左边选项中选择“实例”,在这里用户可以看到所申请的云服务器的公网IP和私网IP,如图7.26所示。

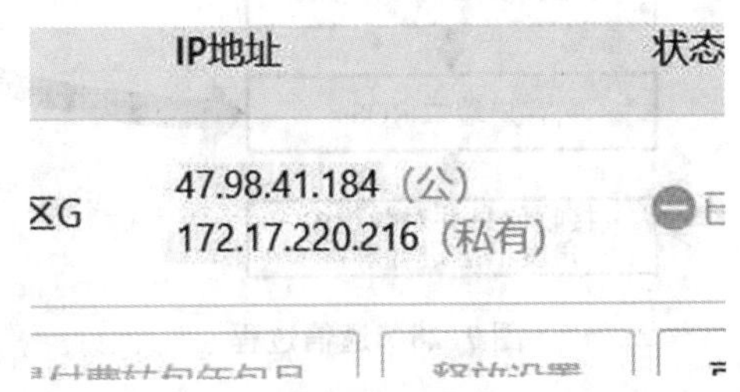

图7.26　阿里云服务器公/私网IP地址

在图7.26中,所申请的公网IP为“47.98.41.184”。到此为止,阿里云服务器的所有设置已经完毕。接下来需要进入远程桌面,在远程桌面中我们进行python代码的编写。在实例的页面中选择找到管理并点击,进入后选择“远程连接”,并选择“通过Workbench远程连接”,如图7.27所示。这种方法可以在浏览器上进行远程连接,可以对云服务器进行操作,并且支持复制粘贴文本,基本满足本研究的功能需求。

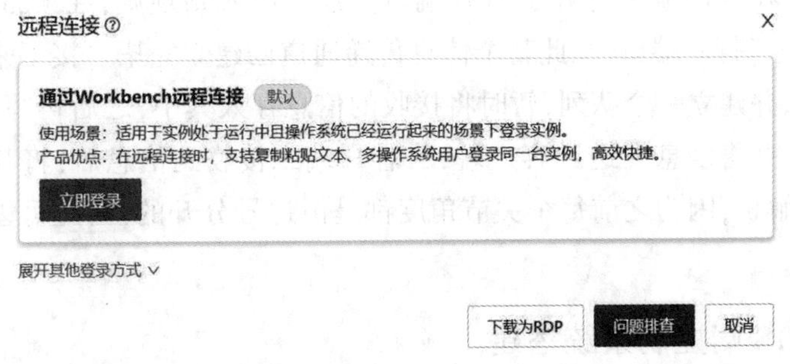

图7.27　阿里云服务器通过Workbench进行远程连接

点击“立即登录”后会进入远程桌面,接下来用户就可以进行操作了,至此阿里云服务器环境的搭建就结束了。

本节通信系统有三个模块:客户端一(Unity3D)、客户端二(ROS)、服务器(阿里云服务器),通信过程如图7.28所示。

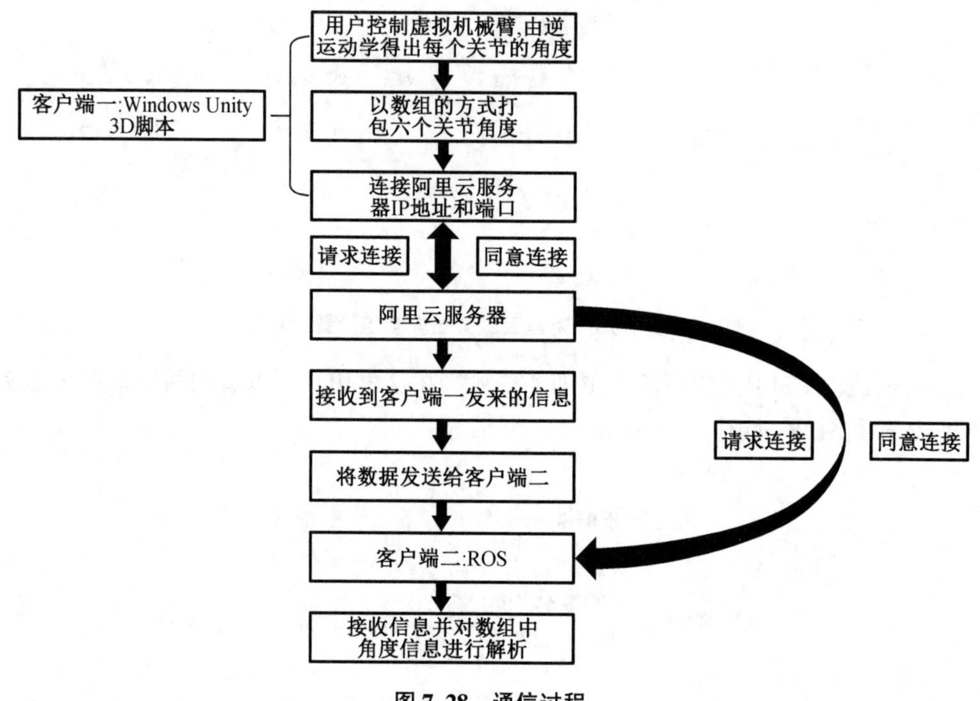

图7.28 通信过程

当用户通过手柄对虚拟机械臂进行控制后,客户端一会利用机器人逆运动学求出六个关节的关节信息,在Client脚本中将角度信息进行包装,在每个关节的角度后加入都好,这样子方便后期ROS端对数据进行解析,之后打包成数组的形势,通过Connect()函数进行连接,本书所搭建云服务器的IP地址为:47.98.41.184,端口为7800。连接成功后在阿里云服务器端会显示“客户端已连接成功”,接下来客户端二(ROS)向阿里云服务器请求连接,连接成功后,云服务器会显示“客户端二已连接”并且打印出所用端口。之后涉及端口的问题,通过大量实验发现,不管客户端一还是客户端二,每次连接阿里云服务器时所使用的端口均不相同,因此在客户端一打开了所有端口。建立出入站规则,在Ubuntu端使用“sudo ufw allow + 端口号”打开端口,至此整个信息传递通道已建立完毕。接下来,阿里云服务器端进行接收信息,并建立一个队列,暂时将接收的信息存入其中,之后再写一个函数进行读写数列中的信息,并将信息发送到客户端二,客户端二接收到信息后,将其打印在屏幕上,并且对数据进行解析,因为之前每个关节角度都是由逗号分开的,由此可以将他们分离,并且发送给控制器。

7.4.2 ROS端控制系统搭建

基于以上搭建的通信系统,本节所搭建的系统有两个客户端,一个是Unity3D引擎端,一个为ROS机器人控制系统端。ROS是一个机器人软件平台,它是开源的、灵活的、分布式的。它提供了工具、库和约定,用于编写和运行机器人软件。ROS 旨在提供通用、标准化的架构,使不同的机器人软件可以轻松集成和共享。本系统主要运用了 ROS 中的 MoveIt! 开发平台:MoveIt! 是 ROS 的官方软件包之一,是一个机器人运动规划框架,可用于自动控制机器人的运动。它提供了工具、库和 API,可解决机器人运动规划中的问题,例如运动学、碰撞检测和轨迹规划等。使用 MoveIt!,机器人开发人员能够更快地实现复杂的运动控制功能,提高机器人的自主性和智能化水平。如图 7.29 所示,为 MoveIt! 开发平台的系统功能结构组成。MoveIt! 是一个用于机器人运动规划的开源软件包,它提供了一系列的工具和库,帮助用户快速开发和部署机器人应用程序。其中,move_group 节点是 MoveIt! 系统中的核心节点,它接收来自外部的多种接口指令,包括 C++接口、Python 接口、Rviz 接口等,用于控制机械臂的运动。

在接收到指令后,move_group 节点会根据机械臂模型的描述信息、机械臂配置信息、机械臂的关节限位、运动学插件、运动规划插件等信息,利用一些算法的调用,对机器人控制器发送一个关节轨迹,从而实现控制机械臂的目的。通过这些接口,用户可以通过编程的方式控制机械臂完成各种任务,例如抓取、放置、运输等,从而实现机器人自动化操作。

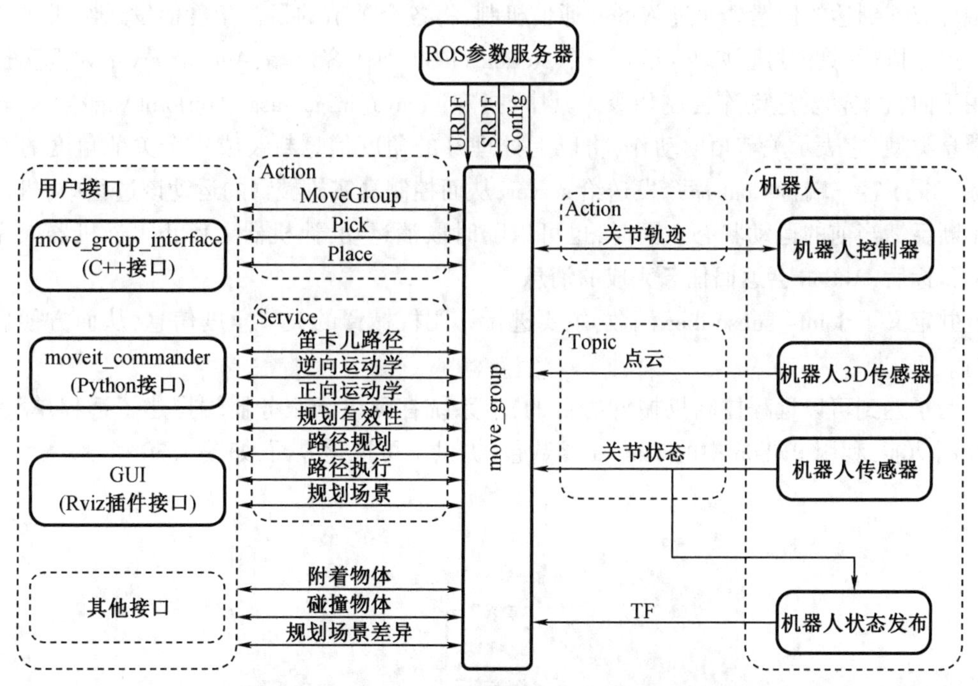

图 7.29　MoveIt! 开发平台的系统功能结构组成

用户控制手柄运动,两个光学定位器将通过红外脉冲获得头显以及手柄的运动轨迹,在 Unity3D 中,通过 Hybrid IK 插件进行逆运动学求解从而获得虚拟机械臂的各个关节角度,在“Client”脚本中通过叉乘得到其旋转方向,从而判断角度的正负号,处理完关节信息后,将六个关节的角度信息封装起来,并发送至阿里云服务器,阿里云服务器再将角度发送至客户端二(ROS 机械臂控制端),接下来,进行数据处理。

在本系统中,ROS 机械臂控制端使用的是 MoveIt! 开发平台中的 Python 控制接口,通过Python脚本语言利用Socket套接字通信从阿里云服务器获得各个关节角度信息,然后将命令发送给move_group节点,此节点通过调用机械臂参数配置的一些列信息,形成一个角度控制命令,通过action通信机制将控制命令发送给kinova机械臂控制器,从而控制真实机械臂的运动。利用MoveIt!控制机械臂的过程分为以下几步:

首先,需要将kinova机械臂与电脑通过USB进行连接。接下来,通过功能包内的kinova_robot.launch文件与机械臂进行连接。这个launch文件主要定义了所用kinova机械臂的型号、连接端口等信息。在运行该文件后,系统会打开所对应型号机械臂的urdf模型描述信息,sdrf机械臂的参数信息等。这些信息会被MoveIt!系统读取并处理,以便后续的机械臂控制。

接下来,需要在MoveIt!中配置机械臂的运动学插件和运动规划插件。运动学插件用于计算机械臂的位姿和关节角度,而运动规划插件则用于生成机械臂的运动轨迹。这些插件可以通过MoveIt!的配置文件进行设置。

连接成功后,需要运行一个名为tcp_joints_receive.py的Python脚本,该脚本主要实现了接收来自服务器的角度信息,并且真实机械臂执行命令的功能。在该脚本中,首先需要将接收到的机械臂角度信息与真实机械臂的各个关节的零位角度进行相加,这样就得到了机械臂应该到达的位置。通过Action通信机制,将各个关节的目标角度值发送给机械臂控制器进行执行,具体过程如下:建立一个Action client动作客户端,Action server为真实机械臂用于向机械臂发送动作控制指令。其中,指定kinova_msgs.msg.ArmJointAnglesAction这个消息类型,它表示关节角度动作,将以上处理好的角度信息封装成一个关节角度的Goal目标,client客户端将Goal命令发送给server,从而控制真实机械臂的运动该过程中,机器人会不断反馈当前的运动状态。同时,也可以随时取消运动,让机器人停止。当机器人完成运动目标后,Action会返回任务完成的消息。

并定义了Joints_subscriber函数,主要进行订阅机械臂的关节角度信息,从而方便后续分析。

为了达到可以远程控制机械臂的目的,本系统在阿里云服务器端搭建了远程单/多关节控制功能,利用Python中的Tkinter函数包,提供了可视化界面,如图7.30所示。

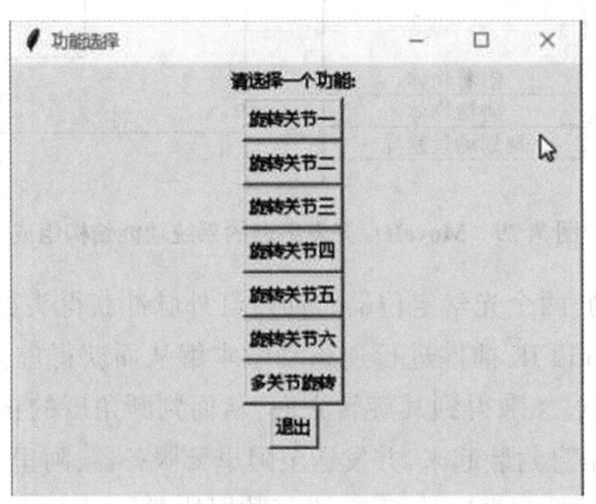

图7.30 单/多关节远程控制可视化界面

此过程也是利用了 TCP/IP 通信协议，阿里云服务器将控制命令发送给 ROS 机械臂控制端，通过 MoveIt！开发平台控制真实机械臂的运动。此远程控制功能也可在手机上进行操作，阿里云服务器提供了手机远程连接服务器的功能。

7.4.3　远程控制实物有效性验证

通信部分测试阶段并没有用到真实机械臂以及 VR 眼镜，在 Unity 端可以直接通过在 Scence 场景下拖动小球控制虚拟机械臂的运动，这在原理上与通过手柄控制虚拟机械臂是一样的，为了测试方便，这里直接前者进行测试。

第一步：打开阿里云服务器，在云服务器终端运行写好的通信代码，等待客户端一和客户端二进行连接。

第二步：打开 Unity3D 软件，点击开始按钮，当按钮变成蓝色说明开启成功，运行开始后，找到“Game”场景，在这个场景内有两个按钮，一个是“开始连接”按钮，一个是“发送数据”按钮，这里先点击“开始连接”按钮，这时客户端一就会去连接云服务器，如果连接成功，客户端一会显示“服务器 IP + 服务器端口 + 显示成功”，同样在云服务器端也会显示“客户端一连接成功 + 客户端 IP + 客户端端口”。

第三步：客户端二与云服务器进行连接，由于是做通信测试，而在下位机所编写的通信模块中还包括了对机械臂的控制部分，为了简化测试步骤，这里并没有用已经写好的下位机通信代码，而是使用了“网络调试助手(NetAssist)”，如图 7.31 所示。

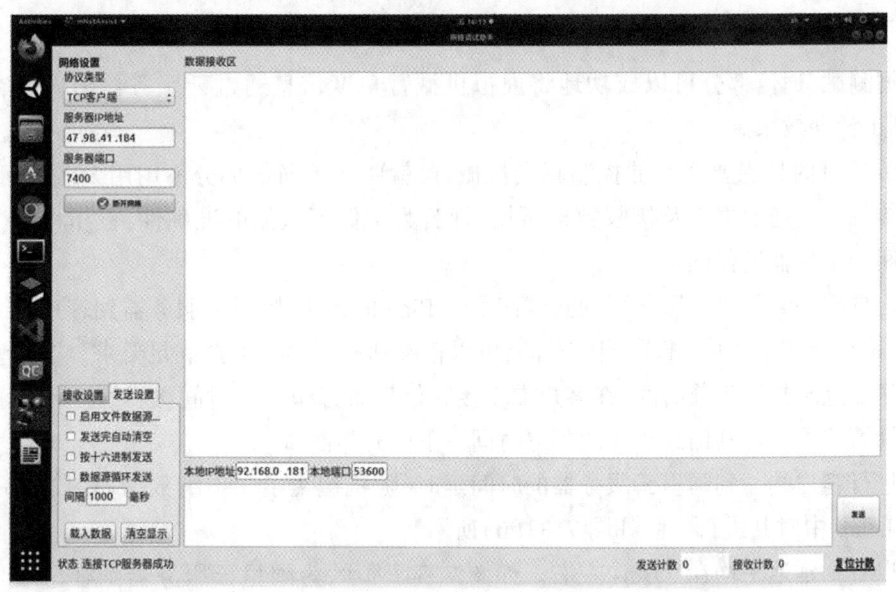

图 7.31　阿里云服务器与客户端二连接成功后显示

这是一种 Windows 环境下开发的一种将 TCP/IP 以及 UDP 客户端，服务端集成一体的网络调试工具。他可以不用编写任何代码，只需要输入服务器/客户端的 IP 地址以及端口，就能进行连接通信的软件。打开网络调试助手，在界面的左上角选择“客户端”，IP 为 47.98.41.184，端口为 7400。点击连接，如果连接成功，云服务器端会显示“客户端二连接

成功 + 客户端 IP + 客户端端口”。

第四步:以上三步完成后,服务器与两个客户端完成了连接,接下来进行数据的传输,再次进入客户端一 Unity 界面,在“Game”场景中点击“发送数据”此时会看到 Unity 界面会不断刷新显示虚拟机械臂的各个关节角度,并发送,在阿里云服务器端显示如图 7.32(a)所示,在客户端二显示如图 7.32(b)所示。

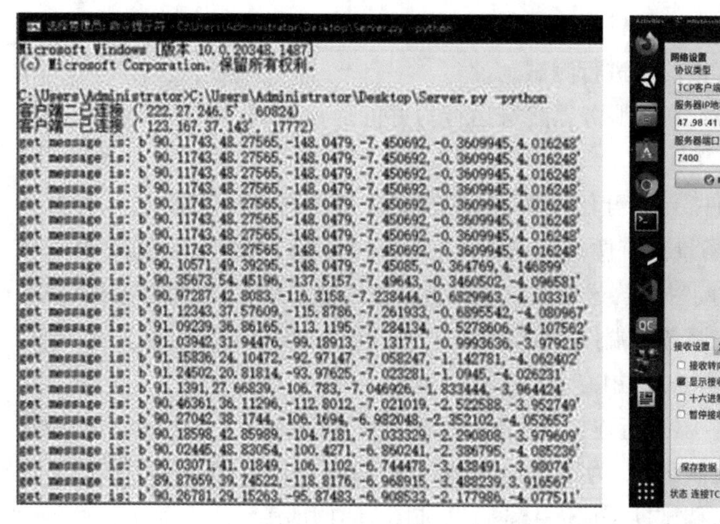

(a)

(b)

图 7.32　阿里云服务器端以及客户二端数据显示

根据测试,通信部分可以成功地将虚拟机械臂角度信息通过云服务器传送到客户端二,达到了预期效果。

本节的目的是想要实时的控制真实机械臂,就要要求通信部分不用用太多时间,这里使用直接打印发送数据以及接收数据所用时间,为了保证数据的准确性,首相将两个客户端的时间与服务器进行同步。

在客户端一到阿里云服务器的测试使用了 Ping 的方法,阿里云服务器到客户端二使用了 datatime()函数,它可以打印当前时间,可以精确到 ms 级别,完全满足要求。在阿里云服务器发送信息时打印当前时间,在客户端二接收信息后打印当前时间,通过连个时间差,然后进行计算就可以得到信息传递的延迟时间。下面开始测试。

先进行客户端一到阿里云服务器的时间延时,随机搜集了三十组数据如图 7.33(a)所示,在 Matlab 中对其进行绘图如图 7.33(b)所示。

可以看到延迟平均在 55 ms 左右。如图 7.34 所示,为阿里云服务器到客户端二的延迟,此过程是通过使用时间戳的方式进行延迟测试,收集到数据后,处理过程与客户端一到云服务器延迟处理过程一样。

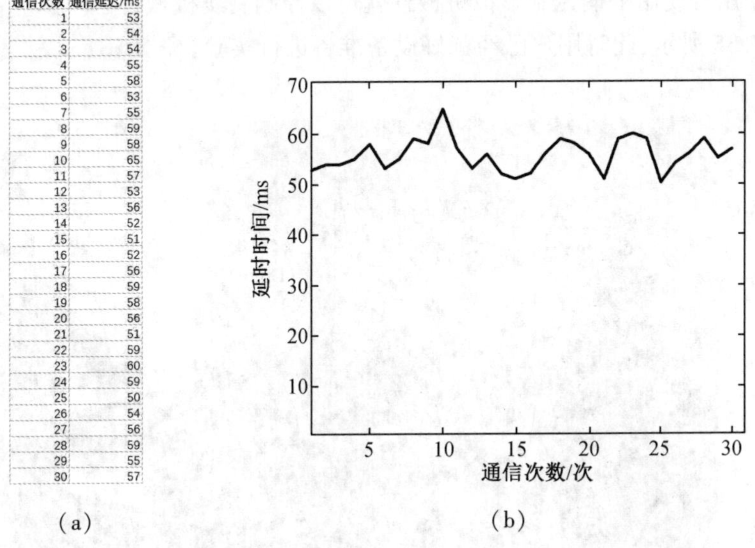

通信次数	通信延迟/ms
1	53
2	54
3	54
4	55
5	58
6	53
7	55
8	59
9	58
10	65
11	57
12	53
13	56
14	52
15	51
16	52
17	56
18	59
19	58
20	56
21	51
22	59
23	60
24	59
25	50
26	54
27	56
28	59
29	55
30	57

(a)　　(b)

图 7.33　客户端到阿里云服务器延迟

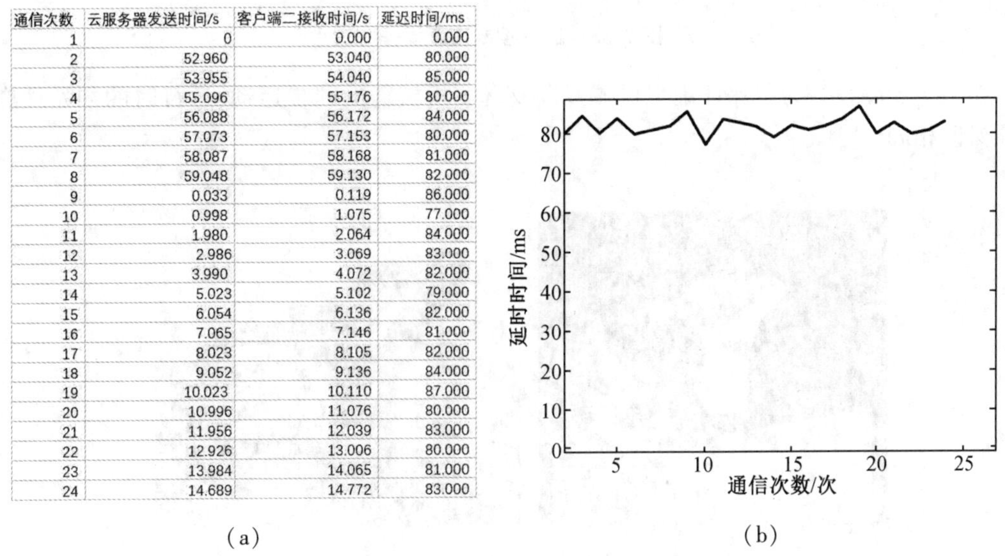

通信次数	云服务器发送时间/s	客户端二接收时间/s	延迟时间/ms
1	0	0.000	0.000
2	52.960	53.040	80.000
3	53.955	54.040	85.000
4	55.096	55.176	80.000
5	56.088	56.172	84.000
6	57.073	57.153	80.000
7	58.087	58.168	81.000
8	59.048	59.130	82.000
9	0.033	0.119	86.000
10	0.998	1.075	77.000
11	1.980	2.064	84.000
12	2.986	3.069	83.000
13	3.990	4.072	82.000
14	5.023	5.102	79.000
15	6.054	6.136	82.000
16	7.065	7.146	81.000
17	8.023	8.105	82.000
18	9.052	9.136	84.000
19	10.023	10.110	87.000
20	10.996	11.076	80.000
21	11.956	12.039	83.000
22	12.926	13.006	80.000
23	13.984	14.065	81.000
24	14.689	14.772	83.000

(a)　　(b)

图 7.34　阿里云服务器到客户端二延迟

延迟平均在 80 ms，整个过程的延迟大约在 130 ms 左右，满足预期效果。

远程控制主要实现真实机械臂跟随虚拟机械臂的运动，测试前首先将交互设备与客户端一进行连接。首先打开阿里云服务器，运行“Server”Python 代码，等待客户端一、客户端二的连接，接下来打开 Unity3D，点击运行，在“Game”界面中点击“开始连接”，此时服务器端会显示连接成功，接下来在客户端二运行“roslaunch kinova_bringup kinova_robot. launch kinova_robotType：m1n6s300”，运行成功后，此时客户端二（ROS 端）与机械臂连接成功，继续在客户端二上运行“rosrun m1n6s300_moveit_config tcp_joints_receive. py”，这个代码功能就是连接阿里云服务器，并且将收集到的数据通过话题的通信形式发送给真实机械臂。运行成功后，阿里云服务器端会显示连接成功，并打印端口，接下来在 Unity3D 端点击“发送数据”,此时使用者使用手柄控制虚拟机械臂就可以控制真实机械臂了。

如图 7.35 所示,此时用户已经戴好设备准备进行实验。

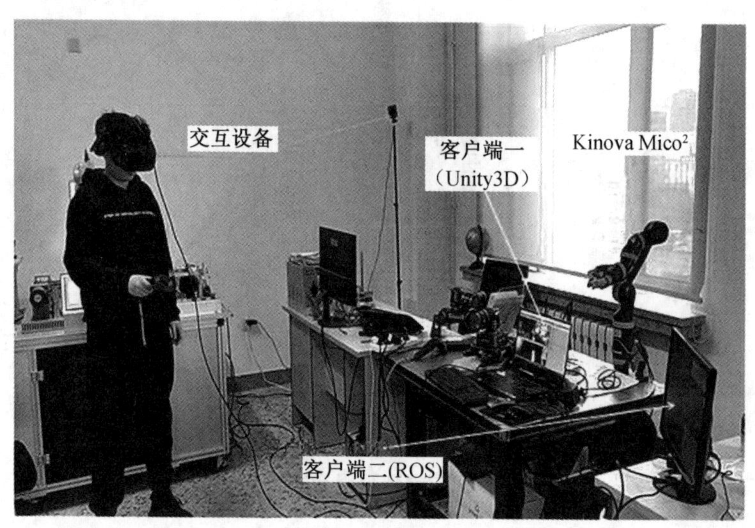

图 7.35　远程控制演示操作

如图 7.36 所示,为了保证虚拟机械臂以及真实机械臂的同步运动,运行时的初始位姿必须保证相同。

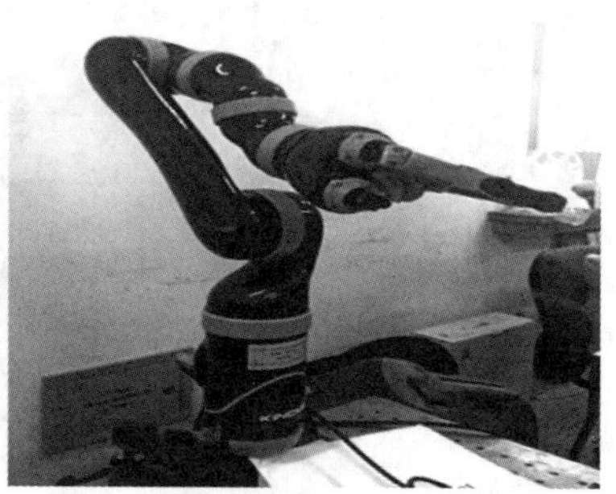

图 7.36　虚拟机械臂和真实机械臂初始位姿

用户通过手柄控制虚拟机械臂的运动从而控制真实机械臂的运动,在测试环节中观察到真实机械臂能够实时跟随虚拟机械臂的运动。如图 7.37 所示,虚拟机械臂和真实机械臂的位姿基本一致,达到了预期效果。

根据实验现象,发现整个系统的延迟不仅仅包括通信的延迟,还有在 ROS 系统下通过订阅机械臂关节角度节点,获取机械臂关节角度的延迟,以及在机械臂得到控制命令后,机械臂从开始运动到各个关节运动到指定角度的延迟,因此,在局域网以及云服务器下两种通信系统下对整个系统的延迟做了测试。此处以关节 4,和关节 5 的数据进行测试。

如图 7.38 所示,为在局域网通信下整个系统的延迟,平均延迟在 3 s,并且真实机械臂角度和虚拟机械臂角度存在一定误差,但误差在可接受范围内。

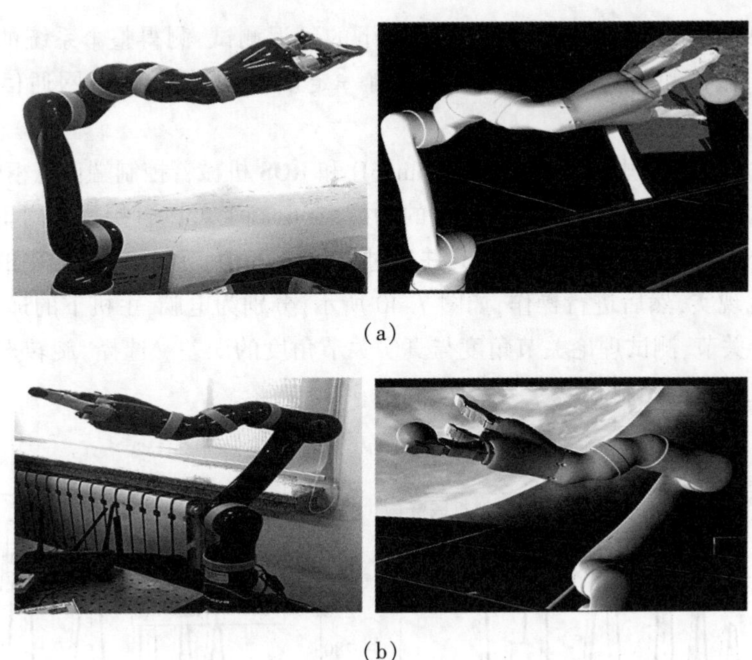

(a)

(b)

图 7.37　虚拟和真实机械臂位姿对比

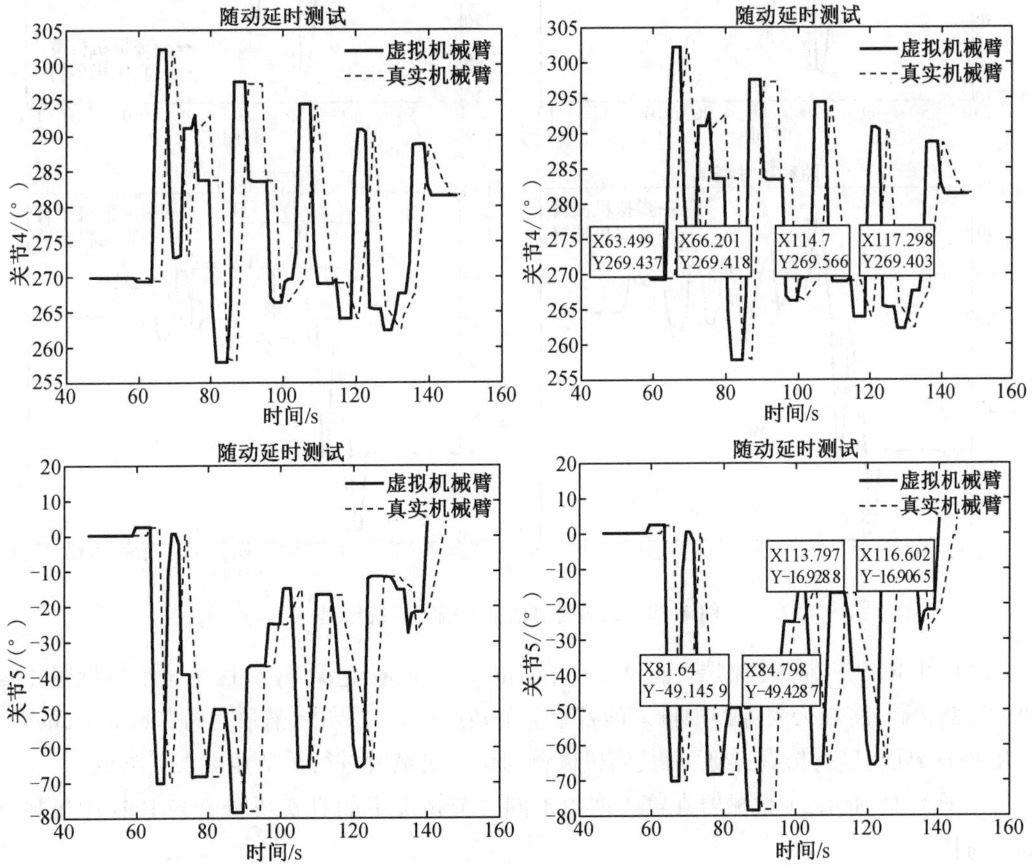

图 7.38　局域网通信下系统延迟测试

如图 7. 39 所示，是在云服务器通信系统下的延迟测试，测得整个系统的延迟平均在 1. 15 s，虚拟机械臂和真实机械臂角度之间有一定误差，但相较局域网通信下的误差小很多。

本系统除了使用阿里云服务器作为 Unity3D 和 ROS 机械臂控制端信息枢纽外，也可以进行利用手机/主机实现远程控制机械臂的功能，在电脑上可以直接登录阿里云服务器进行控制，在手机上需要下载阿里云 App，并通过手机 App 中实时监控功能中的远程连接进行桌面可视化现实，然后进行操作，如图 7. 40 所示，分别为电脑，手机下的远程控制界面。通过旋转多个关节，测试理论关节角度与真实关节角度的误差。选择“旋转多个关节”，然后进行真实机械臂的控制。

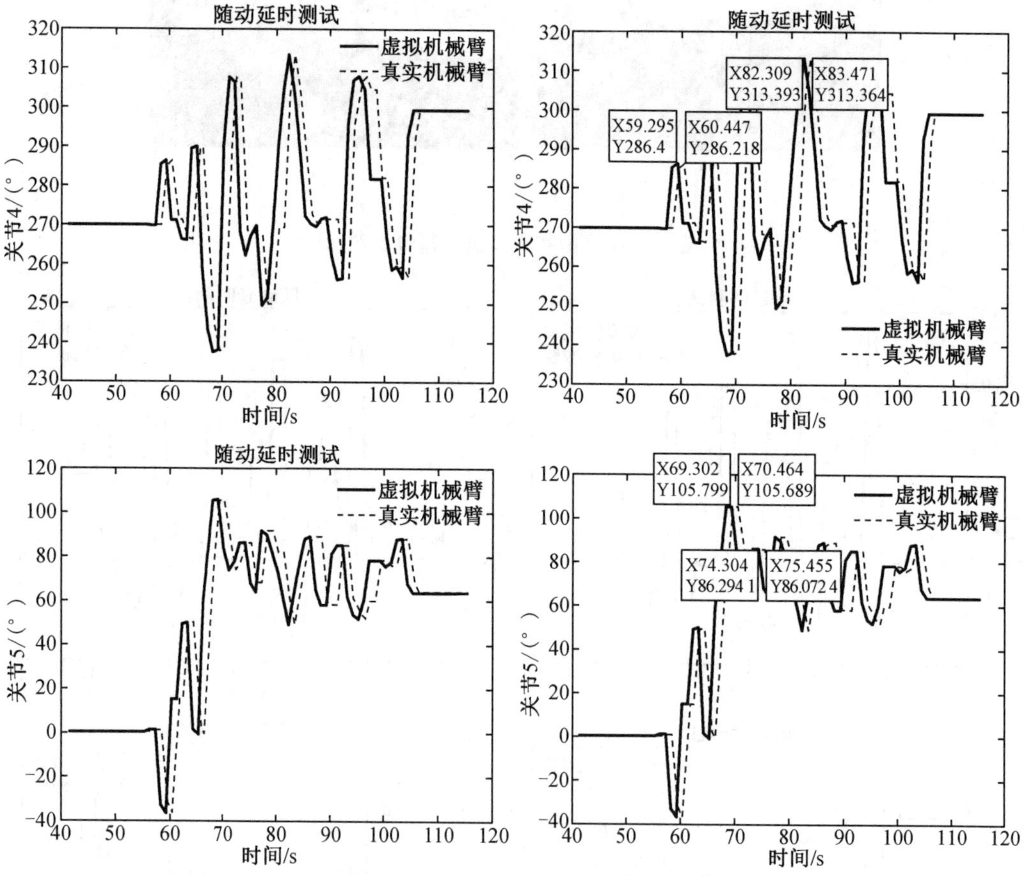

图 7. 39　云服务器通信系统下系统延迟

之后在 ROS 机器人控制端，通过运行“m1n6s300_moveit_fk. py”，这是一个机械臂正运动学控制代码，将在云服务器中输入的各个关节角度输入代码中，然后运行“demo_launch”，打开 Rviz 界面，进行仿真，然后对真实机械臂与仿真机械臂进行关节角度误差测试。

如图 7. 41 所示，为机械臂在输入两组不同关节角度下的真实机械臂与 Rviz 中机械臂位姿对比。

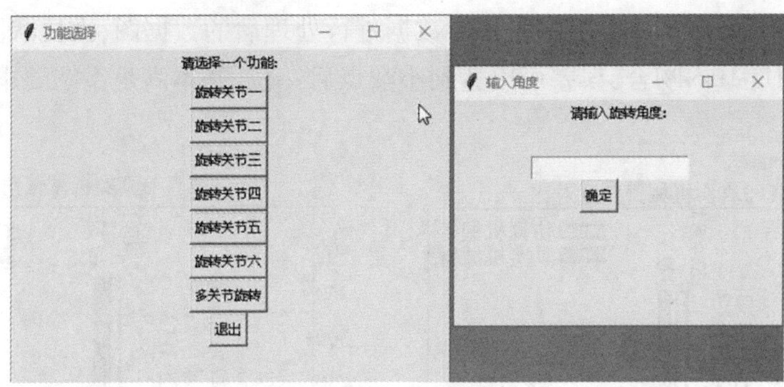

(a)电脑远程控制界面

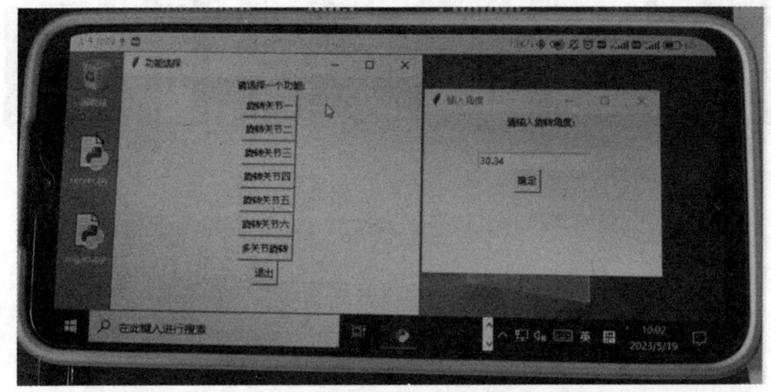

(b)手机远程控制界面

图 7.40　电脑,手机下的远程控制界面

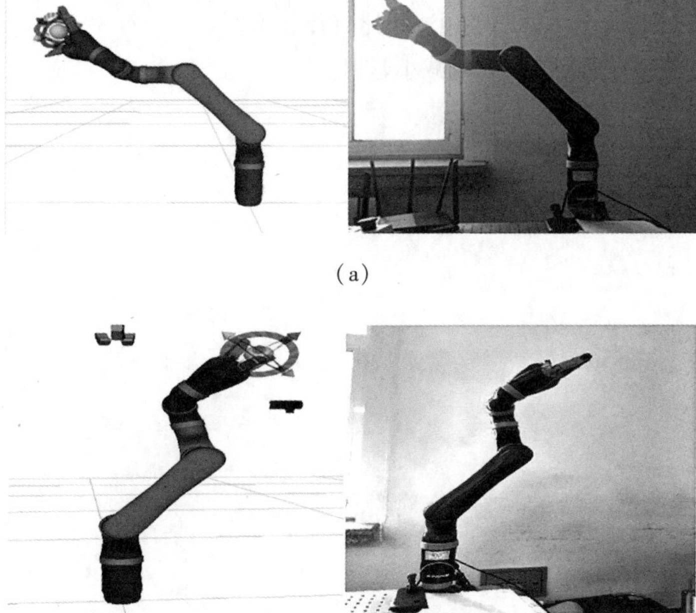

(a)

(b)

图 7.41　真实机械臂与 Rviz 中机械臂位姿对比

如图 7.42 所示,这是将以上两组角度数据进行处理后的数据图,由柱状图可以看出,理论角度和实际角度基本吻合,误差可以达到小数点后一位,基本满足系统要求。

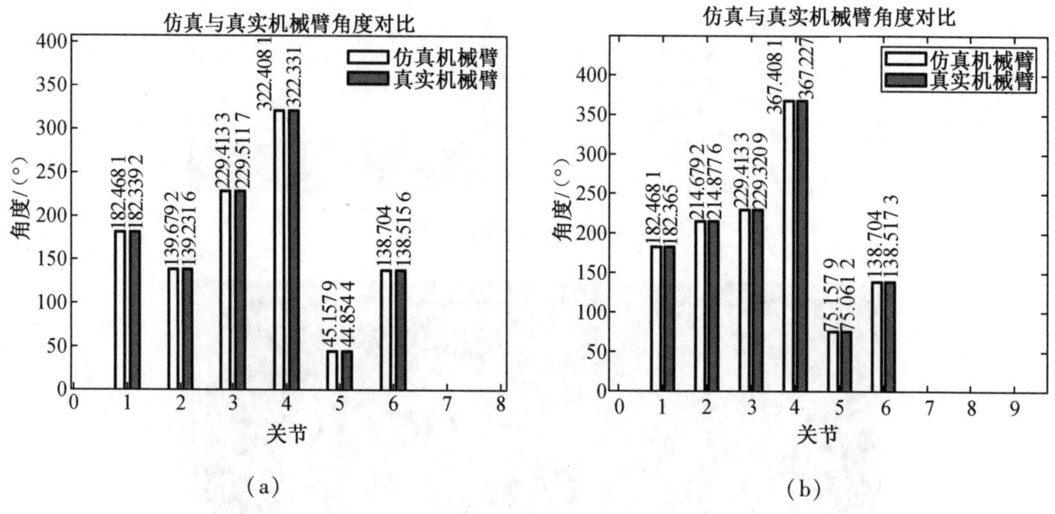

图 7.42　实际关节角度与理论关节角度对比

习　　题

1. 思考如果在机械臂的末端加上手爪,那么运动学模型应该如何建立。
2. 改进 CCD 方法的求解过程以及思考其优缺点。
3. 思考 CCD 方法与上一章的牛顿法相比有什么不同。
4. 思考延迟产生的原因以及如何减小延迟。

参考文献

[1] 邱志明, 马焱, 孟祥尧, 等. 水下无人装备前沿发展趋势与关键技术分析[J]. 水下无人系统学报, 2023, 31(1): 1-9.

[2] 张卫东,刘笑成,韩鹏. 水上无人系统研究进展及其面临的挑战[J]. 自动化学报, 2020,46(5):847-857.

[3] 邱志明, 孟祥尧, 马焱, 等. 海上无人系统发展及关键技术研究[J]. 中国工程科学, 2023, 25(3): 74-83.

[4] 张波, 王磊, 李英军. 无人艇的发展趋势[J]. 科技视界, 2016(19): 301-302.

[5] 徐玉如, 苏玉民, 庞永杰. 海洋空间智能无人运载器技术发展展望[J]. 中国舰船研究, 2006, 1(3): 1-4.

[6] 谢伟, 陶浩, 龚俊斌, 等. 海上无人系统集群发展现状及关键技术研究进展[J]. 中国舰船研究, 2021, 16(1): 7-17.

[7] ZHANG G Q, LIU S, ZHANG X K, et al. Event-triggered cooperative formation control for autonomous surface vehicles under the maritime search operation [J]. IEEE Transactions on Intelligent Transportation Systems, 2022, 23(11): 21392-21404.

[8] ZHUANG J Y, ZHANG L, WANG B, et al. Navigating high-speed unmanned surface vehicles: system approach and validations[J]. Journal of Field Robotics, 2021, 38(4): 619-652.

[9] DUNBABIN M, GRINHAM A, UDY J. An Autonomous Surface Vehicle for water quality monitoring[C]. Proceedings of the 2009 Australasian Conference on Robotics and Automation, ACRA 2009, 2009: 2-4.

[10] 彭周华, 吴文涛, 王丹, 等. 多无人艇集群协同控制研究进展与未来趋势[J]. 中国舰船研究, 2021, 16(1): 51-64.

[11] 金克帆, 王鸿东, 易宏, 等. 海上无人装备关键技术与智能演进展望[J]. 中国舰船研究, 2018, 13(6): 1-8.

[12] 李峰, 易宏. 无人水面艇在水上交通安全监管中的应用[J]. 中国舰船研究, 2018, 13(6): 27-33.

[13] 陈映彬. 无人船发展现状及其关键技术综述[J]. 科学技术创新, 2019(2): 60-61.

[14] SÁNCHEZ-BEASKOETXEA J, BASTERRETXEA-IRIBAR I, SOTéS I, et al. Human error in marine accidents: Is the crew normally to blame? [J]. Maritime Transport Research, 2021, 2: 100016.

[15] 刘婷. 基于雷达和 GIS 的内河运输船舶避碰仿真系统研究[D]. 武汉: 武汉理工大学, 2017.

[16] GAFUROV S A, KLOCHKOV E V. Autonomous unmanned underwater vehicles

development tendencies[J]. Procedia Engineering, 2015, 106: 141-148.

[17] 伍赛特. 自主航行器及其技术发展趋势研究[J]. 机电信息, 2019(30): 133-134.

[18] 闫敬, 陈天明, 关新平, 等. 自主水下航行器协同控制研究现状与发展趋势[J]. 水下无人系统学报, 2023, 31(1): 108-120.

[19] TIJJANI A S, CHEMORI A, CREUZE V. A survey on tracking control of unmanned underwater vehicles: Experiments-based approach[J]. Annual Reviews in Control, 2022, 54: 125-147.

[20] WIBISONO A, PIRAN M J, SONG H K, et al. A survey on unmanned underwater vehicles: Challenges, enabling technologies, and future research directions[J]. Sensors, 2023, 23(17): 7321.

[21] CHU Z Z, WANG F L, LEI T J, et al. Path planning based on deep reinforcement learning for autonomous underwater vehicles under ocean current disturbance[J]. IEEE Transactions on Intelligent Vehicles, 2023, 8(1): 108-120.

[22] HADI B, KHOSRAVI A, SARHADI P. Deep reinforcement learning for adaptive path planning and control of an autonomous underwater vehicle[J]. Applied Ocean Research, 2022, 129: 103326.

[23] LYRIDIS D V. An improved ant colony optimization algorithm for unmanned surface vehicle local path planning with multi-modality constraints[J]. Ocean Engineering, 2021, 241: 109890.

[24] IMT-2020(5G)推进组. 5G 无人机应用白皮书[EB/OL]. (2018-10-09)[2023-07-13]. http://www.199it.com/archives/780400.html.

[25] SONG B D, PARK K, KIM J. Persistent UAV delivery logistics: MILP formulation and efficient heuristic[J]. Computers & Industrial Engineering, 2018, 120: 418-428.

[26] LAN Y B, CHEN S D. Current status and trends of plant protection UAV and its spraying technology in China[J]. International Journal of Precision Agricultural Aviation, 2018, 1(1): 1-9.

[27] TORRESAN C, BERTON A, CAROTENUTO F, et al. Forestry applications of UAVs in Europe: A review[J]. International Journal of Remote Sensing, 2017, 38(8/9/10): 2427-2447.

[28] ADABO G J. Long range unmanned aircraft system for power line inspection of Brazilian electrical system[J]. Journal of Energy and Power Engineering, 2014, 8(2): 394-398.

[29] LUO C B, MIAO W, ULLAH H, et al. Unmanned aerial vehicles for disaster management[M]//Springer Natural Hazards. Singapore: Springer Singapore, 2018: 83-107.

[30] HAN Y T, WU G, FENG D M. Vision-based displacement measurement using an unmanned aerial vehicle[J]. Structural Control and Health Monitoring, 2022, 29(10): e3025.

[31] KHAN M A, ECTORS W, BELLEMANS T, et al. UAV-based traffic analysis: A

universal guiding framework based on literature survey [J]. Transportation Research Procedia, 2017, 22: 541-550.

[32] NARAZAKI Y, HOSKERE V, CHOWDHARY G, et al. Vision-based navigation planning for autonomous post-earthquake inspection of reinforced concrete railway viaducts using unmanned aerial vehicles [J]. Automation in Construction, 2022, 137: 104214.

[33] 刘苏漫. 四旋翼飞行器姿态控制算法研究[D]. 长春: 长春理工大学, 2018.

[34] 董长军. 四旋翼飞行器姿态解算方法研究与飞控系统实现[D]. 苏州: 苏州大学, 2021.

[35] 任剑秋. 多传感器信息融合的四旋翼飞行器控制系统研究[D]. 赣州: 江西理工大学, 2021.

[36] 魏波. 四旋翼飞行器稳定性控制方法研究[D]. 西安: 西安科技大学, 2019.

[37] 白伦. 全球无人机企业榜[J]. 互联网周刊, 2015(7): 52-54.

[38] 周来宏. 四旋翼无人机抗干扰与容错控制方法研究[D]. 沈阳: 东北大学, 2019.

[39] 李川鹏, 王秀旭. 浅谈低速无人车发展现状、挑战及建议[J]. 时代汽车, 2022(2): 23-24.

[40] KAMEL M A, YU X, ZHANG Y M. Formation control and coordination of multiple unmanned ground vehicles in normal and faulty situations: A review[J]. Annual Reviews in Control, 2020, 49: 128-144.

[41] 徐志刚, 张宇琴, 王羽, 等. 我国自动驾驶汽车行业发展现状及存在问题的探讨[J]. 汽车实用技术, 2019(1): 13-21.

[42] 曹文冠, 黄孝慈, 舒方林, 等. 面向地下停车场的无人车视觉语义建图与定位[J]. 智能计算机与应用, 2021, 11(3): 205-208.

[43] ZHANG S S, ZHENG L Y, TAO W B. Survey and evaluation of RGB-D SLAM[J]. IEEE Access, 2021, 9: 21367-21387.

[44] KHAN M U, ZAIDI S A A, ISHTIAQ A, et al. A comparative survey of LiDAR-SLAM and LiDAR based sensor technologies [C]//2021 Mohammad Ali Jinnah University International Conference on Computing (MAJICC). Karachi, Pakistan: IEEE, 2021: 1-8.

[45] 周佳乐, 朱兵, 吴芝路. 融合二维图像和三维点云的相机位姿估计[J]. 光学精密工程, 2022, 30(22): 2901-2912.

[46] 陈敬业, 时尧成. 固态激光雷达研究进展[J]. 光电工程, 2019, 46(7): 47-57.

[47] 周健, 孙芸, 阮昊. 固态激光雷达探测器技术发展[J]. 红外, 2020, 41(5): 1-12.

[48] 焦冰, 李琳, 邱会然. 基于视觉路径识别的智能车控制系统设计[J]. 机床与液压, 2021, 49(12): 78-81.

[49] ENDSLEY M R. Autonomous driving systems: A preliminary naturalistic study of the tesla model S[J]. Journal of Cognitive Engineering and Decision Making, 2017, 11(3): 225-238.

[50] MORAN M E. Evolution of robotic arms[J]. Journal of Robotic Surgery, 2007, 1(2):

103-111.

[51] ANGELES J. Fundamentals of robotic mechanical systems[M]. Boston, MA: Springer US, 2007.

[52] MURRAY R M. A mathematical introduction to robotic manipulation[M]. Boca Raton: CRC Press,2017:30-75.

[53] MARINOV P A, KIRIAZOV P. Point - to - point motion of robotic manipulators: Dynamics, control synthesis and optimization[J]. IFAC Proceedings Volumes, 1991, 24(9): 149-152.

[54] 郑帅帅. 基于深度学习的工业机器人抓取检测研究[D]. 哈尔滨: 哈尔滨工业大学, 2020: 8-10.

[55] YUAN S Z, LIU Z L, ZHENG L H, et al. Event-based adaptive horizon nonlinear model predictive control for trajectory tracking of marine surface vessel[J]. Ocean Engineering, 2022, 258: 111082.

[56] YUAN S Z, LIU Z L, SUN Y X, et al. An event-triggered trajectory planning and tracking scheme for automatic berthing of unmanned surface vessel [J]. Ocean Engineering, 2023, 273: 113964.

[57] CHEN L J, YANG P Y, LI S G, et al. Online modeling and prediction of maritime autonomous surface ship maneuvering motion under ocean waves[J]. Ocean Engineering, 2023, 276: 114183.

[58] LI C Y, JIANG J J, DUAN F J, et al. Modeling and experimental testing of an unmanned surface vehicle with rudderless double thrusters [J]. Sensors, 2019, 19(9): 2051.

[59] 张秀凤, 王晓雪, 孟耀, 等. 船舶运动建模与仿真研究进展及未来发展趋势[J]. 大连海事大学学报, 2021, 47(1): 1-8.

[60] LOU J K, WANG H D, WANG J Y, et al. Deep learning method for 3-DOF motion prediction of unmanned surface vehicles based on real sea maneuverability test [J]. Ocean Engineering, 2022, 250: 111015.

[61] GUO H P, ZOU Z J. System-based investigation on 4-DOF ship maneuvering with hydrodynamic derivatives determined by RANS simulation of captive model tests [J]. Applied Ocean Research, 2017, 68: 11-25.

[62] WOO J, PARK J, YU C, et al. Dynamic model identification of unmanned surface vehicles using deep learning network[J]. Applied Ocean Research, 2018, 78: 123-133.

[63] ZHU M, SUN W Q, HAHN A, et al. Adaptive modeling of maritime autonomous surface ships with uncertainty using a weighted LS - SVR robust to outliers [J]. Ocean Engineering, 2020, 200: 107053.

[64] LUO Y J, AI J Y, ZHENG J W, et al. Control system design and thrust analysis of an unmanned surface cleaning vessel with a novel pump-valve propulsion system[J]. IEEE Access, 2020, 8: 46356-46372.

[65] 金鐘三，小林英一，野本謙作. 操縦性試験の最小自乗法解析[J]. 日本造船学会論文集，1978，1978(144)：40-49.

[66] 辛元欧，俞胜芬. 关于K-T方程类的辨识方法研究：自回归模型的辨识[J]. 中国航海，1983，6(2)：28-44.

[67] CACCIA M，BRUZZONE G，BONO R. A practical approach to modeling and identification of small autonomous surface craft [J]. IEEE Journal of Oceanic Engineering，2008，33(2)：133-145.

[68] 陈玮琪,颜开,王宝寿. 辨识航行体水动力参数的智能方法[J]. 船舶力学,2011,15(4):359-363.

[69] SOTNIKOVA M V. Linear model identification by least squares method as applied to ship motion[J]. Gyroscopy and Navigation，2012，3(2)：100-103.

[70] 祝慧颖. 基于非线性 sin 函数处理新息的船舶运动辨识建模[D]. 大连：大连海事大学，2021.

[71] ZHOU W W，BLANKE M . Nonlinear recursive prediction error method applied to identification of ship steering dynamics[C]. Proceedings of 8th Ship Control Systems Symposium. Hague：Oct. 1987.

[72] AGUIAR A P，HESPANHA J P. Position tracking of underactuated vehicles[C]// Proceedings of the 2003 American Control Conference，2003. Denver，CO，USA:IEEE，2022，246：110475.

[73] PARK B S，YOO S J. Robust trajectory tracking with adjustable performance of underactuated surface vessels via quantized state feedback [J]. Ocean Engineering，2022，246：110475.

[74] LEFEBER E，PETTERSEN K Y，NIJMEIJER H. Tracking control of an underactuated ship[J]. IEEE Transactions on Control Systems Technology，2003，11(1)：52-61.

[75] DO K D，JIANG Z P，PAN J，et al. A global output-feedback controller for stabilization and tracking of underactuated ODIN：A spherical underwater vehicle[J]. Automatica，2004，40(1)：117-124.

[76] BECHLIOULIS C P，Kyriakopoulos K J. Robust prescribed performance tracking control for unknown underactuated torpedo-like AUVs[C]//2013 European Control Conference (ECC). Zurich：IEEE，2013：4388-4393.

[77] DO K D. Global tracking control of underactuated ODINs in three-dimensional space[J]. International Journal of Control，2013，86(2)：183-196.

[78] HARMOUCHE M，LAGHROUCHE S，CHITOUR Y. Global tracking for underactuated ships with bounded feedback controllers[J]. International Journal of Control，2014，87(10)：2035-2043.

[79] KATAYAMA H，AOKI H. Straight-line trajectory tracking control for sampled-data underactuated ships[J]. IEEE Transactions on Control Systems Technology，2014 ，22(4)：1638-1645.

[80] SAHU B K, SUBUDHI B. Adaptive tracking control of an autonomous underwater vehicle[J]. International Journal of Automation and Computing, 2014, 11(3): 299-307.

[81] BI F Y, ZHANG J Z, WEI Y J, et al. Position-tracking control of underactuated autonomous underwater vehicles in the presence of unknown ocean currents[J]. IET Control Theory & Applications, 2010, 4(11): 2369-2380.

[82] BI F Y, WEI Y J, ZHANG J Z, et al. A cascade approach for global trajectory tracking control of underactuated AUVs[J]. China Ocean Engineering, 2010, 24(2): 369-380.

[83] 毕凤阳, 张嘉钟, 魏英杰, 等. 欠驱动 AUV 的鲁棒位置跟踪控制[J]. 哈尔滨工业大学学报, 2010, 42(11): 1690-1695.

[84] XIA J, HU D B. Straight-line tracking control of ships based on nonsingular terminal sliding mode control[C]//Proceedings of the 2010 Second International Conference on Intelligent Human-Machine Systems and Cybernetics , August 26-28, 2010, Nanjing, China. IEEE, 2010: 44-47.

[85] 高剑, 徐德民, 严卫生, 等. 欠驱动自主水下航行器轨迹跟踪控制[J]. 西北工业大学学报, 2010, 28(3): 404-408.

[86] ZHANG G Q, YU L J, MENG X Z, et al. Tracking control of underactuated ship based on partial state feedback scheme[C]//The 2011 IEEE/ICME International Conference on Complex Medical Engineering. Harbin, China. IEEE, 2011: 678-683.

[87] 中华人民共和国交通部. 公路工程质量检验评定标准 第一册 土建工程: JTG F80/1—2017[S]. 北京: 人民交通出版社,2018.

[88] HU B, SEILER P. Pivotal decomposition for reliability analysis of fault tolerant control systems on unmanned aerial vehicles[J]. Reliability Engineering & System Safety, 2015, 140: 130-141.

[89] Mahony R, Kumar V, Corke P. Multirotor Aerial Vehicles: Modeling, estimation, and control of quadrotor[J]. IEEE Robotics & Automation Magazine,2012,19(3):20-32.

[90] BOUABDALLAH S, MURRIERI P, SIEGWART R. Design and control of an indoor micro quadrotor[C]//IEEE International Conference on Robotics and Automation, 2004. Proceedings. ICRA '04. 2004. New Orleans, LA, USA. IEEE, 2004: 4393-4398.

[91] 沈林成, 孔维玮, 牛轶峰. 无人机自主降落地基/舰基引导方法综述[J]. 北京航空航天大学学报, 2021, 47(2): 187-196.

[92] 姜海涛. 变形机制下四旋翼无人机自适应形态控制与飞行性能研究[D]. 哈尔滨: 哈尔滨工业大学, 2022.

[93] 寇立伟. 四旋翼水下航行器的轨迹跟踪和协同包围控制研究[D]. 杭州: 浙江大学, 2021.

[94] 王凯平. 复杂城市空间环境中的无人机轨迹规划方法与应用研究[D]. 北京: 清华大学, 2021.

[95] 林引界. 基于视觉里程计的无人机导航方法研究[D]. 北京: 清华大学, 2017.

[96] 贺有源. 四旋翼飞行器系统建模与控制方法研究[D]. 杭州: 杭州电子科技大

学，2019.

[97] MOFID O，MOBAYEN S. Adaptive finite-time backstepping global sliding mode tracker of quad-rotor UAVs under model uncertainty，wind perturbation，and input saturation[J]. IEEE Transactions on Aerospace and Electronic Systems，2022，58(1)：140-151.

[98] HUO X，HUO M Y，KARIMI H R. Attitude stabilization control of a quadrotor UAV by using backstepping approach [J]. Mathematical Problems in Engineering，2014：749803.

[99] LABBADI M，CHERKAOUI M. Robust adaptive backstepping fast terminal sliding mode controller for uncertain quadrotor UAV[J]. Aerospace Science and Technology，2019，93：105306.

[100] WEI X J. Autonomous control system for the quadrotor unmanned aerial vehicle[C]//2016 13th International Conference on Ubiquitous Robots and Ambient Intelligence (URAI). Xi'an，China. IEEE，2016：796-799.

[101] HUANG H M，Hoffmann G M，Waslander S L，et al. Aerodynamics and control of autonomous quadrotor helicopters in aggressive maneuvering [C]//2009 IEEE International Conference on Robotics and Automation. Kobe. IEEE，2009：3277-3282.

[102] Bouabdallah S，Noth A，Siegwart R. PID vs LQ control techniques applied to an indoor micro quadrotor[C]//2004 IEEE/RSJ International Conference on Intelligent Robots and Systems (IROS) (IEEE Cat. No.04CH37566). Sendai，Japan. IEEE，2004：3：2451-2456.

[103] BOUABDALLAH S. Design and control of quadrotors with application to autonomous flying[R/OL]. (2006-11-24)[2023-03-21]. https://doi.org/10.5075/epfl-thesis-3727.pdf.

[104] BOUABDALLAH S，MURRIERI P，SIEGWART R. Design and control of an indoor micro quadrotor[C]//IEEE International Conference on Robotics and Automation，2004. Proceedings. ICRA '04. 2004. New Orleans，LA，USA. IEEE，2004：5：4393-4398.

[105] Bouabdallah S，Siegwart R. Backstepping and sliding-mode techniques applied to an indoor micro quadrotor[C]//Proceedings of the 2005 IEEE International Conference on Robotics and Automation. Barcelona，Spain. IEEE，2005：2247-2252.

[106] 沈宗月. 空中机器人高度计设计与目标识别技术的研究[D]. 南京：南京航空航天大学，2008.

[107] 聂良. 基于切换 LPV 方法的四旋翼无人机姿态跟踪控制[D]. 哈尔滨：哈尔滨工业大学，2021.

[108] 刘伟，魏婷婷，杨清山. MEMS 加速度计在线快速标定系统设计与实现[J]. 传感器与微系统，2019，38(12)：73-75.

[109] 陈剑，孙金海，李金海，等. 惯性系统中加速度计标定方法研究[J]. 微电子学与

计算机, 2012, 29(8): 130-133.

[110] MOU J P, SU J J, MIAO L J, et al. Misalignment angle measurement and angle measurement deviation compensation of fiber optic gyroscope based on tilt sensor[J]. Optical Fiber Technology, 2021, 63: 102509.

[111] XU X G, FAN L L, LI Z H, et al. Estimating leaf nitrogen content in corn based on information fusion of multiple-sensor imagery from UAV[J]. Remote Sensing, 2021, 13(3): 340.

[112] 裴优典. 基于互补滤波器的四旋翼无人飞行器姿态解算[D]. 沈阳: 东北大学, 2017.

[113] 郭晓鸿, 杨忠, 陈喆, 等. EKF和互补滤波器在飞行姿态确定中的应用[J]. 传感器与微系统, 2011, 30(11): 149-152.

[114] WANG M, GUAN L W, GAO Y B, et al. UAV Attitude measurement based on enhanced mahony complementary filter[C]//2018 IEEE International Conference on Mechatronics and Automation (ICMA). Changchun. IEEE, 2018: 545-550.

[115] KOTTATH R, NARKHEDE P, KUMAR V, et al. Multiple model adaptive complementary filter for attitude estimation[J]. Aerospace Science and Technology, 2017, 69: 574-581.

[116] 徐恩松, 陆文华, 刘云飞, 等. 基于Mahony滤波算法的姿态解算与应用研究[J]. 智能计算机与应用, 2019, 9(5): 80-83.

[117] AKRAM M A, LIU P L, TAHIR M O, et al. A state optimization model based on Kalman filtering and robust estimation theory for fusion of multi-source information in highly non-linear systems[J]. Sensors, 2019, 19(7): 1687.

[118] 黄振华. 智能驾驶车辆自评价学习控制方法研究[D]. 长沙: 国防科技大学, 2017.

[119] PARK J G, KIM K J. Design of a visual perception model with edge-adaptive Gabor filter and support vector machine for traffic sign detection[J]. Expert Systems with Applications, 2013, 40(9): 3679-3687.

[120] WANG G Y, REN G H, WU Z L, et al. A robust, coarse-to-fine traffic sign detection method[C]//The 2013 International Joint Conference on Neural Networks (IJCNN). Dallas, TX, USA. IEEE, 2013: 754-758.

[121] SUGIHARTO A, HARJOKO A. Traffic sign detection based on HOG and PHOG using binary SVM and k-NN[C]//2016 3rd International Conference on Information Technology, Computer, and Electrical Engineering (ICITACEE). Semarang, Indonesia. IEEE, 2016: 317-321.

[122] LIU C S, CHANG F L, CHEN Z X. Rapid multiclass traffic sign detection in high-resolution images[J]. IEEE Transactions on Intelligent Transportation Systems, 2014, 15(6): 2394-2403.

[123] JAGANNATHAN S, DESAPPAN K, SWAMI P, et al. Efficient object detection and

classification on low power embedded systems[C]//2017 IEEE International Conference on Consumer Electronics (ICCE). Las Vegas, NV. IEEE, 2017: 233-234.

[124] KOBAYASHI M, BABA M, OHTANI K, et al. A method for traffic sign detection and recognition based on genetic algorithm[C]//2015 IEEE/SICE International Symposium on System Integration (SII). Nagoya, Japan. IEEE, 2015: 418-431.

[125] CHEN Z Y, LIN W C, KE S W, et al. Evolutionary feature and instance selection for traffic sign recognition[J]. Computers in Industry, 2015, 74: 201-211.

[126] QIAN R Q, YUE Y, COENEN F, et al. Traffic sign recognition using visual attribute learning and convolutional neural network [C]//2016 International Conference on Machine Learning and Cybernetics (ICMLC). Jeju Island, South Korea. IEEE, 2016: 78-85.

[127] PICO. PICO4[EB/OL]. (2022-09-27)[2023-03-02]. https://www.picoxr.com/cn/products/pico4/.

[128] 黄磊. 基于虚拟现实的水下机械臂遥操作仿真系统研究[D]. 镇江：江苏科技大学，2022.

[129] 陈铁权. 基于 VR 的采摘机器人仿真试验研究[J]. 农机化研究，2023，45(8)：192-195.